COURS ÉLÉMENTAIRE

DE

CULTURE DES BOIS,

CRÉÉ A L'ÉCOLE FORESTIÈRE DE NANCY

PAR M. LORENTZ,

ANCIEN DIRECTEUR DE CETTE ÉCOLE, ANCIEN ADMINISTRATEUR DES FORÊTS,
OFFICIER DE LA LÉGION D'HONNEUR,
MEMBRE CORRESPONDANT DE LA SOCIÉTÉ IMPÉRIALE CENTRALE D'AGRICULTURE, ETC.;

COMPLÉTÉ ET PUBLIÉ

PAR A. PARADE,

CONSERVATEUR DES FORÊTS, DIRECTEUR DE L'ÉCOLE IMPÉRIALE FORESTIÈRE.

TROISIÈME ÉDITION,
REVUE ET AUGMENTÉE.

PARIS,
CHEZ MADAME HUZARD, RUE DE L'ÉPERON, 7.

NANCY,
CHEZ GRIMBLOT ET VEUVE RAYBOIS,
IMPRIMEURS-LIBRAIRES DE L'ÉCOLE IMPÉRIALE FORESTIÈRE,
Place Stanislas, 7, et rue Saint-Dizier, 125.

1855.

COURS ÉLÉMENTAIRE

DE

CULTURE DES BOIS.

Nancy, imprimerie de veuve Raybois et Comp.

COURS ÉLÉMENTAIRE

DE

CULTURE DES BOIS,

CRÉÉ A L'ÉCOLE FORESTIÈRE DE NANCY

PAR M. LORENTZ,

ANCIEN DIRECTEUR DE CETTE ÉCOLE, ANCIEN ADMINISTRATEUR DES FORÊTS,
OFFICIER DE LA LÉGION D'HONNEUR,
MEMBRE CORRESPONDANT DE LA SOCIÉTÉ IMPÉRIALE CENTRALE D'AGRICULTURE, ETC.;

COMPLÉTÉ ET PUBLIÉ

PAR A. PARADE,

CONSERVATEUR DES FORÊTS, DIRECTEUR DE L'ÉCOLE IMPÉRIALE FORESTIÈRE.

TROISIÈME ÉDITION,

REVUE ET AUGMENTÉE.

PARIS,

CHEZ MADAME HUZARD, RUE DE L'ÉPERON, 7.

NANCY,

CHEZ GRIMBLOT ET VEUVE RAYBOIS,
IMPRIMEURS-LIBRAIRES DE L'ÉCOLE IMPÉRIALE FORESTIÈRE,
Place Stanislas, 7, et rue Saint-Dizier, 125.

1855.

PRÉFACE

———

Depuis plusieurs années déjà, la seconde édition du *Cours élémentaire de culture des bois* est entièrement épuisée.

Des circonstances indépendantes de notre volonté ont fait différer jusqu'aujourd'hui la publication d'une édition nouvelle que nous tenions à ne pas livrer au public, sans y avoir apporté les améliorations et les compléments dont dix-huit années d'expérience et d'étude nous avaient successivement démontré l'utilité.

Le lecteur, qui voudra bien comparer notre nouveau livre avec l'ancien, jugera si nous avons rempli la tâche que nous nous étions imposée. Nous affirmons du moins, que nous avons fait, dans ce but, de sérieux et constants efforts, sans, toutefois, que nous osions nous flatter d'y être entièrement parvenu.

Toute science expérimentale, on le sait, doit passer, en progressant, par trois phases principales. Dans la première, les faits les plus marquants s'observent, se constatent et sont recueillis. La seconde est employée à les grouper, à les coordonner et à en déduire des vérités fondamentales, des théories générales qui relient toutes les parties entre elles, les constituent en corps de doctrine et en forment un édifice didactique. Dans la troisième phase enfin, la théorie doit se compléter, se perfectionner sans cesse, soit au fond, soit dans la forme, en s'enrichissant d'observations et de faits nouveaux.

C'est cette troisième phase que la sylviculture française nous paraît avoir atteinte désormais, quoique, à la vérité, elle ne s'y soit avancée que bien timidement jusqu'alors et, presque, d'un pas chancelant. Ce n'est pas cependant que ses nombreux adeptes, répandus aujourd'hui sur tous les points du territoire de l'Empire, ne fussent en mesure de fournir un riche butin, si chacun d'eux, se croyant tenu de quelque obligation envers la science, avait à cœur d'acquitter sa dette, ainsi qu'on le voit dans d'autres corps administratifs, par exemple, dans ceux des mines et des ponts et chaussées. Qu'il nous soit permis de regretter que l'administration des forêts n'ait pas suivi la voie tracée dès longtemps par ces corps d'élite.

On se tromperait pourtant si l'on prenait ce que nous venons de dire pour un reproche adressé au personnel forestier. Cette pensée est loin de nous. Les circonstances, nous le savons, ne lui ont pas permis de faire plus qu'il n'a fait, et nous connaissons d'ailleurs, autant que qui que ce soit, quelle est sa valeur, et ce que l'on peut attendre de lui. Nous n'avons voulu que constater un fait : c'est que, après avoir parcouru, depuis le milieu du siècle dernier jusqu'à nos jours, les deux premières phases de progrès dont nous avons parlé, la sylviculture française est aujourd'hui presque stationnaire; parce que, en raison du point où elle est parvenue, c'est surtout aux praticiens de tout ordre et de tout degré qu'il appartient de produire les matériaux qui puissent la faire avancer dans sa marche ; mais, faute de certaines conditions favorables à leur émission, ces matériaux restent trop généralement enfouis dans la mémoire ou dans les cartons de ceux qui ont consacré une partie notable de leur laborieuse carrière à les rassembler.

En vain dirait on que c'est principalement aux hommes voués à l'enseignement d'une science qu'il appartient de la faire progresser. Ce serait là une idée tout à fait erronée, lorsqu'il s'agit d'une science d'application qui ne peut être assise solidement que sur le terrain de l'expérience. Les hommes d'enseignement sont évidemment moins bien placés que les praticiens proprement dits pour observer et recueillir les faits de toute nature que la culture et l'exploitation de nos forêts présentent en si grand nombre. Et d'ailleurs, ils ont une autre mission, non moins importante : celle de garder et de nourrir la théorie, ce fonds commun de tous, en faisant passer au creuset de leurs méditations les travaux de la pratique, afin de ne les admettre dans l'enseignement élémentaire qu'après les avoir soumis à l'épreuve d'un raisonnement rigoureux, et, s'il y a lieu, d'une expérimentation savante.

Nous le disons donc en toute sincérité : cette troisième édition de notre livre serait et plus complète et meilleure si, pendant la longue période qui s'est écoulée depuis la publication des deux premières, les forestiers (et par là nous entendons tous les hommes qui s'occupent de sylviculture, qu'ils appartiennent ou non à l'administration publique) avaient eu, autant qu'il l'eût fallu, la volonté ou la faculté de rendre compte de leurs travaux.

Espérons mieux de l'avenir. Sous un gouvernement qui veut sérieusement le développement de toutes les forces du pays et qui se glorifie, à juste titre, de féconder toutes les sources de la prospérité nationale, sous un tel régime, on ne saurait manquer d'apprécier à leur valeur les précieuses richesses que recèlent encore les forêts de la France, et de rendre justice aux hommes qui sauront les faire fructifier en même temps qu'ils s'appliqueront à perfectionner et à étendre l'art du sylviculteur.

En terminant, nous sommes heureux de pouvoir informer nos lecteurs que cette édition du *Cours de culture des bois* a été, comme les précédentes, soumise au jugement éclairé du forestier illustre qui eut, il y a trente ans, l'insigne honneur de créer l'enseignement de la sylviculture à l'école forestière et chez lequel les années n'ont refroidi ni le zèle ni le dévouement pour les forêts et leur prospérité.

Nancy, le 20 février 1855.

Trentième anniversaire de l'inauguration de l'École impériale forestière.

PARADE.

PRÉFACE

DE LA PREMIÈRE ÉDITION.

Le livre que je publie, ainsi que l'indique son titre, n'est pas de moi. M. Lorentz en avait traité presque toutes les parties, lorsque, en 1850, il fut appelé au poste d'administrateur des forêts à Paris. Chargé, depuis cette époque, de professer à l'École forestière le cours de Culture des Bois que M. Lorentz y avait créé, je suis devenu dépositaire de ses cahiers et de ses notes; aidé de ces dernières, j'ai continué son travail et complété l'ouvrage en lui faisant revêtir une forme entièrement élémentaire. M. Lorentz l'a revu et m'a autorisé à le publier.

La forme élémentaire devenait indispensable pour que notre travail atteignît son but principal, qui est d'enseigner la théorie d'une science de faits à des jeunes gens auxquels souvent l'idée même des forêts qui en sont l'objet, est entièrement étrangère. Or, il est à remarquer que, sous ce rapport, aucun des auteurs forestiers français ne pouvait nous servir, quelque profonds qu'ils aient été d'ailleurs;

1

car, pour les lire avec fruit, il faut déjà connaître les forêts,
y avoir pratiqué pendant un certain temps sous un guide
éclairé, et, de plus, être familiarisé avec les expressions
techniques, toutes choses qui manquent aux élèves lors de
leur entrée à l'Ecole.

Les ouvrages allemands sur la matière, même les plus
estimés, ne laissaient guère moins à désirer quant à la
forme, parce qu'il est à peu près de règle en Allemagne que,
pour suivre les cours des écoles forestières, on doit avoir
acquis d'abord les éléments de la science par la pratique.
La traduction d'un de ces traités ne pouvait donc pas
davantage satisfaire au besoin particulier de notre enseignement ; et d'ailleurs, un ouvrage allemand eût toujours
présenté le double inconvénient de ne pas tenir compte de
l'état actuel de nos forêts, en raison du traitement qu'elles
ont subi jusqu'ici, et d'être inapplicable, sous plus d'un
rapport, au sol et au climat de la France, ainsi qu'aux
besoins de ses habitants et de son gouvernement.

Sans doute on ne saurait écrire aujourd'hui sur la
culture des forêts, sans puiser dans les ouvrages des
auteurs allemands, de même que ceux-ci ont profité des
travaux de leurs devanciers, parmi lesquels la France peut
citer avec orgueil les Buffon, les Duhamel, les Réaumur,
et les Varenne de Fenille. Aussi nous faisons-nous un
devoir de reconnaître publiquement ici tout le fruit que
nous avons tiré de l'étude des livres allemands, surtout de
ceux de *Hartig* et de *Cotta* auxquels la science forestière

doit, en grande partie, le degré de perfection qu'elle a atteint de nos jours.

Quoique notre livre soit écrit plus particulièrement pour les élèves de l'Ecole forestière, nous espérons cependant qu'il n'en sera pas moins d'une utilité réelle aux agents forestiers, ainsi qu'aux propriétaires de bois et aux autres personnes curieuses d'acquérir quelques connaissances positives sur une des parties les plus importantes de l'agronomie. Ils y rencontreront, sous une forme qu'on s'est efforcé de rendre simple et claire, les principes les plus essentiels de l'économie forestière, corroborés et éclairés par une expérience de plus de trente ans entièrement consacrée au service des forêts.

Toutefois on se tromperait, si l'on s'attendait à trouver dans cet ouvrage des règles de conduite pour tous les cas que peuvent offrir les forêts. Il n'y a pas et il n'y aura jamais de livre qui puisse dispenser le forestier d'être observateur attentif et intelligent de la nature. Ce que l'on peut faire dans un ouvrage élémentaire, c'est de présenter avec exactitude et netteté les principaux faits qui composent la science, de les apprécier et de les grouper avec justesse et clarté, enfin de conclure avec prudence.

Lorsque la théorie est conçue dans un tel esprit, elle devient véritablement la base et l'utile auxiliaire de la pratique, loin d'être, comme on l'a quelquefois prétendu, son antagoniste. Dépourvue de toute théorie, la pratique, en culture forestière comme en toute autre matière d'ailleurs, ne saurait être qu'une routine plus ou moins incertaine, plus ou moins obscure ; de même que, sans l'expérience et sans une certaine habitude des opérations matérielles, la théorie la mieux établie peut conduire aux plus graves méprises. C'est donc une *pratique raisonnée* ou l'union intime de la pratique avec la théorie qui constitue le forestier vraiment instruit.

Si notre livre peut contribuer à faire comprendre de tous cette utile vérité, il aura atteint le but que nous nous sommes proposé en le publiant.

PARADE.

Nancy, 1ᵉʳ mai 1857.

COURS ÉLÉMENTAIRE

DE

CULTURE DES BOIS.

INTRODUCTION.

L'*Economie forestière* comprend l'ensemble des connaissances nécessaires à l'administration la mieux entendue des forêts, eu égard aux intérêts du propriétaire en particulier et à ceux du pays en général.

Cette science est complexe. Elle emprunte aux mathématiques, à la physique et à la chimie, à l'histoire naturelle, au droit et à l'économie politique, les parties dont elle a besoin pour se constituer, ainsi que pour éclairer les combinaisons et les faits pratiques qui font la base du traitement des forêts.

Or, ce sont ces combinaisons, ces faits pratiques, ainsi que les différentes méthodes d'exploitation consacrées par une expérience raisonnée, qui, réunis et coordonnés en corps de doctrine, ont reçu la dénomination de *Culture des Bois* ou *Sylviculture*, terme qui correspond à celui d'*Agriculture*, lorsque par ce dernier on n'entend que ce qui est relatif à la culture des champs.

Toutefois, il existe entre la culture des bois et celle des champs des différences profondément tranchées, qui, sous le rapport économique du moins, détruisent en quelque sorte toute analogie entre ces deux sciences.

En effet, dans la première, la récolte annuelle ne s'étend pas, comme dans la seconde, sur la totalité du terrain mis en production ; on ne peut, au contraire, exploiter chaque année qu'une certaine partie de la superficie de ce terrain, si l'on veut retirer de la propriété (ce qui est le cas le plus général) un revenu annuel et soutenu. De plus, l'exploitation des forêts n'entraîne pas, comme celle des champs, la nécessité de semer ou de planter pour s'assurer une récolte ; cette récolte doit au contraire, dans la plupart des cas, se faire de manière que la reproduction des bois en devienne une conséquence naturelle.

Toute méthode d'exploitation des forêts doit donc, en général, satisfaire aux deux conditions fondamentales suivantes :

1° Régler la quotité des coupes annuelles de manière à procurer un rapport soutenu ;

2° Assurer, par ces coupes mêmes, la régénération naturelle.

A ces deux conditions s'en joint une troisième, celle de tendre constamment à améliorer et à augmenter la production et par suite les revenus du propriétaire.

Production soutenue, *régénération naturelle*, *amélioration progressive*, tel est donc en résumé le but de la CULTURE DES BOIS.

LIVRE PREMIER.

LIVRE PREMIER.

DES CLIMATS, DES SOLS, DES ESSENCES.

DÉFINITIONS (1).

1. On entend par *climat* l'état de l'atmosphère d'un lieu donné du globe, eu égard à sa température, à son degré d'humidité et aux courants qui s'y agitent.

2. La distance d'un lieu à l'équateur, ou sa latitude, détermine son *climat géographique*, tandis que son *climat physique* ou *local* dépend plus particulièrement de sa *situation* et de son *exposition*.

3. Pour nous, la *situation* d'un lieu se détermine

(1) Les définitions placées en tête de chaque livre sont celles des termes techniques contenus dans son texte.

eu égard à l'élévation au-dessus du niveau de la mer et à la configuration terrestre.

4. L'*exposition* est l'inclinaison d'un terrain vers un point donné de l'horizon.

5. On appelle *terre végétale* la couche supérieure du globe, pénétrable aux racines des plantes; *humus* ou *terreau* la partie de cette couche formée par le détritus des matières végétales, plus ou moins décomposées.

6. Les diverses modifications que subit, dans sa composition, la terre végétale constituent les différents *sols* ou *terrains*.

7. On appelle *arbre* la plante dont la tige est ligneuse, nue et simple par le bas, et qui est susceptible d'atteindre au moins la hauteur de 8 à 10 mètres (1); *arbrisseau*, la plante à tige ligneuse qui n'atteint pas la hauteur de 5 mètres et se ramifie près de sa base; *arbuste*, la plante ligneuse dont les bourgeons ne paraissent qu'au printemps, et qui ne s'élève guère au-delà d'un mètre.

8. *Essence* est synonyme d'espèce, et s'applique aux bois. Sous le terme d'*essences forestières* on comprend toutes les espèces de bois qui se rencontrent dans les forêts.

9. On qualifie d'*espèce* une collection de végétaux

---

(1) Pour ces définitions, voyez la *Théorie élémentaire de la Botanique*, par de Candolle.

semblables entre eux, semblables à leurs parents et dont les produits leur ressemblent.

La *variété* est une légère altération de l'espèce dont les caractères ne se perpétuent pas générale-ment par la graine. Cependant il est quelques va-riétés constantes appelées *races* dont l'origine est due à des influences de sol et de climat, et dont les caractères différentiels se maintiennent aussi long-temps que les causes qui les ont produits.

La *variation* ou sous-variété est une modification de l'espèce, moins importante et moins constante que la variété.

10. La reproduction naturelle des arbres s'opère par les fruits. Les fruits sont produits par les fleurs.

Les fleurs sont essentiellement composées de deux sortes d'organes ; les premiers, appelés *étamines*, représentent le sexe mâle et ont pour mission de fé-conder les seconds que l'on nomme *pistils* ou *car-pelles* et qui constituent le sexe femelle.

La floraison des arbres se présente de plusieurs manières. Elle est *hermaphrodite*, quand les deux sexes sont réunis sur la même fleur ; *monoïque*, quand les fleurs unisexuées, sont réunies sur le même individu ; *dioïque*, quand les fleurs, également unisexuées, sont séparées, suivant le sexe, sur des individus différents ; et enfin, *polygame*, lors-que les fleurs mâles, femelles ou hermaphrodites se trouvent sur le même individu ou sur des individus différents.

11. Les racines se divisent :

En *pivotantes* qui descendent verticalement dans le sol ;

Et en *traçantes* qui s'étalent au contraire à la superficie.

De là, la distinction d'*essences pivotantes* et d'*essences traçantes*.

Les racines sont *obliques*, lorsqu'elles suivent une direction intermédiaire entre les deux précédentes.

L'ensemble des ramifications extrêmes, fines et nombreuses des racines, se nomme *chevelu* ; les *spongioles* terminent le chevelu et sont les seuls organes d'absorption.

12. On nomme *brin de semence* ou seulement *brin*, l'arbre qui provient directement d'une semence ; *rejet*, celui qui prend naissance sur une souche dont la tige a été coupée ; *drageon*, celui qui s'élève sur une racine, et qui, séparé naturellement ou artificiellement de la souche mère, est susceptible de former un nouvel individu.

13. Un assemblage considérable de brins, de rejets ou de drageons, se nomme *recru* ou *repeuplement*. Toutefois, ce dernier terme désigne plus particulièrement un assemblage de brins, tandis que l'autre s'applique de préférence aux rejets et aux drageons.

14. Les produits des forêts se rangent en diverses catégories et reçoivent différentes dénominations, selon les emplois auxquels les bois sont propres.

A. Bois de feu ou de chauffage. On le façonne de quatre manières différentes, savoir :

1° En *bois de quartier*, ou bûches refendues ;

2° En *bois de rondin*, ou bûches non fendues, moins grosses que les précédentes ;

3° En *fagots*, ou faisceaux composés de ramilles, de branches et de quelques rondins ou quartiers ;

Et 4° enfin, en *bourrées*, ou faisceaux renfermant exclusivement du menu bois.

B. Bois d'œuvre. Sous cette dénomination, on comprend les bois de tous les emplois autres que le chauffage. Ils se divisent en :

1° *Bois de service*, qui comprennent les bois de constructions civiles et navales ;

2° *Bois de travail* ou *d'ouvrage*, comprenant les bois employés par différents métiers tels que la menuiserie, l'ébénisterie, le charronnage, la tonnellerie, la fabrication des sabots, etc.

Parmi les bois de travail, on distingue les *bois de fente ;* on nomme ainsi ceux dont l'emploi exige le procédé de la fente. Tels sont les douves de tonneaux, de cuves, etc.; les échalas, les lattes, les cerches ou planchettes très-minces (5 millimètres et moins d'épaisseur) dont on fait les bordures des tamis, les boisseaux et autres mesures, etc. C'est encore avec des bois de fente que l'on fait des panneaux de soufflet, des pelles à four et autres, des attelles de collier, des bâts, des arçons de selle, des rames et des gournables ou chevilles employées pour fixer les bordages à la membrure des vaisseaux.

Pour qu'un bois puisse servir à la fente, il faut qu'il ait une texture égale, que ses fibres longitudinales soient parfaitement droites, apposées régulièrement les unes contre les autres, et qu'il soit exempt de nœuds et de tout autre accident de croissance.

On appelle *bois merrain* le bois de fente destiné plus particulièrement à la fabrication des douves.

15. On nomme *panage* le parcours des porcs dans les forêts pour s'y nourrir de glands ou de faînes.

Certaines forêts sont grevées du droit de panage à titre onéreux ou gratuit.

CHAPITRE PREMIER.

—

BUT ET DIVISION DE CE LIVRE.

—

ARTICLE PREMIER.

Des études qu'il embrasse et de leur ordre naturel.

16. Une culture raisonnée a toujours pour base l'étude des influences sous l'action desquelles elle doit s'exercer. Ces influences tiennent aux propriétés des objets mêmes auxquels s'applique cette culture et aux propriétés des objets extérieurs. L'étude qui doit servir de base à la culture des Bois , ne se borne donc pas aux Bois mêmes , c'est à dire , aux essences qui composent les Forêts ; elle doit embrasser encore les climats sous lesquels celles-ci végètent , et les sols qui les supportent. Toutefois, les essences forment l'objet principal de cette étude, et ce sont elles , par conséquent , qui devraient nous occuper d'abord. Mais il est à remarquer que les climats et les sols sont entièrement indépendants des essences , tandis que la réciproque n'a évidemment pas lieu. Ce sera donc nous conformer

à l'ordre naturel que d'étudier d'abord les climats et les sols, et de passer seulement ensuite aux essences.

De l'étude des Sols et des Climats.

17. L'étude des climats et des sols, ainsi que nous venons de le faire remarquer, n'est qu'accessoire pour nous, car elle ne nous importe qu'en raison de l'action immédiate qu'ils exercent sur la végétation ; nous nous bornerons donc à ce qui est indispensable pour faire connaître cette action.

18. Nous étudierons d'abord les climats en cherchant quelles sont les influences générales dont ils dépendent, et quelle action ils exercent à leur tour sur la végétation ; puis, les divisant en climats de plaines et en climats de montagnes, nous apprendrons à connaître les phénomènes atmosphériques particuliers aux plaines, aux vallées, aux versants et aux plateaux, et l'influence de ces phénomènes sur la végétation. Nous serons conduits de là à prendre en considération l'exposition et les caractères propres aux quatre principaux aspects du soleil.

19. Pour les sols, nous étudierons d'abord les qualités qu'ils doivent présenter pour être favorables à la végétation, et la part qu'ils ont dans le phénomène de la nutrition. Nous examinerons ensuite

leur composition, et les propriétés particulières à leurs principaux composants. Du sol lui-même, nous descendrons au gisement qui en est la base minéralogique; puis nous nous occuperons de l'inclinaison. Enfin, nous terminerons par l'énumération des diverses catégories usitées de terrains, fondées sur la composition, ou sur le degré d'humidité, et nous ferons connaître leurs propriétés relatives à la végétation des bois.

ARTICLE III.

De l'étude des Essences.

20. L'étude des essences étant notre objet principal, nous examinerons, pour chacune en particulier, toutes les propriétés qui doivent avoir quelque influence sur la culture.

Ainsi, nous décrirons chaque essence en commençant par faire connaître ses exigences sous le rapport des climats et du sol, puis, pour embrasser le végétal dans toutes les phases de son développement, nous nous occuperons d'abord de la floraison et de la fructification, puis du jeune plant, enfin de l'arbre dont nous considérerons successivement le feuillage, la tige et les racines, la croissance et la durée; enfin, nous compléterons chacune de ces études par l'appréciation des qualités du bois sous le rapport de son emploi et des ressources qu'il présente à l'industrie.

21. On ne doit pas s'attendre à trouver dans nos descriptions d'arbres, l'énumération des caractères botaniques qui distinguent chaque espèce et la font reconnaître avec certitude(1). Nous n'indiquerons ici que celles des propriétés des arbres qui ont une influence réelle sur la culture.

22. Nous passerons sous silence les bois qui sont sans importance sous le rapport de leurs produits matériels, tels que les arbrisseaux et les arbustes, et nous ne parlerons pas davantage de ceux qui ne se rencontrent que très-rarement dans les forêts. Parmi les essences exotiques acclimatées, quelques-unes seulement nous ont paru mériter d'être mentionnées ici, tant à cause de leur belle végétation que par rapport aux qualités de leur bois.

23. Quant au classement des essences, nous n'entrerons encore à cet égard dans aucun détail de

---

(1) Ces connaissances, qui d'ailleurs ne sont pas indispensables pour l'intelligence des règles de la Culture des bois, sont enseignées aux élèves de l'Ecole forestière dans un cours de botanique appliquée (dendrologie), et les forestiers praticiens les possèdent en général à un degré suffisant, soit qu'ils les aient acquises par une longue habitude, soit qu'ils les doivent à une étude approfondie. Ceux de nos lecteurs, au surplus, qui seraient entièrement étrangers à cet objet, pourront se l'approprier dans des traités spéciaux, tels que : *Le nouveau Duhamel,* publié par Mirbel ; *l'Histoire des arbres et arbrisseaux,* par Desfontaines, etc.

classification botanique. Nous nous contenterons de ranger les essences forestières en deux groupes : *Bois feuillus* et *Bois résineux*. Cette division nous convient principalement en ce qu'elle se fonde sur des caractères pris dans la nature même du bois et de sa végétation.

Les arbres qui composent le premier groupe portent des feuilles qui meurent et tombent à chaque automne et sont renouvelées au printemps suivant, à l'exception cependant de quelques espèces, le *chêne liège* et le *chêne yeuse* entre autres, qui conservent leurs feuilles vertes pendant plus d'une année. Des bourgeons, dits axillaires, se trouvent à l'aisselle de chacune de ces feuilles, d'où résulte une ramification abondante, plus ou moins diffuse. Les sucs qui circulent dans leurs tissus ne sont jamais résineux, et ces arbres, ont tous, plus ou moins, la propriété de produire des rejets de souches et de racines, lorsque la tige est coupée par le pied.

Les bois résineux, aussi appelés arbres verts, ont des feuilles linéaires, acuminées, raides, qui persistent pendant plusieurs années ; le *mélèze* seul fait exception quant à la nature de ses feuilles ; quoique linéaires et acuminées, elles sont tendres et tombent à chaque automne comme celles des bois feuillus. Les arbres de ce groupe n'ont pas de bourgeons à l'aisselle de chaque feuille ; ils n'ont généralement que des bourgeons terminaux entourés d'un seul verticille de bourgeons axillaires, de sorte que leur ramification n'est pas diffuse comme celle des essences du groupe précédent, elle est, au contraire, plus ou moins régulière, et la tige a une disposition prononcée à croître en hauteur.

Les bois résineux ne possèdent point la faculté de se reproduire par rejets (1) de souches ou de racines ; leurs sucs sont résineux, et leurs semences se trouvent renfermées dans un fruit ligneux composé d'écailles superposées les unes aux autres autour d'un axe commun. Ce fruit a reçu le nom de *strobile* ou *cône.*

---

(1) Nous n'ignorons pas que plusieurs pins d'Amérique, et notamment le *pinus tœda* et le *pinus rigida*, se reproduisent par rejets. Toutefois, cette propriété ne paraît que faiblement caractérisée en eux, et d'ailleurs aucun bois résineux, indigène ou acclimaté en France, ne semble la partager. Le fait de la non-reproduction par rejets des bois résineux n'en demeure donc pas moins vrai pour nous, sous le rapport cultural.

CHAPITRE SECOND.

—

DES CLIMATS.

—

ARTICLE PREMIER.

Du Climat en général.

24. Nous avons établi la distinction du climat géographique et du climat physique ou local. C'est le climat local qu'il importe surtout au forestier d'étudier, comme agissant principalement sur la végétation des bois.

En général, on peut admettre que, dans les pays chauds, la végétation est plus précoce et plus active, lorsque, comme sur le littoral, l'humidité atmosphérique est abondante, ou lorsque, en raison de l'élévation, les chaleurs sont moins intenses. Dans ces régions, les bois sont plus durs, plus pesants et plus durables que dans les pays froids. Un climat doux hâte la croissance et la maturité des bois, un climat rigoureux les retarde.

25. La situation d'où dépend principalement le climat local influe par l'élévation au-dessus du niveau de la mer, et surtout par la configuration terrestre.

26. L'élévation au-dessus du niveau de la mer se manifeste, de même que l'éloignement de l'équateur, par un abaissement dans la température dû à un rayonnement plus actif et à la moindre capacité de l'air raréfié pour la chaleur (1) ; mais, tout en étant plus raréfié et plus sec, l'air des couches supérieures de l'atmosphère est néanmoins chargé fréquemment, bien que seulement par des causes accidentelles, de grandes quantités d'humidité. En outre, les courants sont plus fréquents et ont plus de violence dans les situations élevées, sans doute, parce qu'ils y rencontrent moins d'obstacles que dans les régions basses.

Mais c'est la configuration terrestre qui a la plus grande part dans les influences qui font varier le climat local, et elle donne lieu à la distinction des *climats de plaines*, et des *climats de montagnes*.

---

(1) Dans la plus grande partie de la France, 200 mètres d'élévation au-dessus du niveau de la mer, équivalent à peu près à un degré de latitude. (Voir Cours complet de Météorologie, par Kæmtz, traduit par M. Ch. Martins.)

Des Climats de plaines.

27. Les climats des plaines sont généralement plus doux et moins variables que les climats des montagnes; déterminés principalement par la latitude, ils sont aussi modifiés par la nature du terrain, l'état de sa superficie, et par le plus ou moins grand éloignement des mers.

28. Les eaux à la superficie terrestre, les lacs, les étangs, les rivières, en répandant de l'humidité dans l'atmosphère, diminuent l'intensité des chaleurs. Les masses de forêts produisent des effets analogues, par les exhalaisons aqueuses des arbres et par leur couvert qui empêche le sol de se dessécher; mais, d'un autre côté, elles rendent la température plus constante, en mettant obstacle au rayonnement de la terre, en favorisant l'infiltration des eaux dans le sol que leurs racines pénètrent et divisent en tous sens, enfin, en arrêtant l'action des vents. Au contraire, l'absence totale d'eaux augmente la sécheresse et la chaleur de l'atmosphère en été; le manque de forêts ou autres plantations se fait sentir de même, et en hiver, il ajoute encore à l'intensité du froid.

Il doit donc être de la plus haute importance pour l'état climatérique d'un pays, que les forêts y soient réparties d'une manière convenable.

29. Un terrain léger et profond favorise l'infil-

tration de l'humidité ; un sol compacte et humide ajoute à la rudesse du climat.

30. Vers les côtes, les froids de l'hiver sont moins vifs, par suite du voisinage de la mer dont la température varie peu ; et les eaux pendant l'été rafraîchissent l'air et empêchent les trop fortes chaleurs. Une atmosphère très-humide, la violence et la fréquence des vents caractérisent le climat de ces localités.

ARTICLE III.

Des Climats de montagnes.

31. Les climats de montagnes se modifient par les mêmes causes que les climats de plaines, mais c'est surtout l'influence de la configuration terrestre qui s'y fait le plus vivement sentir. On y remarque, comme caractère général, des variations brusques et fréquentes dans la température et dans la quantité d'humidité répandue dans l'atmosphère.

32. Trois situations sont à distinguer dans les pays de montagnes :

Les vallées,

Les versants,

Les plateaux.

1° Dans les vallées profondes, les chaleurs sont fortes, l'humidité atmosphérique est abondante. L'influence des grands vents qui règnent sur les hauteurs y est atténuée, et l'air y est en général plus calme, quoique agité presque constamment par de légers courants.

Ces diverses circonstances sont toutes très-favorables à la végétation, qui, d'un autre côté cependant, s'y trouve aussi exposée à l'influence nuisible de plusieurs météores (1). Ce sont d'abord des brouillards épais et fréquents, qui, en obscurcissant l'atmosphère, empêchent l'action bienfaisante de la lumière, et ensuite, des différences trop tranchées entre la température des jours et celle des nuits, d'où proviennent les gelées tardives du printemps, funestes à la végétation.

2° Dans les régions plus élevées, les variations de température sont les mêmes que dans les vallées, mais la chaleur et l'humidité de l'atmosphère y sont moins fortes, quoique susceptibles, par moments, de s'élever à un très-haut degré. Des vents impétueux y règnent souvent dans une constante direction, déterminée par celle des montagnes voisines. L'action de la lumière y est vive et l'atmosphère chargée d'électricité.

Ces climats présentent une végétation moins précoce et moins active que celle des vallées.

3° Sur les plateaux des grandes hauteurs, le climat se trouve déterminé surtout par l'élévation

---

(1) On sait que ce mot désigne généralement les phénomènes atmosphériques.

au-dessus du niveau de la mer, et participe, d'ailleurs, en grande partie de celui des régions immédiatement inférieures. On y remarque d'abondantes rosées, des pluies et des brouillards fréquents, qui, pendant une grande partie de l'année, sont transformés en neige et en givre.

Dans ces localités, la croissance des bois est lente et peu vigoureuse.

33. Parmi les circonstances qui modifient notablement les climats de montagnes, il faut citer les *abris*. Ainsi, à hauteur égale au-dessus du niveau de la mer, des versants, des plateaux peuvent présenter des phénomènes climatériques très-différents, selon qu'ils sont ou non abrités, dans certaines directions, par des montagnes voisines plus élevées, et selon que celles-ci sont boisées ou dénudées. Pour comprendre l'influence que cette dernière condition peut exercer, il suffit de se reporter à ce que nous avons dit plus haut [28] des effets produits par les forêts sur les climats de plaine, et de remarquer, en outre, que ces effets seront d'autant plus salutaires sur les grandes élévations, qu'en hiver les froids y sont plus vifs et plus prolongés, les neiges plus abondantes et plus persistantes ; en été, l'air plus sec et plus chaud, les orages plus fréquents et plus violents ; en toute saison enfin, les vents plus continuels et plus impétueux.

34. Nous ne parlerons pas de l'état climatérique des pays de coteaux. On conçoit qu'il doit tenir le

milieu entre celui des montagnes et celui des plaines, et se rapprocher plus ou moins de l'un ou de l'autre, selon la configuration terrestre et l'élévation au-dessus du niveau de la mer.

De l'Exposition.

35. Ainsi que nous l'avons dit, l'exposition est un élément essentiel du climat local ; elle influe sur la croissance et la qualité des bois en raison de l'action non-seulement du soleil, mais encore des divers météores tels que les vents , la pluie, la gelée, etc., action qu'elle favorise plus ou moins.

Chacun des quatre principaux aspects présente des effets météoriques qui lui sont particuliers.

36. Celui de l'*Est* a généralement une température fraîche et assez sèche , parce qu'il reçoit les rayons du soleil le matin lorsqu'ils ne donnent encore que peu de chaleur, et parce que les vents d'Est amènent ordinairement la sécheresse. Comme les bourgeons ne s'y développent qu'à une époque assez avancée du printemps , les gelées tardives de cette saison y sont peu à craindre ; celles d'automne, au contraire, s'y font sentir de bonne heure, et peuvent quelquefois devenir nuisibles lorsque les jeunes plantes et les pousses de l'année ne sont point encore suffisamment lignifiées.

L'Exposition de l'Est est très-favorable à la végétation des bois ; ils y acquièrent de belles dimensions, et une texture ferme.

37. Aux expositions *septentrionales*, le climat est à peu près le même qu'à celles de l'Est, toutes circonstances égales d'ailleurs. Cependant la température y est plus froide , parce que le soleil y donne peu, et l'humidité plus abondante , parce qu'effectivement les vents du Nord sont moins secs que ceux du Levant.

Les arbres , dans les pentes au Nord , ont une croissance très-rapide et parviennent aux plus belles dimensions, mais leur bois est moins dense et d'une fibre plus molle qu'aux autres aspects.

38. Les expositions du *Couchant* sont éclairées par le soleil aux heures où il donne la chaleur la plus vive ; aussi le sol et l'atmosphère y sont-ils sujets à se dessécher rapidement et à un très-haut degré, à moins que des vents fréquents d'Ouest ou de Sud-Ouest , ordinairement chargés de beaucoup d'eau , ne viennent remédier à cet inconvénient. Mais si ces vents peuvent produire quelque avantage sous ce rapport, ils sont , d'un autre côté , très-nuisibles aux parties de forêt exposées immédiatement à leur action , parce qu'en raison de leur extrême violence, et des grandes pluies qui les accompagnent, ils déracinent les arbres mal assis dans une terre détrempée ou les rompent très-souvent.

Les bois, dans ces expositions , acquièrent de la

souplesse et une texture forte , mais les tourmentes trop habituelles des vents les rendent sujets à des déformations et les arrêtent souvent dans leur croissance.

39. L'exposition du *Sud* est la plus défavorable à la végétation. Comme le soleil y donne à peu près tout le jour, les premières chaleurs de l'année provoquent le prompt développement des bourgeons , et les jeunes pousses deviennent fréquemment victimes des gelées printanières. Dans ces expositions, le sol et l'atmosphère sont extrêmement chauds et secs, et des vents violents, souvent accompagnés d'orages, s'y font aussi sentir plus immédiatement.

Les bois qui croissent dans les versants au Midi , deviennent très-durs et coriaces ; mais leur accroissement est lent et leurs dimensions, tant en hauteur qu'en diamètre, sont peu considérables.

40. Il est à remarquer que l'influence de l'exposition sur la végétation s'affaiblit en raison de l'élévation au-dessus du niveau de la mer. Ainsi, par exemple, sur les grandes sommités , la différence de température entre l'exposition du Nord et celle du Midi est bien moins marquée qu'à des élévations moyennes ou dans les vallées.

CHAPITRE TROISIÈME.

—

DES SOLS.

—

ARTICLE PREMIER.

Du sol en général et de son action nutritive.

41. La terre végétale se compose principalement de terre proprement dite, fournie en général par la dégradation des roches sur lesquelles elle repose, et en outre de l'humus qui en est la partie la plus nutritive. Dans les forêts, l'humus se produit abondamment par les feuilles qui tombent annuellement des arbres, et par les diverses autres parties de plantes qui y pourrissent.

42. L'action du sol, sur la végétation des bois, peut être envisagée sous deux points de vue différents : 1° Sous le point de vue physique ; 2° Sous le point de vue chimique.

43. *Physiquement*, le sol agit par sa profondeur, par sa compacité et sa cohésion, par son hygroscopicité et les autres propriétés qui s'y rattachent, aptitude à se dessécher, à se retirer, etc., enfin, par

sa coloration. En vertu de sa profondeur, de sa compacité, de sa ténacité ou de sa mobilité, le sol doit assurer aux arbres une assiette solide, favoriser l'extension des racines et permettre l'accès de l'air jusqu'à ces organes ; les deux dernières propriétés déterminent aussi la facilité ou la difficulté de la culture. Par l'hygroscopicité qui est proportionnelle à la compacité, le sol joue un rôle très-important à l'égard de la végétation, il retient plus ou moins d'eau, la cède plus ou moins facilement. Exagérée ou peu prononcée, cette propriété le rend trop humide ou trop sec. Dans le premier cas, il est sujet au retrait par les chaleurs, et les racines sont alors exposées à être déchirées ou desséchées ; dans le second, il s'émiette, devient poudreux et s'échauffe d'autant plus que sa coloration est plus foncée.

44. *Chimiquement,* le sol concourt directement à la nutrition des végétaux en leur cédant des substances minérales, sels et oxydes qui proviennent de sa décomposition lente, mais incessante, sous les différentes influences de l'atmosphère et qui, d'insolubles qu'elles étaient, se transforment en éléments solubles, et par conséquent, assimilables. Il concourt indirectement au même but, en transmettant aux plantes certaines substances utiles qu'il reçoit de l'air, des eaux de pluie et des engrais ou de l'humus. La nutrition végétale, ainsi alimentée en grande partie dans le sol par l'action absorbante des racines, est complétée dans l'air par l'action analogue de toutes les parties vertes.   3

Il n'est pas possible, au surplus , d'indiquer dans quelles mesures un sol doit présenter toutes les propriétés physiques et chimiques que nous venons d'énumérer pour qu'il offre le plus haut degré de fertilité. Ces mesures n'ont en effet rien d'absolu et se modifient avec les essences que l'on veut cultiver et dont les exigences varient; et, pour une même essence, avec le climat et l'exposition.

Des principaux composants du sol.

45. Bien que les terrains présentent une variété infinie, ils ne sont cependant composés en général que de trois terres : l'*argile*, le *calcaire* et le *sable* , auxquelles viennent s'ajouter accidentellement l'*humus* et plusieurs sels et alcalis dont les plus répandus sont le gypse (pierre à plâtre), l'alun, la potasse, la soude, etc. Quant aux métaux que l'on y trouve, le fer seul mérite d'être mentionné. C'est à l'oxyde de fer, en effet, que sont dues la couleur rouge et la couleur jaune d'un grand nombre de terrains , et l'on sait que la couleur influe sur l'absorption du calorique.

46. L'*argile* est une combinaison de silice et d'alumine; elle est très-compacte , montre une très-grande avidité pour l'eau, qu'elle absorbe cependant lentement, mais qu'elle cède de même, et dont elle

ne se laisse plus pénétrer une fois qu'elle en est saturée. Exposée à une chaleur forte et prolongée, ou à un air vif et sec, elle prend beaucoup de retrait, acquiert une grande dureté et se crevasse profondément.

47. Le *calcaire* ou carbonate de chaux (pierre à chaux, craie, marbre, etc.,) réduit en terre, constitue un sol meuble qui absorbe promptement et retient une grande quantité d'eau avec laquelle elle se délaie et forme de la boue, et qui, par les temps secs, perd rapidement toute cette eau et tombe en poussière.

48. Le *sable* proprement dit est de la silice sous forme de grains plus ou moins fins. Il constitue un sol meuble, sans aucune consistance, dépourvu de la propriété de retenir l'eau qu'il laisse infiltrer jusqu'aux couches les plus profondes.

49. Comme on le voit, aucune de ces terres n'est propre à former à elle seule un terrain fertile. L'argile, à cause de sa compacité et de son imperméabilité à l'air comme à l'eau, ne permet pas aux racines de pénétrer et de s'étendre ; mais divisée par la silice ou la chaux, en proportion convenable, elle devient un des meilleurs sols.

La terre calcaire, par l'égale facilité qu'elle possède d'absorber et de perdre beaucoup d'eau, offre un sol alternativement et brusquement trop humide et froid, puis trop sec et chaud ; les plantes y végètent péniblement, quand l'argile ou une quantité

considérable d'humus ne lui donne pas la consistance
nécessaire.

Les sables purement siliceux enfin sont stériles,
parce qu'en raison du manque total de cohésion
entre les grains dont ils se composent, l'humidité
s'infiltre ou s'évapore presque aussitôt qu'elle y pénètre, et les prive ainsi d'un des éléments essentiels
de la végétation. Toutefois, lorsque le sable est à
l'état pulvérulent il se modifie favorablement en ce
que, bien qu'entièrement desséché à la surface, il
retient, à peu de profondeur, assez de fraîcheur pour
permettre à certains végétaux ligneux d'y prospérer.
Les dunes que l'on parvient à fixer à l'aide de semis
de bois résineux sont un exemple de ce fait. Mais il
n'est pas moins vrai, en général, que les sols siliceux
ont besoin, pour devenir fertiles, d'une grande quantité d'humus.

50. L'*humus* forme une terre dont la ténacité est
supérieure à celle des terres calcaires ou siliceuses,
quoique bien inférieure à celle des terres argileuses;
il a, en outre, la propriété d'absorber plus d'humidité qu'aucune autre terre et de la céder avec facilité
à la végétation. L'humus corrige donc les propriétés
physiques exagérées des sols siliceux et calcaires, en
leur donnant plus de consistance, et en les rendant
propres à retenir l'humidité, et celles des argiles,
en diminuant leur trop grande compacité et leur
avidité pour garder l'eau absorbée. Enfin, c'est l'humus qui fournit à tous les sols des sucs nourriciers
propres à la végétation.

Le rôle de cette terre explique comment, dans beaucoup de nos anciennes forêts où l'humus s'est accumulé, nous voyons une végétation riche et des arbres de la plus grande beauté sur des sols qui, découverts, et réduits à leurs éléments minéralogiques, seraient presque stériles.

ARTICLE III.

De la base minéralogique et de l'inclinaison.

51. Après avoir considéré le sol par rapport à ses principaux composants, il nous reste à examiner les modifications que peuvent lui faire subir sa *base minéralogique* et son *inclinaison*.

52. C'est aux gisements de roche ou d'argile pure formant la limite inférieure des terrains, que l'on a donné le nom de base minéralogique. Leur action sur la végétation se manifeste de plusieurs manières. Compacte et dure, la base minérale empêche évidemment les racines des arbres de s'enfoncer au-delà de la couche de terre végétale ; tendre et divisée par de nombreuses fissures, elle leur donne un plus facile accès. Stratifiée, c'est-à-dire, composée de couches ou de feuillets parallèles, la pénétration des racines est facilitée ou arrêtée suivant que les joints sont obliques ou perpendiculaires à la surface du sol, ou qu'ils lui sont parallèles.

La base minéralogique influe encore sur le degré

d'humidité des terrains, selon qu'elle est imperméable à l'eau, ou qu'elle la laisse s'infiltrer. Cette propriété dépend, soit de la nature et des proportions des éléments constituants, et nous avons vu plus haut comment l'argile, le calcaire et le sable se comportent sous ce rapport ; soit de la nature schisteuse ou compacte du gisement, de la direction horizontale, oblique ou verticale des couches.

53. L'inclinaison, lorsqu'elle est faible, est sans influence sur le terrain ; toutefois, les sols entièrement plats sont plus exposés aux inondations que ceux qui sont légèrement accidentés. Mais, dans les pentes fortement prononcées, on observe généralement plus de sécheresse dans la partie supérieure et plus de fraîcheur dans l'inférieure, qu'à mi-côte ; et les molécules meubles (mobiles) ou solubles étant entraînées vers le bas par l'action des eaux, la fertilité du sol au pied des montagnes s'augmente constamment aux dépens des parties plus élevées. Ces inconvénients, cependant, sont moins à redouter lorsque les pentes sont boisées, attendu que les arbres retiennent les terres par leurs racines, et conservent la fraîcheur par leur couvert. Il est à remarquer d'ailleurs, que l'inclinaison est favorable à la végétation des bois, parce que, ne cessant pas de croître verticalement, leurs cimes, étagées les unes au-dessus des autres, participent plus largement à l'influence bienfaisante de la lumière, se couvrent d'un feuillage plus abondant, et l'on sait que la production ligneuse

est proportionnelle au développement des parties foliacées ; parce que enfin les racines ont plus d'espace pour s'étendre (1).

ARTICLE IV.

Des diverses catégories de terrains.

54. Les dénominations les plus usitées des terrains se fondent d'une part sur les composants des terres ; de l'autre, sur la quantité d'humidité qu'elles renferment.

55. On nomme *terre forte*, *glaise*, *froide*, celle où l'argile domine visiblement sur les autres éléments. Les terres *glaises* se distinguent des terres *fortes* en ce qu'elles sont plus purement argileuses et par conséquent plus rebelles à la végétation ; leur couleur est ordinairement bleue ou verdâtre, et leur structure schisteuse, tandis que les secondes sont

---

(1) Ce dernier avantage, qui est réel dans les pentes douces et dans les moyennes, cesse d'exister dans les pentes rapides, surtout lorsque (comme c'est le cas le plus fréquent) le sol y manque de profondeur, les racines ayant une répugnance marquée à suivre une direction ascendante. On reconnaît facilement la vérité de ce fait par la forme qu'affectent, dans ces localités, les cimes des arbres qui se développent surtout du côté de la pente et sont presque dépourvues de branches du côté opposé.

mieux pétries et colorées en blanc , en gris et en
jaune. Les unes et les autres se nomment *froides* ,
lorsqu'en raison de l'humidité qu'elles renferment ,
de leur couleur ou de toute autre circonstance, elles
sont lentes à s'échauffer , et que, pour ce motif, le
développement de la végétation a lieu tardivement.

56. Dans la catégorie des *terres légères*, on comprend les terres *sablonneuses* ou *graveleuses*, composées de sable ou de gravier, soit siliceux, soit calcaire.
On y compte aussi les autres genres de terres calcaires à l'état pulvérulent.

57. Les terres *marneuses* sont rangées tantôt
parmi les terres fortes , tantôt parmi les terres légères. La *marne* , en effet, est un mélange intime de
calcaire et d'argile qui se délite à l'air, et où l'un ou
l'autre élément domine alternativement. Quand c'est
le calcaire qui domine (*marne calcaire*), le sol peut
être léger ; au contraire , quand l'argile l'emporte
(*marne argileuse*), la terre devient forte.

58. Le *sable gras* est un mélange d'environ deux
tiers de sable avec un tiers d'argile, dans lequel tous
les bois à peu près prospèrent.

59. Ce que l'on appelle *terre franche* n'est souvent qu'un sable gras avec une portion assez considérable d'humus ; mais, la plupart du temps , cette
terre se compose, par parties à peu près égales , de
silice , de calcaire et d'argile enrichis de beaucoup
de terreau. De tous les sols c'est le meilleur , pour
les bois comme pour presque toutes les plantes.

60. On donne aux terrains qui renferment beaucoup d'humus (quels que soient leurs éléments minéralogiques) le nom de terrains *gras* ou *substantiels*, par opposition à ceux qui n'en contiennent que très-peu ou point, et qu'on nomme *maigres*, *pauvres*, *arides*.

61. Sous le rapport du degré d'humidité, qui dépend non-seulement des éléments terreux, mais encore de la situation, de l'exposition, etc., on divise les sols en plusieurs catégories.

62. Les sols *marécageux* sont ceux qu'abreuvent abondamment des eaux croupissantes et sans écoulement; ils sont ordinairement situés dans les bas-fonds. On les distingue des terrains *aquatiques* ou *mouilleux* qui sont aussi entièrement détrempés, mais où les eaux se renouvellent constamment par l'écoulement. Les premiers ne présentent en général que des bois d'une végétation languissante, tandis que les seconds peuvent convenir à plusieurs essences.

63. Dans les sols *humides*, l'eau n'apparaît pas à la surface sous une légère pression, comme cela a lieu dans les précédents; toutefois, ces sols ne se sèchent jamais entièrement, ce qui les rend particulièrement propices à certains bois.

64. Les terrains *frais* se dessèchent bien pendant les grandes chaleurs, mais d'ordinaire à la surface seulement, et jamais au-delà de 16 centimètres environ de profondeur. Ce degré d'humidité, favorable

à presque toutes les essences, n'est d'ailleurs propre qu'aux meilleurs sols.

65. Les terrains *secs*, que l'on nomme aussi *chauds*, sont ceux qui se dessèchent promptement à une profondeur assez considérable pour priver les racines des arbres de l'humidité nécessaire ; ils ne peuvent nourrir qu'un petit nombre d'essences.

66. Toutes les différentes nuances de terrains que nous venons de citer manifestent une influence plus ou moins marquée sur la qualité des bois qui y croissent. En général, les fonds humides ou très-substantiels produisent, avec une végétation riche, des bois d'un tissu lâche qui ne restent pas aussi longtemps sains que sur des terrains d'une fertilité moyenne, et qui, mis en œuvre, sont de peu de durée. Au contraire, les sols maigres et chauds, où l'accroissement est lent et faible, fournissent un bois dur et coriace. Il est à remarquer, toutefois, que les propriétés d'un sol trop sec par lui-même peuvent se modifier sous une température humide, tout comme les effets produits sur la végétation par un fonds humide peuvent être atténués par un climat chaud.

CHAPITRE QUATRIÈME.

—

DES BOIS FEUILLUS.

—

ARTICLE PREMIER.

Les Chênes.

67. Le genre des chênes comprend les essences qui, sous le rapport de la longévité, de la force et des différents emplois auxquels leur bois est propre, occupent le premier rang parmi les végétaux forestiers. Les espèces principales indigènes sont les suivantes :

A. CHÊNES A FEUILLES CADUQUES.

1° *Chêne rouvre* (quercus robur, DUHAMEL, sessiliflora, SMITH).

2° *Chêne pédonculé* (quercus pedunculata, DUHAMEL; Racemosa, LAMARK), connu aussi sous le nom de chêne à grappes, chêne blanc, gravelin.

3° *Chêne tauzin* (quercus toza, Bosc), chêne doux, chêne brosse, chêne noir, chêne Angoumois.

B. Chênes a feuilles persistantes.

4° *Chêne yeuse* (quercus ilex, LINNÉ), chêne vert.
5° *Chêne liège* (quercus suber, LINNÉ).
6° *Chêne kermès* (quercus coccifera, LINNÉ).

1° et 2° Chêne rouvre et Chêne pédonculé.

68. Ces deux espèces sont les plus généralement répandues en France et composent à elles seules des forêts considérables.

69. CLIMAT, SITUATION, EXPOSITION. — Ces deux chênes appartiennent aux climats tempérés. On les rencontre quelquefois, le rouvre surtout, sur des montagnes élevées où la température est froide ; mais ils n'y prennent que de faibles dimensions, et tout annonce que ce lieu d'habitation ne leur convient pas. Les vallées étroites et humides, fréquemment couvertes de brouillards, sont très-contraires à cet arbre, parce qu'il y souffre beaucoup des gelées printanières dans la jeunesse. C'est dans les plaines et à des hauteurs moyennes qu'il acquiert tout son développement.

Les pentes méridionales ne sont pas celles où il prospère le plus ; quand le sol y est sec et chaud, il n'y prend qu'une chétive croissance, mais son bois gagne en solidité [39]. Les autres expositions favorisent davantage sa végétation, qui y est plus rapide et plus prolongée, lorsque le sol est d'ailleurs de bonne qualité.

70. TERRAIN. — Le chêne est celui de tous les arbres qui s'accommode le mieux des terres très-argileuses, mais sa croissance est plus belle dans celles qui sont plus divisées ; le chêne pédonculé surtout préfère ces dernières. On le trouve en bon état de croissance dans les terrains de grés, et en général dans ceux dont la base minéralogique se décompose facilement, lorsqu'ils contiennent d'ailleurs une certaine quantité d'humus. Les sables secs et les fonds marécageux lui sont contraires. Ce qu'il exige surtout, c'est un sol profond, attendu sa racine pivotante : cependant on le voit prospérer quelquefois, quoiqu'avec très-peu de pivot. Il est probable que cette modification, dans sa constitution, est produite, soit par une terre végétale très-fertile qui dispense le chêne de chercher sa nourriture plus avant dans le sol, soit par un sous-sol imperméable ou de mauvaise qualité.

71. FLORAISON ET FRUCTIFICATION. — La floraison est monoïque, et amentacée (1) pour les mâles ; les fleurs paraissent en avril avec les feuilles. Les gelées printanières qui se font sentir à cette saison, les détruisent souvent, et sont une des causes de la rareté des fruits dans certaines contrées où l'on observe des intervalles de 3, 6 et même 8 ans entre deux glandées consécutives. C'est surtout dans le Nord et l'Est

---

(1) En Chatons.

de la France que cette rareté des années de semence se présente ; dans les autres parties, les glandées sont généralement bis ou trisannuelles, et, chaque année même, il se produit quelques fruits qui contribuent à la régénération des bois.

Le gland mûrit et tombe au mois d'octobre de l'année même de la floraison ; il est lourd et s'écarte peu, dans sa chute, de l'arbre qui le produit.

Le chêne de brin ne devient fertile en semence qu'à l'âge de 50 à 80 ans, selon les climats, et selon qu'il est plus ou moins isolé, tandis que le rejet porte fruit souvent dès l'âge de 25 ou 30 ans. Un sol sec hâte la fructification.

72. JEUNES PLANTS. — Les chênes sont robustes dès leur naissance et demandent, le plus tôt possible, un état découvert. On peut même, excepté dans les pentes au Midi, les élever sans abri, mais il est utile, lorsqu'on le peut, de les garantir contre les vents froids et desséchants du Nord et de l'Est.

73. FEUILLAGE. — Bien que les feuilles du chêne soient grandes et épaisses, elles ne procurent cependant, dans leur ensemble, qu'un couvert assez incomplet, qui permet facilement aux rayons solaires de pénétrer jusqu'à la surface du sol. Cette circonstance favorise la végétation des herbes et des arbustes dans les forêts de chêne avancées en âge, et, lorsqu'elle n'est pas combattue par le forestier, elle exerce une influence très-grande sur la conservation de l'essence, en ce qu'elle rend souvent difficile la reproduction par la graine.

74. Racines. — Le chêne est généralement pivotant, et à quelques exceptions près, dont nous avons cherché à expliquer les causes [69], ses racines s'enfoncent profondément dans le sol. On en voit qui pénètrent jusqu'à 2 et même 3 mètres, quoique l'arbre se contente, pour prospérer de 1 mètre à 1 mètre 33 centimètres de fond.

Dans la jeunesse de l'arbre, le pivot forme la racine principale, les racines latérales sont rares et peu prononcées. A un âge plus avancé, celles-ci se développent au contraire avec vigueur, tendant toujours plutôt à descendre qu'à s'étaler, et le pivot reste à peu près stationnaire. C'est à cette tendance des racines à s'enfoncer que le chêne doit de résister, mieux que toute autre essence, aux ouragans et aux tempêtes.

Les racines du chêne n'ont aucune disposition à drageonner ; leur chevelu est peu abondant.

• 75. Croissance et durée. — La croissance du chêne est assez lente, mais assez égale, jusqu'à l'âge de 180 et même 200 ans. L'arbre vit quatre, cinq et six siècles ; il s'élève à 33 mètres et au delà, et parvient à une grosseur considérable. On en cite plusieurs qui ont atteint jusqu'à 3 mètres de diamètre au pied.

76. Qualités et usages. — Le chêne est l'arbre le plus estimé pour les différentes constructions ; son bois est de la plus grande durée et résiste, mieux que tout autre, aux intempéries de l'air. Garanti de l'humidité, il se conserve des siècles, et acquiert même, avec le temps, une dureté presque égale à celle du fer. Il est surtout employé dans les chantiers de la marine, et, à l'exception des mâts, il sert à peu près à toutes les parties dont un vaisseau est composé.

Le chêne est aussi un excellent bois de fente. Il fournit le merrain le plus généralement en usage, de très-bons échalas de vigne, du treillage, des cercles de futailles, et des bois propres à la boissellerie.

Différents métiers en tirent un grand parti ; mais plus particulièrement la menuiserie, le charronnage et la tonnellerie.

Comme bois de chauffage, le chêne vieux n'est pas d'un bon usage, du moins sur les foyers. Il y brûle sans flamme, pétille et éclate souvent, et dégage son calorique avec trop de lenteur, quoiqu'il en fournisse beaucoup ; dans les appareils à fort tirage (calorifères), à l'aide desquels on veut obtenir une température égale et soutenue, il est employé plus avantageusement. Le jeune chêne (rondin) est meilleur : lorsqu'il a cru sur un terrain sec et que sa dessication est avancée, il brûle bien, donne beaucoup de chaleur et un beau brasier. Le charbon de chêne est très-employé, surtout dans les usines métallurgiques ; et, pour cet usage, on préfère généralement le charbon de bois jeunes ou d'âge moyen à celui qui provient d'arbres mûrs.

L'écorce du chêne fournit le tan nécessaire à la préparation des peaux. Le meilleur est celui qu'on retire des jeunes chênes dont l'écorce est lisse et brillante.

Le fruit du chêne est particulièrement utile à l'engraissement des porcs.

Bien que les deux chênes que nous décrivons ici aient les mêmes qualités et soient propres aux mêmes usages, on reconnaît cependant au rouvre une plus grande force, et sa pesanteur spécifique surpasse celle du pédonculé. Celui-ci se distingue par une végétation plus prompte et, s'il est en sol convenable, par une plus grande élévation ; il fend plus aisément et prend un poli plus net. On peut donc préférer le rouvre pour les constructions qui demandent de la force et une grande durée, le pédonculé pour les ouvrages de fente.

3° *Chêne tauzin.*

77. Cet arbre est très-répandu dans les terrains sablonneux de l'Ouest de la France, depuis les **Pyrénées** jusqu'à Nantes, et même jusqu'au **Mans**.

78. CLIMAT, SITUATION, EXPOSITION. — D'après ce que nous venons de dire, cet arbre se plaît plus particulièrement dans les climats doux et même chauds, pourvu qu'ils soient humides, toutefois il résiste encore aux hivers des régions tempérées ; il paraît rechercher les plaines plutôt que les montagnes, et ne montre pas une préférence prononcée pour une exposition plutôt que pour une autre.

4

79. Terrain. — Les sols légers et frais sont ceux que le tauzin préfère ; on le voit réussir dans les dunes et dans d'autres terrains d'une nature assez aride.

80. Floraison et fructification. — La floraison est monoïque et amentacée pour les mâles. Les fleurs paraissent au printemps, et les glands sont mûrs et tombent à l'automne de l'année de la floraison.

81. Jeunes plants. — Les jeunes plants paraissent avoir le même tempéramment et les mêmes exigences que ceux des deux espèces précédemment décrites.

82. Feuillage — Les feuilles du chêne tauzin sont profondément découpées et disposées sur les rameaux, de manière à donner un couvert plus léger encore que celui du rouvre et du pédonculé.

83. Racines. — Ses racines, tout en ayant la même structure que celles des chênes en général, paraissent cependant disposées à tracer davantage, car on assure qu'il drageonne facilement.

84. Croissance et durée. — La croissance de cet arbre est assez rapide, mais il ne s'élève guère au delà de 20 à 24 mètres, et n'atteint qu'une grosseur ordinaire. Il vit plusieurs siècles.

85. Qualités et usages. — Quoique le chêne tauzin soit estimé comme bois de construction, on lui reproche cependant d'avoir trop d'aubier, d'être trop noueux, de résister mal aux alternatives d'humidité et de sécheresse, et enfin de se tourmenter plus que les autres chênes.

Ces défauts le rendent peu propre aussi à la fente et aux autres ouvrages, mais, jeune, il fournit des cercles de futailles très-recherchés, car il a la fibre coriace et beaucoup de liant.

Comme bois de feu il est bien préférable au rouvre et au pédonculé. L'écorce sert au tannage, et les glands sont particulièrement estimés pour l'engraissement des porcs.

4° Chêne yeuse.

86. Le chêne yeuse ou chêne vert ne se rencontre en France que dans les départements méridionaux. Dans la Provence et le Languedoc, ainsi qu'en Corse, il forme de nombreuses et vastes forêts.

87. CLIMAT, SITUATION, EXPOSITION. — Il a besoin d'une température chaude ; il se plaît sur les coteaux et sur les montagnes de moyenne hauteur, et réussit à toutes les expositions.

88. TERRAIN. — Cet arbre paraît préférer les sols calcaires ; c'est là du moins qu'on le rencontre le plus habituellement, quoiqu'il croisse aussi dans d'autres terrains, même les plus arides. A la vérité, il végète très-faiblement dans ces derniers, mais avec persistance, et l'on peut le regarder, forestièrement, comme le sauveur des montagnes du Midi.

89. FLORAISON ET FRUCTIFICATION. — La floraison est monoïque et amentacée pour les mâles ; les fleurs paraissent au printemps, quelquefois seulement en

mai. Le gland mûrit dans l'été de l'année, et tombe avant l'hiver. Quelques chênes yeuses donnent des glands assez doux et mangeables, sans qu'il soit possible de reconnaître aucune différence entre les pieds qui produisent ces glands et ceux qui ne portent que des glands amers ; on prétend même que les uns et les autres se trouvent parfois sur le même arbre. Il paraît probable que c'est surtout dans les expositions très-chaudes que le gland devient comestible.

90. JEUNES PLANTS. — Quoique très-robustes, et supportant bien les chaleurs, il est à conseiller cependant de leur procurer, dans les deux premières années de leur naissance, un abri contre les ardeurs du soleil.

91. FEUILLAGE. — Les feuilles persistent pendant 2 et 3 ans sur les rameaux ; elles sont beaucoup plus petites que celles des espèces à feuilles caduques, entières ou dentées et garnies de piquants, selon que le sol est plus ou moins fertile. Le couvert qu'elles donnent est très-épais.

92. RACINES. — Il est probable que dans un sol fertile et profond l'yeuse pivoterait comme les autres chênes ; mais dans les mauvais terrains où il végète en France, on ne lui voit que des racines traçantes, fortes, nombreuses, qui pénètrent très-avant dans les fissures des rochers et drageonnent abondamment.

93. CROISSANCE ET DURÉE. — La croissance de cet arbre est très-lente, et en France il atteint bien

rarement plus de 10 mètres de haut; mais en Italie et en Algérie où il se trouve parfois dans d'assez bons sols, il paraît qu'il parvient à de belles dimensions. Il vit plusieurs siècles.

94. QUALITÉS ET USAGES. — Le bois de l'yeuse est remarquable par l'homogénéité et la finesse de son grain, sa densité et son poids. Ces qualités le rendraient éminemment propre à être employé, soit comme bois de construction, soit comme bois d'ouvrage, partout où les pièces sont exposées à un frottement continu; aussi, Duhamel conseille-t-il déjà de le préférer, pour ces sortes d'usages, à toutes les autres espèces de chênes. On assure, de plus, que, mis en œuvre, il a une très-grande durée, et résiste longtemps à la pourriture. Malheureusement on le coupe généralement trop jeune, ce qui fait qu'il ne produit guère que du chauffage. Mais, pour cet usage, il est très-estimé et, dans le Midi, on le préfère même au hêtre.

Son écorce sert au tannage des cuirs, et on la met fort au-dessus de celle des chênes à feuilles caduques.

5° Chêne liège.

95. Le chêne liège, très-commun en Espagne, où il se fait un grand commerce de son écorce, et en Algérie, est cultivé avec succès dans les parties méridionales de la France. On le trouve dans les départements de la Gironde, des Landes, de Lot-

et Garonne, des Pyrénées-Orientales et de la Corse. Il en existe deux variétés, l'une à glands doux, l'autre à glands amers. La première est la plus estimée pour la qualité de son liège.

96. CLIMAT, SITUATION, EXPOSITION. — Cet arbre ne prospère que dans les pays à température élevée. Il réussit dans les régions moyennes des montagnes (jusqu'à 400 mètres au-dessus du niveau de la mer), aussi bien que dans les plaines. C'est dans les pentes méridionales et abritées, et partout où le soleil a beaucoup d'action, que son bois et son écorce acquièrent le plus de valeur.

97. TERRAIN. — Le chêne liège se plaît particulièrement dans les sols granitiques. Cependant, il est probable que d'autres terres légères et divisées ne lui seraient pas contraires. Des essais de l'élever dans les terrains calcaires ont réussi, mais non sans beaucoup de soins, dans le département du Var, et il paraît aussi qu'en Catalogne il croît dans des terrains de même nature. La racine pivotante exige un sol profond ; mais, indépendamment du pivot, cet arbre a aussi des racines traçantes qui lui permettent de croître dans des terrains de moindre profondeur. On voit, sur les montagnes des Pyrénées-Orientales et du Var, des chênes lièges qui se contentent de très-peu de fonds, et dont les racines s'implantent même dans les fissures des rochers, et lui donnent une assiette très-solide. Leur écorce, dans ces situations, devient plus légère, plus fine et plus épaisse.

Les sols compacts ou humides sont ceux qui conviennent le moins à cet arbre.

98. FLORAISON ET FRUCTIFICATION. — La floraison est monoïque et amentacée pour les mâles. Les fleurs paraissent à la fin de mai ou dans le courant de juin, suivant que l'arbre est plus ou moins exposé à la chaleur et abrité des vents du Nord. Les mêmes circonstances influent sur la maturité des fruits, et établissent à cet égard une différence de 1 à 2 mois. Dans tous les cas, les glands mettent au moins 16 mois à mûrir, et restent sur l'arbre jusque vers l'automne de l'année qui suit celle de la floraison. Sur certains points on les récolte à la fin de septembre, sur d'autres, en octobre, novembre, et même en décembre. Il est probable que les glands doux du chêne liège sont dus, comme ceux de l'yeuse, à une exposition et à un sol très-chauds où la maturation s'opère d'une manière plus complète.

Cet arbre porte fruit presque tous les ans ; la floraison tardive est peu exposée aux gelées printanières.

99. JEUNES PLANTS. — Les jeunes plants ne se montrent sensibles qu'au froid et particulièrement aux gelées tardives ; ils supportent bien l'action de l'air et du soleil. Cependant, aux expositions chaudes, il convient de ne pas les laisser sans abri dans les premières années. Ce qui doit faire penser qu'à cet âge l'ombre leur est favorable, c'est qu'on en voit beaucoup s'élever au milieu et sous le couvert des pins maritimes.

100. FEUILLAGE. — Les feuilles petites, entières, plus ou moins dentées, sont nombreuses, pressées et persistent plusieurs années. La tête de l'arbre, très-rameuse, fournit un couvert épais.

101. RACINES. — La racine principale pivote et s'enfonce profondément. Les racines latérales tracent au loin et sont disposées à fournir de nombreux drageons. C'est par les drageons que le chêne liège s'est considérablement multiplié dans les forêts incendiées du Var.

102. CROISSANCE ET DURÉE. — La croissance du chêne liège est assez active, et sa durée de plusieurs siècles. Il atteint de fortes dimensions. On en cite un exemplaire qui mesurait 3 mètres 15 centimètres de tour, d'une élévation moyenne, parce qu'il était isolé, mais ayant un feuillage bien nourri, des branches abondantes, fortes, et qui, par leur position verticale annonçaient encore une végétation vigoureuse. Un autre chêne portait 6 mètres de circonférence, et a fourni 55 stères de bois façonné, ce qui prouve que l'enlèvement de l'écorce ne lui est pas nuisible. Il peut donner du liège pendant 150 et 200 ans, suivant la fertilité plus ou moins grande du terrain.

103. QUALITÉS ET USAGES. — Le bois du chêne liège a beaucoup de poids et de densité. Il pourrait servir à la construction et à divers ouvrages, si on ne l'écorçait jusqu'à son entier dépérissement. Nul doute aussi que comme chauffage, il ne fût de très-bonne qualité.

Son écorce épaisse et spongieuse se crevasse et se détache naturellement tous les 7 ou 8 ans, lorsqu'on n'a pas soin de l'enlever ; elle est remplacée par une écorce nouvelle qui se forme en dessous. L'époque à laquelle il convient de commencer l'écorcement se détermine, non d'après l'âge, mais d'après les dimensions de l'arbre, qui doit, à cet effet, mesurer de 30 à 50 centimètres de tour.

L'enlèvement du premier liège ou *liège mâle* qui ne donne qu'un produit grossier et presque de nulle valeur, se nomme *démasclage*. Le *liège femelle* est celui que l'on récolte par la suite ; il est éminemment propre à tous les usages du commerce. Le démasclage ne doit guère dépasser la moitié de la hauteur du tronc de l'arbre ; ce n'est que dans les écorcements subséquents que l'on monte jusqu'à la naissance des branches qui, en général, doivent être respectées, à moins qu'elles ne soient de forte dimension. L'opération de l'écorcement se fait à la fin de juin, dans le mois de juillet et quelquefois même en août.

6° *Chêne kermès.*

104. Le chêne kermès est un arbrisseau très-abondant dans les départements du Midi de la France, et notamment dans ceux des Bouches-du-Rhône et du Var, où il couvre près des trois quarts du sol forestier.

105. CLIMAT, SITUATION, EXPOSITION. — Une température élevée lui est nécessaire ; il croît du reste en montagne aussi bien qu'en plaine et à tous les aspects du soleil.

106. TERRAIN. — C'est dans les sols sablonneux et pierreux qu'on le trouve le plus ordinairement, et il paraît très-peu exigeant sous ce rapport. Sa qualité d'arbrisseau sans importance exclut sa culture dans les terrains de quelque fertilité.

107. FLORAISON ET FRUCTIFICATION. — La floraison est monoïque et amentacée pour les mâles. Les fleurs paraissent en mai, les glands qui leur succèdent restent très-petits la première année , et ne sont mûrs que vers la fin de la seconde. Les buissons de chêne kermès portent fruit très-jeunes et presque tous les ans.

108. JEUNES PLANTS. — Cette essence étant sans importance forestière , les exigences de son jeune plant n'ont point été étudiées ; mais, à en juger par la grande facilité avec laquelle elle se propage, son tempérament doit être très-robuste dès sa naissance, au moins pour résister aux chaleurs et à la sécheresse.

109. FEUILLAGE. — Les feuilles sont persistantes et épineuses, à peu près comme celles du houx; elles donnent un couvert d'autant plus épais que les buissons de chêne kermès sont très-rameux et s'élèvent peu.

110. RACINES. — Les racines sont nombreuses,

plus traçantes, dit-on, que pivotantes, et disposées à drageonner.

111. Croissance et durée. — Ainsi qu'on vient de le dire [109], cet arbrisseau ne prend que de faibles dimensions ; il se ramifie dès la base, et n'atteint guère plus de 1 à 3 mètres de haut. Sa durée est probablement beaucoup moindre que celle de ses congénères ; on n'a pas toutefois de notions bien certaines à ce sujet, parce qu'on l'exploite généralement très-jeune.

112. Qualités et usages. — Le chêne kermès, attendu ses dimensions, ne produit que du bois de bourrées et de fagots, employé en général à chauffer les tuileries, briqueries et les fours à chaux sur place. Dans le Midi de la France, les bois de cette essence sont à peu près tous livrés au pacage. C'est sur cet arbrisseau que l'on trouve l'insecte appelé kermès (coccus ilicis), qui se fixe et se nourrit sur les jeunes rameaux. On le récolte pour l'employer en médecine, et pour en tirer une couleur rouge, estimée pour la teinture des étoffes.

L'écorce du chêne kermès est, comme celle de tous les autres chênes, propre au tannage des cuirs.

ARTICLE II.

Le Hêtre.

113. Cet arbre est l'un des plus utiles et des plus répandus de nos forêts dont il forme fréquemment l'essence dominante. Il n'en existe qu'une seule espèce indigène : le *hêtre commun* (fagus sylvatica, LINNÉ). On le connaît aussi sous le nom de *fayard*, *foyard* ou *fau*.

114. CLIMAT, SITUATION, EXPOSITION.—Le climat tempéré est celui que cet arbre préfère; il s'élève cependant à la même hauteur de nos montagnes que le sapin commun ou pectiné, et quelquefois même il lui est supérieur. On le trouve dans les Alpes à 1,500 mètres au-dessus du niveau de la mer, et dans les Pyrénées il monte jusqu'à 1,800 mètres. Le climat froid des différentes contrées de la France ne lui est donc pas essentiellement contraire.

Dans le centre, le nord, l'est et l'ouest de la France, ont le voit prospérer aussi bien dans les plaines que dans les situations montueuses, mais il réussit moins dans les vallons étroits et humides, exposés aux gelées tardives, que sur les plateaux et dans les pentes abritées. Il est exclu des plaines et des coteaux brûlants des départements du Midi.

Les expositions méridionales lui sont contraires, il préfère celles du Nord, du Nord-Ouest et de l'Est.

115. TERRAIN.—A l'exception d'un sable sec, de l'argile compacte et d'un fonds marécageux, le hêtre se contente de toute espèce de terrain, pourvu qu'il soit divisé. Un sol légèrement argileux, fortement mélangé de pierrailles semble lui convenir particulièrement. Il n'exige qu'une profondeur médiocre, à la condition, toutefois, que l'épaisse couche de feuilles mortes qu'il produit chaque année se maintienne à la surface.

116. FLORAISON ET FRUCTIFICATION.—La floraison est monoïque et en chatons globuleux pour les mâles; les fleurs paraissent avec les feuilles dans le courant d'avril ou au commencement de mai, suivant la température et, comme celles du chêne, elles sont souvent victimes des gelées printanières. Ce n'est ordinairement qu'à des intervalles de plusieurs années que l'arbre porte semence. Le fruit appelé *faîne* mûrit et tombe en octobre de l'année même de la floraison; quoique moins lourd que le gland, il ne s'éloigne cependant que peu de l'arbre qui le produit.

Le hêtre ne devient fertile que vers la 50ᵉ année. Dans les années où il y a faînée complète, on voit des pieds beaucoup plus jeunes chargés de graines. Mais, outre qu'elles sont vaines en grande partie, cette circonstance ne peut être considérée que comme tout à fait exceptionnelle.

117. JEUNES PLANTS.—Les hêtres, dans leur naissance, sont très-délicats et demandent un abri prolongé pendant plusieurs années; ils sont cependant moins sensibles au froid qu'à l'action du soleil, à laquelle ils ne peuvent résister.

118. FEUILLAGE.—Les feuilles sont d'un tissu serré et très-abondantes; elles forment un abri très-épais.

119. RACINES.—Dans la première jeunesse, le

pivot est presque aussi prononcé que celui du chêne et muni de peu de racines latérales; mais celles-ci ne tardent pas à se multiplier, sans toutefois s'étaler au loin, tandis que le pivot s'arrête complétement. Parvenu à maturité, l'arbre présente des racines assez fortes qui tracent dans les couches supérieures du sol et ne s'enfoncent jamais comme celles du chêne. Parfois elles produisent quelques drageons, mais qui sont généralement chétifs et d'une végétatation languissante.

120. CROISSANCE ET DURÉE.—La croissance du hêtre, dans les quinze premières années est fort lente; mais aussitôt qu'il a pris un peu de consistance, il devient robuste, et s'élance avec assez de rapidité. En sol convenable, il s'élève à plus de 40 mètres, prend jusqu'à 1 mètre et un mètre 50 centimètres de diamètre à la base, et prospère quelquefois pendant 300 ans.

121. QUALITÉS ET USAGES. — Le hêtre n'est guère propre à la charpente; son bois ne résiste ni à l'humidité ni aux variations de l'atmosphère. On n'a pu l'employer jusqu'à présent à cet usage qu'en opérant sa dessiccation parfaite, et en le soumettant au feu jusqu'à ce que sa surface fût un peu charbonnée. Il sert cependant à quelques pièces de constructions de vaisseaux, soit celles qui sont entièrement à couvert, soit celles qui restent sous eau.

Du reste, son bois est d'une utilité générale. C'est un des meilleurs bois de fente; il est employé par les menuisiers, les ébénistes, les charrons, les carrossiers, les tourneurs, les layetiers et les boisseliers. On en fait des rames de bâtiments de mer, des manches de marteaux de forge et autres usines. Le sabottage qu'on en tire forme un commerce considérable. Il est à observer qu'on ne peut fendre le hêtre que lorsqu'il est vert, mais que, pour l'employer, il faut lui faire subir une dessiccation complète, car il prend beaucoup de retrait.

Le hêtre fournit un excellent chauffage et un charbon très-recherché.

La faîne, mêlée avec le gland, sert à nourrir les porcs et à les engraisser; on en retire par ce moyen un produit souvent considérable. Le panage, lorsqu'il y a suffisamment de glands et de faînes, peut être mis en adjudication; c'est une ressource très-précieuse, surtout pour les pays pauvres en grains. On ramasse aussi la faîne pour en extraire l'huile qui est très-bonne à manger lorsqu'elle est pressée à froid. Cette huile est meilleure à brûler et donne moins d'odeur que d'autres huiles; elle est employée avec succès dans l'économie domestique et dans les arts.

ARTICLE III.

Le Châtaignier.

122. Le *châtaignier commun* (castanea vulgaris, LAMARK), est un arbre remarquable par son beau

feuillage et son port majestueux, par sa grande utilité
et par une croissance des plus rapides. On ne trouve
en France, et même en Europe, qu'une seule espèce
de ce genre. Quant aux variétés, qui ne sont dues
qu'au climat et à la culture, elles ne se distinguent
que par la grosseur et le goût du fruit.

123. CLIMAT, SITUATION, EXPOSITION. — On rencontre le châtaignier dans toute la France, excepté
dans les départements du Nord. Un climat un peu
chaud paraît donner plus de solidité à son bois [24],
et plus de qualité à son fruit; ce climat lui est même
nécessaire, car cet arbre fleurissant plus tard que les
autres essences, sa fructification a besoin d'une température douce pour arriver à une maturité parfaite.
Il est constant d'ailleurs qu'il supporte mal les froids
rigoureux, et c'est, à ce qu'on prétend, l'hiver de
1709 qui a généralement détruit les châtaigniers,
très-communs autrefois en France.

Le châtaignier se plaît particulièrement sur les coteaux et sur les montagnes d'une élévation moyenne.
Il réussit moins dans les plaines, et l'on doit éviter
de le placer sur les grandes hauteurs et dans les
fonds humides.

Les pentes entièrement exposées au midi ne lui
conviennent pas, surtout dans les localités où l'on a
des gelées printanières à craindre. Cet arbre, ayant
une végétation très-précoce, est souvent victime de
ces gelées, lorsque, à l'entrée du printemps, le soleil hâte le développement des bourgeons. Il est

donc préférable de le cultiver aux expositions de l'Est et du Nord-Est.

124. Terrain. — Les terres légères, mais sub-stantielles et profondes, sont celles où il prospère le mieux ; mais on le voit réussir aussi dans les sols secs et sablonneux. Dans ceux qui sont légèrement humides, il a une végétation extraordinaire, mais son bois a moins de qualité [66] et, ayant plus sou-vent à souffrir des gelées printanières, il se creuse bien plus tôt que dans les autres terrains. En géné-ral, les terres trop compactes, humides ou maréca-geuses, sont contraires au châtaignier, et il se refuse, dit-on, à croître dans les sols calcaires, ou du moins il y croît mal.

125. Floraison et fructification. — La floraison est monoïque ou même polygame, car certains châ-tons mâles supportent à leur base des fleurs femelles ou hermaphrodites. Les fleurs paraissent dans le mois de juin et quelquefois en juillet seulement. Le fruit mûrit tard et ne se récolte, dans les climats tempérés, que vers le milieu ou la fin de novembre. Sa maturité ne devance cette époque que dans les climats plus chauds, ou lorsque l'été et l'automne ont eu une température élevée. Les châtaignes sont plus lourdes que le gland, et sont enveloppées d'un brou fort épais armé de pointes, qu'on appelle aussi hérisson ; elles y sont ordinairement à deux et même à trois. Le marron, la plus grosse des châtaignes, y est presque toujours seul.

Le châtaignier porte fruit même très-jeune.

126. Jeunes plants. — On peut entièrement comparer les plants de châtaignier à ceux du chêne. Ils sont robustes dès leur naissance et ne prospèrent pas à l'ombre, mais ils sont, plus que les jeunes chênes, sensibles aux froids.

127. Feuillage. — Les feuilles du châtaignier sont grandes et abondantes ; elles forment un ombrage assez épais.

128. Racines. — Bien que le châtaignier ne soit pas aussi pivotant que le chêne, il l'est cependant beaucoup plus que le hêtre. Ses racines sont fortes et nombreuses, elles ont toutes une tendance à s'enfoncer dans le sol, où elles pénètrent volontiers jusqu'à un mètre et plus de profondeur. Ordinairement le pivot cesse de s'allonger dès que l'arbre ne croît plus sensiblement en hauteur, et souvent même il meurt tout à fait. Les racines latérales drageonnent facilement.

129. Croissance et durée. — La croissance du châtaignier est très-rapide dès sa jeunesse et se soutient fort longtemps. A l'âge de 60 à 70 ans, ses dimensions sont déjà celles d'un chêne de 130 à 140 ans. Sous le rapport de la durée, cet arbre présente les exemples les plus étonnants. Le plus gros châtaignier que l'on connaisse est celui dit *des cent chevaux*, qui se trouve près du mont Etna en Sicile, et dont le tronc, entièrement creux à la vérité, mesure 50 mètres de circonférence ; sa naissance se perd

dans les temps les plus reculés. D'autres châtaigniers
moins vieux ont été mesurés à la grosseur de 10 à 15
mètres. En général, cette essence présente l'inconvénient de se creuser, sans toutefois que sa durée
ait à en souffrir, mais il en résulte que les fortes
pièces de châtaignier sont extrêmement rares.

130. QUALITÉS ET USAGES. — Le châtaignier offre
un bois très-propre à la charpente. Quoique plus
léger que le chêne, il a presque autant de force que
lui, et l'on prétend qu'il l'égale en durée.

Dans sa jeunesse, il est très-liant et propre à faire
des cercles ; plus tard, son bois fournit des échalas
de toute dimension, et, pour cet usage, on le préfère au chêne.

Le châtaignier est un bon bois de fente ; en Italie,
on en fabrique des douves qui, dit-on, sont d'une
qualité supérieure à celle du chêne. On ne connaît
pas assez, en France, tous les usages auxquels il est
propre, parce que les forêts de cette essence s'exploitent généralement fort jeunes, et que les arbres qu'on
laisse vieillir ne sont cultivés que comme fruitiers,
et ne se coupent ordinairement qu'après leur entier
dépérissement.

Le châtaignier est moins estimé pour le chauffage
que le chêne, et, il est sujet à jeter des éclats. Son
charbon est un peu léger et ne pourrait servir à la
fonte du minerai ; mais on l'emploie avec avantage à
forger le fer.

La châtaigne est un fruit excellent ; dans plusieurs

parties de la France, elle forme la principale nourriture des habitants des campagnes.

On a observé, dans plusieurs bâtiments très-an-
ciens, des bois de châtaignier bien conservés et in-
tacts. Cette observation a été contredite, et l'on a
prétendu que ces pièces de charpente étaient de
chêne, de l'espèce appelée pédonculé. Quoi qu'en
soit, on ne peut contester la végétation rapide de
cet arbre, la bonté de son bois, son utilité pour la
construction et l'ouvrage, ainsi que l'excellence de
son fruit ; et, sous ces divers rapports, il est digne
de toute l'attention du forestier.

ARTICLE IV.

L'Orme.

131. L'*Orme champêtre* (ulmus campestris, LINNÉ)
est un des arbres les plus utiles de nos forêts, mais
on ne l'y rencontre que très-rarement comme essence dominante. Il présente un grand nombre de
variétés ou de variations qui se rattachent toutes les
unes aux autres par une multitude de transitions. Les
types principaux entre toutes ces variétés sont :

L'*Orme à larges feuilles* (ulmus campestris lati-
folia).

L'*Orme à petites feuilles* (ulmus campestris parvi-
folia).

Cette dernière présente elle-même deux variations
principales, l'*orme tortillard*, et l'*orme fongueux*.

Les variétés à larges feuilles sont les moins estimées
pour la qualité du bois, et il faut, par conséquent ,
cultiver de préférence les variétés à petites feuilles.
En tête de ces dernières se place l'*orme tortillard*.

132. CLIMAT, SITUATION, EXPOSITION. — Le climat
tempéré est celui où l'orme prend son plus fort développement. La grande chaleur ne lui convient
pas ; il s'accommode mieux du froid, et l'on rencontre sur d'assez grandes hauteurs l'orme à larges feuilles. Lorsque le terrain lui est favorable, il vient aussi
bien en plaine qu'en montagne. Depuis Sully qui a
étendu la culture de cet arbre en France, il a été particulièrement planté sur les grandes routes , dans le
voisinage des communes, des églises, des cimetières,
et sur les remparts des places fortes. Quoique infiniment utile, il est moins commun dans les forêts.

Dans les situations élevées, il se plaît aux aspects
du Midi et du Couchant, tandis que dans les régions
basses , on le voit prospérer davantage aux expositions du Nord et de l'Est.

133. TERRAIN. — Cet arbre n'est pas difficile sur
le choix du terrain ; il ne craint que les sols trop argileux, ou trop arides, ou marécageux. Un sol frais
sans être humide accélère sa végétation et n'ôte rien
à la bonté de son bois. Il croît avec une extrême
rapidité dans les sols un peu humides, mais il y perd
en qualité ce qu'il gagne en accroissement.

134. FLORAISON ET FRUCTIFICATION. — Les fleurs
de l'orme paraissent avant le développement des

feuilles, dans les premiers jours du printemps. Elles sont hermaphrodites, et ordinairement très-abondantes. La maturité des graines a lieu dès la fin de mai ou le commencement de juin. La semence est très-petite, entourée d'une membrane circulaire fort légère; elle est disséminée au loin par les vents, dès sa maturité. Les ormes sont en général fertiles en graines, et commencent très-jeunes à en porter.

135. JEUNES PLANTS. — Le tempérament des jeunes plants est robuste. Un premier abri peut leur être utile, parce qu'ils lèvent pendant les chaleurs de l'été; mais ensuite on peut les abandonner à eux-mêmes.

136. FEUILLAGE. — Les feuilles de l'orme sont rudes, abondantes et donnent un couvert assez épais.

137. RACINES.—Les racines fortes et nombreuses s'étendent au loin. Lorsque le terrain est profond, l'orme pivote autant que le chêne, mais il pousse en même temps un grand nombre de racines latérales. Cette faculté de tracer lui permet de prospérer encore dans les terrains qui ont peu de fond. Les racines de l'orme produisent de nombreux drageons.

138. CROISSANCE ET DURÉE. — L'orme est remarquable par la promptitude de sa croissance; il s'élève à une très-grande hauteur et prend une grosseur considérable. Sa vie s'étend à plusieurs siècles. Une très-grande quantité d'ormes, plantés sous le ministère de Sully, existent encore et sont en bon état de croissance.

139. QUALITÉS ET USAGES. — Le bois d'orme est très-dur. On peut l'employer à la charpente, quoiqu'il soit, pour cet usage, inférieur au chêne et au châtaignier. Il sert dans les chantiers de la marine pour les carènes des vaisseaux, pour les pompes et pour toutes les parties qui sont sous eau.

L'orme est un des meilleurs bois de travail. Le tortillard est surtout recherché pour le charronnage, et pour tous les ouvrages qui exigent de la solidité. L'artillerie l'emploie de préférence à tout autre pour les affûts de canon, les voitures, etc. L'ébénisterie en tire un excellent parti pour les meubles ; son grain est fin, sa couleur agréablement nuancée, et il prend un beau poli. Sa fibre, très-serrée et coriace, le rend utile à tous les ouvrages exposés au frottement, tels que les vis de pressoir, les écrous, les roues d'engrenage. On en fabrique aussi des arbres et des roues de moulin.

Le chauffage de l'orme est assez estimé lorsqu'il est complétement sec, mais il n'est pas de première qualité ; il en est de même de son charbon.

La cendre de l'orme est une de celles des arbres forestiers qui fournissent le plus de potasse.

Les feuilles peuvent être employées comme fourrage ; les bêtes à cornes et les bêtes à laine les mangent volontiers.

ARTICLE V.

Le Frêne.

140. Il n'y a qu'une seule espèce de frêne qui soit indigène dans nos forêts ; c'est le *frêne commun* ou *élevé* (fraxinus excelsior, LINNÉ). On le trouve ordinairement parsemé entre les autres bois, et ce n'est que par exception qu'on le voit former l'essence dominante.

141. CLIMAT, SITUATION, EXPOSITION. — C'est dans les climats tempérés que le frêne prend le plus bel accroissement, mais il réussit aussi dans de plus rigoureux.

On le rencontre dans les plaines et dans les vallons, dans les pentes et sur des plateaux d'une élévation assez considérable. Toutefois, les deux premières situations, et surtout les vallées ombreuses et fraîches, sont celles qu'il préfère.

Les expositions méridionales sont défavorables à sa croissance.

142. TERRAIN. — Les sols profonds, frais et assez divisés sont les plus convenables au frêne ; aussi est-ce dans les prairies et sur le bord des ruisseaux qu'on lui voit prendre les dimensions les plus fortes. Cependant il ne se plaît pas dans les terrains marécageux. L'argile et le sable sec lui sont absolument contraires.

143. FLORAISON ET FRUCTIFICATION. — La floraison

est polygame. Les fleurs paraissent vers la fin d'a-
vril et quelquefois même plus tôt. Les fruits sont des
samares munies d'une aile allongée ; ils se répandent
au loin par les vents et mûrissent vers la fin d'octobre. Leur dissémination s'opère en novembre et en
décembre, et n'a fort souvent lieu qu'au printemps
suivant.

La semence du frêne réussit abondamment presque chaque année et l'arbre devient fertile de bonne
heure.

144. JEUNES PLANTS. — Quoique les jeunes frênes
ne soient point délicats, ils demandent cependant à
être abrités la première année, et l'ombrage continue
même à leur être avantageux jusqu'à l'âge de trois
à quatre ans.

145. FEUILLAGE. — La feuille du frêne est composée ; ses folioles sont petites. Le feuillage est léger
et ne donne que peu de couvert.

146. RACINES. — Les racines , menues et très-
nombreuses, tracent et pivotent tout à la fois. Elles
s'enfoncent jusqu'à 1 mètre 50 centimètres et plus,
et s'étendent horizontalement à 6 et à 7 mètres.
Cette dernière disposition rend le frêne fort nuisible
dans les champs et les prés ; cependant on l'y cultive
fréquemment , mais on remarque qu'il y enlève la
nourriture aux plantes qui l'avoisinent , et à une
assez grande distance.

Le frêne drageonne, mais moins abondamment
que l'orme.

147. Croissance et durée. — Dès sa première jeunesse, le frêne a une croissance très-rapide qui se soutient jusqu'à 70 et 80 ans. A cet âge, l'arbre a souvent de 30 à 33 mètres de hauteur et un diamètre de 66 centimètres à sa base. Il peut atteindre des dimensions bien plus fortes encore , car il vit deux siècles et au delà.

148. Qualités et usages. — Le frêne peut être employé avec avantage à la charpente, lorsqu'on le place à couvert ou entièrement sous eau. Mais on le voit fort rarement servir à cet usage, attendu que , lorsque les pièces sont un peu fortes , elles acquièrent une valeur très-grande pour différents métiers. Le frêne sert à la menuiserie , à l'ébénisterie et à la boissellerie , mais il est surtout recherché pour le charronnage (surtout pour les timons et brancards) à cause de sa fibre souple et coriace. Les sabotiers et les tourneurs en font grand cas ; on l'emploie aussi dans les manufactures d'armes. Son chauffage et son charbon sont très-estimés et valent ceux du hêtre.

L'écorce peut servir au tannage ; on en retire une couleur bleue.

Les cendres fournissent beaucoup de potasse ; enfin, les feuilles, soit vertes, soit sèches, sont employées, dans les pays pauvres en fourrage, à la nourriture du bétail qui en est très-friand.

ARTICLE VI.

Les Erables.

149. On rencontre communément trois espèces d'érables dans nos forêts. Ce sont :

L'*érable sycomore* (acer pseudo-platanus, LINNÉ);

L'*érable plane* (acer platanoïdes, LINNÉ);

Et l'*érable à petites feuilles*, ou *érable champêtre* (acer campestre, LINNÉ).

Comme les frênes, les érables ne forment presque jamais l'essence dominante des bois.

150. CLIMAT, SITUATION, EXPOSITION. — Sous le triple rapport du climat, de la situation et de l'exposition, les érables ont à peu près les mêmes exigences que le frêne. Le plane et le sycomore supportent mieux, toutefois, les grandes élévations; dans les Alpes, on a trouvé ce dernier à 1,700 mètres au-dessus du niveau de la mer.

151. TERRAIN. — Les sols profonds, frais et divisés sont ceux que les érables préfèrent; l'argile compacte, les sables secs et les marais leur sont entièrement contraires.

152. FLORAISON ET FRUCTIFICATION. — La floraison est hermaphrodite, accidentellement et par avortement, polygame. Les fleurs de l'érable plane paraissent vers la fin d'avril, et celles du sycomore et de l'érable champêtre seulement dans le courant de mai. Les fruits sont des samares doubles, dont

chacune est munie d'une large membrane en forme d'aile ; elles mûrissent en octobre et se disséminent aussitôt.

153. Jeunes plants. — Le tempérament des jeunes plants est assez robuste , mais un premier abri leur est nécessaire.

154. Feuillage. — Les feuilles du sycomore et celles du plane sont fort grandes ; celles de l'érable champêtre le sont beaucoup moins ; mais le feuillage de tous trois est abondant et procure un couvert épais.

155. Racines. — Les racines des érables tracent et pivotent à la fois. Leur extension horizontale est beaucoup moindre que celle des racines de frêne , et une profondeur de 66 à 90 centimètres leur suffit pour produire de fort beaux arbres. Il est rare qu'elles drageonnent.

156. Croissance et durée. — L'érable sycomore et le plane croissent rapidement dès leur jeunesse. A l'âge de 60 à 70 ans, ils ont, en sol convenable, une élévation de 20 à 25 mètres, et un diamètre de 66 centimètres à la base. Ils peuvent atteindre des dimensions bien plus fortes encore ; ils vivent en effet jusqu'à 150 et 200 ans , et même au delà.

L'érable champêtre, qui est tantôt arbre et tantôt arbrisseau , croît plus lentement. Dans le premier cas, il peut s'élever de 10 à 15 mètres au plus. Il vit, comme les deux autres, jusqu'à 150 et 200 ans, mais sa croissance se ralentit déjà beaucoup , avant qu'il ait accompli le siècle.

157. QUALITÉS ET USAGES. — Les érables ne servent point à la charpente, quoiqu'ils y soient propres, lorsqu'ils sont garantis des variations de l'atmosphère. Le plane et surtout le sycomore sont extrêmement recherchés pour la menuiserie et l'ébénisterie; ils prennent un beau poli, sont agréablement veinés et d'un beau jaune pâle. Les charrons, les tourneurs et plusieurs métiers encore, en font aussi très-grand cas. L'érable a la propriété de ne point se tourmenter et de n'être pas attaqué par les vers.

Les qualités de ce bois pour le travail rendent nécessairement très-rare son emploi comme chauffage ou comme charbon, quoiqu'il soit supérieur, pour ces usages, à la plupart des autres essences.

Les cendres des érables fournissent beaucoup de potasse.

Leurs feuilles peuvent servir à la nourriture des bêtes à laine; et la séve du sycomore, ainsi que celle du plane, contient du sucre, mais pas assez sans doute pour que l'extraction en soit avantageuse.

ARTICLE VII.

Le Bouleau.

158. Sous le nom générique de bouleau, on réunit, en langage forestier, deux espèces : le *bouleau blanc* (betula alba, LINNÉ) et le *bouleau pubescent* (betula pubescens, EHRHARD). Les caractères de

ces deux espèces sont purement botaniques, mais les qualités, le tempérament de l'une et de l'autre paraissent identiques et il n'est pas nécessaire, par conséquent, d'en maintenir la distinction dans la pratique.

Quoique très-répandu dans les forêts, le bouleau y forme rarement l'essence dominante. Ce n'est guère que sur les grandes sommités dévolues surtout au bouleau blanc, et quelquefois dans les marais tourbeux que recherche particulièrement le pubescent, qu'on le rencontre seul. Dans d'autres localités , s'il occupe exclusivement le terrain, ce fait est d'ordinaire le résultat d'une culture particulière et non l'ouvrage de la nature.

159. CLIMAT, SITUATION , EXPOSITION. — Le bouleau supporte les climats les plus froids; en s'élevant sur les montagnes, on le voit dépasser de beaucoup la limite extrême de toutes les autres essences et c'est, vers le pôle du Nord, le dernier arbre que l'on rencontre. Les étés chauds et prolongés ne lui sont pas favorables, et dans le Midi, on ne le voit réussir que sur les grandes sommités. Sur les Pyrénées, on trouve encore des bouleaux à près de 2,000 mètres au-dessus du niveau de la mer. Les régions tempérées n'en sont pas moins celles qu'il préfère , et où il prend le plus bel accroissement. Dans ces régions, il prospère particulièrement aux expositions du Sud-Est et du Sud-Ouest, quoique les autres ne lui soient point absolument contraires.

160. Terrain. — Le sol qui convient le mieux au bouleau est un sable gras ; mais cet arbre se contente d'ailleurs d'un terrain médiocre et d'une nature quelconque, pourvu qu'il ne soit pas trop compacte ; cette essence ne se rencontre que très-rarement dans les terrains calcaires. Les marais sont contraires au bouleau blanc, mais ils conviennent, comme nous l'avons dit, au pubescent.

161. Floraison et fructification. — La floraison est monoïque et amentacée pour les deux sexes ; les fleurs paraissent en même temps que les feuilles, vers la fin d'avril. Le fruit est un cône et mûrit dans les derniers jours du mois d'août ou au commencement de septembre. Les semences se disséminent immédiatement et tombent avec les écailles qui se détachent de l'axe ; elles sont très-petites, munies d'une membrane légère et se répandent fort loin par les vents.

Le bouleau devient fertile à un âge peu avancé, et sa graine réussit presque tous les ans.

162. Jeunes plants. — Les jeunes plants sont vigoureux dès leur naissance et résistent aux froids comme aux ardeurs du soleil.

163. Feuillage. — Les feuilles sont petites, peu abondantes, et ne donnent qu'un couvert fort léger qui n'empêche point la végétation autour de l'arbre. Cette propriété, avantageuse quelquefois, est souvent, cependant, un obstacle à la bonne croissance du bouleau, lorsqu'il forme l'essence dominante.

En effet, les rayons du soleil, ayant action sur la surface du sol, en pompent l'humidité, empêchent que le terrain ne s'amende par la décomposition des feuilles mortes, et favorisent de plus la crue des herbes et des arbustes nuisibles.

164. RACINES. — Les racines du bouleau sont nombreuses, déliées et très-traçantes ; lorsqu'elles sont entièrement à découvert, elles produisent assez fréquemment des drageons.

165. CROISSANCE ET DURÉE. — La croissance du bouleau est rapide, mais elle se ralentit considérablement vers la 60e année. Sa durée ne dépasse pas ordinairement 80 à 90 ans.

166. QUALITÉS ET USAGES. — Le bouleau sert rarement à la bâtisse, et ce n'est qu'à couvert qu'il peut être employé à cet usage ; mais il est très-estimé pour le charronnage, la menuiserie, la fabrication des sabots, etc ; sa fibre est coriace, et il a, comme l'érable, la précieuse propriété de ne point se gercer et d'être à l'abri de la vermoulure.

Le bouleau produit un assez bon chauffage, il brûle avec une flamme claire et égale. Son charbon est aussi très-estimé.

L'écorce sert au tannage dans le Nord ; elle contient une huile essentielle qui communique au cuir de Russie l'odeur qui le caractérise. En Pologne et en Russie, on prépare avec la sève du bouleau une espèce de vin et d'assez bon vinaigre.

ARTICLE VIII.

Le Robinier faux Acacia.

167. Le *robinier faux acacia* (robinia pseudo-acacia, LINNÉ), originaire de l'Amérique septentrionale a été introduit en France sous Henri IV, par Robin. Il est parfaitement acclimaté, et chaque année se propage de plus en plus. Ses précieuses qualités et la rapidité de sa croissance méritent toute l'attention du forestier.

168. CLIMAT, SITUATION, EXPOSITION. —Les climats rigoureux ne conviennent pas au robinier ; il demande, pour prospérer, une température douce et égale, et les grands froids le font souvent périr entièrement. Aussi est-ce dans les pays de plaines et de coteaux que sa culture est réellement avantageuse. On doit, autant que possible, placer les bois de robiniers dans des situations abritées des grands vents, car cet arbre se casse très-facilement.

Les expositions chaudes sont celles qu'il préfère.

169. TERRAIN. — Le robinier prospère dans les sols légers, mais substantiels, et principalement dans les sables gras pourvus d'humus. Les terrains arides, ou mouilleux, ou trop compactes lui sont contraires.

170. FLORAISON ET FRUCTIFICATION. — Le robinier fleurit au commencement de juin ; ses fleurs sont hermaphrodites. Les semences sont petites, rondes et sans ailes ; elles sont renfermées dans une

6

gousse à laquelle elles demeurent adhérentes en
tombant, ce qui donne plus de prise au vent pour
les emporter. Elles mûrissent au mois d'octobre,
mais la dissémination n'a lieu que pendant l'hiver
ou au printemps suivant.

Le robinier devient fertile fort jeune, et ses années
de semence sont fréquentes.

171. JEUNES PLANTS. — Les jeunes plants ne craignent point les ardeurs du soleil, mais ils ont besoin,
dans les premières années, d'un abri contre les froids
trop vifs.

172. FEUILLAGE. — Les feuilles du robinier sont
composées ; leurs folioles sont petites et légères et ne
donnent que peu de couvert.

173. RACINES. — Les racines s'enfoncent jusqu'à
33 et 66 centimètres, lorsque le sol le permet, mais
elles tracent surtout et s'étendent fort loin. Elles sont
nombreuses, munies d'un chevelu très-abondant et
très-disposées à drageonner.

174. CROISSANCE ET DURÉE. — La croissance du
robinier est des plus rapides. A l'âge de 40 ans, il a
souvent une hauteur de 12 et même de 18 mètres
sur 66 centimètres de diamètre à la base. Sa durée
ne semble pas pouvoir se prolonger au-delà de 80,
90 et 100 ans au plus.

175. QUALITÉS ET USAGES. — Le bois de robinier
résiste fort longtemps à la pourriture, et cette qualité, jointe à une grande dureté, le rend très-propre
à la bâtisse, dans les places où les pièces de bois sont

le plus exposées aux variations de température et aux injures de l'atmosphère.

En Amérique, on s'en sert même pour des constructions maritimes quand on en trouve des échantillons convenables.

Comme bois de travail, on l'estime beaucoup; il prend un très-beau poli, est agréablement nuancé, et sert à la menuiserie et à l'ébénisterie. Les échalas de vigne fournis par le robinier ont plus de durée que ceux de tous les autres bois. En Angleterre, il est préféré à toute autre essence pour les gournables, parce qu'il se durcit beaucoup en vieillissant.

Sa qualité, comme bois de chauffage, est assez médiocre, et, sous ce rapport, il est inférieur à nos essences indigènes estimées pour cet usage.

Ses feuilles donnent un fourrage excellent.

ARTICLE IX.

Le Charme.

176. Le *charme commun* (carpinus betulus, LINNÉ) est un des bois les plus utiles et les plus répandus de nos forêts. Ordinairement, on l'y trouve mélangé avec le chêne, le hêtre, le tilleul, le tremble, etc.; mais souvent aussi il occupe des étendues considérables comme essence dominante.

177. CLIMAT, SITUATION, EXPOSITION. — Le charme supporte les climats rigoureux, mais il prospère davantage dans les tempérés. Aussi est-ce dans les

plaines, sur les coteaux et les montagnes de moyenne hauteur qu'on le rencontre le plus fréquemment et qu'il prend l'accroissement le plus beau. Il s'accommode à peu près de toutes les expositions; néanmoins, sa végétation est peu satisfaisante dans les pentes entièrement méridionales.

178. TERRAIN. —Les sols argileux, divisés par le sable ou par de petites pierrailles et chargés d'humus, sont ceux que le charme préfère; mais il croît aussi dans les fonds de moindre qualité, fussent-ils même un peu humides. Les terrains secs et arides, ou trop compactes , ou marécageux lui sont contraires.

179. FLORAISON ET FRUCTIFICATION. — La floraison est monoïque et en chatons cylindriques pour les deux sexes. Les fleurs paraissent en même temps que les feuilles, au commencement de mai. Le fruit qui mûrit en octobre et se dissémine immédiatement après, est un petit gland ovale, muni de côtes saillantes et renfermé dans une cupule foliacée. Cette cupule est assez grande pour favoriser la dispersion de la graine par les vents.

Dès l'âge de 30 ans le charme devient fertile, et la semence réussit abondamment presque chaque année.

180. JEUNES PLANTS. — Les jeunes charmes supportent mieux les froids rigoureux que les gelées printanières, et ils demandent à être garantis pendant plusieurs années des ardeurs du soleil.

181. FEUILLAGE. — Les feuilles sont de moyenne grandeur, d'un tissu assez serré et très-abondantes ; elles donnent un ombrage très-épais, quoique moindre que celui du hêtre.

182. RACINES. — On ne remarque point chez le charme un pivot bien caractérisé ; mais ses racines ont toutes une tendance à s'enfoncer obliquement dans le sol où elles pénètrent souvent jusqu'à un mètre et plus de profondeur ; elles sont nombreuses , s'étendent au loin et drageonnent facilement.

183. CROISSANCE ET DURÉE. — Sous le rapport de la croissance, le charme égale le hêtre jusqu'à l'âge de 30 à 40 ans ; mais, après cette époque, il est d'ordinaire dépassé par ce dernier. Ce n'est toutefois qu'à 70 ou 80 ans que son accroissement commence à se ralentir , et on le voit végéter en très-bon état jusqu'à 130 et même 150 ans.

184. QUALITÉS ET USAGES. — Le bois de charme est d'une densité très-égale ; il est très-dur et sa fibre est coriace. On l'emploie peu à la charpente, parce qu'il résiste mal à l'action de l'humidité et aux variations de la température et que, d'ailleurs, ses dimensions en grosseur et en hauteur sont rarement convenables pour cet usage. Sous le rapport de la grosseur, le charme offre, en effet, cette particularité, que son tronc n'est presque jamais rond comme celui des autres bois ; il présente des cannelures nombreuses, irrégulières, souvent très-profondes, qui rendent difficile, par conséquent, son équarrissage.

C'est surtout comme bois de travail qu'il est précieux. Il est employé par les charrons ; on en fait des roues d'engrenage, des leviers, différents instruments aratoires, et en général toute espèce de pièces exposées à un frottement continu ou à une forte pression. Son chauffage et son charbon sont de première qualité et supérieurs à ceux du hêtre.

Les cendres du charme fournissent beaucoup de potasse, et son feuillage, vert ou sec, sert à la nourriture des bestiaux.

ARTICLE X.

L'Alisier.

185. Nos forêts présentent communément deux espèces d'alisier, que l'on trouve mélangées parmi les autres bois. Ce sont :

1° L'*alisier blanc* ou *allouchier* (pyrus aria, Ehrh.);

2° L'*alisier torminal* (pyrus torminalis, Ehrh.).

186. CLIMAT, SITUATION, EXPOSITION. — L'alisier torminal et surtout l'alisier blanc supportent les climats froids de nos hautes montagnes, mais leur croissance y est lente ; la plupart du temps, ils y dégénèrent en arbrisseaux. Ce n'est que dans les régions tempérées qu'ils ont une belle végétation, et tous deux prospèrent principalement dans les plaines et sur les coteaux.

Les expositions entièrement méridionales ralentissent la croissance des alisiers qui paraissent se plaire principalement à celles de l'Ouest, de l'Est et du Sud-Est.

187. TERRAIN. — Les alisiers réussissent dans toutes sortes de terrains, mais ils semblent surtout préférer les sols calcaires ou argileux, assez profonds et mélangés d'humus. Ils ne supportent ni les sables secs, ni les fonds humides ou marécageux.

188. FLORAISON ET FRUCTIFICATION. — Les fleurs des alisiers sont hermaphrodites ; elles paraissent dans le courant de mai, quelquefois au commencement de juin, selon la température. Les fruits qui leur succèdent sont de petites pommes rouges, presque sèches et non comestibles pour l'alisier blanc, molles et comestibles lorsque, après avoir fermenté, elles deviennent blettes pour l'alisier torminal. Ils mûrissent au mois d'octobre et leur dissémination a lieu dans le courant de l'hiver. Dès l'âge de 20 ans, les alisiers deviennent fertiles.

189. JEUNES PLANTS. — Les jeunes plants sont assez robustes, un léger abri semble cependant leur être favorable dans les premières années.

190. FEUILLAGE. — Les feuilles sont grandes, épaisses, et donnent un couvert assez complet.

191. RACINES. — Les racines des alisiers sont à la fois traçantes et pivotantes, lorsque le sol le permet. Elles s'accommodent cependant d'un terrain sans profondeur, et semblent avoir une disposition particulière à pénétrer dans les fentes des rochers, où elles trouvent souvent une nourriture abondante,

produite par le détritus de végétaux qui y est retenu. Elles sont nombreuses et fournissent des drageons.

192. CROISSANCE ET DURÉE. — La croissance des alisiers est lente. Leur durée peut se prolonger jusqu'à 200 ans et au delà, mais leur accroissement diminue beaucoup dès l'âge de 90 ou de 100 ans. Ils s'élèvent jusqu'à 15 et 20 mètres et prennent de 40 à 66 centimètres de diamètre à la base. L'alisier blanc paraît moins disposé à croître en hauteur que le torminal.

193. QUALITÉS ET USAGES. — Le bois des alisiers est très-dur, blanc, d'un grain égal et serré ; il prend un beau poli. Parmi les bois d'ouvrage, il figure au premier rang. Il est précieux pour les dents de roues, les écrous, les vis, etc.; on en fait toutes sortes de petits meubles ; il sert aux sculpteurs, aux tourneurs, aux fabricants d'instruments de musique, etc.

Son chauffage et son charbon sont fort estimés. Ainsi que nous l'avons dit [188], les fruits de l'alisier torminal, que l'on nomme *alises* ou *aloses*, peuvent se manger lorsqu'on les a laissées blétir ; on en distille aussi de l'eau-de-vie, et l'on en fabrique du vinaigre.

ARTICLE XI.

Le Sorbier.

194. On trouve dans nos forêts deux espèces de sorbier :

Le *sorbier des oiseleurs* (pyrus aucuparia, GAERTN.);

Le *sorbier cormier* (pyrus sorbus, GAERTN.).

Tous deux n'y existent que mêlés avec les autres essences ; le premier est bien plus répandu que le second.

195. CLIMAT, SITUATION, EXPOSITION. — Le climat tempéré est celui où ces deux sorbiers prospèrent le mieux ; mais on trouve le sorbier des oiseleurs sur les plus grandes hauteurs, où il finit, à la vérité, par dégénérer en arbrisseau, tandis que l'on voit le cormier rechercher les plaines et les vallées abritées.

Le sorbier des oiseleurs réussit à toutes les expositions ; mais le cormier préfère celles où le soleil est moins ardent, et où la terre conserve, par conséquent, plus de fraîcheur.

196. TERRAIN. — Le sorbier des oiseleurs se contente de toute espèce de sol pourvu qu'il ne soit point humide. Les terrains siliceux mêlés d'humus ainsi que les argiles divisées sont ceux qu'il préfère ; le cormier au contraire, bien plus difficile sous ce rapport que son congénère, se plaît davantage dans les sols calcaires et dans les terres fortes. On voit souvent le sorbier des oiseleurs prendre racine et croître dans les fentes des rochers, et même sur de vieilles murailles.

197. FLORAISON ET FRUCTIFICATION. — Les fleurs des sorbiers sont hermaphrodites ; elles paraissent vers la fin de mai ou au commencement de juin. Le fruit du sorbier des oiseleurs est une petite pomme

sèche, rouge et non comestible ; celui du cormier est de la grosseur d'une petite poire. Lorsqu'il a subi un commencement de fermentation, il blétit et devient comestible ; on l'appelle *sorbe*. La maturité de l'un et de l'autre a lieu vers la fin de septembre ou au commencement d'octobre, et la dissémination naturelle s'opère dans le courant de l'hiver.

Le sorbier des oiseleurs devient fertile fort jeune, mais il faut près de 60 ans au cormier pour qu'il porte des fruits en abondance.

198. Jeunes plants. — Les jeunes plants du sorbier des oiseleurs sont robustes dès leur naissance ; un premier abri pourrait être utile à ceux du cormier.

199. Feuillage. — Le feuillage des sorbiers est délicat, et ne donne qu'un couvert fort léger.

200. Racines. — Ces deux sorbiers ont un pivot très-prononcé qui pénètre jusqu'à 1 mètre 33 centimètres et plus, lorsque le sol le permet. Leurs racines traçantes sont nombreuses, s'étendent au loin et drageonnent facilement.

201. Croissance et durée. — Le sorbier des oiseleurs a une croissance peu rapide. A l'âge de 60 ou 70 ans, il atteint une hauteur de 8 à 10 mètres, sur 33 à 50 centimètres et plus de grosseur. Il vit jusqu'à 100, 120 ans et au-delà.

La végétation du cormier est plus lente encore, mais, vivant plus longtemps, il parvient à des dimensions plus considérables. Il prend jusqu'à 20 mètres de hauteur sur une grosseur de près d'un mètre à la base. Sa durée varie de 150 à 200 ans.

202. QUALITÉS ET USAGES. — Le bois des sorbiers est dur, pesant, coriace, et prend un beau poli. Il est recherché par les menuisiers, les ébénistes, les tourneurs et les mécaniciens. Ces derniers en fabriquent des dents de roue, des vis, des écrous, des chevilles, etc. Le chauffage et le charbon en sont fort estimés ; l'écorce peut servir au tannage.

Le fruit du sorbier des oiseleurs, ainsi que l'indique son nom, sert d'appât pour prendre les oiseaux. Celui du cormier, comme nous l'avons dit [197], est bon à manger lorsqu'on le laisse blétir sur la paille. On en fabrique une espèce de cidre, du vinaigre et de l'eau-de-vie.

ARTICLE XII.

Le Micocoulier.

203. Nous n'avons qu'une seule espèce de micocoulier qui soit indigène. C'est le *micocoulier de Provence* (celtis australis, LINNÉ) ; on l'appelle aussi *fabrecoulier, falabriquier* et *fabréguier*. Il appartient principalement (comme l'indique son nom) aux départements méridionaux.

On ne connaît aucun massif formé par le micocoulier, mais on le cultive sur différents points, et les nombreux avantages que présente cette culture doivent faire désirer qu'elle se propage le plus possible.

204. CLIMAT, SITUATION, EXPOSITION. — Ainsi que nous venons de le dire, le micocoulier appartient plus particulièrement aux climats chauds ; malgré cela, il réussit fort bien aussi dans les parties tempérées de la France, lorsqu'on a soin de le garantir , dans sa jeunesse, des froids trop vifs.

Les plaines et les élévations moyennes paraissent convenir également au micocoulier, et il prospère à toutes les expositions.

205. TERRAIN. — Le micocoulier n'est pas difficile pour le choix des terrains ; toutefois il préfère ceux qui sont profonds, légers et un peu frais. On le trouve, dit-on, en bon état de croissance dans des sols secs, rocailleux où d'autres essences ne croîtraient qu'avec peine.

206. FLORAISON ET FRUCTIFICATION. — La floraison est polygame. Les fleurs paraissent en mai avec les feuilles. Le fruit est une petite drupe ronde, peu charnue, renfermant un noyau ligneux ; il est mûr au mois de novembre et ne se dissémine ordinairement qu'au printemps suivant.

L'arbre porte fruit à un âge peu avancé.

207. JEUNES PLANTS. — Les jeunes plants du micocoulier résistent facilement, à ce qu'il paraît, aux ardeurs du soleil, mais ils ont besoin d'être garantis du froid dans le centre, le nord et l'est de la France. Ordinairement, on les recouvre en hiver de feuilles mortes ou de paille, jusqu'à ce qu'ils aient atteint une hauteur de 66 centimètres à 1 mètre, après quoi ils deviennent très-robustes.

208. FEUILLAGE. — Les feuilles du micocoulier

sont grandes , leur couvert néanmoins n'est pas épais.

209. RACINES. — Lorsque le sol le permet, le micocoulier pivote assez profondément ; mais il pousse aussi de nombreuses racines traçantes , au moyen desquelles il peut se passer de pivot dans les sols peu profonds. Il drageonne, dit-on, assez fréquemment.

210. CROISSANCE ET DURÉE. — La croissance du micocoulier est rapide, et sa durée est de plusieurs siècles. Dans les climats convenables , il atteint, à l'âge de 50 à 60 ans, une hauteur de 12 à 16 mètres sur 50 à 60 centimètres de diamètre à la base.

Il existe dans les environs de Montpellier un micocoulier de 3 mètres de circonférence. Celui qui se voit sur une des places de la ville d'Aix est plus gros encore.

211. QUALITÉS ET USAGES. — Le bois du micocoulier est plus dur, plus coriace et plus souple que la plupart des autres bois ; aussi est-il très-recherché pour le charronnage et pour divers autres usages , tels que menuiserie, marqueterie, sculpture, etc. On en fait aussi d'excellents cercles de tonneaux , des fourches, des baguettes de fusil, et surtout des manches de fouets , que l'on connaît dans le commerce sous le nom de *bois de Perpignan* , et dont on fait grand cas à cause de leur souplesse.

Comme chauffage, il est aussi fort estimé.

Ses feuilles servent à nourrir les moutons et les chèvres.

Le Cerisier.

212. On trouve trois espèces de cerisier dans nos forêts :

1° Le *cerisier merisier* ou *des bois* (cerasus avium, D. C.);

2° Le *cerisier à grappes* (cerasus padus, D. C.);

3° Le *cerisier mahaleb* ou *bois de Sainte-Lucie* (cerasus mahaleb, MILLN.).

La première espèce est la plus répandue, quoiqu'elle n'existe jamais comme essence dominante ; et, sous le rapport de ses qualités et de sa croissance, elle est aussi la plus importante. Les deux autres, qui ne se présentent que plus rarement et presque toujours sous forme d'arbrisseau, ne sont que d'un intérêt très-secondaire pour le forestier. Nous ne nous occuperons donc ici que du merisier.

213. CLIMAT, SITUATION, EXPOSITION. — Le merisier ne redoute pas les climats un peu rudes, tout en préférant les tempérés, et on le trouve abondamment, dans les pays de montagnes, à des situations même assez élevées ; il prospère également en plaine.

Toutes les expositions lui conviennent, quoiqu'il semble se plaire plus particulièrement à celles du Midi et de l'Ouest.

214. TERRAIN. — Les terrains légers et substantiels, quelle que soit d'ailleurs leur nature, convien-

nent au merisier. Mais il vient aussi dans les fonds médiocres et sans profondeur, pourvu qu'il puisse y étendre ses racines. Les sols humides lui sont entièrement contraires, et il ne prospère pas dans les argiles compactes et dans les sables secs.

215. FLORAISON ET FRUCTIFICATION. — Les fleurs du merisier sont hermaphrodites ; elles paraissent à la fin d'avril ou au commencement de mai. Le fruit, que l'on nomme cerise des bois ou *merise* est une petite drupe charnue et noire qui mûrit dans le mois de juin ou de juillet, et qui tombe un mois ou six semaines après.

Les merisiers portent fruit très-jeunes.

216. JEUNES PLANTS. — Le tempérament des jeunes plants est très-robuste. L'ombre leur est absolument contraire.

217. FEUILLAGE. — Quoique les feuilles de cet arbre soient grandes, elles ne procurent qu'un couvert fort léger.

218. RACINES. — Les racines sont nombreuses et traçantes ; elles s'étendent fort loin et drageonnent abondamment.

219. CROISSANCE ET DURÉE. — La croissance du merisier est très-rapide et, à l'âge de 15 ans, il a déjà les dimensions d'un chêne de 50. Dans une période de 50 à 60 ans, il prend de 25 à 28 mètres de hauteur sur 1 mètre à 1 mètre 33 centimètres de grosseur au pied. Son existence ne se prolonge que jusqu'à 70 ou 80 ans au plus.

220. Qualités et usages. — Le bois de merisier n'est point employé pour les constructions, mais il est d'autant plus recherché comme bois de travail, par les menuisiers, les ébénistes, les tablettiers et même les luthiers. Lorsqu'il est jeune, on l'emploie beaucoup à faire des cercles, car il est très-liant. Son chauffage et son charbon, sans être de première qualité, sont cependant assez estimés.

Les merises servent de nourriture aux oiseaux destructeurs d'insectes, et sous ce rapport, elles sont d'une utilité réelle, quoique indirecte, pour le forestier. On en retire, par la distillation, une liqueur fort appréciée, connue sous le nom de *kirsch-wasser*, et qui, en France, se prépare principalement dans les départements des Vosges, de la Haute-Saône, du Haut et du Bas-Rhin. La gomme qui découle assez abondamment des merisiers sur le retour, est employée, dans beaucoup de cas, à l'égal de la gomme arabique.

ARTICLE XIV.

L'Aune.

221. On connaît dans nos forêts deux espèces d'aunes : L'*aune commun*, *aune visqueux*, appelé aussi *verne* ou *vergne* (alnus glutinosa, Gaertn.) ; et l'*aune blanc* (alnus incana, Wild.) Ce dernier est peu répandu.

Les aunes n'admettent point les autres essences en

mélange avec eux et, dans les parties de forêts qu'ils habitent, on les trouve presque toujours maîtres exclusifs du terrain. Le frêne est peut-être la seule essence qui puisse leur être adjointe avec avantage.

222. Climat, situation, exposition. — L'aune est un des arbres les moins difficiles sous le rapport du climat ; Desfontaines dit qu'on le trouve depuis la Laponie jusque sur les côtes septentrionales de l'Afrique. Il en est à peu près de même quant à la situation ; car, si on le rencontre dans les plaines et dans les fonds humides qu'il recherche de préférence, on le retrouve cependant aussi dans les vallées fort élevées des Alpes et des autres régions montagneuses ; là il finit, à la vérité, par dégénérer en buisson. C'est surtout l'aune blanc qui habite les régions froides et élevées, où cependant son congénère le suit souvent d'assez près.

Quant aux expositions, l'aune paraît préférer les moins chaudes.

223. Terrain. — C'est principalement sur le bord de l'eau, dans les terrains humides et même aquatiques, que l'aune prend un bel accroissement. Il prospère cependant aussi dans d'autres sols, pourvu qu'ils soient substantiels, frais et divisés. Les terres glaises lui sont absolument contraires.

Dans les marais, dont il s'accommode sans toutefois les préférer, l'aune est précieux, non seulement parce qu'il utilise des terrains qui sans lui demeureraient improductifs, mais encore parce qu'il en neutralise les émanations malfaisantes.   7

224. Floraison et fructification. — La floraison de l'aune est monoïque et amentacée pour les deux sexes ; les fleurs paraissent dans le mois de mars, avant les feuilles. Le fruit qui leur succède est un petit cône ligneux et brunâtre dont les écailles persistent sur l'axe et s'entr'ouvrent simplement pour laisser échapper les graines. Celles-ci, bordées d'une aîle peu développée, sont mûres en octobre et se disséminent à l'entrée de l'hiver. Les aunes deviennent fertiles dès l'âge de 12 à 15 ans.

225. Jeunes plants. — Les jeunes plants de l'aune n'ont pas besoin d'abri, pourvu que le sol dans lequel ils lèvent ait de la fraîcheur ; ils se montrent assez sensibles aux gelées printanières.

226. Feuillage. — La feuille de l'aune est grande et épaisse ; mais le couvert que son feuillage procure est, malgré cela, assez incomplet. Cette circonstance réunie à la fraîcheur des terrains dans lesquels végète l'aune, fait que le sol se couvre très-souvent d'herbes et d'autres plantes et n'est point meuble, comme dans d'autres forêts. Cependant, dans les sols aquatiques, que l'aune occupe à l'exclusion de presque toutes les autres essences, cet envahissement ne se produit pas.

227. Racines. — Les racines de l'aune sont nombreuses ; elles pivotent peu, mais tracent au loin. Les aunes ne drageonnent guère ; l'aune blanc, toutefois, est plus doué de cette faculté que son congénère.

228. CROISSANCE ET DURÉE. — L'accroissement de l'aune est très-rapide dès sa jeunesse. A l'âge de 40 à 50 ans, il atteint souvent jusqu'à 20 et 25 mètres de hauteur sur 50 à 66 centimètres de diamètre au pied. Il acquiert même des dimensions plus fortes, et vit, en bon état de croissance, jusqu'à 80 et même 90 ans.

229. QUALITÉS ET USAGES. — L'aune n'est point propre à la charpente en plein air, ni même à couvert, parce qu'il se pique facilement ; mais, employé sous eau, il est de la plus grande durée. Aussi le recherche-t-on surtout pour les constructions hydrauliques, telles que corps de fontaine et de pompe, pilotis, digues, galeries dans les mines, etc.

Comme bois de travail, il est également fort estimé des tourneurs, des menuisiers et des ébénistes. Il a le grain fin, égal, est agréablement veiné et prend un beau poli. On dit que l'aune blanc est préférable, pour ces divers usages, à l'aune commun.

Le chauffage et le charbon de l'aune ne sont pas de première qualité ; cependant il gagne considérablement sous ce rapport lorsqu'on a soin de le mettre en lieu sec, aussitôt après l'abattage. Traité ainsi, il brûle d'une flamme claire et égale, et les boulangers le préfèrent à tout autre bois pour chauffer le four. Les expériences comparatives faites sur la valeur calorifique des deux aunes, établissent encore la supériorité de l'aune blanc. Cette circonstance, jointe à la précédente, doit encourager sa culture.

Les cendres de l'aune fournissent beaucoup de potasse. Son écorce peut servir utilement au tannage ; on en obtient aussi une couleur brune ou noire qui est employée à teindre les cuirs et les feutres. Les bêtes à cornes mangent les feuilles d'aune, mais s'en soucient peu ; les bêtes à laine les refusent absolument.

ARTICLE XV.

Le Tilleul.

230. On connaît en France deux espèces de tilleuls indigènes :

Le *tilleul à petites feuilles*, *tilleul sauvage* ou *des bois* (tilia microphylla, VENT.) ;

Le *tilleul à grandes feuilles* ou *de Hollande* (tilia platyphylla, SCOP.).

C'est le premier que l'on rencontre d'ordinaire dans les forêts mêlé aux autres bois ; le second s'y trouve aussi, mais rarement.

231. CLIMAT, SITUATION, EXPOSITION. — Les tilleuls prospèrent à peu près dans toute espèce de climat ; on les trouve dans les plaines comme sur les montagnes élevées. Le tilleul sauvage est celui qui supporte le mieux les climats rigoureux et les grandes hauteurs, quoique sa croissance et ses dimensions y soient bien moindres que dans les régions tempérées.

Les expositions du Nord-Ouest et du Nord paraissent être celles que préfèrent les tilleuls, mais on les trouve aussi en assez bon état de croissance aux autres aspects du soleil.

232. Terrain. — Les tilleuls se plaisent principalement dans un sol sablonneux, profond et frais : on les voit aussi prospérer dans les terrains argileux, pourvu qu'ils soient suffisamment divisés ; les glaises et les marais leur sont contraires. Le tilleul des bois se contente quelquefois des terrains les plus ingrats, tels que les rocailles et les sables quartzeux.

233. Floraison et fructification. — Les fleurs du tilleul sont hermaphrodites. Celles du tilleul à grandes feuilles paraissent vers la fin de juin ou au commencement de juillet , et celles du tilleul des bois quinze jours plus tard.

Le fruit, qui est une petite noix globuleuse et velue, renfermant ordinairement une et quelquefois deux graines, mûrit en octobre et se dissémine à l'entrée de l'hiver.

Les tilleuls portent semence abondamment et à un âge peu avancé.

234. Jeunes plants. — Un premier abri paraît favorable aux jeunes plants qui redoutent les chaleurs trop vives ; ils sont du reste d'un tempérament robuste.

235. Feuillage. — Le feuillage des tilleuls est abondant, touffu, et procure un couvert épais.

236. Racines. — Cet arbre a un pivot très-prononcé qui s'enfonce jusqu'à 1 mètre et 1 mètre 50

centimètres. Les racines traçantes sont très-nom-
breuses, et s'étendent à des distances très-considérables ; elles drageonnent assez fréquemment.

237. CROISSANCE ET DURÉE. — Le tilleul croît avec
rapidité dans sa jeunesse ; à l'âge de 80 à 100 ans il
atteint une hauteur de 20 à 30 mètres sur 66 centimètres à 1 mètre de diamètre à la base. Passé cet
âge, il continue à croître en grosseur, mais il commence ordinairement à se creuser dans le centre.
Cette circonstance ne l'empêche pas cependant de
végéter avec vigueur et de parvenir à un âge très-
avancé. Le tilleul est un des bois qui fournissent les
exemples les plus remarquables de longévité. On
connaît, tant en France qu'en Allemagne, un assez
grand nombre de ces arbres dont on porte l'âge à 200,
300 et même jusqu'à 500 ans et plus. Plusieurs d'entre eux présentent jusqu'à 10, 12 et 13 mètres de
circonférence à la base. Tous ces arbres sont de l'espèce à larges feuilles (*platyphylla*) ; le tilleul sauvage croît un peu moins vite et ne dure pas au-delà
de 200 ou de 300 ans au plus.

238. QUALITÉS ET USAGES. — Le tilleul n'est point
propre à la charpente, mais il est très-estimé pour la
menuiserie, l'ébénisterie et même pour la sculpture.
Son bois est tendre, très-blanc, d'un grain égal et fin ;
il ne se gerce et ne se tourmente point, et n'est pas
sujet à la vermoulure.

Le chauffage du tilleul est peu prisé ; son charbon est aussi très-médiocre comme combustible ;

mais on s'en sert avec avantage pour la fabrication de la poudre à tirer.

L'écorce (principalement le liber) est employée à la fabrication de cordes qui sont très-estimées à cause de leur force et de leur souplesse.

Les feuilles, vertes ou séchées, peuvent servir avec avantage à la nourriture des bêtes à laine.

ARTICLE XVI.

Le Peuplier.

239. Le genre des peupliers est fort nombreux et mérite toute l'attention du planteur. Mais une seule espèce croît spontanément dans nos bois ; c'est le *peuplier tremble* (populus tremula, LINNÉ). C'est donc de lui seul que nous nous occuperons ici (1).

_____

(1) Les autres espèces de peupliers sont :

1° Le *peuplier blanc*, appelé aussi *ypréau*, *blanc de Hollande* (populus alba, LINNÉ) ;

2° Le *peuplier grisaille* (populus canescens, SMITH) ;

3° Le *peuplier noir* (populus nigra, LINNÉ).

Ces trois espèces croissent spontanément dans les îles et sur les bords du Rhin, mais, à part cette région, on ne les retrouve guère en France que cultivées ;

4° Le *peuplier d'Italie* ou *pyramidal* (populus fastigiata, POIR.).

Cette espèce dont on ne connaît que les individus mâles et qui, par conséquent, ne peut se reproduire naturellement par les semences, est, à ce que l'on croit, originaire d'Orient.

240. CLIMAT, SITUATION, EXPOSITION. — Le tremble préfère les climats tempérés ; il résiste cependant
aussi dans les régions froides et élevées, quoiqu'il y
dégénère en arbrisseau. Les climats chauds lui paraissent contraires. Ainsi l'on remarque que, par
delà la Loire, en se dirigeant vers le Midi, il devient
de plus en plus rare et qu'il disparaît même tout à
fait dans les départements les plus chauds de la
France. Les expositions du Nord et de l'Est lui conviennent particulièrement, mais il prospère aussi aux
autres aspects.

241. TERRAIN. — Les sols légers, frais et même
humides, sont ceux où le tremble prend le plus bel
accroissement ; mais il est d'ailleurs peu difficile
sous ce rapport, et on le rencontre en bon état de
croissance dans les terres fortes comme dans les sables purs, quelle que soit leur profondeur. Les marais
lui sont contraires.

242. FLORAISON ET FRUCTIFICATION. — La floraison
du peuplier tremble est dioïque et en chatons cylindriques pour les deux sexes ; les fleurs paraissent
avant les feuilles, dès le mois de mars. Les fruits
réussissent avec une extrême abondance chaque année ; ce sont des capsules qui contiennent une grande
quantité de graines, pour ainsi dire microscopiques,
munies d'une aigrette soyeuse et souvent transportées par les vents à plusieurs lieues.

L'arbre devient fertile vers l'âge de 20 à 25 ans.

243. JEUNES PLANTS. — Les jeunes plants sont très-robustes et résistent, dès leur naissance, à toutes les influences de l'atmosphère. Ils restent très-petits la première année ; mais, à la seconde, ils prennent un accroissement plus rapide que celui de la plupart des autres bois. Cette circonstance, jointe à l'abondance et à la facilité avec lesquelles sa graine se répand au loin, fait que le tremble s'introduit dans toutes les forêts, ne tarde pas à s'y multiplier et à végéter aux dépens des essences plus précieuses, si des exploitations bien entendues n'y mettent obstacle.

244. Feuillage. — Le feuillage du tremble est très-léger, mobile et peu abondant ; il ne donne, par conséquent, qu'un couvert très-incomplet.

245. Racines. — Le tremble est entièrement traçant. Ses racines sont fort nombreuses, s'étendent très-loin et produisent des drageons en abondance.

246. Croissance et durée. — Ainsi qu'on vient de le dire, la croissance du tremble est des plus rapides. A l'âge de 50 à 60 ans, il acquiert une hauteur de 25 à 30 mètres, sur 66 centimètres et même plus de diamètre au pied. Passé cet âge, il se pourrit ordinairement à l'intérieur ; cette circonstance a même lieu plus tôt, lorsqu'il se trouve dans un sol humide ou très-substantiel.

247. Qualités et usages. — Le bois du tremble est très-tendre, blanc et chargé d'humidité, ce qui fait qu'il prend beaucoup de retrait. Dans les pays où le sapin manque, on emploie le tremble à la charpente en lieu sec. Il peut servir aussi, comme l'aune,

à des conduites d'eau, parce qu'il résiste très-long-temps à la pourriture, surtout dans les terrains humides.

Comme bois de travail, il est employé à la menuiserie, à la sculpture, à l'ébénisterie, etc. L'arbre se garnissant peu de branches et n'étant, par conséquent, pas noueux, on en fabrique beaucoup de voliges ou planches très-minces dont on se sert pour l'intérieur des meubles et surtout pour les caisses d'emballage.

Son chauffage est de mauvaise qualité, mais on l'emploie volontiers pour chauffer le four, parce qu'il brûle promptement et avec une flamme très-vive ; son charbon est recherché pour la fabrication de la poudre à tirer.

L'écorce peut servir au tannage, et les feuilles, vertes ou sèches, peuvent s'employer comme fourrage pour les bêtes à laine et même pour les chevaux.

ARTICLE XVII.

Le Saule.

248. Parmi la grande quantité d'espèces et de variétés qui composent le genre des saules, un assez grand nombre croissent spontanément dans nos forêts. Deux espèces, cependant, méritent seules l'attention du forestier, tant à cause de l'abondance avec laquelle elles sont répandues et de leurs grandes dimensions que par rapport aux avantages que présente leur culture. Ce sont :

Le *saule marceau* (salix capræa, LINNÉ) ;

Le *saule blanc* (salix alba, LINNÉ).

Une variété de ce dernier, à rameaux d'un jaune orangé vif au printemps, est connue sous le nom de *saule osier jaune* (salix vitellina, LINNÉ). Nous ferons néanmoins remarquer que cette dénomination d'*osier* ne lui est pas spéciale et s'applique à tous les saules dont les jeunes pousses flexibles sont employées par les vanniers.

Parmi les autres espèces de saules que l'on trouve le plus communément et qui servent à maintenir et à fixer les terres sur le bord des rivières et des ruisseaux, nous nous contenterons de nommer les suivantes :

1° *Saule cendré* (salix cinerea, LINNÉ);

2° *Saule à oreillettes* (salix aurita, LINNÉ), particulièrement commun dans les lieux marécageux et tourbeux des forêts ;

3° *Saule viminal* (salix viminalis, LINNÉ), connu aussi sous le nom de saule flexible, de saule à longues feuilles ;

4° *Saule à une étamine* (salix monandra, ARD.), saule pourpre ;

5° *Saule à trois étamines* (salix triandra et amygdalina, LINNÉ);

6° *Saule fragile* (salix fragilis, LINNÉ).

249. CLIMAT, SITUATION, EXPOSITION. — Le saule marceau prospère dans tous les climats de l'Europe, sur les montagnes les plus élevées comme dans les

vallons et à toutes les expositions ; il est peut-être sous ce rapport l'essence la plus remarquable que nous possédions. Le saule blanc réussit aussi dans toutes les parties de la France, mais seulement dans les plaines et les vallons, et à des élévations moyennes.

250. TERRAIN. — Tous les sols, tels quels, conviennent au saule marceau ; cependant il se plaît de préférence dans un sable gras un peu frais. C'est aussi dans un pareil sol que prospère son congénère, qui d'ailleurs se trouve fréquemment sur le bord des rivières et des ruisseaux, dans les prairies, autour des communes, et en général dans les lieux frais ou humides ; cependant les marais, comme les terres trop compactes, leur sont contraires.

251. FLORAISON ET FRUCTIFICATION. — Les saules sont dioïques. Le marceau fleurit, avant l'apparition des feuilles ; le saule blanc fleurit en avril en même temps que les feuilles poussent. Les fruits, semblables à ceux des peupliers, sont des capsules qui contiennent des semences munies d'une aigrette soyeuse ; les vents les transportent à des distances considérables. La semence du marceau mûrit et se dissémine en mai, et celle du saule blanc à la fin de juin ou au commencement de juillet. Les saules, à peine âgés de quelques années, sont déjà fertiles, et les graines réussissent très-abondamment chaque année.

252. JEUNES PLANTS. — Les saules sont très-robustes dès leur naissance. Comme le tremble, le mar-

ceau se répand dans toutes les forêts et y croît au détriment des autres essences, si les exploitations n'y portent remède.

253. FEUILLAGE. — Le feuillage des saules est léger et ne donne qu'un faible ombrage.

254. RACINES. — Les racines sont traçantes, nombreuses, et drageonnent beaucoup.

255. CROISSANCE ET DURÉE. — La croissance des saules est des plus rapides. Le marceau atteint, en 40 ou 50 ans, une hauteur de 12 à 15 mètres sur 33 centimètres et plus de diamètre à la base. Le saule blanc prend dans le même espace de temps jusqu'à 20 et 28 mètres de haut, sur 45 à 50 centimètres de diamètre au pied. Ces arbres ne durent guère en bon état de croissance, que jusqu'à 50 ou 60 ans; passé cet âge, et souvent même plus tôt, leur tronc se creuse, bien que les branches et la cime continuent à végéter avec la même activité.

256. QUALITÉS ET USAGES. — Le bois des saules est spongieux, blanc et très-chargé d'eau; il n'est point propre à la charpente. Comme bois de travail, on le débite en voliges, et on en confectionne toutes sortes d'ouvrages de fente. Mais c'est pour la vannerie que ces arbres sont le plus précieux. On fabrique aussi des paisseaux de vigne avec le marceau, et l'on dit que coupés en temps de séve, écorcés tout de suite et conservés à l'abri pendant un an, ils deviennent de longue durée.

Le chauffage et le charbon des saules sont de

mauvaise qualité. Le marceau est cependant plus
estimé à cet égard que les deux autres. On s'en sert
pour chauffer le four, parce qu'il brûle avec une
flamme assez vive ; son charbon, qui est fort léger,
est très-employé dans la fabrication de la poudre à
canon. L'écorce des saules est propre au tannage
des cuirs fins ; leurs cendres fournissent beaucoup de
potasse, et les feuilles peuvent servir de fourrage aux
bêtes à laine.

CHAPITRE CINQUIEME.

—

DES BOIS RÉSINEUX.

—

ARTICLE PREMIER.

Le Sapin.

257. Le *sapin commun* (abies pectinata, D. C.) est aussi connu sous le nom de *sapin argenté, blanc, à feuilles d'if, sapin des Vosges, de Normandie*. Il peuple à lui seul des forêts de la plus grande étendue, quoiqu'on le trouve aussi mélangé avec d'autres essences, et notamment avec le hêtre et l'épicéa.

258. CLIMAT, SITUATION, EXPOSITION. — Le sapin habite les climats froids et les tempérés ; il se plaît davantage dans ceux-ci, et y acquiert de plus fortes dimensions. Quoiqu'il ne craigne pas les frimats, on ne le voit pas sur d'aussi grandes hauteurs que l'épicéa et le mélèze. En général, les montagnes lui conviennent ; on le rencontre sur les Vosges, le Jura, les Alpes, les Pyrénées, les Cévennes, et dans quelques autres parties montagneuses de la France. C'est entre 500 et 1,000 mètres au-dessus du niveau de la

mer que sa région semble être fixée, quoiqu'on le
trouve encore à de plus grandes élévations. Dans
les Pyrénées, il est confiné dans les régions élevées
de 1,500 à 2,000 mètres ; dans les Alpes, il s'arrête
à 1,500 mètres et dans les Carpathes à 1,000 mètres (SPACH). Il prospère aussi dans les plaines, lorsque le climat est tempéré et que le sol lui est d'ailleurs favorable.

Les expositions méridionales lui sont contraires,
et sa végétation y est languissante. C'est aux expositions du Nord et de l'Est qu'il réussit le mieux.

259. TERRAIN. — Le sapin demande un terrain
un peu profond, frais et facile à pénétrer. Du reste
il s'accommode assez volontiers de toute espèce de
sol, sauf les terrains marécageux ou aquatiques dans
lesquels il ne peut vivre, et les sables trop légers, où
son accroissement est très-faible. Souvent on le voit
en très-bon état de croissance dans des terrains entièrement couverts de roches. Ses racines, dans ce
cas, s'introduisent dans les fissures et les intervalles
que présentent ces roches, où elles trouvent de la
fraîcheur et de l'humus qui s'y amasse abondamment.

260. FLORAISON ET FRUCTIFICATION. — La floraison
est monoïque. Les fleurs paraissent fin d'avril et en
mai, et sont placées vers la cime de l'arbre. Le fruit
est un cône ou strobile dont la maturité a lieu au
commencement d'octobre de l'année même de la
floraison. Les semences sont munies d'une aîle la-

térale et se disséminent immédiatement après la maturité. Cette dissémination a cela de particulier que, les cônes étant redressés, les écailles se désarticulent et tombent avec les graines, tandis que les strobiles des autres bois résineux ne font que s'entr'ouvrir pour laisser échapper la semence.

Le sapin devient complétement fertile vers l'âge de 60 à 70 ans, selon les climats, et sa semence réussit communément tous les deux ou trois ans.

261. JEUNES PLANTS. — Le sapin est très-délicat dans sa première jeunesse, plus même que le hêtre. Il demande un abri prolongé, surtout contre les chaleurs auxquelles il ne peut résister.

262. FEUILLAGE. — Les feuilles du sapin sont courtes et étroites, mais épaisses et extrêmement nombreuses, ce qui fait qu'elles donnent dans leur ensemble un couvert très-complet ; elles persistent ordinairement pendant trois ans sur l'arbre.

263. RACINES. — Le sapin est un des bois résineux les plus fortement enracinés ; ses racines latérales, ainsi que son pivot, s'enfoncent jusqu'à 1 mètre et plus, lorsque le sol le permet, mais, comme nous venons de le dire, elles s'accommodent aussi d'un terrain rocailleux et s'y fixent fortement.

Il arrive fréquemment que les racines d'arbres voisins s'entrelacent et s'anastomosent de telle façon que leur végétation devient solidaire. Ce phénomène en produit un autre, celui de la continuité de croissance de souches dont les troncs sont coupés depuis longues années. On voit alors ces souches former des couches annuelles de bois aussi longtemps que l'arbre auquel elles sont mariées reste sur pied.

264. Croissance et durée. — Cet arbre croît d'abord très-lentement, mais quand il a acquis un peu de force, il s'élance avec rapidité et parvient souvent à une hauteur de 40 à 45 mètres. On a coupé des sapins qui avaient atteint l'âge de 300 ans sans dépérir, et qui présentaient jusqu'à 6 et 9 mètres de tour à la base.

265. Qualités et usages. — Le sapin n'est guère employé dans les chantiers de la marine, mais il est très-utile à tous les autres genres de constructions. On en fait de très-bonnes charpentes et, placé en travers, cet arbre résiste mieux et se tourmente moins que le chêne. On le débite aussi en planches dont on fait un commerce très-considérable. Les sapins des Vosges et du Jura se transportent, les premiers à Paris et dans l'intérieur de la France, les autres dans le Midi et jusqu'à la Méditerranée.

Le sapin sert aux menuisiers et aux ébénistes ; ceux-ci en font principalement la carcasse des meubles en marqueterie et en placage. Il est débité en douves pour la tonnellerie, en cercles pour la boissellerie, et en planchettes minces ou bardeaux pour la couverture des maisons. Différentes pièces de charronnage se confectionnent aussi en sapin.

Son chauffage est d'une qualité médiocre et, sous ce rapport, il est au hêtre comme 11 est à 15. Son

charbon, quoique inférieur aussi à celui du hêtre, est
cependant employé avec avantage à forger le fer.

Le sapin fournit une résine très-liquide, dont on
fabrique la térébenthine dite de Strasbourg. Elle se
trouve dans les cônes verts ainsi que dans la semence,
mais plus particulièrement sous l'épiderme de l'é-
corce des jeunes sujets, où elle existe dans de petites
tumeurs ou vésicules. On la recueille avec des cor-
nets en fer-blanc qui, au bord de la partie évasée,
sont munis d'un petit bec terminé en pointe aiguë.
La pointe sert à crever la tumeur, et la goutte de
résine qui en sort coule jusqu'au fond du cornet. On
obtient de cette térébenthine, par distillation, une
huile essentielle employée dans la médecine et dans
les arts, et surtout dans la composition des vernis.

Le résidu de la térébenthine distillée donne la colophane.

Dans quelques parties des Vosges, les habitants se
servent, pour leur éclairage, de la résine qu'ils ex-
priment des semences du sapin.

Le sapin fournit encore le produit appelé *salin*. On
peut sans doute le retirer de tous les autres bois,
puisqu'il n'est dû qu'aux cendres lessivées des végétaux, mais il en coûte moins pour l'obtenir du sapin,
un des bois qui en fournit le plus. Ordinairement on emploie à cet effet la sciure qui se trouve
abondamment dans les scieries où le sapin se débite
en planches. Dans les Vosges, on a l'habitude de
joindre à cette sciure, en la brûlant, de l'urine de

bestiaux ; il en résulte, à la vérité , une plus grande quantité de salin, mais il est d'une moindre qualité.

La calcination du salin produit la potasse du commerce , employée à de nombreux usages dans les arts.

L'Epicéa.

266. Le *sapin épicéa* (abies picea , MELL. et abies excelsa, D. C.) est aussi connu sous les noms d'*épicéa, pesse, fie, sapin gentil, sapin rouge ;* il forme, tantôt seul, tantôt avec le sapin et le hêtre, des forêts considérables.

267. CLIMAT, SITUATION , EXPOSITION. — L'épicéa supporte les frimats mieux que le sapin, et réussit à de plus grandes hauteurs de montagne. On le rencontre ordinairement à 800, 1,000, 1,500 et 1,800 mètres d'élévation au-dessus du niveau de la mer et, dans les Alpes, il se trouve même à 2,000 mètres et plus.

Quoiqu'il préfère les expositions du Nord et de l'Est, les expositions plus chaudes lui sont cependant moins contraires qu'au sapin.

268. TERRAIN. — Le sol propre au sapin est aussi celui qui convient à l'épicéa ; mais comme il est principalement nourri par les racines latérales, il se contente de peu de fond, il vient mieux que le sapin dans les sols un peu humides, et s'accommode même des terrains tourbeux.

269. FLORAISON ET FRUCTIFICATION. — La floraison est monoïque ; les fleurs paraissent en mai. Les cônes qui leur succèdent sont mûrs à la fin de l'automne qui suit la floraison, mais la graine, sauf dans les années très-chaudes, ne se dissémine qu'au printemps suivant. Les premières chaleurs de cette saison agissant sur les cônes, les écailles s'entr'ouvrent sans se détacher de leur axe et laissent échapper la semence qui, plus petite que celle du sapin, est aussi garnie d'une aile.

Dans quelques localités plus chaudes que celles que l'épicéa habite ordinairement, dans les Alpes françaises par exemple, il paraît que la dissémination a généralement lieu au mois d'octobre.

Vers l'âge de 50 à 60 ans, l'épicéa devient complétement fertile ; il porte semence à peu près tous les deux ans.

270. JEUNES PLANTS. — Les jeunes plants de l'épicéa sont plus robustes que ceux du sapin. Il est possible de les élever sans abri aux expositions du Nord et du Nord-Est, mais ils ne résisteraient pas de même dans les pentes méridionales, à moins que la situation ne fût très-élevée [40].

271. FEUILLAGE. — Les feuilles de l'épicéa sont plus courtes et plus étroites que celles du sapin, et, comme celles-ci, extrêmement serrées sur les rameaux où elles persistent de 3 à 5 et même, dit-on, jusqu'à 7 ans. Aussi le couvert fourni par cet arbre est-il très-épais.

272. Racines. — L'épicéa n'a que très-peu de pivot et souvent même il en est entièrement dépourvu. Ses racines latérales sont plus déliées que celles du sapin ; elles tracent entièrement à la surface du sol et semblent, comme ces dernières, avoir une disposition particulière à s'introduire et à s'attacher dans les fissures des rochers.

273. Croissance et durée. — L'épicéa a une végétation lente dans les premières années, mais il ne tarde pas à s'élancer, et dès lors il devance le sapin par les progrès de son accroissement. Il vit autant que cet arbre et acquiert les mêmes dimensions.

274. Qualités et usages. — L'emploi de l'épicéa est généralement le même, et au même degré d'utilité, que celui du sapin, tant pour les constructions que pour le travail. Il sert en outre aux luthiers pour les tables de différents instruments de musique.

Son chauffage et son charbon sont un peu meilleurs que ceux du sapin. Dans les pays du Nord, l'écorce s'emploie au tannage.

On obtient aussi de l'épicéa la poix jaune ou poix de Bourgogne ; la résine qui la fournit circule principalement entre l'écorce et le bois. On fait au printemps des incisions à l'écorce jusqu'aux premières couches ligneuses, ce qui procure l'écoulement du suc résineux pendant l'été ; et lorsque ce suc est coagulé, on l'enlève avec des racloirs ou lames de fer recourbées, et l'on rafraîchit ainsi la plaie. Ces incisions ne peuvent être que très-préjudiciables aux

épicéas. Dans tous les cas, elles ralentissent la végétation de l'arbre, diminuent la qualité de son bois,
et, quand elles sont faites sans règles et sans précautions, elles occasionnent son dépérissement.

La résine obtenue, on la met pour la faire fondre
et l'épurer dans de grandes chaudières sur un feu de
flamme. Une fois liquéfiée, on la verse dans un sac
de toile, puis on l'exprime au moyen de la presse ;
elle est ensuite reçue dans des boîtes ou barils pour
être livrée au commerce. On peut aussi, par la distillation, obtenir la térébenthine de cette résine.

Les résidus qui sortent de la presse, ou qu'on
trouve au fond des chaudières, sont conservés pour
faire du noir de fumée.

ARTICLE III.

Le Pin Sylvestre.

275. Le *pin sylvestre* (pinus sylvestris, Linné) est
connu sous une foule de dénominations diverses :
*pin sauvage, pin du Nord, de Riga, de Haguenau,
de Genève, Pinasse,* etc. Le *pin rouge* ou *pin d'E-
cosse* n'en est qu'une variété, reconnaissable à ses
feuilles plus courtes, à ses cônes plus petits et réunis
en verticilles et à ses jeunes pousses rougeâtres. Le
pin sylvestre forme l'essence dominante dans un
grand nombre de forêts très-considérables, où il se
trouve fréquemment mélangé avec le chêne et le bouleau.

276. Climat, situation, exposition. — Les climats tempérés sont ceux où le pin sylvestre prospère
le mieux. Les pays froids ne lui sont cependant pas
contraires, on le rencontre en très-bon état de croissance dans le Nord de l'Europe. Il habite la plaine
aussi volontiers que les sols en pente et, dans la première de ces situations, il en existe des forêts de la
plus grande beauté. Ce sont les hautes montagnes
qui lui conviennent le moins ; dans ces localités, la
neige et le givre s'attachent en grandes masses à ses
feuilles plus longues que celles des autres bois résineux des climats froids, et font ainsi rompre ses branches et souvent même sa cime entière.

Le pin sylvestre réussit à toutes les expositions, et
même en plein Midi. Lorsqu'il s'agit de repeupler
des vides ou des parties de forêts dégradées, exposées au Midi, il est d'une grande ressource non seulement parce qu'il se contente d'un sol maigre et sec,
mais encore parce que les jeunes plants de cette essence supportent mieux que ceux des autres bois
résineux les ardeurs du soleil. Nous ne parlons ici
que des parties tempérées de la France ; les départements du Midi ont des pins qui leur sont propres,
tels que le pin maritime et le pin d'Alep ; et il est
probable que le sylvestre y viendrait mal, à moins
qu'on ne l'y plaçât à des élévations où le climat serait
moins brûlant.

277. Terrain. — Le pin sylvestre demande un
sol profond et léger ; il vient même dans des sables

entièrement dépourvus de liaison, et son bois y est de meilleure qualité que dans les terrains plus substantiels. Les terres compactes lui sont entièrement contraires.

On le trouve quelquefois dans des parties humides et tourbeuses, mais sa végétation y est languissante ; il s'y présente ordinairement sous un aspect si particulier qu'il a été pris pour une espèce différente (1).

278. FLORAISON ET FRUCTIFICATION. — La floraison est monoïque ; les fleurs paraissent en avril ou en mai, suivant la température.

Le strobile reste très-petit la première année ; au printemps suivant il commence à grossir, et parvient à son entier développement vers la fin de l'été. Il est mûr au commencement de novembre ; mais il n'entr'ouvre ses écailles pour laisser échapper la graine qu'au printemps suivant. Il lui faut donc au moins

---

(1) Tel est le *pin mugho* que l'on trouve sur quelques sommités des Vosges et de la Forêt-Noire (de 1,000 à 1,500 mètres au-dessus du niveau de la mer) dans des endroits marécageux ou tourbeux. Son port rampant, ses cônes, ses feuilles, son aspect en général l'ont fait considérer par plusieurs botanistes comme une espèce particulière ; mais des expériences ont prouvé que des graines de cet arbre, semées en terrain convenable et dans des régions tempérées, produisent des pins qui, à la première ou à la seconde génération, recouvrent tous les caractères du pin sylvestre.

dix-huit mois pour mûrir, et environ deux ans pour la dissémination de la graine ; toutefois, ce qui a été dit de la dissémination de l'épicéa dans les Alpes françaises [269] s'applique aussi au pin sylvestre croissant dans les mêmes localités.

Le pin sylvestre devient complétement fertile vers la 40ᵉ année. Les fruits réussissent à peu près tous les deux ou trois ans ; les semences sont ailées et petites comme celles de l'épicéa.

279. JEUNES PLANTS. — Les pins sylvestres sont très-robustes dès leur naissance, et ne prospèrent pas sous un ombrage prolongé. On peut en général les élever sans abri ; cependant, sur un terrain très-sec et à une exposition entièrement méridionale, il serait nécessaire qu'ils fussent ombragés la première année.

280. FEUILLAGE. — Les feuilles du pin sylvestre sont plus longues que celles des deux essences précédentes ; mais, comme elles ne persistent jamais sur les rameaux plus de trois ans, il en résulte que l'arbre ne donne qu'un ombrage assez léger.

281. RACINES. — Les racines sont fortes et disposées à s'enfoncer. Lorsque le sol le permet, le pivot pénètre jusqu'à un mètre et plus, quoiqu'une profondeur moindre puisse suffire pour assurer à l'arbre une assez belle végétation. Dans les terrains humides, pauvres, ou dans ceux qui manquent de fonds, le pivot disparaît à peu près totalement et les racines latérales prennent une direction entièrement

semblable à celle de l'épicéa ; mais la croissance de l'arbre s'en ressent défavorablement.

282. Croissance et durée. — La végétation du pin sylvestre est très-rapide dès les premières années ; lorsque le sol lui convient il s'allonge, dans sa jeunesse, quelquefois d'un mètre et au-delà par an. Il vit jusqu'à deux siècles et atteint jusqu'à 33 mètres et plus de hauteur, sur un diamètre de 1 mètre à 1 mètre 20 centimètres à la base.

283. Qualités et usages. — Le pin sylvestre est employé, comme bois de construction et de travail, aux mêmes usages que le sapin et l'épicéa. Son bois est considéré même comme plus solide et plus dura_ble que celui de ces deux essences, sur lesquelles il l'emporte principalement par son emploi dans les chantiers de la marine. C'est presque le seul arbre dont on fabrique les mâts, et la France est à cet égard tributaire du nord de l'Europe, ce qui doit nous faire attacher beaucoup d'importance à la culture et à la propagation du pin sylvestre.

Ce n'est, toutefois, que dans les régions élevées de nos principales chaînes de montagnes, où l'accroissement est lent et la texture ligneuse très-serrée, que les bois peuvent acquérir le degré de souplesse et d'élasticité nécessaire pour être employés à la mâture. On devra donc rechercher avec soin, dans ces régions, les parties les plus abritées, où les pins auront le moins à souffrir des neiges et des frimats, pour y élever des massifs destinés à satisfaire à ce besoin de haute utilité publique. (Voir sur ce sujet le savant Mémoire de MM. Bravais et Martins, inséré dans le deuxième volume des Annales forestières, année 1843, pages 369 et 561.)

Le chauffage qu'il fournit est de meilleure qualité que celui du sapin et de l'épicéa ; il en est de même de son charbon qui est recherché pour les forges.

Le pin sylvestre produit, en grande partie, le goudron dont la marine fait usage. Ce sont les souches et les racines qui en rendent le plus ; on l'en retire communément en les soumettant, dans des fourneaux, à une combustion lente et graduée. Le bois ainsi privé de résine, se réduit en un charbon que l'on emploie à divers usages. Il se fait, dans beaucoup de pays, des adjudications très-productives de souches de pin sylvestre, avec faculté d'établir des fours à goudron.

Dans certaines localités, les maraudeurs ont l'habitude d'entailler fortement le tronc des pins sylvestres, pour en enlever quelques morceaux plus particulièrement chargés de résine qu'ils reconnaissent à une couleur jaune foncé, au poids, et à l'odeur forte qui s'en exhale. Ces morceaux, coupés en petits fragments, sont très-inflammables et se vendent pour remplacer les allumettes et pour activer le feu. Il n'est pas nécessaire de dire que ce délit est des plus préjudiciables.

Le Pin maritime.

284. Le *pin maritime*, *pin de Bordeaux* (pinus maritima, LAMARK), couvre des parties de forêts considérables dans les Landes, en Provence, dans le Languedoc et en Corse.

285. CLIMAT, SITUATION, EXPOSITION. — Quoique cet arbre appartienne plus particulièrement aux climats chauds, on le cultive cependant avec succès dans les départements de l'Ouest, mais il y est exposé aux gelées, ne fournit pas des bois de valeur et n'atteint pas un âge avancé. Son élévation et sa grosseur y sont médiocres et son utilité restreinte. Il en est de même des semis faits dans la forêt de Fontainebleau et dans les environs de Paris. On ne peut douter que transporté plus au Nord, il serait impossible au pin maritime de s'acclimater, étant très-sensible au froid.

Lorsqu'il jouit d'une température convenable, il prospère en plaine, sur les collines et même sur des montagnes de hauteur moyenne. Il est d'autant plus utile sur les bords de la mer que ses racines pivotantes et latérales lui donnent une assiette solide et le mettent en état de résister aux efforts des vents.

286. TERRAIN. — Le pin maritime se contente d'un sol médiocre, pourvu que ce sol soit profond; il réussit même très-bien dans les sables purement quartzeux, ce qu'on reconnaît dans ceux rejetés par les eaux et amoncelés sur le littoral de l'Océan. Les terrains compactes et marécageux lui sont contraires.

287. FLORAISON ET FRUCTIFICATION. — La floraison est monoïque. Les fleurs paraissent en mars et en avril dans le midi de la France, et au mois de mai dans les régions plus tempérées.

La semence est plus grosse que celle du pin sylvestre; munie d'une aile proportionnée à son volume, elle mûrit au bout du même laps de temps que celle-ci, et se dissémine à la même époque.

La fertilité de cet arbre est extraordinaire. Il porte fruit presque tous les ans et dès l'âge de 12 ou 15 ans, quelquefois plus jeune. Néanmoins, pour être sûr de la bonté des graines , il convient de ne les cueillir que sur des arbres plus âgés.

288. JEUNES PLANTS. — Le pin maritime est très-robuste dès sa naissance, et tout abri un peu prolongé lui est nuisible. Il n'y a que dans les sables brûlants des dunes de Gascogne et dans les expositions chaudes du midi de la France qu'il est nécessaire de l'ombrager les premières années.

289. FEUILLAGE. — Quoique les feuilles du pin maritime soient très-longues, leur ensemble cependant ne donne qu'un faible ombrage ; comme celles du pin sylvestre, elles tombent la troisième année.

290. RACINES. — Cet arbre a une racine pivotante qui s'enfonce très-avant dans le sol ; il a, en outre,

des racines traçantes qui dans toute leur longueur,
jettent des pivots profonds, ce qui joint à sa rapide
végétation, le rend très-propre à fixer les sables mobiles des dunes.

291. Croissance et durée. — La croissance du
pin maritime est remarquablement prompte, et il
acquiert de fortes dimensions. On voit dans une
partie des dunes de Gascogne, sur un sol profond et
substantiel, plusieurs arbres non résinés qui ont une
élévation de 27 à 30 mètres sur 2, 3 et 4 mètres de
tour à 1 mètre du sol. Cette grosseur se soutient
bien et donne aux arbres une forme cylindrique ; leur
âge est de 150 à 170 ans, et aucun signe de dépérissement ne se manifeste. Il est donc permis de penser que le pin maritime peut atteindre au moins l'âge
de 200 ans dans les terrains qui lui conviennent.

292. Qualités et usages. — Le bois du pin maritime est jugé inférieur en qualité à celui du pin sylvestre et des autres essences résineuses dont nous
avons parlé. On ne s'en sert pas moins pour différentes constructions civiles. On en fait des pilotis et des
étais dans les chantiers de la marine, pour soutenir
les vaisseaux en construction, et on le débite en planches et en échalas.

Le chauffage et le charbon de ce pin sont aussi de
faible qualité.

On pourrait se tromper cependant en prononçant
définitivement sur la valeur du bois du pin maritime.
Pour qu'un pareil jugement pût être porté, il fau-

drait que, dans le sol et dans le climat qui lui conviennent , il eût été traité d'après le meilleur régime
d'exploitation , et qu'on l'eût garanti de l'élagage et
de l'extraction de la résine. Or, dans les départements
des Landes et de la Gironde, cette extraction, que l'on
exprime par les mots *gemmage*, *gemmer*, se pratique
dans les dunes depuis plus d'un siècle , et , dans les
vastes terrains appelés landes, où le sol est généralement ingrat et où le gemmage a pris peu d'extension, on exploite le pin maritime très-jeune, soit pour
en tirer quelques pièces de charpente, soit pour écha-
lasser les vignes ; et il en est de même dans les départements situés plus au midi. On voit donc que,
dans l'un et l'autre cas, on ne saurait apprécier avec
certitude les qualités de cet arbre.

Les procédés employés pour tirer de cet arbre le
suc résineux donnent la mesure du préjudice qu'on
lui occasionne. C'est à 25 ans ordinairement que l'on
commence le gemmage, depuis le mois d'avril ou de
mai, jusqu'au mois de septembre. La première opération consiste à enlever une bande d'écorce de 12 à
16 centimètres de large , depuis le pied de l'arbre
jusqu'à 33 et 50 centimètres de haut , et à entailler
assez profondément pour entamer l'aubier ; car le suc
résineux s'écoule principalement du corps ligneux et
d'entre l'écorce et le bois. Chaque semaine le rési-
nier rafraîchit la plaie. Ces entailles se prolongent
les années suivantes jusqu'à une hauteur de 4 à 5
mètres. On commence ensuite, au pied du même

arbre, une nouvelle entaille parallèle à la première qui n'en est séparée que par 5 à 6 centimètres d'écorce ; on la conduit à la même hauteur, et ainsi des entailles suivantes, jusqu'à ce qu'elles fassent le tour de l'arbre. Ces entailles sont appelées *quarres*.

Le mode de gemmage que nous venons de rapporter est le plus modéré ; on le nomme *gemmage à vie*. Quand on veut aller plus vite, on fait deux entailles à la fois, l'une dans le haut, l'autre dans le bas ; la première dite *quarre haute*, la seconde *basson*, et souvent on taille simultanément sur toutes les faces de l'arbre. C'est ce qu'on appelle gemmer *à mort* ou *à pin perdu*. Jusqu'à présent le pin maritime est principalement cultivé pour son suc résineux qui fournit des produits d'une importance incontestable, consistant en térébenthine, brai, goudron et noir de fumée. Sous le rapport du revenu, il est hors de doute que ce mode d'exploitation est le plus profitable, et par conséquent, il se justifie parfaitement. Mais, dans les départements de la Gironde et des Landes, on va plus loin, et l'on prétend que le pin maritime, pour être d'un bon usage, doit être résiné. On va jusqu'à affirmer, malgré les exemples contraires [291] que l'extraction de la résine est indispensable à cet arbre pour assurer sa prospérité et même son existence. La dernière opinion ne nous paraît pas digne d'être discutée ; la première, qui est fondée jusqu'à un certain point, a besoin d'explication.

On conçoit, en effet, que le gemmage doit appor-

ter une certaine perturbation dans la croissance du
pin maritime. La nature ne lui a pas donné en vain
la résine comme suc propre, et ce suc, indépendant
de la séve, paraît s'unir à elle pour procurer la nutrition et l'accroissement du végétal. Ce qui le prouve,
c'est que des pins gemmés, et qui étant abattus ont
pu être vérifiés, présentaient des couches annuelles
très-rapprochées les unes des autres et annonçaient
ainsi un accroissement ralenti, tandis que le contraire
a été reconnu sur des arbres non gemmés ayant cru
d'ailleurs dans les mêmes circonstances que les premiers. Mais, tout le monde sait que le bois d'un arbre en pleine croissance n'a pas une texture serrée
et que, employé à la construction, il n'aurait aucune
durée. Il faut que le temps et le ralentissement de
sa croissance donnent à ses tissus la solidité convenable. Or, ici ce ralentissement est prématurément
produit par le gemmage.

ARTICLE V.

Le Pin laricio.

293. Le *pin laricio* (pinus laricio, Pois. Pinus py-
renaïca, Lapeyr.) est aussi connu sous le nom de *pin
de Corse, de Calabre*, parce que dans ces deux pays
il peuple de grandes forêts.

294. Climat, situation, exposition. — La hauteur à laquelle cet arbre est situé en Corse lui donne
un climat très-tempéré ; aussi est-on parvenu à l'ac-

climater très-bien dans le nord et l'est de la France, et quoiqu'il ne semble pas supporter les grands froids aussi bien que le pin sylvestre, il craint cependant peu nos hivers.

Il réussit aux mêmes expositions que le pin sylvestre.

295. TERRAIN. — Les montagnes formant l'habitation la plus ordinaire du laricio, on peut en conclure que c'est un sol léger qui lui convient. A cet égard encore, on peut l'assimiler au pin sylvestre, sans espérer toutefois le voir réussir aussi bien que cet arbre dans les sables purs.

296. FLORAISON ET FRUCTIFICATION. — La floraison est monoïque. Les fleurs paraissent à la fin de mai et même au commencement de juin sous le climat de Paris.

Ses semences, ailées et légères, sont un peu plus grosses que celles du pin sylvestre; elles demandent le même temps que celles-ci pour la maturité et la dissémination.

297. JEUNES PLANTS. — Le tempérament des jeunes plants paraît être aussi robuste que celui du pin sylvestre. Des semis faits dans le climat de Nancy ont parfaitement réussi, quoique exposés aux ardeurs du soleil.

298. FEUILLAGE. — Les feuilles tiennent, quant à leur longueur, le milieu entre celles des deux pins précédents; le couvert qu'elles fournissent est également fort léger.

299. Racines. — Le pin laricio pivote et ses racines sont fort nombreuses.

300. Croissance et durée. — La croissance du
laricio est très-prompte, plus prompte même que
celle du pin sylvestre. Il vit plusieurs siècles et prend
les plus fortes dimensions. On en voit en Corse qui
ont de 33 à 40 et même 45 mètres de haut, sur une
grosseur proportionnée.

301. Qualités et usages. — Le laricio est très-
estimé comme bois de charpente ; on l'emploie aussi
dans les constructions navales. A l'époque des dernières guerres, qui ont mis obstacle à la fourniture
des pins du Nord, on s'est servi du laricio pour différentes parties des vaisseaux, et principalement pour
la mâture. On a trouvé cependant que son bois n'a-
vait pas la force et l'élasticité des pins sylvestres de
Riga et de Norwége, et qu'il était chargé de beaucoup
d'aubier. Quant à ce dernier défaut, il serait possible
que les arbres employés eussent été coupés trop jeunes. En effet, ce pin, à l'âge de 70 à 80 ans, s'élève
déjà, dit-on, à 33 mètres au moins, et porte un diamètre de 40 à 66 centimètres à la base. Or, ces
dimensions sont assez fortes pour l'emploi qu'on veut
faire de l'arbre, mais il est hors de doute que son
bois est imparfait, parce qu'il n'a été ni mûri, ni
fortifié par l'âge.

Le laricio se débite aussi en planches et en ma-
driers ; il est employé à la menuiserie et par divers
autres métiers. Son bois est d'un travail facile et peut
même servir à la sculpture.

Comme chauffage, il est probable qu'il ne le cède guère au pin sylvestre.

Le laricio est très-résineux et susceptible de fournir les mêmes produits que les autres pins : poix, goudron, etc. Les auteurs qui ont décrit cet arbre ne parlent cependant pas de l'extraction de la résine ; il serait à désirer qu'il pût en demeurer exempt, c'est à dire que le corps de cet arbre précieux ne fût jamais gemmé. Rien n'empêcherait, comme il a été dit à l'article *pin sylvestre*, de mettre à profit la résine qui se trouve dans la souche et les racines.

ARTICLE VI.

Le Pin d'Alep.

302. Le *pin d'Alep* ou *de Jérusalem* (pinus halepensis, MELL.), qui paraît originaire de la Syrie et de la Barbarie, est assez commun dans les départements méridionaux de la France.

303. CLIMAT, SITUATION, EXPOSITION. — Un climat chaud, ou au moins très-tempéré, lui est nécessaire. C'est avec peine qu'on parvient à l'acclimater dans les environs de Paris ; il souffre des froids de l'hiver, et plus au Nord il ne pourrait y résister.

Cet arbre se plaît dans les plaines et sur les coteaux.

Dans les départements du midi toutes les expositions semblent lui être favorables.

304. TERRAIN. — Le pin d'Alep se contente d'un

sol très-médiocre, pourvu qu'il soit léger et sec ; en général, on remarque qu'il prospère plutôt dans les terrains calcaires que dans les siliceux.

305. FLORAISON ET FRUCTIFICATION. — La floraison est monoïque ; les fleurs paraissent en mai.

La maturité de la graine, qui est ailée et légère comme celle des autres pins, a lieu à la fin du second été qui suit la floraison, et la dissémination ne s'opère que dans le courant du troisième.

306. JEUNES PLANTS. — Même sous le ciel de la Provence, le jeune pin d'Alep résiste parfaitement aux ardeurs du soleil, mais, par contre, il paraît craindre les gelées dans les trois ou quatre premières années de son existence, lorsqu'il est semé à découvert. Après cet âge il devient plus robuste.

307. FEUILLAGE. — Le pin d'Alep a les feuilles très-fines et longues ; elles ne fournissent qu'un léger couvert.

308. RACINES. — Les racines pivotent assez profondément, lorsque le sol le permet, mais elles s'accommodent aussi de tracer, et l'on voit parfois des sujets d'assez fortes dimensions, assis sur des rochers entièrement nus dont quelques crevasses seulement permettent aux racines de s'y cramponner.

309. CROISSANCE ET DURÉE. — Cet arbre a une croissance très-rapide dans sa jeunesse. Situé en bon sol, il s'élève beaucoup et est susceptible de prendre de fortes dimensions.

310. QUALITÉS ET USAGES. — Le pin d'Alep sert

à la bâtisse, et surtout à la menuiserie ; il a le grain
fin et se travaille facilement. On extrait sa résine,
qui est moins abondante que celle du pin maritime,
d'après les mêmes procédés que cette dernière, et
l'on en fabrique les mêmes produits. La résine li-
quide, qui découle en premier des incisions, est
confondue dans le commerce avec la térébenthine
de Venise.

ARTICLE VII.

Le Pin pinier.

311. Le *pin pinier* ou *à pignons* (pinus pinea,
LINNÉ), *pin cultivé, pin bon, pin de pierre, pin para-
sol*, etc., croît naturellement dans le midi de la
France, en Italie, en Espagne et sur les côtes de
Barbarie.

312. CLIMAT, SITUATION, EXPOSITION. — Quoiqu'il
demande, pour prospérer, un climat chaud, il supporte cependant celui de Paris et y porte fruit; mais
il est douteux qu'il puisse végéter plus au Nord. Les
départements maritimes de l'Ouest sont les seuls,
après ceux du Midi, où il serait possible de l'acclimater; il paraît rechercher de préférence les plaines, les vallées, et c'est sur les bords de la mer et le
long des rivières qu'il montre la plus belle croissance.

313. TERRAIN. — Il faut à cet arbre un terrain
léger et profond, il se contente même d'un sol sablonneux pourvu qu'il soit frais.

314. Floraison et fructification. — La floraison du pin pinier est monoïque ; les fleurs paraissent à la fin de mai ou au commencement de juin. Les strobiles qui leur succèdent sont plus gros que ceux de tous les autres conifères, et n'atteignent leur maturité qu'à la fin de la troisième année après la floraison. A la base de chaque écaille se trouvent deux loges dont chacune renferme une amande de la grosseur d'une petite noisette, enveloppée d'une coquille ligneuse et bordée d'une aile caduque très-petite.

315. Jeunes plants. — Les exigences du jeune plant sont peu connues ; son tempérament aurait besoin d'être étudié dans le pays auquel l'arbre appartient.

316. Feuillage. — Les feuilles sont longues, épaisses et assez larges, elles donnent un couvert plus complet que celles des autres pins.

317. Racines. — Les racines sont fortes et pivotantes.

318. Croissance et durée. — Ce pin, dit-on, se distingue des autres par une tête arrondie et ne s'élève pas en pyramide. Nous ne croyons pas possible de juger positivement sa forme, parce qu'il n'a encore été trouvé que dans un état isolé, et que, dans toute la Provence qu'il habite particulièrement, il n'existe pas un seul massif de forêt de cette essence.

Il paraît que le pin pinier peut arriver à un âge très-avancé et atteindre une très-grande élévation.

On cite celui qui existe aux Sablettes en Provence ; il a 4 mètres de circonférence, son tronc est nu jusqu'à une hauteur de 10 mètres et , des premières branches au sommet, il a une hauteur au moins égale. La circonférence de sa tête est de 100 mètres.

Un arbre qui s'élève à 20 mètres, quoique isolé, doit former une tige d'au moins 30 à 35 mètres lorsqu'il croît en massif.

319. Qualités et usages. — Cet arbre est très-propre à la charpente ; on en fait des planches et des corps de pompe. En Orient, on l'emploie , dit-on , beaucoup à la mâture, ainsi qu'aux bordages des vaisseaux.

Il sert aussi à la menuiserie et à divers autres métiers.

Le pin pinier n'est pas très-résineux, ce qui le garantit des saignées si funestes aux autres pins.

Son fruit, connu sous le nom de *pignon*, est une amande douce, agréable à manger et donnant une bonne huile ; le seul inconvénient qu'elle présente c'est d'être enveloppée d'un noyau dur. On trouve en Italie une variété de pin pinier qui fournit des pignons à noyau tendre ; il serait facile de l'acclimater et de la propager dans le midi de la France.

Le Pin Cembro.

320. Le *pin cembro* (pinus cembra, LINNÉ) forme des forêts assez étendues, tantôt comme essence dominante, tantôt mélangé avec le mélèze et l'épicéa.

321. CLIMAT, SITUATION, EXPOSITION. — Cet arbre ne se trouve naturellement que sur les grandes élévations et dans les pays froids. En France, il n'existe que sur les Alpes du Dauphiné et de la Provence, et en très-petite quantité. Il paraît, dans ces localités, s'accommoder de toutes les expositions.

322. TERRAIN. — C'est dans les sols un peu substantiels, frais, profonds et divisés que le cembro se plaît surtout; mais il s'accommode aussi d'un terrain légèrement humide, et ne redoute pas ceux qui sont pierreux.

323. FLORAISON ET FRUCTIFICATION. — Les fleurs sont monoïques et paraissent en mai ou au commencement de juin. Les strobiles renferment, sous chaque écaille, deux amandes à noyau dur un peu moins grosses que celles du pinier; elles mûrissent pendant l'automne de l'année qui suit celle de la floraison.

324. JEUNES PLANTS. — La situation naturelle du cembro annonce que le jeune plant ne doit pas craindre le froid, mais il faut d'autant plus le garantir des ardeurs du soleil; et si, du sommet des hautes mon-

tagnes qu'il habite, on veut le transporter dans des régions plus tempérées, il faut choisir les parties qui ont le moins de chaleur, et celles surtout qui sont le moins exposées aux gelées printanières, auxquelles les plantes alpines sont très-sensibles.

325. FEUILLAGE. — Le feuillage du cembro est assez touffu et donne un couvert épais.

326. RACINES. — Ses racines ont une disposition marquée à s'enfoncer, et pénètrent jusqu'à 66 centimètres ou 1 mètre de profondeur.

327. CROISSANCE ET DURÉE. — Cet arbre a une croissance très-lente dans le climat qui lui est propre; il vit plusieurs siècles, et acquiert des dimensions considérables en hauteur et en grosseur.

328. QUALITÉS ET USAGES. — Le bois du pin cembro est très-propre aux constructions. Il est d'un travail facile et très-recherché pour la sculpture et la menuiserie; son chauffage est estimé.

Le fruit est une amande douce, bonne à manger et très-nourrissante; on en exprime une huile assez agréable.

Il paraît qu'il a échappé jusqu'à présent à l'extraction de la résine.

ARTICLE IX.

Le Pin du Lord Weymouth.

329. Le *pin du Lord Weymouth* (pinus strobus, LINNÉ) a été importé, du Canada et des Etats-Unis

en Angleterre, par le Lord dont il porte le nom. Quoique exotique, on l'associe aux bois indigènes de la France, parce qu'il y est acclimaté depuis long-temps. Il se distingue par son utilité et par la beauté de son port.

330. CLIMAT, SITUATION, EXPOSITION. — On cultive ce pin avec succès dans tous les climats de la France, à l'exception de celui du Midi qui paraît ne pas lui convenir ; il préfère généralement les régions un peu froides.

331. TERRAIN. — Le pin du Lord ne se plaît ni dans les sables arides, ni dans les sols trop compac-tes ou marécageux. C'est dans un terrain légèrement humide, profond et substantiel qu'il prospère le mieux ; il se contente cependant d'un sol moins fer-tile, pourvu qu'il soit frais, divisé, et qu'il ait du fond.

332. FLORAISON ET FRUCTIFICATION. — La floraison est monoïque ; les fleurs paraissent en mai ou au commencement de juin. Les strobiles sont mûrs seize mois après la floraison, et la dissémination de la graine, qui est légère et ailée, a lieu aussitôt, c'est à dire, en septembre ou en octobre de l'année qui suit celle de la floraison.

L'arbre porte semence très-jeune.

333. JEUNES PLANTS. — Les jeunes plants deman-dent, au moins aux expositions chaudes, de l'abri pendant les premières années ; on peut assimiler leur tempérament à peu près à celui des plants d'épicéa [270].

334. Feuillage. — Le feuillage du pin du Lord est fin, léger, et donne peu de couvert.

335. Racines. — Son pivot est très-prononcé, il est accompagné de racines latérales nombreuses qui s'étendent au loin.

336. Croissance et durée. — La croissance du pin du Lord est très-rapide ; les pousses annuelles s'allongent quelquefois, dans sa jeunesse, de 66 centimètres à 1 mètre. Il atteint un âge très-avancé et prend les plus fortes dimensions. En Amérique, on en a trouvé qui avaient jusqu'à 50 et 60 mètres de hauteur, sur 1 mètre 66 centimètres de diamètre à la base.

337. Qualités et usages. — Le pin du Lord a un bois ferme ; il est léger, peu noueux et facile à travailler. Les Américains en tirent un grand parti pour la charpente et même pour la construction des vaisseaux. Ils l'emploient aussi à la mâture ; mais, quoique plus léger que le pin sylvestre, il n'est pas à cet effet d'un aussi bon usage.

Pour les constructions civiles, s'il est placé à l'abri des variations de l'atmosphère, ce bois a la durée et la consistance de nos meilleurs pins, mais il ne faut l'employer ni dans l'eau ni dans la terre, où il est sujet à pourrir.

Il est très-recherché par différents métiers ; sa texture est fine, et il prend un beau poli.

Le pin du Lord, n'étant pas très-résineux, se trouve à l'abri des saignées.

ARTICLE X.

Le Mélèze.

338. Le *mélèze* (larix europæa , LINNÉ), par la beauté de son port, la rapidité de sa croissance et l'utilité de son bois, tient le premier rang parmi les bois résineux. Il est le seul dont les feuilles soient caduques.

Il peuple des forêts considérables, tantôt seul, tantôt en mélange avec l'épicéa, le pin sylvestre et le cembro.

339. CLIMAT, SITUATION, EXPOSITION. — Cet arbre est originaire des montagnes élevées et des pays froids. On le trouve sur les Alpes de la France, de la Suisse et du Tyrol, et sur plusieurs points du nord de l'Europe. Ce sont les situations où l'état habituel de l'atmosphère est à la fois sec et froid, qui semblent surtout lui convenir ; il redoute les climats brumeux et les vents humides.

Sur les hautes montagnes , où il est indigène, il prospère également bien à toutes les expositions ; mais , pour le cultiver avec succès dans les régions tempérées de la France, il faut avoir soin de choisir les expositions du Nord et de l'Est.

340. TERRAIN. — Le mélèze demande une terre divisée, fraîche et profonde. Les sols argileux, compactes, et ceux qui sont humides, lui sont aussi contraires que les sables purs et trop légers.

341. FLORAISON ET FRUCTIFICATION. — Les fleurs
sont monoïques, et paraissent en avril ou en mai,
selon la température. Les graines légères et ailées
sont mûres à la fin de l'année même de la floraison,
et se disséminent au printemps suivant; dans certaines circonstances, néanmoins, cette dissémination
s'effectue, comme celle de l'épicéa [269], dès le commencement de l'automne.

Le mélèze porte semence à un âge peu avancé,
surtout dans les climats tempérés, où sa trop grande
fertilité, toutefois, doit être considérée comme l'indice d'un ralentissement prématuré de croissance.

342. JEUNES PLANTS. — Dans les climats où il est
indigène, le jeune plant du mélèze est robuste dès
sa naissance et susceptible de résister aux froids
comme aux ardeurs du soleil ; mais, sous un ciel plus
doux, on fera bien de l'ombrager pendant les premières années.

343. FEUILLAGE. — Les feuilles sont petites, tendres et ne donnent qu'un ombrage fort léger.

344. RACINES. — Le mélèze forme un pivot qui
s'enfonce jusqu'à un mètre et plus ; ses racines traçantes sont nombreuses, déliées et s'étendent au
loin.

345. CROISSANCE ET DURÉE. — La croissance du
mélèze est très-prompte ; il acquiert une grande hauteur et prend beaucoup de diamètre. On en a trouvé
sur les Alpes qui avaient de 33 à 40 mètres de haut
sur 5 mètres de tour à la base. Sa durée s'étend à
plusieurs siècles.

Dans les régions tempérées, sa végétation surpasse en rapidité celle de tous les autres bois résineux ; cependant elle se ralentit déjà considérablement dès l'âge de 60 ou 70 ans, et quelquefois même
plus tôt. Souvent, à la vérité, il a, à cet âge, de 20
à 30 mètres de haut sur 25 à 33 centimètres de diamètre ; mais son bois alors est loin de présenter les
qualités qu'on lui reconnaît à un âge plus avancé,
dans le pays où il est indigène.

Ces faits qui se sont vérifiés sur différents points
de l'Allemagne et notamment dans la Forêt-Noire et
dans les montagnes du Harz, sont de nature à faire
croire que le mélèze n'est point encore parfaitement
acclimaté dans les situations peu élevées.

La culture en grand de cet arbre semble donc,
quant à présent, devoir se borner aux très-hautes
montagnes ; mais on n'en devra pas moins continuer
et multiplier les essais sur nos élévations moyennes.
On sait, en effet, que ce n'est souvent qu'après plusieurs générations, qu'un arbre parvient à se faire
entièrement au climat où il a été importé, et à y re-
couvrer toutes les propriétés qu'il possède dans son
pays natal.

346. Qualités et usages. — Le mélèze résiste
très-longtemps à l'air et se conserve même dans
les lieux humides. Des habitations sur les Alpes,
entièrement construites de ce bois, dont les pièces
équarries sont placées les unes sur les autres, ont
une durée des plus longues. Dans une de ces ca-

banes , bâtie depuis 240 ans, on a trouvé les bois
parfaitement sains (1). Cet arbre est également précieux pour les constructions tant civiles que navales.
Si on le voit rarement dans les chantiers de la marine, la cause en est uniquement dans la difficulté de
l'extraire des localités où il se trouve et dans les frais
considérables de transport. Des officiers de marine
le considèrent comme plus résineux, plus fort, et
plus léger que le laricio, et par conséquent plus propre à la mâture. Les bordages faits de ce bois durent plus longtemps que ceux de chêne, ce qui a été
reconnu dans les bâtiments employés à la navigation
du lac de Genève.

Le mélèze est très-propre à la menuiserie et à
d'autres métiers ; il a un grain très-fin et prend un
beau poli. On en fait aussi du merrain, et il fournit
pour la vigne de très-bons échalas. Son chauffage
et son charbon ne sont pas de première qualité ; cependant, il passe, dans le pays natal de l'arbre, pour
être préférable à celui des pins et des sapins.

---

(1) Il faut observer cependant que cette durée extraordinaire
n'est pas uniquement due à la bonté du bois. Il n'est pas douteux que les froids vifs et prolongés des grandes hauteurs doivent retarder la décomposition de toute espèce de bois qui y
serait mise en œuvre et que des mélèzes, employés aux constructions sur des élévations peu considérables ou dans des
vallées, n'y résisteraient pas aussi longtemps, attendu les variations fréquentes que présente la température de ces localités.

10

On tire de cet arbre un suc résineux connu sous le nom de térébenthine de Venise. Dans le Valais, on l'obtient en perçant l'arbre avec une tarière jusqu'à une certaine profondeur ; à l'orifice des trous , on place des gouttières faites en bois de mélèze, par le moyen desquelles la térébenthine coule dans des auges disposées à cet effet au pied de l'arbre. Cette récolte a lieu sur les Alpes depuis la fin de mai jusqu'au commencement de septembre ; elle est sans doute d'un grand produit, car on prétend qu'un mélèze peut fournir, pendant 40 à 50 ans , 7 à 8 livres de térébenthine chaque année ; mais cette opération enlève au bois ses qualités pour les constructions et le travail.

Cette térébenthine distillée donne une huile essentielle, mais qui n'est pas aussi estimée que celle qu'on obtient de la térébenthine du sapin.

L'écorce du mélèze est très-propre au tannage des cuirs.

ARTICLE XI.

Le Cèdre.

347. Le *cèdre*, ou *cèdre du Liban* (cedrus libani, Juss.), se trouve en Asie, principalement sur le mont Liban et sur le mont Taurus; depuis la conquête de l'Algérie, on en a reconnu des forêts assez étendues dans cette partie de l'Afrique, il peut être considéré comme le géant des conifères.

348. CLIMAT, SITUATION, EXPOSITION. — L'habitation du cèdre devrait faire présumer que cet arbre ne craint pas les climats froids, ou, au moins, qu'il doit très-bien réussir dans les climats tempérés de la France. En effet, sur le mont Liban, dont le sommet est couvert de neiges perpétuelles, on ne le rencontre que dans une région déjà assez élevée, et en Afrique, ce n'est qu'à 1,400 mètres au moins au-dessus du niveau de la mer que se trouvent les forêts de cèdres (1). Cependant, dans le climat de Paris, on est forcé de lui donner beaucoup de soins dans sa jeunesse, et de l'abriter contre les gelées. Ce n'est que dans sa sixième ou huitième année qu'on peut l'abandonner à lui-même ; il résiste alors aux plus grands froids.

Les montagnes paraissent lui convenir mieux que les plaines, et la température que lui offre son pays natal semble exiger qu'on ne le cultive pas dans des parties exposées aux ardeurs du soleil.

349. TERRAIN. — Les sols graveleux, un peu secs et profonds paraissent convenir au cèdre. Ainsi que les autres conifères dont nous avons parlé, il ne vient ni dans les terres trop compactes, ni dans celles qui sont marécageuses.

---

(1) Voyez l'intéressante notice de M. Renou, inspecteur des forêts de l'Algérie, dans le 3e vol. des Annales forestières, année 1844, pages 1 à 7.

350. Floraison et fructification. — L'époque de la floraison du cèdre diffère entièrement de celle des autres essences ; elle est monoïque et a lieu en septembre et octobre.

Les observations faites sur les cèdres de l'Algérie (1) ont fait connaître que la maturité des graines avait lieu, dans ces climats, au mois de juillet qui suit l'année de la floraison et que la dissémination s'opérait en général à l'époque des pluies d'automne, c'est-à-dire, trois ou quatre mois plus tard, et quelquefois même seulement à la fin de l'hiver.

Comme pour le sapin, les écailles du cône du cèdre se désarticulent et tombent avec la graine.

351. Jeunes plants. — Nous avons déjà dit que les jeunes plants sont délicats et qu'ils demandent des soins et de l'abri contre le froid pendant les six ou huit premières années. Cette circonstance est un obstacle majeur à la culture en grand de cet arbre, mais qui ne doit pas faire renoncer à multiplier les essais dans différentes localités et à différentes hauteurs. Il est probable qu'après plusieurs générations, le cèdre finira par s'acclimater entièrement, ou qu'au moins on reconnaitra quel est le climat qui lui convient le mieux.

352. Feuillage. — Les feuilles du cèdre sont nombreuses, touffues, et donnent un couvert assez épais.

---

(1) Voyez la notice déjà citée.

353. RACINES. — Le cèdre pousse, avec un pivot très-fort, de nombreuses et fortes racines latérales, qui s'étendent beaucoup et le fixent fortement au sol.

354. CROISSANCE ET DURÉE. — La croissance du cèdre est lente dans le principe, mais elle devient très-active après les huit ou dix premières années. Il peut acquérir plus de dix mètres de circonférence sur une hauteur considérable, et son existence se prolonge, dit-on, pendant plusieurs siècles.

355. QUALITÉS ET USAGES. — On attribue au cèdre la force, la durée et l'incorruptibilité. Cependant tous les auteurs qui en ont parlé ne sont pas du même avis ; quelques-uns lui accordent peu de qualités. Quant à son poids, les uns le classent au rang des bois les plus légers, les autres l'assimilent presque au chêne. Il semble impossible, dans les circonstances actuelles, de juger un arbre dont la vie est aussi longue et qui ne peut atteindre sa perfection qu'à un âge avancé. Il faudrait savoir d'où ont été tirés les cèdres sur lesquels on a fait des expériences. Les plus vieux cèdres de l'Europe datent de 1683, et le premier qui a été planté en France, fut apporté par Bernard de Jussieu, en 1734. Ces arbres subsistent encore. Ceux qui en sont provenus, et que l'on a pu abattre, avaient-ils assez d'âge pour faire reconnaître les qualités de ce bois ? Étaient-ils dans le climat et dans le sol convenables à cet arbre ? En Asie, en Afrique, il habite de grandes élévations, et jusqu'à présent on ne lui a donné place, en Europe, que dans des parcs et des jardins paysagers.

L'éloge que les anciens ont fait du cèdre, les grandes constructions auxquelles il a été employé, et le respect religieux qu'il inspirait dans l'antiquité, pourraient déterminer notre opinion à son égard. Mais l'identité de cet arbre a été mise en question, et l'on a prétendu qu'on donnait anciennement le nom de cèdre à différentes espèces résineuses.

Espérons que nos forêts de l'Algérie pourront bientôt fournir aux travaux publics, ainsi qu'à la marine, les moyens d'expérimenter sûrement cette importante essence, et que la sylviculture sera, par là, mise à même de décider jusqu'à quel point les essais d'acclimation tentés jusqu'ici méritent d'être continués et étendus.

LIVRE SECOND.

LIVRE SECOND.

PRINCIPES FONDAMENTAUX DE L'EXPLOITATION DES BOIS.

DÉFINITIONS.

356. Le nombre d'années déterminé pour l'exploitation d'une forêt se nomme *révolution*.

Or, comme il est de règle de retirer d'une forêt des produits *annuels*, et que la régénération du lieu où le bois a été coupé doit être, autant que possible, une conséquence immédiate de cette coupe (voir l'introduction), il s'ensuit qu'une forêt exploitée ainsi par portions annuelles présente, la plupart du temps, autant de parties de bois différant entre elles d'un an d'âge, qu'il y a d'années dans la révolution.

357. Un bois est *exploitable* quand il a atteint le maximum de son accroissement ou de son utilité.

Il semblerait que l'accroissement doit être le régulateur naturel de l'*exploitabilité*, mais celle-ci est presque toujours modifiée par les besoins de la société et les intérêts des propriétaires.

358. L'*accroissement* d'un arbre est l'augmentation de volume résultant de son grossissement et de son allongement.

L'*accroissement annuel* est le volume dont il s'augmente pendant une année; l'*accroissement moyen*, au contraire, est la moyenne tirée de tous les accroissements annuels, depuis la naissance du bois jusqu'à la dernière année de l'âge pour lequel il s'agit de déterminer cet accroissement.

359. On désigne par *rente* la portion du produit de la terre qui excède les frais de production, en comprenant, dans ces frais, un certain bénéfice qui représente la rémunération légitime de l'industrie.

Or, tandis que, dans une entreprise agricole, les frais de production consistent surtout dans le prix des semences, des travaux, des instruments, etc., ils se composent, dans une entreprise forestière, pour la plus grande partie, des avances de fonds que le propriétaire est obligé de faire en différant la coupe de son bois jusqu'à l'exploitabilité.

Quant à l'industrie du sylviculteur, le bénéfice qui la représente se cote généralement assez bas, et souvent même il n'en est tenu aucun compte, attendu qu'elle absorbe d'ordinaire moins de temps et d'efforts, et comporte moins de chances que toute autre.

360. On entend par *possibilité* la quotité des matières qu'on peut retirer annuellement d'une forêt, sous la condition d'en maintenir la production constante autant que possible ; résultat que nous exprimons par le terme de *rapport* ou *rendement soutenu.*

361. Par *peuplement complet* on exprime l'état d'un bois composé du plus grand nombre de tiges possible, eu égard à leur âge et à leur volume.

362. Toute étendue déterminée dans une forêt pour y abattre le bois, en totalité ou avec réserve d'un certain nombre d'arbres, se nomme *coupe.*

363. La désignation du lieu où doit se faire une coupe s'appelle l'*assiette.* Ainsi, *asseoir une coupe,* ou *faire l'assiette d'une coupe* c'est désigner son emplacement.

364. Par *vidange*, on entend le transport des bois hors d'une coupe.

365. Une coupe est *en usance*, lorsqu'on l'exploite ; elle est *usée*, quand elle est exploitée et vidée.

366. Les arbres déracinés ou rompus par les vents se nomment *chablis* ; on donne le même nom à ceux qui sont brisés sous le poids de la neige ou du givre.

La partie d'un arbre rompu, tombée à terre, s'appelle *volis* ; celle qui demeure debout se nomme *quille, chandelier* ou *tronc.*

CHAPITRE PREMIER.

—

DE L'EXPLOITABILITÉ.

—

ARTICLE PREMIER.

De l'Exploitabilité en général.

367. L'exploitabilité d'une forêt est la base de son traitement ; elle fixe l'âge auquel les bois doivent être abattus, et nous met à même (ainsi qu'on le verra bientôt) de déterminer la possibilité.

L'exploitabilité varie selon les considérations d'après lesquelles on la détermine. Les objets que l'on considère, ensemble ou séparément, pour cette détermination sont : la longévité des essences, la plus grande production en matière, la rente la plus élevée et les qualités les plus utiles des bois.

Déterminée d'après ces bases, l'exploitabilité peut être *physique, absolue, relative* ou *composée.*

De l'Exploitabilité physique.

368. Pour atteindre l'*exploitabilité physique*, on laisse croître les bois jusqu'à ce qu'ils ne prennent plus qu'un très-faible accroissement et qu'ils aient acquis tout le développement dont ils sont susceptibles, en raison de la nature de l'essence, du sol et du climat. Alors on ne considère les forêts que par rapport à la longévité des essences, sans s'occuper de l'intérêt du propriétaire, ni des besoins de la consommation. C'est assez dire que, dans l'état actuel de la société, cette exploitabilité ne peut trouver son application qu'exceptionnellement ; par exemple, lorsqu'il importe de conserver certains bois, soit à cause de leur influence manifeste sur l'état climatérique d'un pays, soit comme préservatifs contre les avalanches et les éboulements ; ou bien pour des motifs d'agrément.

De l'Exploitabilité absolue.

369. Un bois est parvenu à son *exploitabilité absolue* lorsqu'il a atteint son plus grand accroissement moyen. C'est cette exploitabilité qu'il faut adopter lorsque, considérant la production en matière d'une manière *absolue*, on ne se propose d'autre but que le *maximum* de cette production.

370. Pour prouver que le bois coupé à l'époque de son exploitabilité absolue fournit, dans un temps donné, les plus grands produits matériels possibles, il suffit de faire voir qu'on en obtiendrait de moindres en devançant ou en dépassant cette époque.

Or, si l'on considère la marche de la végétation d'une forêt ou d'une portion de forêt, soumise à un traitement rationnel, on observe que, dans les premières années, les *accroissements annuels* sont faibles, comparés à ce qu'ils deviennent plus tard ; qu'ils augmentent ensuite jusqu'à un âge plus ou moins avancé, sans toutefois suivre une marche régulièrement progressive ; puis enfin, qu'ils diminuent de plus en plus (1). Parallèlement à cette marche des accroissements annuels, on constate que les *accrois-*

---

(1) Ce sont surtout nos arbres forestiers les plus importants et les plus répandus (bois durs) qui ont, dans leur première jeunesse, un accroissement très-faible, comparativement à ce qu'il devient plus tard. Le plus ordinairement, cet accroissement va en s'augmentant d'année en année jusqu'à l'âge de 60, 80, 90, 100 ans et même au delà, selon les essences, les sols et les climats, en supposant toutefois que les sols et les climats soient appropriés aux essences. Parvenu à ce point, l'accroissement demeure sensiblement le même pendant un certain temps, puis il commence à diminuer d'une manière plus marquée, et finit par devenir presque nul.

semens moyens correspondants suivent aussi d'a-
bord une progression croissante, puis entrent dans
une phase à peu près stationnaire, et enfin tendent
à décroître constamment.

Cela posé, admettons deux forêts parfaitement
égales sous tous les rapports et soumises au même
mode de traitement, l'une dont la révolution soit
fixée au terme de son plus grand accroissement
moyen, 100 ans, par exemple ; l'autre qui s'exploite
à un terme beaucoup plus rapproché, tel que celui
de 25 ans. Il est évident que la première, parcourant, dans ce délai de 100 ans, toute l'échelle ascendante de la végétation, fournira un produit matériel
à la composition duquel auront contribué les années
les plus favorables à la production ; tandis que la
seconde, coupée quatre fois pendant ce temps, se
trouvera rejetée ainsi quatre fois dans l'âge du plus
faible accroissement, et ne pourra rendre, par conséquent, que des produits beaucoup moindres.

Supposons, au contraire, que de ces deux forêts l'une
continue à être coupée à 100 ans, et que la révolution de la seconde soit portée à 200 : il est non moins
évident que cette dernière donnera dans ce délai
moins de bois que la première, parce qu'après 100
ans, elle entrera dans une période de décroissance
pendant laquelle l'autre parcourra une seconde fois
la progression ascendante des accroissements, et at-
teindra de nouveau les années d'âge moyen les plus
favorables à la production.

Donc, dans les deux cas, soit que l'on devance, soit que l'on dépasse l'époque de l'exploitabilité absolue, la production est moindre que si l'on s'en tient à cette époque.

371. De la proposition que nous venons de démontrer, ainsi que de la définition des accroissements [358], on déduit facilement les corollaires suivants :

1° Tant que l'accroissement annuel augmente, l'accroissement moyen augmente évidemment aussi ;

2° Lorsque l'accroissement annuel diminue, l'accroissement moyen continue à augmenter aussi long-temps que l'accroissement annuel, tout en diminuant, reste plus grand que l'accroissement moyen correspondant ;

3° L'accroissement moyen atteint son point culminant lorsqu'il devient égal à l'accroissement annuel correspondant ;

4° L'époque du plus grand accroissement moyen tombe nécessairement dans la phase descendante des accroissements annuels, d'où il suit que l'écart entre le *maximum annuel* et le *maximum moyen* est plus ou moins grand, selon les conditions de la végétation.

372. La détermination rigoureuse de l'exploitabilité absolue d'une forêt, est une question de calcul importante, et qui exige une suite de recherches et d'expériences dont le détail ne saurait trouver place ici. Au surplus, l'observation attentive de la marche

de la croissance des bois, a fourni à cet égard des indications assez précises pour pouvoir suppléer au calcul dans un grand nombre de cas.

Les bois sont en bon état de végétation, et leur accroissement augmente progressivement, lorsque les pousses annuelles sont fortes et allongées, le feuillage abondant et d'un vert vif et brillant, l'écorce unie, les jeunes branches souples et relevées vers le tronc, l'extrémité de la cime fortement saillante.

L'accroissement a atteint son point culminant et devient stationnaire aussitôt que les pousses annuelles sont plus faibles et moins allongées que celles des années précédentes, et que la flèche de la cime est moins prononcée (1).

Le bois entre en retour ou en décroissance, lorsque la cime n'offre plus qu'une tête arrondie, et lorsqu'on voit en automne les feuilles du sommet jaunir et tomber plus tôt que celles des branches inférieures (2). Cette décroissance devient très-marquée lorsque le bois commence à se couronner, c'est-à-dire, lorsqu'il meurt quelques branches à la cime.

Le dépérissement est arrivé quand l'écorce se gerce profondément, se sépare du bois, et que par les gerçures on aperçoit des écoulements de séve ; quand les mousses, les lichens, les agarics et les champignons s'attachent en grande quantité à l'écorce, et qu'on la voit marquée de taches noires et rousses.

ARTICLE IV.

De l'exploitabilité relative.

373. Lorsqu'on se propose d'obtenir, soit la rente la plus élevée, soit les bois les plus utiles sous le rap-

---

(1) A ce sujet, il faut remarquer cependant, qu'il serait possible que la dernière année observée n'eût pas été favorable à la végétation, à cause des froids, de la sécheresse ou des insectes. Dans ce cas, la faiblesse de la pousse n'aurait qu'une cause accidentelle et momentanée, indépendante de l'âge et de la croissance du bois.

(2) Ce dernier signe, naturellement, ne peut exister chez les bois résineux, mais le premier, en revanche, est d'autant plus caractérisé chez eux, qu'il contraste davantage avec la forme parfaitement conique qu'affecte leur cime, lorsqu'ils sont en pleine croissance.

port de leurs dimensions et de leurs qualités, l'exploitabilité est dite *relative*.

374. L'exploitabilité de première sorte trouve son application toutes les fois que, considérant une forêt comme un capital placé en fonds de terre, on ne se propose d'autre but que de faire fonctionner ce capital aux conditions les plus profitables à l'intérêt pécuniaire du propriétaire. Dans ce cas, l'exploitation d'une forêt devient une affaire de pure spéculation, et la mesure de l'avantage que procure l'opération se trouve exprimée par le taux de placement du capital qui représente la valeur de la propriété. Or, ce taux de placement n'est autre chose que le rapport de la rente au capital. Lors donc que l'on veut exploiter une forêt dans la condition de l'exploitabilité relative à la rente la plus élevée, la révolution doit être déterminée de telle façon que le rapport entre la rente et la forêt qui en est productive soit le plus grand possible.

Le capital placé dans une propriété boisée peut être représenté à chaque âge : 1° par la valeur du fonds de terre ; 2° par la valeur sur pied du matériel ligneux ; 3° par la somme des frais de garde, d'entretien et d'impôt, accumulés avec intérêt, depuis la naissance de la forêt. — Ce capital s'accroît, chaque année : 1° de la valeur d'un accroissement annuel (1) augmenté de la plus-value que le bois acquiert

---

(1) L'accroissement annuel du matériel ligneux est une fonction double du fonds de terre et des accroissements antérieurs, tout comme l'accroissement annuel d'une somme placée à intérêts composés est une fonction double du capital primitif et des intérêts accumulés depuis le jour où le placement a eu lieu.

en vieillissant ; 2° de la dépense à faire annuellement pour payer les frais de garde, d'entretien et d'impôt ; 3° de l'intérêt de la somme de ces frais accumulés depuis la naissance de la forêt.

La rente, au même âge, et considérée dans son abstraction, c'est l'accroissement annuel du matériel ligneux. Mais, comme elle ne se perçoit qu'au moment de la coupe, pour toutes les années écoulées, elle est, de fait, égale à la valeur nette des bois sur pied, c'est-à-dire, à la valeur vénale de ces bois diminuée des frais d'exploitation. Ce n'est donc autre chose que la partie du capital producteur comprise dans le matériel ligneux. Or, l'accroissement annuel de ce matériel, ou de cette rente sommée, varie naturellement avec l'âge du bois et avec les conditions de la végétation, tandis que le capital, tout en s'augmentant aussi par le même accroissement annuel, s'augmente encore, progressivement, tous les ans, des frais de garde, etc., et de leurs intérêts accumulés.

Il suit de là que, pour chaque année de retard apportée à l'exploitation, la rente et le capital producteur s'accroissent dans des proportions différentes, et que le taux de placement varie, par conséquent, dans le rapport de ces deux sommes. — Il en résulte, de plus, que pour que le propriétaire ait intérêt à différer sa coupe d'une année, il faut que le matériel ligneux sur pied acquière une plus-value plus forte que l'intérêt de la somme qu'il eût retirée, en exploitant l'année précédente. En outre, s'il avait coupé son bois, le propriétaire aurait obtenu une nouvelle pousse qui, bien que de nulle valeur en elle-même, a cependant, comme élément initial d'un nouveau produit, une importance égale à l'une quelconque de celles qui lui succèderont dans le cours de la révolution. Cette pousse ou cet accroissement rudimentaire a donc, pour le propriétaire, une valeur égale à la valeur moyenne des autres accroissements annuels dont il s'interdit la perception en les laissant sur pied.

En définitive donc : pour obtenir la rente la plus élevée, la coupe du bois devra se faire dès que l'augmentation annuelle de la valeur du matériel ligneux *cessera d'être au moins égale à la valeur moyenne des accroissements antérieurs, augmentée de l'intérêt de la valeur de ces mêmes accroissements.*

Cette exploitabilité répond évidemment le mieux

à la spéculation particulière ; elle abrège les révolutions le plus possible et reste, généralement, en deçà de l'exploitabilité absolue (1).

375. Quand la révolution n'est relative qu'à la qualité et aux dimensions des bois, on peut être amené, selon les circonstances, tantôt à dépasser, tantôt à devancer plus ou moins l'exploitabilité absolue.

Le premier cas se présente s'il s'agit, par exemple, d'élever de fortes pièces pour les constructions navales ou autres ; le second, si la consommation ne demande que des bois de faible dimension, tels qu'il en faut pour cercles de futailles ou pour paisseaux de vignes.

ARTICLE V.

De l'exploitabilité composée.

376. L'*exploitabilité composée* trouve son application lorsqu'il s'agit d'obtenir dans un temps donné ou le plus grand produit matériel joint à la rente la plus élevée, ou la matière à la fois la plus considérable et la plus utile.

377. La réunion des deux premières conditions se présente dans les bois qui, soit à cause de la nature

---

(1) Il peut même se présenter des cas où un propriétaire aurait avantage à abattre son bois avant même qu'il ait atteint l'exploitabilité relative que nous considérons ici : par exemple, si des circonstances exceptionnelles et momentanées lui offraient à la fois l'occasion de placer sa marchandise à des prix élevés qu'il n'espérait pas en retirer plus tard, et un emploi avantageux et sûr de ses capitaux dans un autre ordre de spéculation.

de l'essence, soit à cause de la mauvaise qualité du fonds, entrent en décroissance à un âge peu avancé, avant lequel ils n'auraient pas de valeur commerciale assurée; parce qu'alors, en effet, la question matérielle, d'accord avec la question financière, commande une révolution de courte durée. Cette exploitabilité convient évidemment au plus haut degré à l'intérêt particulier, en même temps qu'elle satisfait l'intérêt général. Au point de vue de ce dernier, il est donc exact de dire que les forêts médiocres sont les seules bien placées entre les mains des particuliers.

378. Au contraire, réunir les deux autres conditions, c'est-à-dire, obtenir les produits à la fois les plus considérables et les plus utiles, c'est répondre complètement à l'intérêt général, et c'est, par conséquent, dans les forêts de l'Etat surtout, qu'on doit se proposer un tel but. On le peut dans un grand nombre de cas, et notamment dans les forêts où les essences les plus importantes et les plus répandues, telles que chêne, hêtre, châtaignier, sapin, épicéa, pin sylvestre, etc., occupent le sol qui leur convient. L'accroissement de ces bois parcourt effectivement d'abord une longue période ascendante; puis, après avoir atteint son apogée, il se soutient pendant assez longtemps à peu près au même niveau. Il résulte de là qu'ils peuvent, sans décroître sensiblement, être conduits à un âge avancé, et acquérir, par suite, les dimensions et les qualités réclamées le plus ordinairement pour les emplois les plus intéressants, tels que la construction et le travail.

CHAPITRE SECOND.

DE LA POSSIBILITÉ.

ARTICLE PREMIER.

De la Possibilité en général.

379. Dans une forêt telle que la théorie peut la concevoir, où les essences seraient parfaitement appropriées au sol, le peuplement complet dans toutes ses parties, et l'âge des bois convenablement gradué (1), dans une forêt *normale* enfin, la possibilité doit être égale à l'accroissement moyen. Il est évident, en effet, que si l'on exploite chaque année un volume exactement égal à celui dont la forêt s'accroît moyennement par an, celle-ci pourra fournir

---

(1) Ce que l'on pourrait concevoir de plus parfait sous le rapport de la gradation des âges, ce serait une forêt qui, sur des étendues égales ou proportionnelles à la fertilité du sol, présenterait des bois de tous les âges, depuis l'arbre exploitable jusqu'au brin naissant.

le même produit annuel à perpétuité ; tout comme un capital continuera à rapporter les mêmes intérêts, aussi longtemps que sa quotité et les conditions du placement ne varieront point.

380. Mais, comme dans la réalité les forêts sont toujours plus ou moins éloignées de l'état normal, et que d'ailleurs une foule de circonstances fortuites rendent infiniment difficile et incertaine l'exacte détermination de cet accroissement moyen, on se contente ordinairement de régler la quotité à exploiter par année, de manière qu'elle ne varie que le moins possible. C'est là ce que l'on nomme exploiter sous la condition d'un *rapport soutenu*.

La plupart du temps, il n'importe point, au surplus, d'atteindre une minutieuse parité entre les produits annuels et successifs, il s'agit seulement d'éviter sous ce rapport de brusques inégalités , de nature à léser à la fois et le propriétaire et le consommateur.

381. Pour déterminer la possibilité , on peut se fonder sur deux bases différentes , l'*étendue* et le *volume*.

ARTICLE II.

De la Possibilité par étendue.

382. La possibilité fondée sur l'étendue s'obtient en divisant la surface totale de la forêt par le nombre d'années de la révolution , ce qui fait connaître la contenance de la coupe annuelle. Pour procéder

ainsi, on pose en principe, que les produits matériels
sont entre eux comme les surfaces ; d'où il suit qu'é-
galiser les unes, c'est égaliser les autres. Ce principe
toutefois n'est jamais rigoureusement vrai, et il ne
devient admissible que quand les essences, la qualité
du sol et la croissance du bois ne présentent généralement que peu de dissemblance, parce qu'alors il
peut assurer le rapport soutenu. Mais il ne saurait
en être ainsi dans une forêt de quelque étendue, où
la situation, l'exposition et la nature du terrain apportent souvent des différences très-tranchées dans
l'état du bois, et où, par conséquent, sur d'égales
contenances, les produits matériels peuvent être
d'une inégalité extrême. Dans ce cas, il est évident
que le principe que nous venons de poser cesse d'ê-
tre admissible, et que, sous peine de renoncer au
rapport soutenu, il devient nécessaire de le modifier
dans son application.

383. L'idée qui se présente d'abord pour atteindre ce but, c'est de rendre les contenances des coupes proportionnelles à la fertilité du terrain. Toutefois, ce moyen n'est pas celui que l'on emploie
communément, parce qu'il en existe un autre, qui,
plus simple en pratique, satisfait en outre à plusieurs
conditions importantes.

Voici comment on procède.

384. On scinde la forêt en un certain nombre de
grandes divisions, suivant les nuances les plus générales du terrain et du peuplement, mais sans s'arrê-

ter aux différences qui se feraient remarquer sur de faibles étendues. Dans ces divisions, on cherche à réunir, autant que possible, des bois dont l'âge soit convenablement gradué, puis on considère chacune d'elles comme un tout isolé, qui, en présentant l'homogénéité désirable, rentre ainsi dans les conditions voulues pour permettre de baser la possibilité sur la contenance. Ces divisions ont reçu le nom de *séries d'exploitation*, parce que chacune d'elles est effectivement destinée à fournir, durant toute la révolution, une série de coupes successives et annuelles. Outre la facilité qu'elles donnent pour la fixation de la possibilité particulière à chacune d'elles, elles créent encore des chances de voir leurs produits annuels respectifs se compenser entre eux, ce qui tend dès lors à assurer d'autant mieux la possibilité générale de la forêt. Enfin, elles permettent d'appliquer à chaque localité, sans faire naître de confusion, la révolution et le traitement convenables, et d'établir des exploitations permanentes sur les divers points de la forêt, où la consommation et l'intérêt du propriétaire peuvent les réclamer.

385. La possibilité par étendue mérite la préférence dans un grand nombre de cas, à cause de sa simplicité et de la régularité qu'elle imprime à la marche des exploitations; cependant, dans les forêts soumises au mode d'exploitation de la futaie (3me livre), il devient impossible de l'adopter, en raison des obstacles nombreux auxquels elle donne lieu, et

qui doivent lui faire préférer la possibilité fondée sur le volume.

De la Possibilité par volume.

386. Pour déterminer la possibilité par volume, on conçoit qu'on pourrait procéder d'une manière analogue à celle qu'on suit pour la fixation de la possibilité par étendue ; il n'y aurait qu'à substituer à la contenance de la forêt, la masse totale de bois à y abattre dans le cours de la révolution donnée, et à diviser ce volume par le nombre d'années de cette révolution ; le quotient ferait connaître la quotité de la coupe annuelle.

387. Mais pour suivre une telle marche dans la pratique, il se présente plusieurs difficultés majeures, dont la principale gît dans l'appréciation exacte du volume à employer comme dividende. Pour le trouver, il ne suffit pas en effet d'estimer le matériel actuel en bois, il faut encore évaluer celui qui résultera de tous les accroissements successifs pendant la révolution. Or, il est facile d'entrevoir tout ce qu'une pareille opération doit présenter d'éventuel et même de problématique, surtout lorsque la révolution est longue.

De toutes les différentes méthodes plus ou moins ingénieuses, plus ou moins compliquées, qui ont été imaginées jusqu'ici pour déterminer la possibilité en

fonction des produits matériels de toute la révolution, aucune n'a encore conduit entièrement au but,
parce que la nature des choses ne permet pas d'y
atteindre. Mais, on peut parvenir à concilier le rapport soutenu de la forêt avec l'ordre et la régularité
des exploitations, sans se baser sur une possibilité
aussi rigoureusement déduite, et en procédant d'une
manière simple, expéditive et cependant suffisamment sûre.

388. Après avoir, s'il y a lieu, partagé la forêt en
séries [384], et avoir fixé le terme de la révolution
pour chacune, on divise de même la durée de cette
révolution en plusieurs époques ou *périodes*, afin
d'embrasser plus aisément la marche des exploitations, et de pouvoir la vérifier et la rectifier avec
plus de facilité, si, dans un moment quelconque, on
le jugeait nécessaire. Il convient que ces périodes
soient toujours des parties aliquotes (1) de la révolution et de plus égales entre elles ; le plus ordinairement on les fait de 20 ou de 10 années, et, dans ce
dernier cas, on leur donne le nom de *décennies*.

389. Cela fait, on opère sur chaque série séparément, et l'on s'occupe d'y assigner à chaque période
ou décennie les parties destinées à être exploitées
pendant sa durée. On colloque dans la première les

---

(1) Quantité contenue exactement un nombre entier de fois
dans un tout.

bois les plus vieux, et successivement dans les autres les bois moins âgés, jusqu'à la dernière, où doivent se trouver les plus jeunes (1). Dans ce travail, on examine attentivement les nuances qui se présentent dans l'état du bois, selon le sol, le climat et le peuplement plus ou moins complet, circonstances d'où dépend la production. Si, sous ces divers rapports, il n'existe que de légères différences, on affecte aux périodes des *contenances égales*, parce que l'on peut considérer qu'en raison de l'étendue toujours assez grande de ces *affectations* périodiques, les différences dont il est question se compensent suffisamment pour pouvoir être négligées.

Les affectations d'égale contenance doivent être préférées autant que possible ; mais, si les nuances dans l'état du bois sont très-prononcées et se présen-

---

(1) Certaines circonstances peuvent quelquefois faire classer une partie de bois dans une période à laquelle elle n'appartiendrait pas par son âge. Telles sont, par exemple, l'enclave au milieu d'autres parties dont il conviendrait qu'elle subît le traitement pour satisfaire aux règles sur l'assiette des coupes, ou à d'autres principes de culture ; le dépérissement prématuré ; etc.

La saine application des principes dont nous venons de parler et qui seront l'objet de nos études, de même que l'inspection attentive et réfléchie des localités, fait toujours facilement découvrir et apprécier ces diverses circonstances exceptionnelles.

tent sur d'assez grandes surfaces pour influer d'une manière notable sur les produits matériels, il devient alors nécessaire d'attribuer aux périodes des *conte-nances proportionnelles*. La proportion s'établira facilement, si, rapportant les différents états de production tous à un seul prix pour unité ou terme de comparaison, on les exprime par des nombres. Le rapport des surfaces sera alors évidemment l'inverse de celui des productions, de sorte qu'à une production double ou triple, par exemple, répondra la contenance du tiers ou de la moitié donnée par la proportion. Par conséquent, les affectations périodiques seront inégales en contenance, pour se trouver égales quant aux produits matériels qu'elles devront fournir.

Par ces affectations suffisamment égales en produits, on assure pour toute la révolution le rapport soutenu, sans néanmoins employer d'autres moyens que la simple appréciation du peuplement plus ou moins complet et de la fertilité relative du sol et du climat. Dégagé dès lors du soin de l'avenir, on n'a plus à s'occuper que des besoins actuels, et ce n'est que dans l'*affectation de la première période* que l'on cherche les éléments de la possibilité qu'il s'agit de déterminer.

390. Dans ce but, on évalue d'abord le volume actuel des bois de l'affectation; en second lieu, leur accroissement probable pendant la période. Si l'on ne veut consacrer à cette double évaluation que le

moins de temps et le moins d'argent possible, elle peut se faire à l'aide de procédés purement empiriques, c'est-à-dire, par de simples comptages d'arbres, dont on estime le volume au jugé, en y ajoutant quelque chose pour tenir compte de l'accroissement probable jusqu'au moment de l'abatage (1). Et comme on ne peut savoir positivement dans quelle année de la période les différentes parties de son affectation viendront en tour d'exploitation, on calcule l'accroissement de tous les bois comme s'ils devaient être abattus pour le milieu de la période (2). Faisant

---

(1) Quand les bois approchent de l'époque de leur exploitabilité absolue, ou lorsqu'ils l'atteignent, ils ont ordinairement un accroissement annuel de 2 $\frac{1}{2}$, 2, 1 $\frac{1}{2}$, ou même 1 pour cent de leur volume, selon les circonstances sous les lesquelles ils végètent.

Lors donc que l'on connaîtra le volume d'une affectation périodique, on pourra, par ce moyen, déterminer approximativement de combien il s'accroîtra jusqu'à l'abatage. Soit, par exemple, ce volume, 10,000 stères, et que l'on estime l'accroissement annuel à 2 pour cent, l'augmentation par an sera de 200 stères.

On peut encore se contenter de l'accroissement moyen, pour en conclure l'accroissement futur. Dans ce cas, il suffit, comme on le sait, de diviser le volume actuel par l'âge du bois. Ce moyen, extrêmement simple et prompt, a l'avantage de donner généralement des résultats un peu au-dessous de la vérité, et d'empêcher, par conséquent, que la possibilité ne soit dépassée.

(2) On conçoit que cette manière de procéder puisse donner

ensuite la somme et du volume existant et de l'accroissement probable , et la divisant par le nombre
d'années de la période , on obtient la possibilité
cherchée.

Les procédés plus rigoureux que nous enseigne
la dendrométrie (1), savoir, le cubage sur pied des
arbres , et l'évaluation de leur accroissement futur
basée sur leur accroissement actuel , présentent en
général un résultat plus exact, et doivent être préfé-
rés quand l'exécution en est possible. Mais, à quelque mode d'estimation que l'on ait recours, il sera
toujours facile de rectifier les résultats obtenus, qui,
naturellement, ne sont pas exempts d'une certaine
erreur. Il suffira, pour cela, de s'assurer, après quelques années d'exploitation, si les bois restés debout
dans l'affectation de la période, pourront continuer
à fournir le même produit annuel jusqu'à la fin, et,

---

un résulat, sinon exact, du moins suffisamment approché. Il
est évident, en effet, qu'une moitié des bois composant l'affectation sera coupée dans la première moitié de la période , et
que l'autre moitié de ces bois ne sera coupée que dans la seconde moitié de la période. Donc, en calculant l'accroissement
de tous les bois pour l'année moyenne de la période, on com-
pense l'accroissement des arbres qui ne seront coupés qu'après
cette époque par l'accroissement des arbres qui seront coupés
avant.

(1) *Dendron* arbre, *metron* mesure ; *dendrométrie* art de mesurer les arbres.

dans le cas contraire, de faire les corrections nécessaires. En répétant cette opération plusieurs fois, si
on le jugeait utile, dans le courant de la période, on
finirait par approcher beaucoup de la vérité ; la vérification devenant de plus en plus facile et de plus
en plus exacte, au fur et à mesure qu'il reste moins
de bois sur pied.

391. La première période expirée, on procèdera
de même pour fixer la possibilité de la seconde, et
l'on examinera, en même temps, s'il n'y a pas lieu
d'apporter quelques changements aux affectations
périodiques, par suite de circonstances survenues
dans le cours de la période écoulée, et qui influe-
raient notablement sur la production. Et ainsi de
suite, de période en période, jusqu'à la fin de la
révolution.

Chaque nouvelle possibilité différera sans doute,
dans la plupart des cas, de la précédente, mais jamais au point de compromettre le rapport soutenu.
Or, c'est là le degré d'approximation qu'il s'agit d'atteindre.

392. Le mode de fixation de la possibilité par
volume, tel qu'il vient d'être développé, doit, selon
l'état des forêts que l'on rencontre, éprouver des
modifications. Nous les discuterons en parlant de
chacun de ces états en particulier.

CHAPITRE TROISIÈME.

—

DE L'ASSIETTE DES COUPES.

—

ARTICLE PREMIER.

De l'assiette des coupes en général.

393. Lorsqu'il s'agit d'établir une marche rationnelle dans les exploitations d'une forêt, l'assiette des coupes est aussi importante et souvent aussi difficile que la fixation de la possibilité. Elle exerce l'influence la plus directe sur la prospérité et sur la conservation des bois, et mérite, par conséquent, l'attention toute spéciale du forestier.

Les règles sur lesquelles elle s'appuie sont au nombre de cinq ; mais il n'est pas toujours possible de se conformer à toutes à la fois, parce que souvent l'application de l'une contrarie l'application de l'autre. Quand une pareille opposition se présente, c'est au forestier à savoir, d'après les circonstances locales, à laquelle de ces règles il doit donner la préférence.

12

Première règle.

394. *Dans une même série d'exploitation, les coupes doivent être assises de manière à se succéder de proche en proche, et recevoir la forme la plus régulière possible.*

Quand l'assiette des coupes se fait sans ordre ni suite, le jeune bois qui se trouve sur les limites de ces coupes, souffre toujours plus ou moins du couvert des arbres voisins, et, lorsque ceux-ci viennent à être exploités, ils lui causent encore un dommage notable par l'abatage, le façonnage et surtout par la vidange. Si les limites sont irrégulières et forment des sinuosités profondes, ce dommage est d'autant plus grand. Enfin, lorsque les exploitations ne se suivent point, il devient plus difficile d'exercer sur les jeunes coupes toute la surveillance qu'elles réclament, en raison des nombreux dégâts que peuvent y commettre les hommes et les bestiaux.

En observant la règle que nous venons d'énoncer, on évite tous ces inconvénients, et l'on se procure de plus l'avantage bien réel de réunir toujours des bois peu différents d'âge, qui se prêtent un mutuel appui contre les vents, la neige, le givre, etc., se poussent réciproquement dans leur croissance en hauteur, et sont sous tous les rapports plus faciles à administrer.

Mais dans l'état souvent fort irrégulier où se trouvent nos forêts actuelles, on ne peut pas établir, dès à présent, une suite non interrompue de coupes ; il faudrait pour cela consentir à exploiter certaines parties bien avant, et d'autres bien après le terme de la révolution, ce qui entraînerait nécessairement une perte plus ou moins considérable de produits. On doit donc (du moins pour la première révolution) se contenter d'approcher de l'ordre désirable, en disséminant les coupes le moins possible, et, dans ce but, ne pas hésiter à faire quelques légers sacrifices, si la trop grande inégalité d'âge des bois les rendait nécessaires.

ARTICLE III.

Seconde règle.

395. *Les coupes doivent être disposées de manière que les bois d'une coupe en exploitation ne soient pas dans le cas d'être transportés à travers d'autres coupes précédemment exploitées.*

Cette règle a pour but de faciliter les transports, et particulièrement d'éviter les dommages des vidanges, qui, ne pouvant s'exécuter la plupart du temps qu'à l'aide de nombreux charrois, sont surtout ruineuses dans les jeunes coupes. Pour s'y conformer il suffit que chaque coupe soit indépendante des autres, et qu'elle aboutisse directement, soit sur une route ou un chemin, soit sur un ruisseau où le bois puisse se flotter, soit enfin sur les terres ou sur les prés.

Troisième règle.

396. *Dans toute forêt ou série d'exploitation, les coupes doivent être assises de manière que celles qui sont à exploiter au commencement de la révolution, se trouvent placées du côté du Nord ou de l'Est, et les dernières du côté du Sud ou de l'Ouest.*

Ce sont les vents soufflant de ces deux dernières directions, qui, en général, exercent le plus de dégâts dans les forêts, parce que, étant d'ordinaire accompagnés de pluies et très-souvent d'orages, ils détrempent la terre et déracinent ainsi plus facilement les arbres. Les vents du Nord et de l'Est au contraire, outre qu'ils sont ordinairement moins violents, amènent presque toujours la gelée ou la sécheresse, et, dans ce cas, les racines offrent plus de résistance.

Il est donc très-essentiel que les arbres réservés en plus ou moins grand nombre dans les coupes, selon le mode d'exploitation adopté, soient garantis le plus possible des vents dangereux par la masse de la forêt.

Cette direction des coupes présente un avantage de plus dans les forêts d'essences à semences légères, parce que ces semences, qui se disséminent en grande

partie par les vents chauds du Sud et de l'Ouest ,
sont dès lors portées, des portions demeurées intactes,
dans celles que l'on exploite et dont elles augmentent ainsi les chances de régénération.

Quoiqu'il soit à conseiller d'appliquer la troisième
règle à toutes les essences, même au chêne qui est la
plus fortement enracinée , il faut observer , cependant, qu'elle est surtout d'une haute importance dans
les forêts de bois résineux qui, en général, ont une
tige plus élevée et moins de racines que les bois
feuillus.

La situation des forêts peut seule amener des cas
d'exception. On sait, par exemple, que vers les bords
de la Méditerranée , ce sont très-fréquemment les
vents d'Est qui apportent les pluies, et il est également notoire que , dans les pays de montagnes, la
configuration du terrain peut être telle , que les
vents, quoique soufflant du Sud ou de l'Ouest, viennent cependant s'engouffrer dans les vallées, de manière à frapper sous des directions toutes différentes.
Dans de pareilles circonstances , la règle qui nous
occupe doit nécessairement subir les modifications
indiquées par la localité.

397. On ajoute aux avantages de la règle que nous
venons d'examiner , en laissant subsister sur les lisières Ouest et Sud, lorsque les exploitations y parviennent, un rideau d'arbres en massif, d'une profondeur plus ou moins grande (de 15 à 30 mètres),
selon que la situation est découverte ou abritée,

l'essence traçante ou pivotante, etc. On sait que, vers les lisières, les arbres sont en général plus branchus, moins élancés et plus enracinés que dans l'intérieur de la forêt, et que, s'étant développés sous l'action continuelle des vents, ils résistent mieux, par suite, à leur violence.

En n'exploitant ce rideau que 10 ou 20 ans après que la régénération des parties contiguës sera complétement assurée, on n'aura plus, alors, à se préoccuper que du faible espace sur lequel il s'étend et que, au besoin, on repeuplerait artificiellement (1).

ARTICLE V.

Quatrième règle.

398. *En montagne, il faut couper d'abord les parties inférieures, et conserver les supérieures, pour les dernières exploitations.*

Ce sont les sommités qui sont le plus exposées aux ravages des vents, et, lorsqu'elles sont boisées, elles en diminuent la violence. En commençant donc

---

(1) Le maintien d'un rideau peut être utile encore pour garantir certaines essences contre les vents desséchants, ou froids qui souvent nuisent considérablement aux jeunes plants dans les premières années de leur existence. Dans ce cas, ce n'est pas au Midi et à l'Ouest, mais au contraire, au Nord ou à l'Est que l'abri doit être établi.

l'exploitation par les plateaux, on doit craindre que les parties des pentes, immédiatement contiguës, ne soient plus suffisamment garanties et que, n'étant pas habituées à subir l'action entière et directe des ouragans, elles ne se trouvent compromises dans leur existence et dans leur régénération. En outre, les semences tombant naturellement du haut vers le bas des montagnes, il est utile que les élévations restent garnies le plus longtemps possible, pour contribuer au réensemencement des parties inférieures.

Tels sont les motifs qui ont dicté cette règle. Mais, en s'y conformant, il est évident que, si l'on ne pouvait assurer à chaque coupe quelque moyen direct de vidange, on retomberait dans l'inconvénient de faire traverser aux bois de la coupe en exploitation les coupes précédemment exploitées.

On remédie à cet inconvénient en pratiquant un chemin de voiture qui sillonne la montagne du haut en bas, de manière à la diviser en plusieurs zones et à permettre que toutes les coupes viennent y aboutir. Parfois on établit aussi des *chemins à traîneaux* (1)

---

(1) Pour établir ces chemins, on creuse dans la côte un sentier, dans une direction sinueuse et convenablement en pente, et on le garnit de rondins ou de bois de quartier, placés parallèlement en travers du sentier, et à la distance de 45 à 60 centimètres les uns des autres ; chaque bûche est maintenue par

et des *lançoirs* (1). Dans certains cas, cependant, aucun de ces moyens ne peut être employé, soit

---

un ou plusieurs piquets enfoncés à fleur de terre. Des deux côtés de ces bûches, on adapte des perches, afin d'empêcher le traîneau de sortir de la voie , et l'on a soin de graisser avec du lard, du suif ou du savon les endroits des bûches sur lesquels les membrures du traîneau doivent frotter, pour rendre la descente d'autant plus facile quand le traîneau est fortement chargé. A côté de ce chemin à traîneau on pratique un autre sentier, ou du moins on établit un nombre suffisant de places sur les côtés, pour que les traîneaux vides puissent être remontés sans rencontrer en chemin les traîneaux chargés. (*Dictionnaire des Forêts* de Baudrillart.)

(1) Le *lançoir* ou *glissoir artificiel* consiste dans un canal de 66 centimètres à 1 mètre d'ouverture, sur 50 centimètres de profondeur ; il se compose de 6 à 8 perches ou jeunes tiges d'arbres, longues, droites et unies, assemblées de manière à former un demi-cylindre creux, que l'on dispose pour que le bois qu'on y jette glisse de lui-même et se rende au bas de la montagne.

Les glissoirs qui ne sont destinés qu'aux bois de chauffage ou de travail et même aux billes de sciage, peuvent être dirigés en ligne droite, du haut en bas de la montagne ; mais quand il s'agit d'en construire pour faire glisser des pièces de longueur, on doit les diriger de manière qu'ils forment une longue courbe, afin que les pièces ne tombent pas avec trop de vitesse, et n'éprouvent aucun dommage. On doit aussi diminuer la rapidité de la chute, vers l'extrémité du lançoir , en le rendant horizontal à cette extrémité, et l'on y pratique, lorsque cela est possible, un étang ou réservoir d'eau d'une profondeur

à cause de la pente trop escarpée de la montagne, soit parce qu'elle se trouve traversée par des bancs

---

suffisante pour amortir la violence de la chute et empêcher que les pièces ne se rompent.

Ordinairement, la surface du sol, dans les pentes de montagnes, n'est pas telle que le lançoir puisse reposer immédiatement sur la terre dans tous ses points. On remédie à cet inconvénient par des cales ou baudets, qui donnent au glissoir le talus nécessaire.

Le lançoir est encore susceptible d'une amélioration importante, si, par un temps de gelée, on y répand de l'eau dont la congélation le revêt d'une croûte de glace, ou s'il tombe un peu de neige ou de verglas, ce qui lui procure également une surface polie, et diminue le frottement des bois que l'on fait glisser. Aussi dans les pays où l'on emploie ce moyen de vider les bois, le pratique-t-on ordinairement pendant l'hiver.

La plupart des lançoirs ou glissoirs sont en bois ; cependant on en fait en fer dans quelques pays où l'usage de transporter ainsi le bois est permanent. Dans le Wurtemberg, dit M. Hartig, il y en a un qui, n'ayant que 45 centimètres de largeur sur 27 centimètres de profondeur, est surmonté d'un toit pour que le bois ne puisse sauter en dehors. (*Dictionnaire* de Baudrillart.)

Ces lançoirs sont un des moyens de vidange les mieux entendus, et l'établissement en est bien moins coûteux et plus facile que celui d'un chemin à traîneaux. En y jetant les bois, on ne risque pas d'endommager les arbres voisins ni de détériorer le sol au point de causer à la longue des ravines dangereuses, ainsi que cela arrive lorsque, comme dans les Vosges par exemple, on lance immédiatement sur la terre. En outre,

de rochers trop considérables. Il vaudrait mieux alors, et quoi qu'il en arrive, commencer les coupes par le haut, sauf à traiter les plateaux avec le plus de ménagements possible.

ARTICLE VI.

Cinquième règle.

399. *Dans tous les cas, les coupes en montagne, autant que les localités le permettront, devront être longues et étroites et présenter leur moindre largeur aux vents dangereux.*

Cette règle s'explique d'elle-même.

---

on ménage singulièrement le jeune bois, et lorque l'opération est terminée et l'appareil enlevé, on aperçoit à peine la trace du passage des produits de la coupe.   (*Note de l'Auteur.*)

LIVRE TROISIÈME.

LIVRE TROISIÈME.

DE L'EXPLOITATION DES FUTAIES.

DÉFINITIONS.

400. On nomme *futaie* la forêt destinée à produire plus particulièrement des bois de fortes dimensions et à se régénérer par la semence. En général, cette régénération doit s'opérer par les graines tombant naturellement des arbres, et ce n'est que par exception qu'elle a lieu artificiellement.

401. Une futaie est appelée *régulière* lorsqu'elle présente, dans toutes ses parties, un peuplement uniforme et complet, des âges convenablement gradués, et qu'elle renferme en elle-même tous les éléments propres à assurer la régénération naturelle. Le plus sûr moyen d'arriver à cette régularité est l'emploi de la méthode d'exploitation connue sous le nom de *méthode du réensemencement naturel et des éclaircies*, méthode qui sera développée dans le chapitre suivant.

402. On nomme *irrégulière*, au contraire, la futaie dont le peuplement est inégal et incomplet, où les âges sont mal gradués, et dans laquelle ne se trouvent pas les conditions qui constituent la futaie régulière. Cet état est ordinairement dû à des exploitations routinières, vicieuses, ou bien au hasard, plutôt qu'à un système arrêté et suivi avec connaissance de cause. Ainsi l'on trouve communément à l'état de futaie irrégulière, les forêts soumises au mode appelé *jardinage* et celles qui sont traitées *à tire et aire*, modes dont il sera question plus tard.

403. On exprime par *clairière* un lieu dégarni de bois et qui ne peut se repeupler naturellement, en raison du petit nombre d'arbres qui s'y trouvent.

404. Les *places vides* sont des espaces entièrement dégarnis de bois, ou tout au plus couverts de quelques petits arbrisseaux et arbustes.

405. On n'applique les noms de *clairières* et de *places vides* qu'à de faibles contenances ; lorsqu'elles sont considérables, elles prennent le nom de *terres vaines et vagues*.

406. Une partie de bois est en *massif* lorsque les branches et les cimes des arbres se touchent sans être agitées par le vent.

407. Le massif est *serré*, quand les branches s'entrelacent ; *incomplet* ou *clairiéré*, s'il existe de nombreuses clairières ; *entrecoupé*, quand il est parsemé de vides.

408. Un massif de bois tout jeunes, dont les tiges sont encore garnies de leurs branches dès la base, se nomme *fourré* ; quand, par suite de l'état très-serré de ces tiges, les branches inférieures sèchent et tombent, nous l'appelons *gaulis* (1) ; enfin, lorsque les perches atteignent à peu près la grosseur de 10 centimètres et plus de diamètre au pied, nous qualifions le bois de *perchis*. Parmi les perchis, on distingue encore les *hauts-perchis* et les *bas-perchis*. Ceux-ci se composent de tiges ayant au plus le diamètre que nous venons d'indiquer, tandis que les premiers peuvent atteindre jusqu'à une grosseur double. Les *hauts-perchis* reçoivent aussi, dans certaines localités, le nom de *demi-futaies*.

409. La dénomination de *bois blancs*, impropre, mais consacrée par l'usage, indique, parmi les essences feuillues, les bois de qualité médiocre et d'une contexture molle, quelle que soit d'ailleurs leur

---

(1) Dans plusieurs départements, la dénomination de *gaulis* indique la qualité de bois que nous appelons *perchis*. Nous avons pensé que ce dernier terme convient mieux pour des bois déjà d'une certaine force, tandis que *gaulis*, qui dérive de *gaule*, nous a paru s'appliquer mieux à des bois de faible dimension.

couleur : tels sont les *aunes*, les *tilleuls*, les *peupliers*
et les *saules*. On les eût mieux appelés *bois tendres*.
Par opposition avec cette désignation de *bois blancs*
ou *bois tendres*, on comprend les autres bois feuillus
sous la dénomination générale de *bois durs*.

410. On désigne par *morts-bois* la plupart des arbrisseaux dont la présence indique ordinairement
le mauvais état des forêts : tels sont le *sureau*, le
coudrier, le *cornouiller mâle*, le *cornouiller san-
guin*, le *troëne*, les *viornes*, le *fusain*, la *bour-
daine*, le *houx*, les *épines*, le *genévrier*, etc., etc.

411. Par *bois abroutis*, on entend les jeunes bois
broutés par les bestiaux ou par le gibier, et l'état de
ces bois se nomme *abroutissement*. Lorsque les essences sont de nature à bien repousser de souche,
on remédie à cet état de détérioration par le recépage.

412. *Recéper*, c'est couper à fleur de terre les
jeunes tiges, dans le but de les faire rejeter de souche. Cette opération se pratique pour régénérer non
seulement les bois abroutis, mais encore ceux qui
ont été dégradés par l'effet des grandes gelées, des
incendies, et même par la dent des mulots, qui souvent en pèlent presque entièrement l'écorce ; on
récèpe dans le même but les bois qui ont langui pendant trop longtemps sous le couvert de grands arbres.

413. Mettre une forêt *en défends*, c'est en interdire l'entrée aux bestiaux, parce que les bois ne
sont pas assez élevés pour échapper à l'abroutissement.

414. On appelle *bois défensable* celui qu'on peut ouvrir au pâturage, parce qu'il n'a plus rien à craindre de la dent du bétail.

415. Lorsque, dans une coupe, on laisse subsister un certain nombre d'arbres, pour un temps et dans un but quelconques, ces arbres reçoivent le nom de *réserves*, et, pris dans leur ensemble, ils forment ce qu'on appelle la *réserve de la coupe*.

416. Les jeunes bois qui s'élèvent sous les réserves s'appellent le *sous-bois*.

417. Une coupe, exploitée sans aucune réserve, est une coupe à *blanc-étoc*.

CHAPITRE PREMIER.

—

MÉTHODE

DU RÉENSEMENCEMENT NATUREL ET DES ÉCLAIRCIES,

ou

EXPLOITATION DES FUTAIES RÉGULIÈRES.

—

ARTICLE PREMIER.

Généralités.

448. La méthode du réensemencement naturel
et des éclaircies consiste à exploiter les futaies de
manière à en assurer le repeuplement naturel et
complet, et à favoriser le plus possible leur croissance, depuis la première jeunesse jusqu'au terme
de l'exploitation.

Cette théorie repose sur des faits simples et peu
nombreux observés dans la nature, et, pour la plupart, établis par la physiologie végétale, science que
l'on doit prendre pour guide dans toute méthode de
culture.

419. La graine ne germe que sous l'influence si-
multanée de l'humidité, de l'oxygène (1) et d'un
certain degré de chaleur. Quoique le sol ne soit
point pour la germination un milieu indispensable,
son action, quand la semence s'y trouve placée, n'en
est pas moins très-essentielle. En effet, c'est par son
intermédiaire qu'elle doit recevoir, dans les proportions convenables, l'influence des trois agents que
nous venons de nommer ; il importe donc qu'il ne
soit ni trop léger ni trop compacte [43]. Il importe
encore qu'il soit *substantiel;* car dès que la radicule
est développée, elle a besoin d'y trouver des sucs
nourriciers qu'elle puisse s'assimiler facilement.

420. *La lumière n'est point nécessaire* à la germination, et lorsqu'elle est très-vive elle devient
souvent nuisible ; aussi la nature nous montre-t-elle
la plupart des graines germant à l'ombre. Mais aussitôt que la jeune plantule a percé la terre, elle réclame l'influence de la lumière, qui, pour être bienfaisante, ne doit néanmoins lui être dispensée qu'avec
mesure (2). L'action trop intense des rayons solaires tue bientôt les plantes naissantes, et plusieurs
essences forestières surtout, montrent, sous ce rapport, une grande sensibilité [177 et 261].

Ce n'est qu'après avoir acquis un certain degré

---

(1) L'un des gaz composant l'air atmosphérique.
(2) Voyez de Candolle, *Physiologie végétale,* chap. 6.

de force, sous un abri protecteur, que le jeune plant peut, sans inconvénient, et même avec avantage, recevoir les influences atmosphériques. Cette époque varie selon le tempérament plus ou moins robuste des essences.

421. A partir du moment où le plant a acquis assez de vigueur pour croître librement sous l'action des météores, il présente, lorsqu'il est serré en massif (ainsi que cela a lieu dans les forêts), une nouvelle série de phénomènes végétatifs.

Toute plante, pour croître, exige un certain espace, aussi bien dans le sol pour y étendre ses racines, que dans l'atmosphère pour y étaler ses branches; et, à mesure de l'accroissement de la plante, l'espace qu'elle occupe devient nécessairement plus grand. Or, il est évident que, dans une jeune forêt, qui dès les premières années s'élève en massif serré, tous les plants qui composent ce massif ne pourront plus trouver place lorsque, par exemple, ils auront acquis un volume double. De là, la nécessité matérielle d'une diminution dans leur nombre, au fur et à mesure de leur accroissement. On remarque, en effet, dans un tel massif, qu'il s'engage une lutte entre les jeunes plants, qui tous cherchent à s'emparer de l'espace qui leur est indispensable pour participer aux influences de la lumière et de l'atmosphère. Dans cette lutte, les brins les plus faibles, privés de cet espace, surmontés et dominés, ne tardent pas, ainsi que les branches inférieures des autres, à sécher et à tomber en pourriture ; et c'est ainsi que, d'année en année, le nombre des tiges diminue, et que celles qui persistent, comme étant les plus élevées et les plus vigoureuses, se débarrassent de plus en plus de leurs branches basses, et prennent un fût d'une plus grande longueur.

Pendant la première jeunesse de la forêt, cet état de choses ne présente pas d'inconvénients ; il est certain même qu'il offre des avantages, les jeunes brins se prêtant un mutuel appui contre les intempéries et se poussant à croître en hauteur. Mais plus ils avancent en âge, plus la lutte devient opiniâtre, parce que les tiges dominées, quoique privées de l'action de la lumière, sont d'autant plus longtemps à succomber qu'elles sont plus fortes, ce qui dès lors produit un ralentissement marqué dans l'accroissement de tous les bois. Néanmoins, le nombre des arbres diminue toujours insensiblement d'après la même loi.

Dans une forêt abandonnée à elle-même, cette opération naturelle continue de la sorte, jusqu'à ce qu'il arrive un point où les bois s'éclaircissent assez pour offrir les conditions favorables à la réussite des plants produits par leur semence. Alors une nouvelle génération se présente pour remplacer celle qui est parvenue à maturité.

422. Tel est le travail de la nature. Il faut chercher à l'imiter, non servilement, mais de manière à maintenir, et à faire naître au besoin, toutes les

circonstances propres d'une part, à *assurer la régé-nération des bois,* de l'autre, à hâter et *améliorer leur croissance* (voir l'Introduction).

Les divers genres de coupes qui constituent la méthode d'exploitation qui nous occupe, doivent toujours aboutir à l'un de ces deux résultats.

ARTICLE II.

Coupes de régénération.

423. D'après ce que nous venons de voir, les conditions de la régénération d'un massif de futaie parvenu à son exploitabilité peuvent se résumer ainsi :

1° Ensemencement complet du terrain ;

2° Sol meuble et substantiel ;

3° Abri aux jeunes plants au commencement de leur existence ;

4° Participation des jeunes plants aux influences atmosphériques, selon leur tempérament plus ou moins robuste.

Ces conditions, le forestier les réalise par trois coupes successives.

424. Dans la première, appelée *coupe d'ensemencement,* il laisse sur pied le nombre d'arbres nécessaire pour garnir de graines tout le terrain de la partie en exploitation, et pour abriter, tant contre les ardeurs du soleil que contre les gelées, les jeunes plants qui lèvent après la chute des semences. Si la graine est lourde et le jeune plant délicat, comme

cela arrive pour le hêtre, par exemple, les arbres devront être assez nombreux pour que les extrémités de leurs branches se touchent lorsqu'un léger vent les agite, et, dans ce cas, la coupe sera dite *sombre*. Mais si, au contraire, les graines sont légères et les jeunes plants robustes, les arbres pourront être écartés davantage. Il est essentiel que la réserve se compose, autant que possible, d'arbres sains et vigoureux, susceptibles de fournir abondamment de bonnes semences.

La coupe d'ensemencement satisfait évidemment aux trois premières conditions que nous venons d'énoncer. En effet, elle assure *l'ensemencement complet*; elle conserve, par son couvert, *le sol meuble* (1) *et substantiel* (humus) qui s'est formé sous le massif et qui, joint au lit de feuilles, facilite la germination et le développement du jeune plant; enfin elle procure à celui-ci *l'abri* qui convient à son tempérament.

425. Aussitôt que les jeunes bois ont acquis un certain degré de force, ce dont on s'assure surtout

---

(1) Rien ne s'oppose à ce que, dans les coupes d'ensemencement, on déracine les souches des arbres abattus. Cette extraction augmentera les produits en matière, et pourra, là où le terrain n'est pas suffisamment *meuble*, le préparer à recevoir utilement la semence des arbres de réserve. Il n'y a d'exception à cet égard que pour les pentes un peu raides, dans lesquelles cette opération pourrait avoir pour suite l'éboulement des terres.

par la forme de leur cime et par l'aspect de leur feuillage dans la saison de la végétation, il devient nécessaire de les faire participer davantage aux bienfaits de la lumière et de l'air. La coupe qui doit remplir ce but, et qui consiste à éclaircir la réserve, c'est-à-dire, à en abattre une partie, se nomme *coupe claire* ou *secondaire*. Dans cette opération, on enlève de préférence les arbres qui surmontent les plants les plus vigoureux et les plus élevés, en ayant soin cependant d'en laisser quelques-uns, afin de conserver l'ombrage encore utile. On n'en coupe aucun dans les places où l'ensemencement n'est pas complet, et où les jeunes brins sont encore trop faibles.

Lorsque le tempérament du jeune plant est très-délicat, et que l'exposition et le climat rendent les chaleurs ou les gelées redoutables, on fera bien d'effectuer la coupe secondaire en plusieurs fois, c'est-à-dire, d'éclaircir la réserve insensiblement, de manière à acclimater plus sûrement le sous-bois.

426. Enfin, lorsqu'on est assuré que le sous-bois est assez fort pour se passer de tout abri, on procède à la *coupe définitive* en abattant le restant de la réserve. N'étant plus dominés d'aucune manière, les jeunes bois s'élancent dès lors et prennent une croissance rapide (1).

----

(1) C'est à tort que certains forestiers persistent, même

Dans certaines circonstances , on conserve dans les coupes définitives quelques arbres que l'on destine à parcourir une seconde révolution, afin d'obtenir des bois de dimensions très-fortes. Ces réserves doivent être placées sur le bord des chemins et sur les lisières de la forêt. Dans de tels emplacements, elles porteront moins de préjudice au sous-bois, et elles pourront d'ailleurs être extraites sans difficulté, si le dépérissement ou des besoins extraordinaires forçaient à les abattre.

427. Comme on le voit, la coupe secondaire et la coupe définitive sont destinées à accomplir la quatrième et dernière condition de la réussite du repeuplement naturel. Il est presque inutile d'ajouter que, pour assurer le succès de ses travaux, le forestier doit prendre les mesures de police et de surveillance nécessaires , afin de garantir les jeunes semis

---

après la coupe définitive, à maintenir des réserves sur les petites clairières qui peuvent exister , çà et là dans la coupe , par suite de causes diverses. Cette précaution est vaine. D'abord, ces arbres isolés sont la plupart du temps renversés ou brisés par les vents ; en second lieu , le sol , dans ces endroits est ordinairement ou couvert de plantes nuisibles ou durci au point qu'aucune graine ne saurait y prospérer. Le meilleur moyen est donc d'abattre tous les arbres en même temps et de régénérer artificiellement les places dont il s'agit. La plantation, dans ce cas, sera préférable au semis , en ce qu'elle établira plus d'égalité dans l'âge des jeunes tiges.

de tout dommage extérieur, causé soit par les hommes, soit par le bétail ou le gibier.

428. L'exposition et la nature du sol doivent modifier les quantités d'arbres dont il convient de composer tant la coupe d'ensemencement que la coupe
secondaire , et influer en même temps sur l'époque
de celle-ci. Ainsi, dans les terrains qui ont une disposition prononcée à se gazonner et à se couvrir de
plantes nuisibles, de même que dans les pentes méridionales, où le soleil frappe vivement et où la terre
est sèche et légère, il est indispensable de serrer la
réserve des coupes d'ensemencement et de modérer,
en les retardant, les extractions dans les coupes secondaires. Par là, on ombragera plus efficacement
le sol et les jeunes plants, et l'on arrêtera la crue
des mauvaises herbes (1). Les mêmes précautions
devront être prises en approchant de la lisière des
bois et sur les sommets où le vent disperse facilement le lit de feuilles.

_____

(1) Plusieurs auteurs allemands estimés, entre autres M. de
Berg , enseignent que , dans les sols secs et aux expositions
méridionales , les coupes secondaires doivent être entreprises
plus tôt et éclaircies plus fortement que dans les terrains frais
et abrités, afin, disent-ils, de faire profiter les jeunes plants de
l'influence bienfaisante des pluies douces et des rosées. Mais
s'il est incontestable que ces météores sont favorables au sous-
bois, il est évident aussi, d'un autre côté, qu'en le découvrant,
comme on le conseille , on l'expose à être saisi par les fortes

En partant de ce principe, on peut laisser moins d'arbres sur pied, à mesure que les coupes s'éloignent de l'exposition du Midi ou qu'elles sont moins sujettes à se gazonner. Toutefois, on ne devra jamais perdre de vue l'ensemencement complet de la coupe sombre, ainsi que l'abri nécessaire de la coupe secondaire.

ARTICLE III.

Coupes d'amélioration.

429. Pour que la jeune forêt produite par les trois coupes successives, puisse désormais prendre tout le développement dont elle est susceptible, il importe que l'art, toujours attentif aux indications de la nature, continue à seconder celle-ci et à hâter l'accomplissement de son œuvre. Dans la plupart des cas, le besoin de cette intervention ne tarde pas à se faire sentir. En effet, quelle que soit l'attention que l'on mette à bien espacer la coupe d'ensemencement, et à amener la reproduction des meilleures

---

chaleurs ou par les gelées printanières. Nous pensons que mieux vaut encore risquer de retarder un peu la végétation des jeunes plants par trop de couvert, que s'exposer à les perdre par l'excès contraire ; car, la réserve une fois amoindrie, il deviendrait difficile, sinon impossible, d'obtenir une nouvelle et complète régénération naturelle des arbres restants.

essences, il ne s'y introduit pas moins des bois tendres, dont les graines légères sont apportées de loin
par les vents et lèvent avec une grande facilité. Ces
essences, auxquelles se joignent les morts-bois, étant
d'une végétation très-prompte, ne tardent pas à dominer les plants des essences plus précieuses et à les
gêner dans leur croissance. Dès qu'on s'aperçoit de
cet état de choses, on doit se hâter de procéder à
l'extraction des bois tendres et des morts-bois. Cette
opération se nomme *coupe de nettoiement*. Ce serait
une grande faute de la retarder dans la vue de donner plus de valeur aux bois tendres ; le dommage qui
en résulterait pour les bonnes essences, serait bien
loin d'être compensé par l'augmentation de prix que
produirait la vente des autres.

L'époque à laquelle *les coupes de nettoiement*
doivent se faire ne peut être précisée ; c'est l'inspection des lieux qui seule doit en décider. Dès que les
essences parasites gênent, il faut les faire disparaître ;
si elles se reproduisent et gênent encore, le nettoiement doit se répéter ; et ainsi de suite, jusqu'à ce
qu'enfin l'essence que l'on veut propager ait entièrement pris le dessus (1).

---

(1) Il n'est pas toujours bon de supprimer à la fois tous les
bois blancs qui se sont logés parmi les bonnes essences. Quand
le repeuplement n'a pas également bien réussi dans toutes les
parties de la coupe, il devient nécessaire, dans les places in-

430. Lorsque la jeune forêt se trouve débarrassée des bois tendres, et que, par suite de la lutte d'accroissement dans laquelle les jeunes plants sont engagés, *elle passe de l'état de fourré à celui de gaulis,* le moment est venu d'aider la nature dans la suppression des bois dominés. Les coupes à faire dans ce but ont été nommées *éclaircies périodiques,* parce qu'on les renouvelle à des époques fixes. Pour en comprendre l'économie, il est nécessaire d'établir les trois points suivants :

1° Règles d'après lesquelles doivent être exécutées les éclaircies ;

2° Age auquel on doit entreprendre la première;

3° Epoques auxquelles il convient de les répéter.

431. L'opération des éclaircies consiste à couper les tiges les plus faibles et les plus mal-venantes, celles qui sont surmontées ou près de l'être et dont la végétation est languissante, enfin, les rejets des bois tendres qui se seraient reproduits après les nettoie-

---

complétement garnies, d'appuyer les tiges d'élite qui, seules, ne sauraient se soutenir et couvrir le sol. Mais, comme il importe en même temps que ces tiges ne puissent pas être dominées par les voisins qu'on leur aura conservés, on fera étêter, parmi ces derniers, ceux qui pourraient devenir nuisibles, de manière à les réduire sûrement au rôle d'auxiliaires qu'on leur destine. Dès que les bonnes essences seront suffisamment fortifiées pour former massif, les bois blancs devront disparaître.

ments. On peut en même temps couper quelques
tiges bien-venantes dans les parties où le bois est trop
épais, mais en y mettant une grande prudence. La
principale règle à observer dans ce genre de coupe,
c'est de laisser le bois dans un état convenablement
serré, en un mot de ne jamais *interrompre le massif*.
Dans un jeune bois qui jusqu'alors a cru dans un
état très-serré, les brins sont grêles et élancés, et
ont le plus grand besoin d'appui. Une éclaircie im-
prudente les rendrait victimes des orages, les ferait
courber sous la pression de la neige ou du givre,
et même sous le poids de leur propre cime. L'état de
massif est tellement indispensable, qu'il faudrait, s'il
en était besoin, conserver même des perches mal-
venantes et des bois tendres, qui, dans ce cas, feraient office de tuteurs, et subsisteraient jusqu'à la
prochaine éclaircie. Il ne faut pas perdre de vue
d'ailleurs, que les jeunes arbres doivent s'élancer et
obtenir la hauteur dont ils sont susceptibles, ce qui
ne saurait avoir lieu s'ils ne croissaient en massif.
Dans un bois plus âgé, les inconvénients d'une éclaircie trop forte ne seraient pas moins graves. Il en
résulterait, en effet, que le sol se dessécherait et se
durcirait à la surface, ce qui est défavorable à la végétation; ou qu'il se couvrirait de gazon et de plantes
nuisibles, qui absorberaient en pure perte les richesses d'humus que la futaie y a déposées; ou bien,
enfin, s'il se présentait une année de semence, on
verrait naître un jeune repeuplement, ce qui ne

serait pas moins fâcheux, la forêt n'ayant point encore atteint son exploitabilité.

L'éclaircie, telle qu'elle vient d'être expliquée, est l'*éclaircie normale* ou *moyenne*, c'est-à-dire, celle qui, dans la plupart des cas, satisfait au but que l'on se propose, tout en évitant les inconvénients qu'elle pourrait entraîner. Toutefois, de même que dans les coupes de régénération [428], le nombre des tiges à conserver dans les éclaircies périodiques doit varier suivant l'exposition, le sol, et aussi suivant l'essence. Ainsi, dans un terrain de bonne qualité, exposé au Nord ou à l'Est, ou situé en plaine, une jeune forêt, dont l'essence fournit un couvert épais, peut être éclaircie avec avantage jusqu'au point de *desserrer son massif sans l'interrompre,* pourvu toutefois que, dans la localité, les dégats météoriques ne soient point à redouter. Ce résultat s'obtient par l'extraction d'abord de tous les sujets dominés et, en outre, parmi les dominants, des brins les plus grêles, ayant la cime étriquée, et qui empêchent les tiges d'élite de développer leurs têtes circulairement. Une telle éclaircie est dite *forte ;* elle favorise nécessairement au plus haut degré l'accroissement des bois en leur procurant le plus d'espace possible pour étendre à la fois leurs racines et leurs branches. Mais, lorsque, au contraire, les conditions de sol, d'exposition et de situation sont défavorables, l'éclaircie doit être *faible,* c'est-à-dire qu'elle doit se borner à supprimer les tiges mortes en cimes ou tout à fait dépéris-

santes, conservant de la sorte non seulement toutes
les dominantes sans exception , mais encore une
partie de celles qui sont surmontées. Cette opération, on le conçoit, a surtout en vue d'assurer au sol
une formation abondante d'humus , de le garantir
des ardeurs du soleil et de mettre les bois en état de
résister aux météores nuisibles (vents , neige, givre,
etc.). Elle sera d'une application générale en approchant de la lisière de la forêt, ou de toute autre
partie très-exposée aux vents, afin de prévenir la
dispersion du lit de feuilles si essentiel à la végétation, surtout des jeunes bois.

432. L'âge auquel il convient d'entreprendre la
première éclaircie ne peut être fixé d'une manière
absolue ; il dépend de la rapidité de l'accroissement
sur lequel influent l'essence, le sol et le climat.

Le principe que l'éclaircie devient utile aussitôt
que le bois passe à l'état de *gaulis*, est incontestable.
Seulement, lorsque des accidents météoriques sont
à redouter , il ne faut la faire que *faible*. Dans les
forêts soumises au régime forestier (1), on hésitait
autrefois à entreprendre des éclaircies dans les *gaulis*, parce que le personnel administratif auquel elles
pouvaient être confiées n'était ni assez nombreux ni
assez généralement instruit pour les diriger avec tout
le soin et l'intelligence nécessaires. On conseillait,

----

(1) Ce sont celles que régit l'Administration publique.

par suite , de n'entreprendre la première éclaircie
que quand le bois a atteint la qualité de *perchis*, les
tiges à enlever étant alors plus faciles à distinguer,
les produits qu'on en retire plus avantageux , et les
fautes que l'on pourrait commettre moins dangereuses. Mais , désormais , ces circonstances ont cessé
d'exister dans presque tous les services forestiers.
De saines notions de sylviculture sont aujourd'hui
répandues parmi les fonctionnaires des forêts, à tous
les degrés de la hiérarchie, le nombre de ces fonctionnaires a été successivement augmenté et , dans
son zèle éclairé pour l'amélioration de la production
forestière, l'Administration supérieure a su donner,
en peu d'années , à ces importantes opérations une
impulsion qui l'honore à un haut degré (1). On peut
donc affirmer que , dès à présent , il n'existe plus
d'obstacles sérieux, si ce n'est dans quelques cas exceptionnels, à ce que les règles de la science fores-

---

(1) C'est surtout en autorisant et encourageant les exploitations dites *par économie* que l'Administration a assuré l'application en grand des éclaircies périodiques dans les forêts
qui lui sont confiées. Ce mode, comme on sait, consiste à faire
abattre et façonner les bois , non plus par des adjudicataires
qui les ont achetés sur pied après désignation préalable, mais
par des ouvriers employés, soit à la journée, soit à la tâche ,
sous la direction spéciale des agents et préposés forestiers ,
après quoi seulement les produits de l'exploitation sont livrés
à la consommation.

tière reçoivent leur entière application, en ce qui
concerne les éclaircies périodiques, dans les forêts
administrées par l'Etat.

433. Quant aux époques auxquelles les éclaircies
doivent se répéter, elles dépendent également des
conditions de la végétation. Lorsque les bois croissent très-promptement, il peut être utile de les éclaircir tous les cinq ans, du moins dans leur jeunesse,
sauf plus tard à laisser s'écouler un intervalle plus
considérable. Quand la croissance est moins active,
une éclaircie faite de dix en dix ans dans la jeunesse,
et tous les vingt ans à un âge plus avancé, sera suffisante. Entre la dernière éclaircie et la coupe d'ensemencement qui doit lui succéder, il convient de
laisser un intervalle de vingt ou au moins de quinze
années, afin que les bois puissent profiter du bienfait
de cette opération avant d'être abattus.

434. Les avantages qui résultent des éclaircies
sont de la plus grande importance. Elles procurent
une augmentation considérable dans les produits,
car tous ces pieds d'arbres, qui naturellement auraient péri en forêt, tournent entièrement au profit
de la consommation et au bénéfice du propriétaire.
Les brins, faibles à la vérité, que l'on coupe dès la
première éclaircie, donnent du chauffage, du charbon, et peuvent même servir à différents autres usages, ce qui les rend toujours précieux dans les pays
où le bois a de la valeur. Dans les éclaircies subsé-
quentes, à mesure qu'elles sont assises dans des

parties plus âgées, on obtient des bois de travail et
de service d'un très-grand intérêt. Tous ces produits,
malgré leur importance, ne sont cependant qu'*accessoires*,
et loin de diminuer le produit *principal* (celui
des coupes de régénération), ils tendent à l'augmenter.
En effet, lorsque les arbres sont trop serrés
entre eux, lorsque leurs cimes se pressent et que
leurs racines sont entrelacées, ils ne s'assimilent
qu'une faible portion des substances qui leur sont
nécessaires, et faute d'espace pour développer leurs
organes de nutrition (racines et feuilles), ils s'étiolent
et contractent des tares souvent cachées, qui d'abord
ralentissent leur croissance, et plus tard, entraînent
prématurément le dépérissement et même la mort.
Mais, quand, en temps utile, on a diminué leur
nombre, les pieds restants prospèrent, s'élancent
et grossissent, pour ainsi dire, à vue d'œil.

Les éclaircies favorisent l'accès du soleil, et permettent
à l'air de circuler plus librement dans les
massifs de forêts, ce qui contribue à donner aux fibres
du bois la force et la souplesse exigées pour les
différents emplois. On a reproché autrefois aux futaies
de fournir un bois tendre, bien inférieur à celui
des arbres crus isolément : ce défaut disparaît par
suite des éclaircies périodiques qui font participer
les arbres aux influences de l'atmosphère et leur procurent
le degré de solidité convenable.

Enfin, les éclaircies débarrassent les forêts d'une
quantité de bois qui, par leur pourriture, auraient

favorisé la multiplication de plusieurs insectes, particulièrement de quelques *coléoptères* qui se logent entre l'écorce et l'aubier, ainsi que dans l'intérieur du bois, et qui, dans les forêts résineuses surtout, étendent souvent leurs ravages de la manière la plus désastreuse.

ARTICLE IV.

Fixation de l'exploitabilité et de la possibilité dans les futaies.

435. L'exploitabilité d'une futaie ne peut être fixée ni avant le temps où les arbres commencent à porter abondamment de bonnes semences, ni après celui où ils cesseraient d'être propres à la production d'un repeuplement complet. Du reste, cet objet doit se régler conformément aux principes que nous avons développés dans le second Livre [370, 375 et 378].

436. Quant à la possibilité, elle doit être basée sur le volume, attendu que la diversité des coupes dont il peut être utile de la composer, ne saurait admettre des exploitations à contenances égales, ainsi qu'on le verra dans l'article suivant.

ARTICLE V.

Marche des exploitations dans une futaie régulière.

437. Pour prendre une idée complète de la méthode du réensemencement naturel et des éclaircies,

il convient de considérer la marche des exploitations dans une futaie régulière où cette méthode reçoit son application. Cet examen sera surtout utile en ce qu'il montrera, dans son ensemble, la futaie à l'état *normal,* état auquel l'art du forestier doit chercher à les ramener toutes.

Soit une telle forêt soumise à une révolution de cent ans, divisée en cinq périodes de vingt ans, à chacune desquelles soit affectée une étendue déterminée [389]; on aura dans les bois de chaque affectation, en se supposant placé au commencement de la révolution, les gradations d'âge suivantes :

Dans l'affect. de la 1re pér., les bois de 100 à 81 ans.

—	2^e	—	80	61
—	3^e	—	60	41
—	4^e	—	40	21
—	5^e	—	20 et au-d^{sous}.

Dans l'examen qui nous occupe, nous considérerons les exploitations telles qu'elles devront avoir lieu pendant la première période : d'abord les coupes de régénération à asseoir dans l'affectation de cette période, et qui fourniront les *produits principaux*; puis les coupes d'amélioration qui doivent parcourir les autres affectations et dont les produits ne sont qu'*accessoires.* Ce que nous dirons de la marche de ces exploitations pendant la première période s'appliquera aussi aux périodes suivantes, la forêt demeurant dans les mêmes conditions.

438. Au début, les coupes de régénération à entreprendre ne consistent évidemment qu'en coupes d'ensemencement, qui peuvent se succéder de proche en proche dans un ordre parfait. Ce n'est que quand les jeunes repeuplements se présentent, que cette régularité devient impossible, parce qu'alors l'assiette et la nature des exploitations ne peuvent plus être déterminées que suivant les progrès des jeunes bois. Dès ce moment, c'est au forestier à apprécier chaque année, d'après l'état des sous-bois ou d'après les apparences de réussite des graines, quelles sont les coupes qu'il convient d'effectuer.

Que, par exemple, il constate sur un point l'urgence de la coupe définitive, et que, sur un autre, il trouve la coupe secondaire non moins nécessaire, il y aura lieu de les effectuer toutes deux immédiatement ; et si les produits de ces deux coupes sont insuffisants pour parfaire la possibilité, il faudra asseoir encore une coupe d'ensemencement sur un troisième point.

Telle est la marche que doivent suivre les coupes de régénération ; si on voulait leur en imprimer une plus régulière, on s'exposerait à mal seconder la nature, et l'on pourrait dès lors se priver d'une grande partie des avantages que doit procurer la méthode du réensemencement naturel.

439. On a souvent tenté d'établir la possibilité de ces exploitations par contenance ; mais il est facile de prouver que, pour assurer au forestier la latitude dont il a besoin, la possibilité fondée sur le volume est seule convenable.

Supposons, en effet, que l'on veuille adopter la possibilité par étendue, on pourra bien, à la vérité, ne point rencontrer d'obstacle pendant les premières années de la période, attendu que, n'ayant à faire alors que des coupes d'ensemencement dont les arbres doivent être espacés à peu près partout de même, il est dans les choses possibles, que, sur d'égales surfaces, les produits matériels seront approximativement égaux. Mais, dès que les coupes secondaires et définitives deviendront nécessaires, il n'en sera plus ainsi, parce que, dans ces coupes, le nombre des arbres à abattre varie selon les sols, les situations, les expositions, et surtout selon l'état des jeunes bois, ce qui fait varier, par conséquent, les produits qu'elles fournissent sur une étendue déterminée.

Si, au contraire, on base la possibilité sur le volume, on sera parfaitement libre d'effectuer et d'asseoir les coupes selon les indications de la nature, et d'en resserrer ou d'en étendre la contenance, tout en leur assignant cependant une limite commune, invariable et parfaitement rationnelle.

440. Les considérations d'après lesquelles doit se régler la marche des coupes d'amélioration étant différentes, la base de la possibilité relative à ces coupes ne doit plus être la même.

Ces coupes, en effet, n'ont point pour objet principal de procurer des produits, comme les coupes de régénération ; elles sont entreprises surtout dans la

vue d'accélérer la croissance des arbres destinés à
parvenir au terme de la révolution, et de leur assurer
les plus belles dimensions et les qualités les plus
précieuses. L'égalité des produits dans ces opérations n'est donc que secondaire; pour qu'elles répondent complétement à leur but, il importe que les
coupes de nettoiement et les éclaircies du premier
âge puissent s'exécuter dès l'instant où elles sont
jugées nécessaires; et quant aux éclaircies suivantes,
il est plutôt à désirer qu'elles se renouvellent à des
époques fixes. Il serait donc convenable d'imprimer
à celles-ci la marche la plus régulière possible, et, au
contraire, pour les autres, de laisser le forestier entièrement libre de les faire quand et comme il le jugera à propos.

Or, pour établir dans une exploitation une marche parfaitement régulière, le meilleur moyen, incontestablement, est de prendre pour base la possibilité par contenance, et c'est, par conséquent, celle
qu'il convient d'adopter pour les éclaircies périodiques, d'autant plus que rien ne s'y oppose dans la
nature de ces opérations.

441. En admettant ces règles, on aura à faire
annuellement, dans la futaie normale proposée pour
exemple, trois genres distincts de coupes, savoir :

1° *Dans l'affectation de la première période*,
coupes de régénération, basées sur la possibilité par
volume;

2° *Dans les affectations de la 2ᵉ, de la 3ᵉ et de la*

4ᵉ *période*, éclaircies périodiques par contenances égales ;

3° *Dans l'affectation de la* 5ᵉ *période*, nettoiement de bois blancs et premières éclaircies à exécuter ou à négliger, selon l'état du bois, et sans s'astreindre à aucune possibilité.

ARTICLE VI.

Abatage, façonnage et vidange dans les futaies.

442. La saison la plus favorable pour l'abatage des bois dans les futaies, paraît être la fin de l'automne et l'hiver ; toutefois on devra suspendre les travaux pendant le moment des grands froids, où les bois éclatent et se rompent facilement dans leur chute. Dans les climats tempérés, c'est ordinairement au 15 octobre que l'on fixe le commencement de l'abatage ; dans les climats plus froids, on peut commencer dès la mi-septembre, parce que la végétation s'arrête plus tôt ; et dans les pays chauds, la raison contraire pourra faire différer la coupe.

Pour les essences feuillues, il est à peu près généralement reconnu que les bois coupés dans la saison morte sont d'une plus longue durée lorsqu'ils sont mis en œuvre, et il semble certain aussi qu'employés au chauffage, ils brûlent plus facilement et donnent même plus de chaleur que ceux qui ont été abattus dans le temps de la végétation.

Quant aux essences résineuses, elles ne paraissent

pas éprouver les mêmes inconvénients de la coupe
en temps de séve. Il est au contraire assez habituel,
dans les contrées que ces essences habitent, de les
exploiter en été, et beaucoup de praticiens estimés
sont d'avis qu'en prenant la précaution de les écorcer aussitôt après l'abatage, les bois gagnent même
en dureté et en solidité, outre qu'ils deviennent plus
légers, et par suite, d'un transport plus facile (1).

Mais eu égard à la vidange des bois, l'abatage en
hiver est préférable, parce qu'il donne la facilité de
transporter les bois avant le retour de la séve, ce qui
est de la plus grande importance dans les coupes
secondaires et dans les coupes définitives; attendu
que dans le moment de l'ascension de la séve,
comme par les grands froids, les jeunes bois sont
plus cassants qu'aux autres époques de l'année.

443. Une mesure non moins essentielle à prendre dans l'exploitation des coupes secondaires et des
coupes définitives, surtout lorsque le sous-bois a déjà
quelque élévation, c'est de faire ébrancher les arbres
jusqu'à la cime, avant l'abatage (2). En outre, on

---

(1) Voyez *Annales Forestières,* 1ᵉʳ vol., page 30.

(2) Cet ébranchement doit, autant que possible, se faire en
commençant par en bas; lorsqu'on procède en sens inverse,
ce qui est plus facile pour l'ouvrier, les branches supérieures
s'amoncèlent souvent sur les inférieures, et quand ensuite on
coupe celles-ci, leur chute cause des dégats assez considérables.

doit veiller à ce que les branchages soient immédiatement relevés , façonnés et sortis de la coupe ; et
ensuite à ce que l'arbre soit dirigé , dans sa chute,
de manière à tomber du côté où elle causera le moins
de dommage.

Dans les pentes, c'est, en général, vers le sommet
de la montagne qu'il faudra chercher à faire tomber
les bois.

Autant qu'on le peut, on doit interdire aux voitures l'entrée des coupes, et faire enlever à dos d'homme,
ou par d'autres moyens peu nuisibles , les bois de
chauffage et de travail. En montagne, les chemins à
traîneaux et les lançoirs doivent, le plus possible, être
pratiqués ; mais , dans les localités où ces appareils ne
peuvent être employés, l'époque la plus propice pour
la vidange est celle où la terre est couverte de neige,
hors cependant le moment des trop grands froids.

Toutefois, les mesures de précaution que nous venons d'énumérer ne doivent pas être poussées trop
loin ; leur exagération pourrait diminuer la valeur
des bois, en augmentant plus que de raison le prix
du façonnage et de la vidange. Ces mesures indiquent ce qu'il y a de mieux à faire pour ménager le
sous-bois ; c'est à l'intelligence du forestier à les modifier selon les circonstances. Ainsi, dans les forêts
situées en plaine , et peuplées d'essences feuillues,
les coupes, lorsqu'elles ont lieu sur des repeuplements complets , n'exigent pas l'enlèvement à dos
d'homme des bois coupés. Les jeunes brins peuvent

bien être endommagés momentanément par le passage des voitures, mais ils se relèvent bientôt, et le
dommage, après un laps de temps assez court, ne
s'aperçoit plus, si l'on a soin surtout de recéper immédiatement les tiges qui ont été brisées. Il n'en est
pas entièrement de même des essences résineuses ;
elles demandent plus de soins, car, écrasé, le jeune
brin se relève rarement ; cassé plus bas que le dernier verticille, il ne réussit presque jamais à former
une nouvelle cime ; et les blessures de l'écorce, si
elles pénètrent jusqu'à l'aubier, donnent lieu à des
plaies chancreuses que l'arbre conserve en général
pendant toute son existence.

ARTICLE VII.

Essences propres à la futaie.

444. Toutes les essences peuvent être exploitées
en futaie, en ce sens qu'elles possèdent toutes la
propriété de se régénérer par la semence. Mais il
n'y en a qu'un certain nombre auxquelles ce traitement puisse être appliqué avec avantage. Ce sont
d'abord les essences résineuses, auxquelles, comme
on le sait, tout autre mode de reproduction est re-
fusé, et, parmi les feuillues, le *chêne*, le *hêtre*, le
châtaignier, l'*orme*, le *frêne*, les *grands érables* (1),
et exceptionnellement le *charme*, le *bouleau* et le
robinier.

---

(1) Le sycomore et le plane.

CHAPITRE DEUXIÈME.

—

APPLICATION DE LA MÉTHODE

DU

RÉENSEMENCEMENT NATUREL ET DES ÉCLAIRCIES.

—

ARTICLE PREMIER.

Exploitation du chêne en futaie.

445. Exploitabilité. — Dans quelques forêts, les révolutions du chêne ont été portées jusqu'à 250 et même 300 ans. On ne saurait contester la possibilité d'une telle fixation dans un sol profond et substantiel, mais il est certain qu'en général on ne peut que perdre à reculer ainsi l'exploitation, et que les cas où de pareils termes doivent être admis, ne peuvent être considérés que comme des exceptions. En général, l'exploitabilité du chêne doit être fixée à l'époque où les bois ont acquis les dimensions et les qualités les plus convenables à tous les genres de

construction et de travail. Cette époque d'ailleurs coïncide à peu de chose près avec celle de son exploitabilité absolue, car le chêne est de toutes nos essences forestières, celle dont l'accroissement moyen se soutient le plus longtemps au même niveau, après être parvenu à son maximum. En lui laissant atteindre l'âge de 160 à 180 ans dans les bons sols, et celui de 120 à 140, dans les terrains de moindre qualité, on obtiendra de cet arbre tout ce que l'on peut en attendre.

446. Coupes de régénération. — La coupe d'ensemencement, dans une futaie de chêne, doit être *sombre*, afin d'assurer le repeuplement complet du terrain, qui ne saurait avoir lieu si les arbres étaient trop espacés, attendu le poids du gland. Cet état sombre a encore pour but d'éviter qu'avant la chute des semences, le terrain se gazonne et se couvre de plantes nuisibles, et de conserver aux glands le lit de feuilles sèches qui les préserve de la gelée et favorise leur germination.

Malgré cette précaution, c'est chose fort ordinaire de voir, dans les coupes sombres, le terrain se gazonner au point de devenir impropre à la reprise du gland, lorsqu'il se passe plusieurs années sans glandée; car les chênes, surtout quand ils ont crû en massif, ne donnent qu'un faible couvert. Dans ce cas, il convient, dès que la glandée a lieu, de faire remuer le terrain, soit à la houe, soit par l'introduction des porcs, afin de le rendre apte à favoriser la germination des semences.

Le jeune plant de chêne ne demandant et ne supportant même que très-peu d'abri, il faut se hâter,
une fois l'ensemencement produit, de procéder à
la coupe secondaire. Elle doit se faire dans l'hiver qui succède à la glandée, ou, au plus tard,
vers la fin de l'année suivante. Si l'on attendait plusieurs années, on risquerait de voir périr
les jeunes chênes sous le couvert de la coupe
sombre.

On doit, par le même motif, ne pas retarder
la coupe définitive; on y procédera, au plus tard,
dans la quatrième année après celle de l'ensemencement.

Comme le chêne est un arbre extrêmement précieux, et qu'il faut, pour certaines constructions,
surtout pour les constructions navales, des pièces de
très-fortes dimensions, il est à conseiller de faire
quelques réserves lors de la coupe définitive (1). En
les plaçant, comme nous l'avons dit plus haut, sur
les bords des chemins et sur les lisières de la forêt,
leurs branches auront plus de latitude pour s'étendre, et pourront ainsi former les courbes recherchées pour la marine. Dans les terrains substantiels
et profonds, la longévité de l'essence permettra facilement aux réserves de cette nature de parcourir une
seconde révolution.

---

(1) De 5 à 10 par hectare, selon les besoins de la consommation.

Il arrive presque toujours que les chênes réservés et isolés après l'exploitation des coupes, se garnissent de menues branches au pied et le long de la tige. La cime, dans ce cas, est moins bien nourrie, et lorsque le fonds de terre n'est pas d'une très-bonne qualité, cette cime se couronne, ce qui entraîne le dépérissement insensible de l'arbre.

Il est essentiel de débarrasser les chênes de ces branches gourmandes, et de renouveler cet émondage jusqu'à ce que la jeune forêt se soit assez élevée pour entourer l'arbre et empêcher les productions de sa tige et de son pied.

Ces branches, quand on les laisse subsister, nuisent considérablement à la croissance du sous-bois, diminuent la qualité des arbres pour la charpente en les rendant noueux (1), et ralentissent même l'accroissement des grosses branches, qui seules peuvent former les courbes employées à la construction des vaisseaux.

447. COUPES D'AMÉLIORATION. — La jeune forêt obtenue par le semis naturel devra être nettoyée des bois blancs et des morts-bois, et éclaircie périodiquement, conformément aux règles générales.

Comme il est très-essentiel que les chênes destinés

---

(1) Buffon a prouvé, par des expériences, que les bois noueux sont d'un quart plus faibles que les autres, sous la charge.

aux constructions et aux divers ouvrages de fente,
acquièrent une tige droite et bien filée, on fera bien,
dans les deux premières éclaircies, de serrer le massif un peu plus qu'à l'ordinaire. Cette précaution
sera d'autant plus nécessaire, que les chênes ont,
comme nous venons de le dire, une disposition marquée à se garnir de branches gourmandes le long du
tronc, dès que cette partie se trouve frappée trop
immédiatement par la lumière. Ce n'est que lorsque
les arbres auront atteint à peu près la hauteur dont
ils sont susceptibles, qu'il devient utile de les espacer davantage, afin de procurer à leur bois, essentiellement employé à la charpente, une texture plus
solide.

A la suite de ces éclaircies plus fortes, il arrive
fréquemment, attendu le couvert léger du chêne,
que le sol se tapisse d'essences étrangères telles que
charmes, bouleaux, alisiers, bois blancs, etc., qui
continuent, quoique rabougris, à végéter sous la
jeune futaie. Cette végétation traînante n'offre point
d'inconvénients ; au contraire. Elle s'oppose à l'enlèvement du lit de feuilles par les vents, empêche le
sol de se durcir et de se gazonner, le maintient frais
par conséquent, et produit par ses propres détritus
plus de substance nutritive qu'elle n'en absorbe.
Aussi, loin de la supprimer, comme on croyait
devoir le faire autrefois, faut-il la laisser subsister
jusqu'au moment d'entreprendre la coupe d'ensemencement.

15

Exploitation du hêtre en futaie.

448. EXPLOITABILITÉ. — L'époque la plus convenable pour l'exploitation d'une futaie de hêtre tombe entre 80 et 140 ans. Le plus ordinairement, on choisit l'âge de 120 ans, à moins que la forêt ne soit située dans un terrain très-riche et dans un climat très-doux. Dans ce cas, les bois acquièrent plus tôt les dimensions utiles, et comme, d'un autre côté, ils sont aussi plus exposés à se carier intérieurement (1), il est prudent de réduire la révolution à 100 et même à 90 ans.

Un sol maigre et superficiel qui abrége la vie végétative, doit nécessairement aussi faire abréger la révolution.

449. COUPES DE RÉGÉNÉRATION. — La coupe d'ensemencement doit présenter une réserve nombreuse, composée des arbres les plus forts et les plus sains. L'état sombre de cette coupe est doublement nécessaire dans une futaie de hêtre : d'abord à cause de la semence qui, comme le gland, est lourde, et

_____

(1) Les essences les plus exposées à la carie intérieure, dans les sols substantiels, paraissent être celles dont le couvert très-épais maintient une grande fraîcheur et favorise beaucoup la formation de l'humus.

en second lieu, parce que le jeune plant est très-
délicat et a besoin d'être protégé par un couvert
épais.

Il ne faudrait pas, toutefois, conclure de là que
sous un massif complet le repeuplement réussirait.
La faîne à la vérité y germerait et les jeunes plants
lèveraient, mais pour disparaître dès la 2e ou la 3e
année au plus tard, faute de lumière [420]. Aussi
lorsque, après la coupe sombre, la faînée se fait trop
longtemps attendre et que le massif s'est reformé par
suite du développement des cimes des réserves, il
devient nécessaire de remédier à cet état de choses
par quelques nouvelles extractions d'arbres ; auxquelles il est bon néanmoins de ne procéder que
dans le printemps de l'année même où la faîne sera
abondante, ce dont on peut juger aussitôt après la
floraison.

La coupe d'ensemencement doit rester intacte jusqu'à ce qu'elle soit complétement ensemencée, et
jusqu'à ce que l'on juge que les plants ont acquis un
peu de force. Il faut, à cet effet, leur laisser atteindre de 22 à 33 centimètres de hauteur, à peu près ;
c'est alors seulement qu'il est temps de procéder à
la coupe secondaire. Cette opération doit être faite
avec beaucoup de précaution. Dans les sols et aux
expositions favorables, elle pourra supprimer à peu
près la moitié du couvert ; mais si le terrain était sec
et l'exposition chaude, il faudrait n'enlever que très-
peu d'arbres dans une même année, et revenir ainsi

à plusieurs reprises, afin d'habituer insensiblement
le jeune hêtre aux influences atmosphériques [428].

Lorsque, à l'aide d'une ou de plusieurs coupes
secondaires, le sous-bois est parvenu à une hauteur
moyenne de 50 à 66 centimètres et même jusqu'à
un mètre, le moment est arrivé de faire la coupe
définitive. En général, il n'est d'aucune utilité, lors
de cette coupe, de réserver quelques arbres pour
parcourir une seconde révolution, le hêtre n'étant
point employé à la charpente, et pouvant à l'âge de
90, 100 et 120 ans, convenir à tous les usages auxquels il est propre.

450. COUPES D'AMÉLIORATION. — Les nettoiements
de bois blancs, ainsi que les éclaircies périodiques,
devront s'exécuter entièrement d'après les règles
générales données à cet égard, en observant toutefois que le hêtre supporte, plus que le chêne, de croître en massif serré et qu'un sol riche en humus lui
convient particulièrement.

ARTICLE III.

Exploitation d'une futaie mélangée de chêne et de hêtre.

451. Les racines du hêtre sont traçantes, celles du
chêne, au contraire, s'enfoncent profondément. Le
premier pompe les sucs de la terre plus près de la
surface, le second va les puiser dans le fond du sol.
Il en résulte que l'un et l'autre, lorsqu'ils croissent

en mélange, trouvent, sans se gêner réciproquement, une nourriture abondante ; et l'on remarque généralement, dans ces sortes de forêts, un accroissement plus prompt que lorsque le chêne en est l'essence unique. Une autre cause du meilleur accroissement d'un pareil mélange, c'est que le hêtre, par son feuillage épais, conserve au sol plus de fraîcheur, et l'enrichit d'une couche plus abondante d'humus que ne ferait le chêne seul. Cette salutaire influence se fait surtout remarquer dans les sols légers, siliceux ou calcaires, médiocrement profonds, et elle devient particulièrement précieuse lorsqu'il s'agit d'élever des pièces de chêne de forte dimension (1).

452. EXPLOITABILITÉ. — Comme le chêne est des

---

(1) La vaste forêt du Spessart (Bavière Rhénane) offre un exemple remarquable des avantages que présente le mélange dont il s'agit. Située dans un climat assez rude, sur le grè bigarré, elle produit des chênes de la plus belle venue et d'un âge très-avancé, au moyen de la combinaison suivante :

On cherche à établir le mélange par groupe ou bouquets, ainsi qu'il se produit d'ailleurs naturellement la plupart du temps. Les bouquets de hêtre sont soumis à une révolution qui varie de 90 à 150 ans, selon la fertilité des sols, tandis que les bouquets de chêne parcourent une révolution double. Dans ces derniers, sitôt qu'ils atteignent la qualité de *demi-futaie*, on introduit artificiellement le hêtre, qui croît ainsi, *en second étage*, sous le couvert léger des chênes, et s'y maintient jusqu'à l'exploitabilité de ceux-ci et à leur grand avantage.

deux essences la plus précieuse, il convient, s'il est
dominant ou s'il forme seulement moitié ou les deux
cinquièmes du peuplement, d'adopter la révolution
qui lui est propre, et d'y subordonner celle du hêtre. Celui-ci, comme on le sait, peut sans inconvénient rester sur pied jusqu'à 150 et 160 ans, lorsque
le sol lui est favorable.

Ce n'est que dans le cas où le mélange du chêne
serait très-faible, que l'on fixerait la révolution à
120 ou à 140 ans, sauf à réserver dans les coupes
définitives un certain nombre de chênes pour croître
jusqu'à la prochaine exploitation.

453. Coupes de régénération. — Les règles données, dans les deux articles précédents, pour espacer la coupe d'ensemencement, devront être suivies;
en observant néanmoins, que comme le chêne est
l'essence la plus précieuse, il importe, avant tout,
d'assurer sa reproduction par une nombreuse réserve. Par la même raison, on devra se hâter de
procéder à la coupe secondaire aussitôt après l'ensemencement, quel que puisse d'ailleurs en être l'inconvénient pour le jeune hêtre. De fait, cet inconvénient est bien souvent moins grand qu'on ne
pourrait le craindre, parce qu'en raison du poids
des graines, les repeuplements de chaque essence
existent, par taches, autour des arbres qui les ont
produits; on trouve donc moyen de donner du jour
aux jeunes chênes tout en conservant le couvert aux
hêtres. D'un autre côté, les jeunes chênes eux-mêmes

qui, dans les premières années, ont ordinairement une croissance plus rapide que les jeunes hêtres, peuvent quelquefois offrir à ceux-ci un utile
abri.

La coupe définitive devra aussi se faire à l'époque
qui paraîtra la plus convenable, pour assurer la
bonne végétation du chêne.

Souvent, malgré les précautions avec lesquelles
on conduit les coupes de régénération, il arrive que
le hêtre empiète sur le chêne dans les repeuplements
et qu'il s'empare du terrain. Ordinairement cette
circonstance se présente à la suite d'une année qui,
dans la localité, a été favorable à la réussite de la
faîne, alors que le gland y a manqué entièrement
ou en grande partie ; elle tient encore à ce que les
faînées partielles donnent lieu à des semis naturels
qui persistent sous le couvert et envahissent ainsi
peu à peu le terrain, tandis qu'il n'en est pas de
même du chêne qui périt sous la futaie au bout de
quelques années [72]. Pour remédier à cet inconvénient, et rétablir le mélange, il faut recourir à des
moyens artificiels. Ces moyens consistent à se procurer, dans d'autres parties de la forêt où les chênes
peuvent avoir été plus fertiles (1), les glands néces-

---

(1) Les arbres placés sur les lisières des forêts ou sur le bord
des routes, sont plus fertiles que ceux qui ont cru dans l'intérieur des massifs.

saires pour repiquer les petites places non garnies,
et à en répandre , en général, dans toute la coupe.
Si cette opération ne pouvait se faire l'année même
de la faînée, à cause d'un manque absolu de glands,
elle pourrait se remettre à l'année suivante ; mais
s'il fallait laisser passer ainsi plusieurs années , on
ferait mieux alors de se procurer de jeunes chênés
de 3 à 4 ans, que l'on planterait parmi les hêtres, en
les recépant au moment de la plantation, afin d'activer leur croissance et de les élever par là tout de suite
au niveau des jeunes hêtres.

454. COUPES D'AMÉLIORATION. — Les nettoiements
et les éclaircies périodiques doivent se faire comme
dans les forêts où le chêne est l'essence unique. On
peut, au moyen des éclaircies, augmenter facilement
le nombre relatif des chênes , en prenant toujours
de préférence les pieds à supprimer parmi les hêtres;
mais il est essentiel d'observer que, pour se servir de
ce moyen , il faut que l'époque de l'éclaircie soit
choisie très-à-propos, et l'opération même exécutée
avec beaucoup d'intelligence , afin de ne pas faire
couper des hêtres vigoureux pour favoriser peut-être
des chênes d'une organisation déjà maladive et in-
capables d'acquérir des dimensions et des qualités
utiles.

ARTICLE IV.

Exploitation du châtaignier en futaie (1).

455. EXPLOITABILITÉ. — Les révolutions de 90,
de 100 et de 120 ans, selon les sols et les climats,
paraissent convenir au châtaignier. A cet âge, on
en obtiendra, en raison de la prompte végétation
de l'essence, tous les bois nécessaires à la consommation, et l'on ne risquera pas de voir les arbres se
creuser, ce qui arrive très-fréquemment au châtaignier lorsqu'il devient un peu vieux.

456. COUPES DE RÉGÉNÉRATION. — Sous ce rapport,
le châtaignier pourra être entièrement traité comme
le chêne ; jeune, il est aussi robuste, et la châtaigne
a plus de poids encore que le gland. Quelques arbres pourront être réservés dans la coupe définitive,
principalement dans la ¦vue ¦d'en obtenir des fruits.

On a observé que le châtaignier est particulièrement incommodé par les mauvaises herbes et les
arbustes ; aussi, dans les pays où il est cultivé avec
soin, a-t-on une attention particulière de le débarrasser de tout ce qui peut entraver sa croissance.

---

(1) Le châtaignier ne se voit guère en futaie qu'associé au
chêne et au hêtre. Il est notoire cependant qu'il croît très-bien
sans mélange, et dès lors on doit admettre que les perfectionnements de la sylviculture amèneront la création de futaies de
cette précieuse essence.

Lors donc que, dans les coupes sombres, on n'obtiendra pas de semences immédiatement après l'exploitation, et que le terrain se garnira d'herbes et d'autres plantes, il faudra, à la première année où la châtaigne réussira, donner au terrain une culture entière à la houe, ou bien y pratiquer des sillons d'une largeur moyenne de 16 centimètres et espacés de 22 à 33 centimètres environ. Ce dernier mode, qui est bon dans toutes les situations, devra être exclusivement mis en usage dans les terrains en pente. Les châtaignes s'arrêteront au fond des sillons, où elles seront couvertes et abritées contre les gelées par les feuilles sèches.

457. COUPES D'AMÉLIORATION. — Les nettoiements de bois blancs devront être particulièrement soignés dans les jeunes châtaigneraies, attendu le tempérament du jeune plant [126].

Quant aux éclaircies périodiques, il conviendra de les diriger comme dans les futaies de chêne, le châtaignier étant également un bois de construction et de fente ; seulement, comme sa végétation est très-prompte, on pourra les rapprocher davantage.

ARTICLE V.

Exploitation de l'orme en futaie (1).

458. EXPLOITABILITÉ. — La révolution de 100 à

___

(1) Quoiqu'il soit très-rare de rencontrer des futaies dont

120 ans peut convenir pour l'exploitation de l'orme. A cet âge, il sera propre à satisfaire à tous les besoins de la consommation, et il aura généralement atteint l'époque de son exploitabilité absolue.

459. Coupes de régénération. — Comme la semence de l'orme est très-petite et se dissémine au loin, et que le jeune plant est robuste, on peut se dispenser d'établir une réserve abondante dans la coupe d'ensemencement ; il suffit d'espacer les arbres de telle manière que les branches soient écartées de 4 à 6 mètres. Un espacement même plus considérable n'empêcherait pas le repeuplement.

Il faut avoir égard cependant à la situation de la coupe que l'on exploite, et éviter, pour peu qu'elle soit exposée au vent, de trop diminuer le nombre des réserves. On conçoit que des arbres qui ont vécu pendant 100 ou 120 ans, en massif, et qui se sont élancés à 30 mètres de hauteur et au delà, ne peuvent avoir une assiette bien solide, et que, sur les points les plus exposés, il serait peu prudent de leur donner tout à coup un espacement trop considérable. On pourrait craindre aussi que l'état trop clair de la coupe d'ensemencement ne provoquât le

---

l'orme soit l'essence unique, l'importance de cet arbre nous a cependant paru assez grande pour décrire son traitement avec autant de détails que celui des essences qui dominent le plus fréquemment dans nos bois.

gazonnement du terrain et la crue d'autres plantes
nuisibles. Toutefois, cet inconvénient se présentera
rarement , attendu que l'orme produit des graines
en abondance, presque tous les ans, ou au moins de
deux années l'une ; on peut donc espérer le repeuplement immédiat de la coupe. Mais si, par extraordinaire, la crue des mauvaises herbes avait prévenu
l'ensemencement , on ouvrirait dans la coupe des
sillons, qui auraient le double avantage de préparer
la terre à recevoir la semence et de faire naître une
multitude de drageons.

Quant à la coupe secondaire, on devra y procéder, au plus tard, à la fin de la deuxième année qui
suivra celle de l'ensemencement, et deux ans après
on fera la coupe définitive. On pourrait même, dans
un terrain frais, ou, si l'exposition n'est pas chaude,
supprimer entièrement la coupe secondaire, à cause
du tempérament robuste du jeune plant, et, deux ou
trois ans après l'ensemencement , passer immédiatement à la coupe définitive.

460. Coupes d'amélioration. — Les nettoiements
et les éclaircies périodiques devront être dirigés
d'après les règles générales ; il y aura lieu de rapprocher les éclaircies d'autant plus, que l'orme a une
végétation très-rapide, et que , traçant et pivotant à
la fois, il a besoin de plus d'espace pour prendre tout
l'accroissement dont il est susceptible.

ARTICLE VI.

Exploitation en futaie du frêne et des grands érables.

461. Les frênes et les grands érables peuvent,
avec beaucoup d'avantage , être élevés en futaie,
attendu que lorsqu'ils acquièrent de fortes dimensions et qu'ils sont de bonne fente , ils deviennent
d'un très-grand prix pour la menuiserie, l'ébénisterie, la boissellerie, etc. D'ordinaire, ces essences se
trouvent mélangées au hêtre , avec lequel elles végètent parfaitement et dont elles supportent très-
bien le régime, surtout lorsque la révolution ne dépasse pas 90 ou 100 ans. Il est nécessaire aussi, dans
les coupes secondaires , de découvrir plus tôt les
jeunes plants , moins délicats que ceux du hêtre,
quoiqu'ils supportent et exigent même quelque ombrage dans les premières années.

ARTICLE VII.

Exploitation du charme en futaie.

462. Le charme n'est point un bois qui, en raison
des usages auxquels il est propre [184], mérite d'être
élevé en futaie, mais on le considère comme pouvant
y être utilement mélangé à d'autres essences plus
précieuses. C'est ainsi qu'on le trouve associé au
hêtre, au chêne et au châtaignier ; et quoiqu'il soit

en général un peu dépassé par eux, il vient cependant assez bien pour pouvoir leur servir d'appui tant
que cela est nécessaire, et jusqu'au moment où il
devient possible de le faire disparaître successivement par les éclaircies périodiques. Mêlé au chêne,
il produit des effets analogues à ceux du hêtre, en
procurant au sol une couche d'humus plus abondante, et en y maintenant la fraîcheur par son couvert épais.

ARTICLE VIII.

Exploitation du bouleau en futaie.

463. Le bouleau n'acquiert les qualités recherchées par les différents métiers qui l'emploient, que
vers l'âge de 50 à 60 ans, et il est d'ailleurs bien
plus disposé à se reproduire de semence que de
souche. On peut donc avec avantage l'élever en futaie, en fixant son exploitabilité à l'âge que nous
venons d'indiquer.

Quant aux coupes de régénération, l'expérience
prouve qu'en les mettant à blanc étoc, ou en laissant
seulement quelques réserves éparses, on obtient des
repeuplements très-complets par les semences venant de la partie boisée voisine. La seule précaution
à prendre, c'est d'entretenir le sol dans un état convenablement meuble, en lui donnant une légère culture à la houe, lorsqu'on s'aperçoit que l'année sera
fertile en semences. Cette opération est indispensa-

ble ; car sous des bouleaux, même en massif, le sol se gazonne et se couvre d'arbustes et de morts-bois, à cause du feuillage trop léger de cet arbre.

Les éclaircies périodiques devront être très-rapprochées, le bouleau demandant assez d'espace pour croître.

Exploitation du robinier en futaie.

464. Le robinier, recherché comme bois de travail, est, de plus, employé avec avantage dans les constructions civiles et navales ; il existe, par conséquent, des motifs fondés pour le traiter en futaie. Il est à observer d'ailleurs, que quand cet arbre est isolé, sa cime est très-exposée à être brisée par les vents, et que souvent la rupture des branches principales fait éclater le tronc ; sa culture en massif de futaie, en donnant le moyen d'obvier à cet inconvénient si grave, offrirait donc un avantage de plus.

Quoique la végétation extrêmement rapide du robinier ait fait penser qu'à 40 ans il pourrait être assez fort pour satisfaire à tous les besoins de la consommation, il est à conseiller cependant de ne fixer son exploitabilité qu'à 60 ou 70 ans. De cette manière, on obtiendra très-probablement des produits meilleurs et plus considérables ; et d'ailleurs il est à croire que sa végétation ne sera plus aussi rapide, venant en massif, que lorsqu'il se trouvait isolé.

Plus que l'orme encore, le robinier est disposé à
drageonner, et sa semence, quoique non ailée, se
dissémine au loin ; son jeune plant résiste aux chaleurs, il croît très-rapidement et ses racines exigent
beaucoup d'espace ; le mode d'exploitation prescrit
pour l'orme pourra donc lui être applicable.

Exploitation d'une futaie de sapin.

465. EXPLOITABILITÉ. — L'exploitabilité du sapin
tombe entre 100 et 140 ans ; 120 ans est le terme le
plus ordinaire et celui qui, en général, procure les
produits les plus utiles et les plus considérables. Dans
les sols très-substantiels cependant, où la végétation
est rapide et vigoureuse, la révolution de 100 ans
peut être préférable, afin d'éviter la carie intérieure
à laquelle, dans ces sortes de terrains, les sapins sont
plus exposés encore que les hêtres [448]. Sur les
grandes hauteurs, où la rigueur du climat ralentit la
croissance, l'exploitabilité peut être reculée jusqu'à
140 ans.

466. COUPES DE RÉGÉNÉRATION. — Ainsi que nous
l'avons dit dans le second livre [396], il est très-important que les exploitations d'une sapinière soient
dirigées du Nord et de l'Est vers le Sud et l'Ouest.
Les coupes, d'ailleurs, doivent se faire à l'instar de
celles des forêts de hêtre. Ces deux essences, qui

semblent avoir peu d'analogie, se rencontrent néanmoins sur un point essentiel, celui du tempérament des jeunes plants.

Dans les deux premières années de son existence, le sapin reste très-petit et faible, et sa tige, de même que sa racine, s'allonge sans se ramifier. Pendant cette période, il réclame un couvert au moins aussi épais que celui qui convient au jeune hêtre ; mais, après la troisième année, lorsqu'il a formé une et parfois deux branches latérales, il devient nécessaire de lui donner plus de lumière. Dès cette époque, donc, il y a lieu de supprimer quelques arbres dans la réserve (un quart environ) et de continuer ainsi, de deux en deux ou de trois en trois ans, jusqu'à la coupe définitive qui ne devra être faite que quand les brins auront atteint la hauteur de 66 centimètres à 1 mètre.

On rencontre assez souvent, dans les massifs de sapin que l'on soumet à la régénération, des réensemencements partiels qui remontent déjà à un assez grand nombre d'années, et végètent, languissants et rabougris, sous la vieille futaie. C'est à tort que certains forestiers les considèrent comme impropres à reprendre de la vigueur. Aucune essence, si ce n'est le hêtre, ne résiste autant que le sapin sous un couvert prolongé et n'a plus que lui la propriété de se raviver dès qu'on lui donne du jour. On commet donc une faute en supprimant ces bouquets au moment de la coupe d'ensemencement ; il faut,

16

au contraire, les conserver et, lors de cette coupe, éclaircir fortement la futaie qui les surmonte.

Il n'est pas sans intérêt de réserver, dans la coupe définitive, quelques beaux sapins pour parcourir une seconde révolution. Cet arbre peut parvenir à un âge très-avancé, et comme il sert beaucoup aux constructions, on obtiendra par ce moyen les pièces de forte dimension qui pourraient être nécessaires dans certains cas. Il est entendu que de pareilles réserves ne peuvent être faites que dans les parties les plus abritées contre la violence des vents.

467. Coupes d'amélioration. — On se conformera sous ce rapport à ce qui a été recommandé dans les règles générales, en observant que le sapin demande à croître en massif très-serré, surtout dans sa jeunesse. Dans les climats tempérés, l'éclaircie *moyenne* pourra lui être appliquée, mais dans les localités où l'on aura à craindre les bris de la neige et du givre, auxquels les bois résineux sont plus exposés que les feuillus, on devra se contenter d'une éclaircie *faible*, afin que certaines tiges dominantes venant à être écrasées, puissent, au besoin, être remplacées par celles qu'elles surmontent. Il n'est pas rare, en effet, de voir ces dernières, lorsqu'elles sont mises à découvert, se former une nouvelle cime et croître avec une vigueur remarquable.

ARTICLE XI.

Exploitation d'une futaie mélangée de sapin et de hêtre.

468. Le mélange du sapin avec le hêtre est aussi favorable à la végétation que celui de cette dernière essence avec le chêne. La nature nous en montre de fréquents exemples, et c'est une erreur bien funeste qui a porté certains forestiers à détruire, dans ces sortes de forêts, l'essence feuillue pour ne laisser subsister que le bois résineux, alors que tout, au contraire, semble commander et faciliter la conservation de ce mélange. En effet, on observe que, dans ces bois mélangés, le sapin a une croissance remarquablement belle, et l'on reconnaît, en outre, que les dégâts des vents et des insectes y sont moins à redouter que dans les forêts purement résineuses. Quant à leur exploitation, la même révolution convient aux deux essences ; les jeunes plants de l'une et de l'autre ont le même tempéramment, et, par conséquent, les coupes de régénération peuvent être établies sans difficulté ; dans les différentes phases de leur croissance, les deux essences marchent à peu près du même pas, ce qui facilite l'opération des éclaircies périodiques ; et enfin, elles recherchent toutes deux, pour prospérer, même terrain, même climat, même situation et même exposition. Elles ne diffèrent essentiellement que dans leur emploi, ce qui est un avantage évident pour la consommation

et pour le propriétaire, d'autant plus qu'il est toujours facile de faire dominer le sapin, lorsque sa
qualité de bois de construction doit lui mériter la
préférence.

ARTICLE XII.

Exploitation d'une futaie d'épicéa.

469. EXPLOITABILITÉ. — Comme la croissance de
l'épicéa est un peu plus prompte que celle du sapin,
sa révolution peut, dans certains cas, être plus
courte. C'est entre 90 et 140 ans que l'on fixe son
exploitabilité ; ordinairement le terme de 100 à 120
ans est considéré comme le plus convenable pour
en obtenir les produits les plus abondants et les
plus utiles. Dans les localités où il importe d'élever un certain nombre de pièces propres aux grandes constructions, on préfère le dernier terme,
parce qu'il est impossible de réserver des arbres
de cette essence pour parcourir une seconde révolution, attendu le peu de résistance que leurs racines opposent aux vents. Sur les grandes hauteurs,
que souvent on le voit habiter, on peut laisser
atteindre à l'épicéa l'âge de 140 ans, tandis que,
dans une localité très-fertile, où cet arbre est,
comme le sapin et le hêtre, exposé à la carie intérieure, ce serait le cas de réduire la révolution.

470. COUPES DE RÉGÉNÉRATION. — Comme l'épicéa
redoute, plus que toute autre essence, les ravages

des vents, et qu'il est d'ailleurs, dans sa première
jeunesse, bien plus robuste et ne demande pas les
mêmes soins que le sapin, tous les efforts des forestiers, dans l'exploitation des forêts de cette essence,
ont constamment tendu à préserver celles-ci du danger
principal. Non-seulement on recommande comme
extrêmement importante la stricte observance de la
troisième règle sur l'assiette des coupes [396], mais
on a encore imaginé, toujours dans le même but,
divers modes particuliers d'exploitation, savoir :
1° le mode *par bandes alternées;* 2° le mode *par
bouquets;* 3° celui *par bandes de proche en proche.*
Enfin, on a aussi appliqué le mode ordinaire des
trois coupes de régénération.

471. *Premier mode.* — Le premier mode est un
de ceux qui ont été le plus mis en pratique ; il consiste à établir les coupes par bandes alternées de bois
à abattre à blanc étoc, et de bois à laisser en massif, les unes et les autres de 50 à 60 mètres de
large. L'ensemencement des bandes exploitées doit
venir des bandes voisines où tous les bois sont conservés, et, pour mieux préparer le terrain des premières à recevoir la semence, on conseille d'en faire
extraire les souches. Quelques années après l'ensemencement, on revient abattre les bandes qui étaient
demeurées intactes. Ce retour, en effet, est indispensable, car si l'on continuait à alterner ainsi d'un
bout à l'autre de la forêt, il est évident que l'on ne
tarderait pas à tomber dans des bois fort au-dessous

de l'âge de l'exploitabilité, tandis qu'au point de départ, on en laisserait sur pied qui auraient dépassé cet âge.

Quoique, au premier abord, ce mode paraisse très-avantageux, il présente cependant des inconvénients assez graves pour que nous n'hésitions pas à le déconseiller, comme tout à fait impropre à conduire au but que l'on se propose.

1° L'expérience a prouvé que les bandes laissées en massif, loin de résister toujours au vent, sont souvent renversées avec une grande facilité.

2° L'ensemencement naturel des bandes mises à blanc étoc, est presque toujours incomplet, les plantes nuisibles s'y jettent et rendent nécessaire un repeuplement artificiel.

3° Lorsqu'on arrive à exploiter celles primitivement réservées en massif que le vent a pu épargner, il est impossible d'y faire aucune réserve, et les parties voisines étant beaucoup trop jeunes pour porter graine, on n'a plus d'autre ensemencement à attendre que celui qu'on opère soi-même. D'où il résulte que la moitié de la forêt, au moins, est à repeupler artificiellement.

4° Enfin, on établit dans toute la forêt une grande inégalité d'âge entre des parties contiguës, ce qui donne lieu aux inconvénients énumérés au sujet de la première règle sur l'assiette des coupes (394) et donne plus de prise aux vents.

472. *Deuxième mode.* — Dans le second mode dit

par bouquets, au lieu de bandes alternées, on laisse
çà et là, à portée de parties qu'on exploite à blanc
étoc, de petits bouquets ou massifs de bois, qui doivent fournir les graines nécessaires au repeuplement
des premières. Ce mode participe de tous les inconvénients du précédent, et établit en outre une plus
grande irrégularité dans les exploitations et dans
l'âge des bois ; on ne peut donc que le rejeter.

473. *Troisième mode.* — Le troisième mode,
donné par Hartig, paraît plus praticable. Voici comment cet auteur conseille de procéder.

On doit asseoir, en commençant du côté du Nord
ou du Nord-Est, une coupe longue et étroite (1), et
l'exploiter à blanc étoc. Quand on s'apercevra que
la partie voisine porte des cônes et qu'on peut en
espérer des semences abondantes, on extraira toutes
les souches de la coupe, et l'on comblera, au moins
en partie, les excavations. Dans cet état, le terrain
se trouvera bien préparé à recevoir les graines
poussées par les vents de Sud et d'Ouest. Par précaution, on fera bien de répandre, sur ce terrain
fraîchement remué, 4 à 5 kilogrammes de semences
d'épicéa, par hectare ; ce qui équivaut, à peu près,
au tiers de la quantité nécessaire pour un ensemencement complet.

---

(1) Cotta conseille de ne donner à ces coupes qu'une largeur égale à la longueur des arbres, afin de ne pas compromettre le réensemencement naturel.

Sur ce point, il faudra naturellement suspendre les exploitations, jusqu'à ce que la coupe soit suffisamment garnie de jeunes plants. Ce n'est qu'après le repeuplement assuré, qu'on pourra asseoir, dans la partie attenante, une nouvelle coupe de même longueur et de même largeur que la première; et ainsi de suite.

Cette nécessité d'attendre l'ensemencement de la coupe exploitée, avant de pouvoir mettre la hache dans la partie voisine, force d'entamer la forêt sur un autre point exploitable et même sur, trois ou quatre points différents, sur lesquels on se porte successivement, afin de laisser, dans la partie où l'on a commencé à exploiter, un intervalle de trois ou quatre années au moins entre deux coupes consécutives, et d'assurer ainsi le repeuplement. Si, cependant, il arrivait que ces trois ou quatre années ne fussent pas suffisantes pour amener ce repeuplement, et qu'il fût d'ailleurs impossible de suspendre les exploitations, il ne resterait plus d'autre moyen que de régénérer les coupes par un semis artificiel ou par une plantation.

474. *Quatrième mode.* — L'application de la méthode du réensemencement naturel, forme un quatrième mode, et c'est, sans contredit, dans la plupart des cas, le plus recommandable.

Eu égard au tempérament du jeune plant de l'épicéa, la coupe d'ensemencement pourrait être plus espacée que celle du sapin, et même que celle du hêtre ; ce n'est qu'à cause des faibles racines des épicéas, qu'il est à conseiller de multiplier les réserves autant que dans les forêts de hêtre, afin qu'elles puissent se soutenir réciproquement. Quand le repeuplement de cette coupe sera complet et aura atteint la hauteur de 16 à 22 centimètres, on pourra faire la coupe secondaire ; et lorsque les plants seront hauts de 32 à 40 centimètres, il sera temps de faire la coupe définitive.

Dans les localités très-exposées au vent, où l'on reconnaît que la réserve de la coupe secondaire ne pourrait pas résister, il est préférable de laisser la coupe sombre, sans y toucher, jusqu'à ce que le sous-bois soit parvenu à l'âge de 5 ou 6 ans, et de faire alors la coupe définitive. La coupe secondaire cependant, dont l'utilité est incontestable, ne doit être négligée que dans le cas d'urgente nécessité.

Ce mode, ainsi que nous venons de le dire plus haut, nous paraît le meilleur. En l'employant, on ne peut au pis aller (en cas de dégâts causés par le vent), qu'être obligé de recourir sur quelques points au repeuplement artificiel ; mais cet inconvénient est inévitable en suivant les trois autres modes et surtout les deux premiers. Toutefois, on ne peut en le combinant avec le troisième, lui faire subir quelques modifications utiles. Ainsi, il est à conseiller de donner aux coupes une forme longue et étroite, et d'entamer la forêt au moins sur deux points différents, de manière à pouvoir alterner

les exploitations ; afin que si la semence manque
pendant quelques années sur l'un, on ne soit pas
obligé d'y continuer les coupes sombres, dont la
trop grande extension finirait par donner prise aux
vents.

475. Des quatre modes que nous venons d'examiner, les deux premiers doivent être rejetés, ainsi que
nous l'avons démontré. Le troisième a sans doute
l'avantage de parer, dans beaucoup de cas, aux ravages du vent. Mais, aux expositions fraîches, l'herbe
et divers arbustes envahissent le terrain dès qu'il est
mis à nu et étouffent les épicéas naissants ; dans les
pentes chaudes et escarpées, une lumière trop vive
et trop de chaleur les empêchent de réussir, et en
général, la régénération naturelle s'opère mal, *dès
qu'elle n'a pas lieu l'année même de l'exploitation.*
Enfin, le quatrième mode, qui mérite incontestablement la préférence, présente cependant l'inconvénient de donner lieu à de nombreux chablis qui,
dans leur chûte, se rompent fréquemment ou brisent
d'autres arbres restés sur pied, ce qui constitue souvent une perte considérable pour le propriétaire.

Dans les montagnes du Harz, en Saxe, et en général dans les pays où l'épicéa est très-répandu, les
difficultés d'exploitation que présentent les forêts de
cette essence ont fait adopter, dans ces derniers
temps, les coupes à blanc étoc. Mais au lieu de
compter, comme autrefois, sur les parties voisines
pour réensemencer le terrain, on a immédiatement

recours à la plantation, à laquelle l'épicéa est particulièrement propre. Cette opération, dont il sera question dans le VI⁰ livre de ce Cours, réussit parfaitement
et n'occasionne qu'une faible dépense, eu égard surtout aux années qu'elle fait gagner à la végétation
de la jeune forêt. Aussi peut-on considérer les coupes de régénération comme presque abandonnées
aujourd'hui dans les forêts d'épicéa d'outre-Rhin.

Tout en reconnaissant l'importance des faits que
nous venons de rapporter et en admettant les conclusions pratiques que nos voisins en ont tiré, nous
pensons que, en France, dans les localités peu nombreuses d'ailleurs où l'épicéa se rencontre comme
essence dominante, on fera bien de commencer par
tenter le troisième mode, si les années de semence
sont fréquentes; ou, si non, le quatrième, et de ne
recourir au repeuplement artificiel qu'après avoir
constaté l'impuissance ou les dangers des coupes de
régénération. — Nous nous arrêtons d'autant plus
volontiers à cet avis, qu'il est à notre connaissance
que dans différentes forêts d'épicéa du Jura, des
Vosges et des Alpes, l'application de la méthode du
réensemencement naturel a produit jusqu'à ce jour
des résultats satisfaisants.

476. COUPES D'AMÉLIORATION. — Ce qui a été dit
sous ce rapport, au sujet des forêts de sapin [467],
est entièrement applicable à celles d'épicéa.

Exploitation d'une futaie mélangée de sapin et d'épicéa.

477. Le mélange du sapin et de l'épicéa, comme celui du chêne et du hêtre, et par les mêmes raisons, produit les meilleurs effets sur la végétation des deux essences. L'épicéa, à la vérité, a une croissance un peu plus prompte que le sapin, mais lorsqu'ils sont réunis dans un même massif, cette différence est bien peu sensible et, en tout cas, ne se fait point sentir défavorablement. Cependant, on remarque assez fréquemment, dans les forêts ainsi mélangées, que l'épicéa tend peu à peu à empiéter sur le sapin et à le déposséder du terrain, ce qui est fâcheux en général, et surtout dans certaines localités où, pour divers motifs, le sapin est l'essence préférée. Selon toutes les apparences, cet inconvénient tient principalement à ce que, dans les coupes de régénération, on n'accorde pas une attention assez grande au repeuplement du sapin, qui réussit bien plus difficilement que celui de l'épicéa; c'est-à-dire que, de prime abord, on ne conserve pas dans la coupe sombre un couvert assez épais, et qu'ensuite on éclaircit trop fortement la coupe secondaire.

La précaution essentielle, pour conserver le mélange si utile des deux essences, est donc de faire les coupes d'ensemencement surtout dans les années où

la graine de sapin est abondante, de composer la réserve dans ces coupes du plus grand nombre possible
de sapins, et enfin de régler les coupes secondaires
principalement en vue des exigences de cette essence.

Il pourra bien arriver ainsi que la croissance des
jeunes sapineaux gagne quelque avance sur celle
des épicéas, qui exigent plus de lumière dès les
premières années ; mais, quoique entravés momentanément, ces derniers ne tarderont pas à reprendre
leur vigueur habituelle, sitôt que le couvert sera suffisamment éclairci.

ARTICLE XIV.

Exploitation d'une futaie de pin sylvestre.

478. EXPLOITABILITÉ. — Dans les pays où le pin
sylvestre est très-commun, on ne lui laisse pas atteindre le siècle. Effectivement, l'accroisement des
massifs de cette essence atteint son maximum vers
60, 70 ou 80 ans, puis, après s'être maintenu pendant une vingtaine d'années, il diminue en raison
de l'augmentation de l'âge. Si donc, l'intérêt principal était de fournir du chauffage, on ferait bien de
fixer la révolution du pin sylvestre à 80 ou 90 ans.
Cet intérêt peut exister dans les pays où ce pin est
dominant ; encore devrait-on y réserver des parties
de forêt, et les soumettre à une révolution plus longue pour obtenir des arbres de service de bonne
qualité.

En France, où les bois de construction sont plus rares que ceux de chauffage, l'Etat ne peut que gagner à reculer l'exploitabilité du pin sylvestre. Dans le moment de sa plus forte croissance, son bois n'a pas les meilleures qualités. Ce n'est que plus tard que son grain devient serré et qu'il prend l'élasticité convenable aux différentes constructions auxquelles il est employé, à la mâture surtout, pour laquelle cet arbre est très-recherché [283].

D'après ces motifs, on fera bien de soumettre le pin sylvestre à une révolution de 100 ans au moins. On pourra même choisir quelques parties situées dans les meilleurs fonds et aux expositions les plus avantageuses, et les laisser croître jusqu'à l'âge de 120 à 140 ans (1). Cette espèce de réserve sera des-

---

(1) Les longues révolutions ont l'inconvénient de compromettre la fertilité du sol, parce que la futaie de pin sylvestre, une fois la période d'allongement passée, ne se constitue plus en massif clos et, parvenue à un âge avancé, devient tout à fait clairiérée. Il s'ensuit que, de bonne heure, le sol se gazonne ou se couvre d'arbustes nuisibles (myrtiles, bruyères, etc.), que le vent disperse le lit de feuilles mortes et que, à la fin de la révolution, le terrain se trouve tassé, desséché et appauvri.

Lors donc qu'on se décidera pour l'exploitabilité de 120 ou 140 ans, on devra non-seulement conserver soigneusement tous les bois feuillus qui lèvent naturellement sous les pins, mais on pourra même recourir avec avantage à l'expédient qui

tinée aux bois de grandes dimensions. En prenant ces dispositions, il devient superflu de réserver, dans les coupes définitives, quelques arbres pour parcourir une seconde révolution. On trouvera dans les forêts de 120 à 140 ans, toutes les qualités de bois nécessaires aux différents besoins de la consommation.

479. Coupes de régénération. — Le traitement du pin sylvestre, pour en opérer le repeuplement naturel, diffère sous quelques rapports de celui qu'on prescrit pour l'épicéa et le sapin; son jeune plant, comme on le sait, est plus robuste que celui des deux autres, et l'ombrage des arbres de réserve lui est absolument contraire dès les premières années de son existence. Aussi n'est-il pas nécessaire que la coupe d'ensemencement soit *sombre,* et l'on peut sans inconvénient écarter les arbres de manière que leurs branches soient distantes les unes des autres de 5 à 6 mètres (1). Cependant en espaçant ainsi

---

a été indiqué pour le chêne (voir la note page 221) c'est-à-dire, introduire, vers le milieu de la révolution, une essence subsidiaire destinée à protéger et à améliorer le sol. Parmi les bois feuillus, le charme, le hêtre, parmi les résineux, le sapin, seront très-propres à remplir ce rôle. Ce dernier surtout, placé en second étage, donne à la végétation du pin un essort magnifique.

(1) En faisant le choix des arbres de réserve, il ne faut pas préférer les pieds élancés et très-élevés; il vaut mieux conser-

la réserve ou pourrait craindre les dégats des vents, ou l'envahissement des herbes ou des plantes nuisibles. Le premier inconvénient existe beaucoup moins pour le pin sylvestre que pour l'épicéa et même pour le sapin, attendu que le pin sylvestre pivote et s'enracine plus fortement. Néanmoins, dans les parties très-exposées au vent, et où l'expérience a appris que cet arbre lui résiste difficilement, on fera bien de laisser une réserve un peu plus serrée.

Le second inconvénient est fréquent dans les pineraies et dans certains terrains à peu près inévitable. Il peut être atténué cependant en ne faisant de coupe d'ensemencement que quand on sera assuré d'une prochaine et abondante fructification qui, dans les pins, est assez fréquente, et peut être prévue dix-huit mois à l'avance. De plus, dans l'automne ou l'hiver qui précède la dissémination de la graine, on procèdera à l'extraction des souches et l'on donnera au terrain une culture par rayons ou sillons étroits, au fond desquels les semences viendront s'arrêter et trouveront une terre meuble et fraîche, favorable à leur germination et à la réussite du jeune plant.

---

ver ceux de hauteur moyenne, qui sont branchus, ordinairement plus fertiles en semences, et qui d'ailleurs résistent mieux aux vents. Dans l'état actuel de nos forêts de pin, ce choix peut avoir lieu ; mais, plus tard, lorsqu'elles auront été traitées régulièrement, on ne trouvera plus que sur les lisières, des arbres peu élevés et chargés de branches.

Dans la plupart des cas, ces travaux ne seront pas onéreux, car les souches du pin, par la résine qu'on en extrait, sont d'un produit plus lucratif que celles des autres bois.

Après la coupe d'ensemencement, dès que le repeuplement est complet, et que les jeunes plants ont atteint à peu près la hauteur de 16 à 24 centimètres, il faut procéder à la coupe définitive. On conçoit facilement que la nature vigoureuse du jeune plant rende inutile la coupe secondaire, et qu'il faut se hâter surtout de le débarrasser du couvert qui lui est tout à fait contraire.

480. Malgré les précautions prises pour régénérer le pin sylvestre par la voie naturelle, on est forcé de reconnaître qu'il est extrêmement rare de rencontrer des repeuplements complets et bienvenants dans les forêts de cette essence. Aussi beaucoup de bons forestiers sont-ils d'avis de renoncer aux coupes d'ensemencement dans les pineraies, de couper à blanc étoc et de recourir aux semis artificiels qui réussissent facilement et très-bien. A considérer la généralité des faits, cette opinion est fondée, il faut le dire. Que la réserve de la coupe d'ensemencement soit nombreuse ou non, que l'on hâte la coupe définitive ou qu'on la retarde, on voit fréquemment les réensemencements naturels les plus complets et les mieux venants péricliter au bout de quelques années, s'amoindrir et même disparaître par places au point de donner accès aux morts-bois et aux bois

blancs. La cause du phénomène est assez difficile à indiquer. Certains auteurs l'attribuent à quelques insectes tels que le ver du hanneton, le pissode noté et l'hylobe, qui attaquent, les uns les tiges, les autres les racines des jeunes pins. M. de Berg, pense, avec raison, selon nous, qu'il faut la chercher le plus souvent dans la position superficielle des racines des vieux pins, dont le chevelu, très-abondant, garnit et pénètre le sol en tous sens, et absorbe ainsi en totalité les sucs nourriciers, étant évidemment beaucoup plus vigoureux que les faibles radicelles des jeunes plants.

En admettant cette opinion, on doit en conclure que les repeuplements naturels n'auront chance de réussir que dans les terrains assez riches et assez profonds pour que le pin, en avançant en âge, y enfonce ses racines plus bas que la couche dans laquelle les jeunes plants étendent les leurs pendant les premières années. Mais on sait que les pineraies occupent en général les sols les moins fertiles; on s'explique donc aisément comment il est si rare d'y rencontrer des repeuplements naturels bien venants et complets.

N'était la considération importante de la dépense qu'occasionne le repeuplement artificiel par l'achat de la graine qui est assez chère et par les frais de labour; n'était, de plus, la chance que l'on court de ne pas obtenir toujours de bonnes graines quand on est obligé de se les procurer par le commerce, on serait conduit, d'après ce que nous venons de dire, à poser en principe que la régénération du pin sylvestre doit s'opérer par coupes à blanc étoc suivies immédiatement de semis artificiels, et que les coupes d'ensemencement ne doivent être pratiquées qu'exceptionnellement. En un mot, la raison culturale conseille le premier mode, mais la raison financière oblige la plupart du temps à employer le second.

481. COUPES D'AMÉLIORATION. Les pins sont, plus que les deux précédents conifères, exposés à se ployer ou à se rompre sous le poids de la neige et du givre, à cause de leurs branches plus étalées et de leurs feuilles plus longues ; il semblerait donc, au premier abord, qu'on ne devrait y pratiquer que l'éclaircie *faible*. Mais cette essence, dès qu'elle passe à l'état de gaulis, supporte mal le massif serré. Les branches qui s'entrelacent perdent leurs feuilles et ne tardent pas à périr ; la tête des arbres, au lieu de se développer circulairement, devient grêle, étriquée ; et quand cet état de souffrance se prolonge, la généralité des cimes se déforme, les tiges elles-mêmes contractent des maladies et le peuplement tout entier devient parfois impropre à atteindre un âge avancé et de belles dimensions. — Pour prévenir ce dernier et grave inconvénient, sans cependant exposer la jeune pineraie aux bris de neige, le moyen le plus sûr, dont l'efficacité est aujourd'hui démontrée par l'expérience, consiste : 1° à entreprendre la première éclaircie (contrairement à la théorie générale), lorsque le bois est encore à l'état de fourré, au mo-

ment où les branches les plus inférieures commencent à sécher; 2° à faire cette éclaircie *forte*. A la vérité, il pourra arriver ainsi que la production d'humus, si abondante surtout dans la première jeunesse des pineraies, se trouve entravée ou au moins diminuée. Mais cet inconvénient ne sera que momentané, attendu que les tiges restantes, ayant plus d'espace pour étendre leurs branches, ne tarderont pas à rendre au sol son épais couvert, tandis que d'un autre côté, elles se formeront une tête bien conique, propre à assurer leur bonne croissance ultérieure, et en même temps une tige plus trapue et assez forte pour résister au poids de la neige.

Les éclaircies suivantes devront être plus rapprochées que dans les sapins et les épicéas, ce qui, sans doute, rendra chacune d'elles moins productive ; mais prises ensemble, elles le seront davantage et exerceront sur la végétation des tiges destinées à croître jusqu'à la fin de la révolution l'influence salutaire qui est le but principal de ce genre d'opération.

ARTICLE XV.

Exploitation d'une futaie de pin maritime.

482. EXPLOITABILITÉ. — Pour savoir positivement ce que cet arbre peut devenir sous le rapport de son accroissement, et à quelle époque il conviendrait de fixer son exploitabilité, il faudrait le cultiver sans

tourmenter sa végétation [292]. En attendant les lumières de l'expérience, on ne peut juger que par analogie.

Il est assez ordinaire que les arbres qui ont une végétation très-rapide dans leur jeunesse, atteignent plus tôt que les autres leur maximum d'accroissement. Le pin maritime est particulièrement dans ce cas. Cependant dans les départements méridionaux où il trouve le climat qui le fait prospérer, il paraît hors de doute que la période ascendante de son accroissement y est assez longue, et à cet égard on fera bien de retarder son exploitation jusqu'à 100 ou 120 ans, suivant la nature du sol, afin que le bois puisse acquérir la solidité convenable aux constructions et aux autres emplois auxquels il est propre.

Bien entendu qu'en adoptant cette révolution, il faut se garder de permettre le gemmage.

483. Coupes de régénération. — Le pin maritime n'ayant point encore été soumis à un traitement régulier, on pourrait être incertain sur le mode à suivre. Mais la nature de ses graines, le tempérament de son jeune plant et la disposition de ses racines, doivent faire conclure que cet arbre peut être exploité à l'instar du pin sylvestre. Ainsi, dans la coupe d'ensemencement, on pourra d'autant plus espacer les réserves, que le pin maritime résiste encore mieux aux coups de vent. Sa semence, à la vérité, est un peu plus grosse et un peu plus lourde que celle du pin sylvestre, mais la membrane qui

lui sert d'aile est d'autant plus grande, ce qui doit favoriser sa dissémination au loin. La coupe claire deviendra inutile en raison du tempérament robuste du jeune plant ; et l'extrême rapidité, avec laquelle il végète, fait penser que la coupe définitive devra succéder à celle d'ensemencement le plus tôt possible, c'est-à-dire, dans l'année qui suivra la naissance du repeuplement ou au plus tard deux années après.

484. COUPES D'AMÉLIORATION. — Ce que nous avons dit à cet égard du pin sylvestre [481] s'applique aussi au pin maritime. La rapidité de sa croissance devra nécessairement faire avancer la première éclaircie et abréger la périodicité des éclaircies suivantes.

485. Les règles d'exploitation que nous venons d'exposer ne s'appliquent qu'aux forêts de pin maritime qui ne doivent pas être soumises au gemmage. Lorsqu'on se propose, au contraire, de gemmer, elles doivent se modifier : d'une part ce procédé ralentit la croissance et abrège la vie de l'arbre, de l'autre, ce n'est plus le bois, mais bien la résine qui devient le produit principal de la forêt. La première circonstance emporte avec elle des révolutions de plus courte durée, la seconde exige un mode particulier d'éclaircies très-rapprochées que nous allons décrire, tel qu'il se pratique dans le midi de la France.

L'intérêt du propriétaire étant évidemment de hâter l'époque à laquelle il pourra commencer le gemmage, il importe de favoriser le développement des cimes et le grossissement des tiges le plus possible. A cet effet on éclaircit les jeunes bois pour la première fois à l'âge de 7 ans, et ensuite de 6 en 6 années, jusqu'à 25 ans, époque à laquelle ils ont ordinairement atteint la grosseur convenable. Dans ces opérations on amène par degrés l'espacement des pins entre eux : les deux premières doivent conserver encore le massif, quoique clair, afin d'activer la croissance en hauteur, mais dès la troisième on réduit le nombre des tiges à 7 ou 8 cents par hectare, et à la quatrième on n'en laisse plus subsister que 500 ; enfin, 5 ans plus tard, c'est-à-dire, à 30 ans, on réduit ce dernier nombre à 400. Les 100 arbres destinés à tomber, dans la cinquième éclaircie sont désignés dès la quatrième et gemmés *à mort ;* les autres le sont *à vie* à partir de la même époque.

Ces 400 pins restent ensuite sur pied de 30 à 60 ans et sont soumis au gemmage de 5 en 5 années. A 60 ans on marque de nouveau 100 arbres pour être gemmés *à mort,* puis abattus, et les 300 pieds restants demeurent debout jusqu'à la coupe finale qui a lieu tantôt à 70 ou 80 ans, tantôt seulement à 100 ans, selon l'état des bois et la qualité du sol (1).

---

(1) Dans l'ouest et le centre de la France où le pin maritime occupe aujourd'hui de vastes étendues au grand avantage des propriétaires et des populations, sa végétation est beaucoup moins belle et sa durée moindre que dans le midi. Il en ré—

486. Nous avons indiqué plus haut comment les coupes de régénération devraient être pratiquées si l'on se proposait d'y recourir. Mais il est à croire que généralement on emploiera plutôt la coupe à blanc étoc suivie du semis artificiel. En effet, dans l'un comme dans l'autre système, un labour devient indispensable, car, par suite du grand espacement donné aux pins, le terrain ne peut manquer d'être couvert de toutes sortes d'arbustes et de plantes nuisibles ; d'un autre côté la graine du pin maritime coûte peu à récolter et à extraire, elle est presque toujours de très-bonne qualité, et les semis qu'on en fait réussissent parfaitement ; tout se réunit donc pour donner la préférence à la voie artificielle.

ARTICLE XVI.

Exploitation d'une futaie de pin laricio.

487. Le laricio, comme le pin maritime, atteint assez vite son maximum d'accroissement. Ainsi, à l'âge de 60 à 70 ans, il a déjà des dimensions assez fortes pour satisfaire à différents besoins de construction. Mais comme les emplois de cette nature exigent des bois de très-bonne qualité, il est essen-

---

sulte la nécessité de le couper au plus tard à 60 ans, et par conséquent de le gemmer moins longtemps.

tiel de le laisser vieillir davantage. L'âge de 100 ans pourrait être fixé pour son exploitabilité, et l'on fera bien de la reculer même jusqu'à 120 ans sur les hautes montagnes et dans les terrains profonds où l'on a le projet d'élever des bois de mâture.

Le laricio a tant d'analogie avec le pin sylvestre, qu'on peut affirmer que le même traitement lui convient, tant pour les coupes de régénération que pour celles d'amélioration.

ARTICLE XVII.

Exploitation d'une futaie de pin d'Alep.

488. Le pin d'Alep, comme les deux précédents, est à mettre dans la catégorie des pins qui ont terminé leur plus fort accroissement à l'âge de 60 ou 70 ans. Mais, comme il est employé aux constructions, on doit croire qu'il serait préférable de le laisser arriver au moins à l'âge de 80 ans, afin que son bois pût acquérir plus de solidité.

Pour pouvoir donner des règles sur le mode d'exploitation qui lui convient, il faudrait que cet arbre eût été étudié en forêt, dans le climat qui lui est propre. On sait cependant qu'il n'est pas fortement enraciné, et, selon toute probabilité, son jeune plant, sous le soleil brûlant où il végète se trouverait bien de quelque abri dans les premières années. Il semble donc que l'on pourrait lui appliquer un traitement analogue à celui de l'épicéa.

Exploitation du pin pinier, du pin cembro, et du pin du lord
.Weymouth.

489. Ce serait beaucoup anticiper sur l'avenir,
que de vouloir fixer et l'exploitabilité et le mode
d'exploitation du pin pinier et du cembro ; tous les
deux, l'un dans les plaines du Midi, l'autre sur le
sommet des Alpes, n'existent qu'isolés, et cultivés
comme arbres fruitiers. On ne peut que faire des
vœux pour que ces essences soient aussi propagées
dans nos forêts, et c'est à quoi doivent tendre les
efforts des forestiers d'aujourd'hui.

Le pin du lord Weymouth n'est point encore un
arbre des forêts d'Europe, quoique très-susceptible
de le devenir. A la vérité, il en existe des essais
sur différents points ; mais ils sont généralement
faits sur une trop petite échelle, et ils sont d'ailleurs,
encore trop récents, pour qu'on puisse en déduire
des règles d'exploitation. Toutefois, on connaît la
légèreté de sa semence, le tempérament assez robuste
du jeune plant, la nature pivotante de la racine, et
la croissance rapide de l'arbre ; on pourrait donc,
si l'occasion l'exigeait, lui faire aisément l'application
de la méthode du réensemencement naturel et des
éclaircies.

ARTICLE XIX.

Exploitation du mélèze.

490. Dans les régions élevées où le mélèze a son habitation naturelle, et où il en existe des forêts, son exploitabilité ne paraît pas devoir être fixée au-dessous de 120 à 140 ans. Mais dans les climats plus doux, où il a été importé, et où il paraît constant que son accroissement se ralentit et s'arrête bien avant ce terme, il semble nécessaire de le couper vers l'âge de 50 à 70 ans. Le mode d'exploitation qui convient au pin sylvestre, pourra être appliqué au mélèze, dans les pays où il croît spontanément; mais si l'on trouvait un jour des forêts de cette essence dans des localités plus tempérées, il serait prudent, sans doute, d'augmenter le nombre des réserves dans la coupe d'ensemencement, et de ne procéder à la coupe définitive qu'après avoir acclimaté le jeune plant par la coupe secondaire.

ARTICLE XX.

Exploitation du cèdre du Liban.

491. Il serait superflu de parler de l'exploitabilité et du mode d'exploitation d'un arbre à peine connu, et qui, en France, n'existe encore que dans les plantations d'agrément. Le cèdre qui paraît se perdre en Asie, a trouvé en Europe une patrie nouvelle, mais

jusqu'à présent on ne l'a pas cultivé en forêt; les soins à donner aux jeunes plants [348] y ont probablement mis obstacle. Si les plantations en grand présentent beaucoup de difficultés, les forestiers peuvent se borner à quelques essais dans des situations différentes. Ils prépareront ainsi à leurs successeurs le moyen de juger cet arbre remarquable, sur lequel l'opinion est encore incertaine.

CHAPITRE TROISIÈME.

—

EXPLOITATION DES FUTAIES IRRÉGULIÈRES, QUI ONT ÉTÉ SOUMISES AU MODE DU JARDINAGE.

—

ARTICLE PREMIER.

Des forêts jardinées en général.

492. Nous n'avons traité jusqu'à présent que des futaies dont l'état régulier permet l'application de la méthode du réensemencement naturel et des éclaircies ; mais en France, il en existe un grand nombre, qui ne sont nullement dans ce cas. Telles sont entre autres les forêts jardinées.

Le *jardinage* consiste à enlever, çà et là, les arbres les plus vieux, les bois dépérissants, viciés, ou secs, et d'autres en bon état de croissance, mais qui sont réclamés par le commerce ou la consommation locale. Dans ce mode d'exploitation, qui a été plus particulièrement appliqué aux bois résineux, notamment au sapin et à l'épicéa, on a pour principe de ne jamais prendre que très-peu d'arbres à la fois sur le même point, trois à cinq au plus par hectare (1), et d'étendre autant que possible le jardinage sur toute la forêt (2). Il résulte de cette manière d'opérer, que la forêt présente, sur tous les points, des bois de tout âge confusément mêlés, depuis le jeune brin jusqu'à la vieille écorce, et que les arbres qui ont le plus de grosseur et d'élévation gênent ceux qui se trouvent immédiatement sous leur couvert, et en ralentissent la végétation. De plus, les arbres n'étant pas serrés entre eux, s'étendent en branches, deviennent presque toujours noueux, et n'atteignent pas la hauteur que la nature leur a assignée. Il en résulte encore que, s'élevant pour ainsi dire par échelons, ils ne peuvent se soutenir réciproquement et ne présentent pas assez de résistance aux coups de vent et à la pression de la neige et du givre. Les bois les plus faibles, arrêtés dans leur végétation par ceux qui les surmontent, contractent des germes de maladie lorsque cet état de gêne se prolonge; presque toujours ils languissent, rarement ils arrivent à un beau développement, et souvent ils meurent.

Tel est, en général, l'état des forêts jardinées. Cependant on rencontre fréquemment, dans certaines de ces forêts, de belles parties dont la prospérité est due aux soins du forestier qui a su déroger à la rou-

---

(1) Dralet, Traité des Bois résineux, page 151.
(2) *Id.*, Traité de l'Aménagement, page 106.

tine, en enlevant de préférence les arbres étendus en branches, qui surmontaient le jeune sous-bois. Celui-ci, dès lors, débarrassé du couvert qui l'étouffait, a pu participer aux influences atmosphériques, s'est élancé et a pris une belle croissance. Des effets analogues et sur une plus grande étendue ont souvent été opérés par des coups de vent qui ont enlevé les vieilles écorces et d'autres arbres qui dominaient de jeunes fourrés. Ainsi, l'on voit quelquefois, dans les forêts jardinées, des résultats semblables à ceux que l'on obtient dans les futaies régulières, mais sur quelques points seulement.

493. Le jardinage, en disséminant les exploitations sur de très-grandes surfaces, rend la surveillance fort difficile, et augmente considérablement les dégâts de l'abatage et des vidanges. Mais le reproche le plus grave auquel donne lieu ce mode, c'est de ne faire rendre aux forêts, dans un temps donné, que des produits matériels très-inférieurs, en quantité et en qualité, à ceux que l'on obtient par la méthode du réensemencement naturel et des éclaircies. Il suffit de comparer l'influence de ces deux modes sur la végétation, pour être convaincu de cette vérité.

En effet, dans les forêts jardinées, nous voyons les bois de toute catégorie entravés dans leur développement, pendant un temps plus ou moins long, et souvent jusqu'à la fin de leur existence ; dans la futaie régulière au contraire, la croissance est favorisée

dès la première jeunesse, et activée, jusqu'au terme
de maturité, par des exploitations périodiques entreprises dans ce but. Or, il est évident que de deux forêts, celle qui fournira le plus de matière dans un
temps donné, est celle où la généralité des arbres
aura l'accroissement le plus fort et le plus soutenu,
toutes autres circonstances égales d'ailleurs. Ajoutons que dans la futaie jardinée, il n'est pas question
d'enlever, comme dans la futaie régulière, les jeunes bois dominés qui, par conséquent, sont perdus
pour la consommation.

Quant à la qualité des bois, la facilité qu'ils ont,
dans la forêt jardinée, de s'étendre en branches, les
rend inférieurs, pour les constructions et la fente, à
ceux qui ont crû en massif ; et il est à remarquer en
outre, que les dégâts considérables causés par l'a-
batage et la vidange dans une telle forêt, y multiplient les arbres viciés, tandis que l'on n'en rencontre
que peu dans les futaies régulières.

ARTICLE II.

Des coupes de transformation.

494. L'infériorité des futaies jardinées, comparativement aux futaies régulières, étant démontrée,
on est nécessairement amené à conclure que la méthode du jardinage doit être supprimée et remplacée
par un mode de coupes de transformation qui éta-
blisse, dans ces forêts, plus d'uniformité sous le

rapport de l'âge et de la croissance des bois, et qui rende possible, par la suite, l'application de la méthode du réensemencement naturel et des éclaircies. Mais, pour que, dans l'exécution de ces coupes de transformation, on atteigne entièrement le but que l'on se propose, il est essentiel d'examiner attentivement les divers états de peuplement qui existent dans les forêts jardinées. On en rencontre ordinairement trois principaux dont chacun demande un traitement particulier.

1° *Quand les vieux arbres ne sont pas très-nombreux, et que le terrain est suffisamment garni de jeunes bois en bon état de croissance,* on doit se hâter de faire abattre tous ces vieux arbres, et même d'autres moins âgés, si, par une tête trop rameuse, ils gênent évidemment l'ensemble du sous-bois.

Lors même que ce sous-bois serait déjà élevé, eût-il 25 à 30 ans, il ne faudrait pas craindre de faire l'extraction dont nous venons de parler ; sauf, toutefois, à prendre soigneusement toutes les précautions d'abatage et de vidange, prescrites plus haut pour les futaies régulières [442 et 443]. Le dommage qu'une pareille exploitation peut occasionner, sera, dans tous les cas, bien inférieur à celui que causeraient par la suite des arbres branchus, s'étalant de plus en plus au-dessus de la jeune forêt.

2° *Quand la quantité des arbres est considérable, et qu'ils dominent un sous-bois jeune qui offre tous les signes d'une bonne végétation, sans cependant*

18

être assez vigoureux pour pouvoir être exposé tout de suite à l'air et au soleil, il convient d'effectuer d'abord une exploitation semblable à la coupe secondaire, puis de la faire suivre plus tard de la coupe définitive, lorsque les jeunes plants seront suffisamment acclimatés.

3° Enfin, *si, sous de nombreux arbres, il existe un bois entièrement rabougri par suite du couvert épais qui l'a étouffé trop longtemps,* il faut se garder de vouloir élever une futaie avec de pareils sujets, qui ne parviendraient jamais à un beau développement ; il est préférable de sacrifier ce mauvais repeuplement et de disposer le terrain à la reprise d'un nouveau semis naturel. Dans les bois résineux, les arbres existants suffiront en général pour l'ensemencement ; néanmoins il pourrait arriver que, sur quelques points, ils ne fussent pas assez nombreux pour procurer l'abri nécessaire à des plants délicats, tels que ceux du sapin, par exemple ; dans ce cas, il conviendra de suppléer à ce manque d'abri au moyen du sous-bois rabougri lui-même, qu'on ne coupera point, ou qu'on ne coupera qu'en partie, selon le tempérament de l'essence, afin de laisser aux nouveaux brins le temps de se fortifier assez pour résister aux influences atmosphériques. Plus tard on extraira le sous-bois rabougri par forme de nettoiement (1).

---

(1) Lorsque le sapin est l'essence dominante, bon nombre

Dans les bois feuillus, le moyen de régénération sera plus prompt et plus facile, toutes les fois que les brins mal-venants garniront entièrement le terrain ; en effet, il suffira d'avoir recours à un recépage (1)

---

de ces sous-bois rabougris, une fois débarrassés d'un couvert trop épais, se ravivent très-souvent et s'élancent avec une vigueur qui semble d'autant plus grande que leur végétation a été plus longtemps comprimée. Aussi, est-ce le cas de les conserver toutes les fois qu'ils forment des bouquets ou petits massifs pouvant se relier avec les parties nouvellement réensemencées [466] à moins qu'ils ne soient entièrement dépérissants. Les épicéas résistent moins longtemps sous le couvert que les sapins, et une fois rabougris, se récupèrent plus difficilement ; toutefois, en bon fonds, ils se rétablissent entièrement, pourvu qu'on ait soin de ne pas les faire passer trop brusquement de l'état couvert à l'extrême opposé. Quant au pin que l'on voit rarement, au surplus, à l'état de forêt jardinée, on sait qu'il ne supporte pas d'être surmonté, et une fois rabougri sous cette influence, il ne se rétablit plus. C'est ainsi que l'on trouve dans certaines pineraies irrégulières (forêt de Haguenau) des gaulis et des perchis incomplets et chétifs qui, découverts trop tard quoique depuis assez longtemps, demeurent languissants et stationnaires. Evidemment c'est le pire des états, et mieux vaudrait la perte entière, car de tels peuplements resteront toujours misérables et tiennent la place d'autres qui eussent été infiniment plus productifs.

(1) Il est essentiel que ce recépage se fasse tout à fait à fleur de terre, afin de donner aux rejets une assiette solide, et d'éviter qu'il ne s'en présente un trop grand nombre sur la même souche.

en faisant abattre en même temps tous les vieux arbres. Ce recépage effectué sur des brins d'un faible
diamètre, fera naître de beaux rejets, qui, dans peu
d'années, auront pris une assiette et une végétation
presque entièrement semblables à celles de brins de
semence. Mais si les sujets rabougris étaient moins
nombreux et déjà forts, il vaudrait mieux prendre le
parti de les déraciner, afin d'obtenir un repeuplement
nouveau et complet, et d'empêcher que les rejets qui
résulteraient du recépage ne vinssent à gêner ou à
étouffer les jeunes brins de semence.

Lorsque l'essence sera le hêtre, on fera mieux,
en général, de viser à une régénération par la graine,
cet arbre étant peu disposé à se reproduire de souche. Les différents sols, ainsi que le climat, exercent
à cet égard une grande influence. C'est au forestier
à juger ces causes locales et à s'assurer, par des ex·
périences faites en petit, de la faculté reproductive
des souches. S'il existe le moindre doute sous ce
rapport, il ne tentera pas le recépage, et cherchera,
au contraire à amener un nouvel ensemencement.
Il pourra aussi, si le sous-bois n'est pas rabougri au
dernier degré, se contenter de le débarrasser des
arbres qui le dominent, et le laisser croître tel qu'il
est. Cet expédient se fonde sur un fait bien constant :
c'est que le hêtre possède, comme le sapin et plus
que lui peut-être [466], la propriété de regagner de
la vigueur, lors même qu'il a langui pendant fort
longtemps sous le couvert ; et il n'est pas rare de

lui voir prendre une belle croissance dès que les arbres qui l'offusquaient ont disparu (1).

495. Tels sont les principaux états de peuplement qu'on rencontre dans les forêts jardinées; elles en présentent sans doute encore un grand nombre d'autres, mais qui ne sont (soit sous le rapport de l'âge, soit sous le rapport de la consistance), que des nuances plus ou moins tranchées de ceux que nous venons de décrire, et dont le traitement doit, par conséquent, se rapprocher plus ou moins des règles que nous avons données.

Ce qui rend surtout difficiles les coupes de trans-

---

(1) Nous pouvons citer un exemple à l'appui de cette assertion.

Un jeune bois de hêtre, dans une situation élevée des Vosges, en très-mauvais état de croissance par suite d'abroutissement, et surmonté d'un assez grand nombre de vieux arbres, paraissait réclamer le recépage. Incertain sur le succès de cette opération, et craignant le déboisement de cette partie de forêt, si les hêtres ne repoussaient pas, nous nous contentâmes de les mettre en défends et de les abandonner à eux-mêmes, après les avoir débarrassés des arbres qui les dominaient. Ils n'ont pas tardé à végéter avec assez de force et à gagner en hauteur; il y a trente ans maintenant que les bestiaux ont été éloignés de cette jeune forêt, et qu'on a fait disparaître les vieux arbres, et sa végétation continue à être des plus satisfaisantes. Le bas des tiges seulement a une forme défectueuse, mais qui ne peut être d'aucun inconvénient pour le hêtre, puisqu'il n'est employé qu'au chauffage et au travail.

formation, c'est que toutes ces différentes nuances
de peuplement se rencontrent pêle-mêle sur une
étendue souvent très-peu considérable, et qu'il faut
alors changer de mode de traitement presque à chaque pas. Pour réussir dans ces opérations, l'essentiel est d'avoir toujours bien présent le but que l'on
veut atteindre. Ce but est d'égaliser, autant que
possible, la croissance des bois, *de manière qu'ils
puissent, bien que différents d'âge par places, s'élever ensemble sans trop s'entraver, et parvenir en
même temps à une exploitabilité moyenne.*

Cette règle, qui est fondamentale du traitement
des forêts jardinées, exige qu'on se défende constamment, dans l'application, contre la tendance bien
naturelle à tout forestier de chercher à élever des
peuplements parfaitement réguliers. Souvent, par
exemple, on serait tenté de faire disparaître certains
bouquets de perchis assez âgé déjà, parce qu'ils sont
environnés de fourrés et qu'il serait possible de pro-
voquer un nouveau repeuplement qui se raccorde-
rait mieux avec ceux-ci. Une telle suppression serait
cependant une faute, car, souvent répétée, elle entraînerait des pertes considérables d'accroissement,
et dans les situations où les semis naturels ou artificiels réussissent difficilement, elle peut même offrir
des dangers. Il est donc très-important de se bien
consulter avant que d'abattre, dans les coupes de
transformation, d'autres bois que ceux qui, par leur
âge, leurs dimensions ou leur position isolée, ne

peuvent évidemment faire partie du massif *quasi-régulier* qu'il s'agit de constituer. C'est ce massif qui procurera un jour le peuplement normal que l'on a en vue ; mais il faut savoir attendre ce résultat et ne pas lui faire plus de sacrifices que de raison.

ARTICLE III.

Marche des coupes de transformation.

496. Lorsqu'une forêt jardinée doit, par des coupes de transformation, être ramenée à l'état régulier, la marche de ces coupes peut être réglée d'une manière analogue à celle que nous avons appris à connaître pour les futaies régulières [437]. Il est à observer toutefois, que le jardinage ne saurait être supprimé dans une telle forêt, en raison de l'état assez uniforme qu'elle présente dans son irrégularité. En effet, le plus souvent, il existe sur tous les points des arbres exploitables entremêlés avec d'autres de l'âge moyen et du premier âge ; or, si l'on se contentait d'établir une suite de coupes de transformation qui se succéderaient de proche en proche, il est évident qu'un grand nombre des arbres qui dès à présent sont mûrs ou sur le retour, périraient avant que les coupes vinssent les atteindre. Il faut donc, de toute nécessité, que dans le nouveau mode d'exploitation, ces arbres soient enlevés à temps, et c'est dans ce but que le jardinage doit être continué.

Ainsi, pour ramener une forêt jardinée à l'état

régulier, on doit établir deux exploitations distinctes : d'une part, les coupes de transformation, de l'autre, les jardinages d'arbres mûrs et dépérissants. Nous verrons dans ce qui va suivre, comment ces deux exploitations se combinent et convergent vers le but proposé.

497. La révolution à employer pour opérer la transition de l'état jardiné à l'état régulier, révolution que nous nommerons *transitoire*, doit être abrégée autant que possible ; toutefois, il faut qu'elle soit assez longue pour qu'à son expiration, la forêt présente des parties de bois parvenues à leur exploitabilité, ou du moins qui en approchent. Le terme de la révolution transitoire dépendra donc principalement de l'âge des jeunes massifs, créés par les coupes de transformation qui auront été faites les premières. Cette révolution, de même que celle d'une futaie régulière, devra être divisée en périodes, dont chacune aura son affectation sur le terrain.

Mais en déterminant ces affectations, on cherchera principalement à favoriser l'amélioration future de la forêt et à observer les règles d'assiette, afin d'établir pour l'avenir une succession aussi régulière que possible dans les coupes. De tels résultats, au cas particulier surtout, sont bien plus importants à obtenir qu'une grande égalité entre la production des périodes. Cette égalité est d'ailleurs d'autant plus difficile à atteindre en général, que l'irrégularité du peuplement est plus grande, que les arbres présen-

tent moins de similitude sous le rapport de leurs
formes et de leurs dimensions, et enfin que les influences sous lesquelles ils végètent sont plus diverses ; toutes circonstances que la forêt jardinée réunit au plus haut degré. Pour parvenir à assurer le
rapport soutenu dans une forêt jardinée qu'on veut
transformer, nous pensons que le meilleur moyén
peut-être, et en même temps le plus simple, est d'y
multiplier les séries d'exploitation, de manière à bien
trier les principales nuances de fertilité et de peuplement, puis, de régler les affectations des périodes,
dans chacune de ces séries , par contenances *égales* (1).

---

(1) En effet, dans la forêt jardinée, il n'existe pas, comme
dans la futaie régulière, des peuplements d'âges gradués ; tous
les âges au contraire s'y trouvent confusément mêlés. Sous ce
rapport donc, les mêmes difficultés comme les mêmes facilités
se rencontreront dans une même série, qu'elle soit grande ou
petite. Il suit de là que, pour constituer chacune d'elles, il
serait superflu de se préoccuper de la gradation des âges ; la
qualité et la configuration du sol devront seules être considérées, ce qui, le plus souvent, donnera la facilité de ne comprendre
dans une même série que des parties ayant à peu près le même
coëfficient de fertilité. Quant à la formation des affectations
périodiques, comme le coëfficient de peuplements aussi complétement irréguliers que ceux de la forêt jardinée ne saurait
évidemment se déterminer avec la précision nécessaire pour
y avoir confiance, le mieux, dans la plupart des cas, sera de
n'en pas tenir compte. Dès lors, il ne restera comme élément

Supposons que l'on adopte les principes qui viennent d'être posés, et que, par suite, la révolution transitoire d'une série d'exploitation ait été fixée à 75 ans, au lieu de 100 qui serait la durée ordinaire, puis partagée en périodes de 25 ans chacune ; et examinons quelle sera la marche des exploitations , pendant toute cette révolution, de période en période.

498. EXPLOITATION DE LA 1re PÉRIODE. — C'est dans l'affection de cette période que commenceront les coupes de transformation ; on les effectuera d'après les règles données dans l'article précédent, et l'on fera bien, en outre, afin d'aider autant que possible la végétation du sous-bois sur toute l'étendue de l'affectation, de les accompagner d'ébranchements de gros arbres, dans les parties qui ne viendront en tour d'exploitation que dans la dernière moitié de la période.

Parallèlement à ces coupes de transformation, marcheront, dans les affectations des périodes 2 et 3 , les exploitations jardinatoires dont nous avons parlé plus haut. Ces exploitations, comme nous l'avons dit, sont plus particulièrement destinées à faire disparaître les bois que l'on ne pourrait laisser sur

---

de cette opération que la fertilité qui, sensiblement la même partout, permettra d'attribuer aux affectations des contenances égales.

pied jusqu'à ce que les coupes de transformation
vinssent les atteindre. On peut joindre encore à
ce but celui de préparer insensiblement la forêt à
l'état plus régulier auquel elle doit, plus tard, être
amenée définitivement, et, dans cette vue, faire
porter le jardinage, autant que possible, sur les arbres dont la présence nuit à de nombreux sous-bois
ainsi que sur les tiges dominées dans les perchis.
Dans l'affectation de la seconde période, ces jardinages devront se borner aux arbres entièrement dépérissants ; mais dans celle de la troisième, ils devront porter aussi sur les arbres en retour.

Par ce moyen, les produits, pendant la première
période, pourront atteindre le taux où ils étaient
avant que la transformation commençât, et dans certains cas même le dépasser.

499. DÉTERMINATION DE LA POSSIBILITÉ. — La possibilité des coupes de transformation doit être basée
sur le volume et se déterminer à l'entrée de chaque
période [390 et 391], comme celle des coupes de
régénération dans une futaie régulière. Ces exploitations ne sont, en effet, que des coupes de régénération modifiées en raison d'un état particulier de
peuplement, et nous avons vu ailleurs [439] les motifs qui empêchent que celles-ci ne soient établies
par contenances égales. L'irrégularité du peuplement seule, au surplus, serait un motif suffisant pour
renoncer à la possibilité par contenance.

On doit s'attendre à ce que la possibilité dans la

forêt jardinée soit affectée d'une erreur bien plus considérable que dans la futaie régulière; nous en avons donné plus haut les motifs. Aussi est-il tout à fait indispensable de vérifier le travail d'estimation plusieurs fois dans le cours de la période. Il est inutile de faire observer que, dans cette estimation, on ne devra comprendre que ceux des arbres que l'on jugera devoir tomber dans les coupes de transformation.

500. Le point le plus difficile à régler dans l'exploitation qui nous occupe, c'est la quotité des produits que doivent fournir annuellement les jardinages.

Dans l'affectation de la deuxième période, avons-nous dit, ces coupes devront se borner aux arbres dépérissants, et dans l'affectation de la troisième période, elles devront atteindre encore, en outre, des bois en retour. Si donc on voulait procéder rationnellement, pour déterminer le volume à exploiter par an dans l'une et l'autre affectations, il faudrait avoir une évaluation des arbres dépérissants et de ceux qui pourront le devenir avant que les coupes de transformation parviennent dans les parties où ils se trouvent, et pour ce qui concerne l'affectation de la troisième période en particulier, il faudrait connaître encore la quantité d'arbres en retour qui devront tomber par les jardinages.

Mais, outre qu'un pareil inventaire exigerait de fort longs comptages d'arbres, il présenterait encore

dans l'exécution une multitude de cas très-embar-
rassants, en ce qu'il serait souvent fort difficile de
décider d'avance si tel arbre devra être compris ou
non dans les jardinages. Ensuite, il est évident que
si, pour fixer la possibilité des coupes de transformation, on est sujet à commettre de graves erreurs,
on l'est à plus forte raison pour déterminer celle des
jardinages. Et cependant ici toute vérification dans
le cours de la période est à peu près impossible, à
moins d'imprimer aux arbres destinés aux jardinages
un signe qui les distinguât de leurs voisins, ce qui,
en vérité, n'est guère proposable, et dans beaucoup
de cas, ne serait pas même efficace.

Baser la possibilité des jardinages sur le volume
nous semble donc tout à fait impraticable, parce que
l'opération, longue et difficile à exécuter, ne peut
aboutir qu'à des résultats extrêmement vagues, et
susceptibles de donner naissance à des erreurs pires
peut-être que celles qu'engendrerait un entier arbitraire.

Toutefois, il faut le reconnaître, une base quelconque est nécessaire pour ces exploitations. Peut-
être la trouverait-on en se reportant à l'ancien jardinage, dont la possibilité, comme on le sait, se fixait
en déterminant le nombre d'arbres à couper annuellement par hectare (492). Supposons, par exemple,
que ce nombre ait été 5 : on le réduirait à 1 ou à 2
dans l'affectation de la seconde période, où il ne
s'agit d'atteindre que des bois dépérissants, et dans

l'affectation de la·3e période où il faut faire tomber en outre des bois en retour, on porterait ce nombre à 3 ou à 4. Puis, si l'on croyait utile d'exprimer approximativement ce nombre d'arbres en mesure de solidité, il suffirait de déterminer, dans chaque affectation, par quelques expériences, le volume d'un arbre moyen de la catégorie que le jardinage doit atteindre; multipliant ensuite, par ce chiffre, le nombre des arbres à couper annuellement, on aurait la possibilité cherchée.

Cette manière de procéder est sans doute peu satisfaisante, en ce que, bien évidemment, elle ne conduit pas au degré d'approximation qu'il est permis de désirer. Mais, du moins, elle a le mérite d'être expéditive et de n'occasionner ni frais ni perte de temps dans des recherches auxquelles l'état des choses interdit le succès. On peut d'ailleurs, chaque fois que l'on vérifiera la possibilité des coupes de transformation, soumettre aussi à un nouvel examen la base des jardinages et leurs résultats. Sans entrer dans des opérations de détail, le forestier entendu saura bien juger, autant qu'il en sera besoin, si la catégorie d'arbres qu'il veut atteindre par les coupes jardinatoires, augmente ou diminue plus qu'elle ne le doit, et s'il convient, par conséquent, d'abaisser ou d'élever le taux des produits que doivent fournir ces coupes.

501. En terminant cette discussion nous rappellerons ce que nous avons dit plus haut :

Dans l'exploitation d'une forêt jardinée, la chose principale est la transformation, parce que d'elle doit résulter un état infiniment supérieur à ce qui existe, et dont la conséquence sera l'augmentation de la production. La possibilité n'est que secondaire, c'est en vain que l'on tenterait de la régler avec la même approximation que dans une futaie régulière ; l'état du peuplement y met des obstacles insurmontables. Aussi les moyens les plus simples, les plus larges et les plus expéditifs pour la déterminer nous paraissent-ils les meilleurs.

502. Exploitation des périodes 2 et 3. — Dans l'affectation de la deuxième période, les coupes de transformation trouveront une plus grande quantité de bois à abattre que dans celle de la première, les jardinages y ayant été réduits, depuis trente ans, aux arbres tout à fait dépérissants ; la possibilité de ces coupes se trouvera donc augmentée. Quant aux produits que les jardinages fournissaient pendant la première période, ils seront compensés d'une part par les opérations semblables qui continueront dans l'affectation de la troisième période, et de l'autre par des éclaircies périodiques qu'il y aura lieu d'entreprendre dans l'affectation de la première.

Enfin, à la troisième période, les coupes de transformation trouveront la forêt peuplée, en très-grande partie, de bois mûrs et d'une exploitabilité moyenne, qui tous devront être coupés, et dont les produits seront renforcés encore par ceux des éclaircies périodiques à faire dans les affectations des deux périodes précédentes.

505. Les inconvénients du jardinage ayant été reconnus en France depuis 25 ou 30 ans, ce mode d'exploitation a presque généralement (du moins dans les forêts soumises au régime forestier), fait place à des coupes dans lesquelles on s'est appliqué à débarrasser d'un couvert nuisible les peuplements jeunes ou d'âge moyen, et à supprimer partout les bois morts ou dépérissants que beaucoup de forêts présentaient en abondance ; en même temps on a pratiqué des éclaircies périodiques dans les jeunes massifs suffisamment réguliers qui se rencontraient ça et là. C'était, on le voit, une véritable transformation que l'on opérait ainsi. Seulement on s'est borné, le plus souvent, à améliorer le traitement sans régler en même temps la marche des exploitations d'après les principes que nous venons de donner. On trouve donc aujourd'hui bon nombre de forêts qui, régularisées en partie, ne présentent plus l'état jardiné que dans quelques cantons, le surplus se composant de massifs plus ou moins réguliers, fourrés, perchis ou futaie exploitable ou à peu près.

Lorsque ces différents états de peuplement se trouveront convenablement groupés, on conçoit qu'il sera assez facile d'en composer une ou plusieurs séries d'exploitation, dans lesquelles les parties jardinées deviendraient l'affectation de la première période, les massifs exploitables, celle de la seconde, et ainsi de suite. La révolution de 100 ou 120 ans pourra, dans ce cas, être immédiatement admise, afin d'établir, pour les révolutions suivantes, une gradation d'âge aussi normale que possible; et, quant au rapport soutenu, si l'on ne réussit pas toujours à l'assurer pour une même série, on y parviendra du moins dans les masses importantes, en considérant comme liées entre elles un certain nombre de séries dont les produits pourront se compenser à travers les différentes périodes de la révolution [384.]

Mais le cas que nous venons de considérer est à la fois le plus simple et le plus rare. Le plus souvent, les peuplements qu'il s'agit de réunir en série présentent sous ce rapport de sérieuses difficultés : tantôt les parties jardinées ont trop d'étendue pour ne composer qu'une seule affectation, ou trop peu pour en fournir deux, et les massifs exploitables que l'on pourrait y rattacher à titre de complément font défaut; tantôt ce sont les bois d'âge moyen ou les jeunes bois qui ne sont pas représentés ou qui ne le sont pas suffisamment.

Soumettre de telles forêts immédiatement à une révolution normale n'est évidemment pas possible. Ce que l'on doit chercher ici, c'est d'achever de régulariser les différents peuplements, surtout les parties jardinées, dans le cours d'une révolution transitoire dont la durée dépendra de deux circonstances : le plus ou le moins d'urgence qu'il y aura à extraire les bois destinés à disparaître, et l'âge actuel des massifs qui devront venir en tour d'exploitation après la transformation terminée, c'est-à-dire, devenir la première affection de la révolution qui succédera à la révolution transitoire. Il va sans dire d'ailleurs que, comme dans le premier cas, et bien plus encore, il sera souvent opportun et même nécessaire pour assurer le rapport soutenu, d'admettre la compensation de série à série pour une ou plusieurs périodes (1).

504. Malgré les longs développements dans lesquels nous sommes entré au sujet des forêts jardinées, on trouvera toujours encore, dans la pratique, des cas nombreux qui n'auront point été prévus. Dans toutes les forêts irrégulières, et surtout dans les forêts jardinées, il est impossible de prévoir tous les états qui peuvent se présenter ; la théorie doit donc se borner aux cas les plus généraux, et laisser le coup-d'œil et l'expérience du forestier faire le reste.

C'est dans des bois de cette nature que l'instruction forestière est de la plus grande nécessité, non

---

(1) Souvent aussi on parviendra à résoudre les difficultés que présente la formation des affectations, en faisant les périodes d'inégale durée, de manière à proportionner chacune d'elles à l'étendue des massifs qu'il conviendrait, sous le rapport cultural, de réunir dans une même affectation.

l'instruction qui prétend tout régler d'avance, mais celle qui, aidée de la réflexion et du jugement, établit des bases qu'elle sait appliquer et étendre à propos.

Des cas où le jardinage doit être conservé.

505. Quelque incontestable que soit l'infériorité du mode jardinatoire comparé à la méthode du réensemencement naturel et des éclaircies, il est néanmoins quelques cas où il convient de faire usage de ce mode.

Ainsi, dans certaines situations très-élevées, où le climat extrêmement rude est souvent un obstacle à la réussite des repeuplements, le jardinage peut être avantageux, d'abord parce qu'il donne la facilité de n'enlever les vieux arbres que lorsque déjà il en existe de jeunes autour d'eux pour les remplacer ; en second lieu, parce qu'il n'éclaircit jamais la forêt que par petites places, dans lesquelles les repeuplements résistent plutôt aux rigueurs du climat que sur des surfaces plus grandes.

Le jardinage trouve aussi son application dans les parties de bois que l'on conserve plus particulièrement pour abriter une localité, soit contre des vents dangereux, soit contre des avalanches ou des éboulements [368], et il en est de même dans certains versants abruptes, couverts de rochers entre lesquels les bois ne peuvent croître que, çà et là, par

bouquets, et où le peu de terre végétale qui a réussi
à s'y former a d'ailleurs le plus grand besoin de
couvert pour se maintenir. En pareils cas, l'objet
principal de la culture n'est plus la production du
bois, mais bien de conserver l'abri reconnu nécessaire; il faut donc, dans les exploitations, tendre
à maintenir la forêt dans un état de boisement qui
varie le moins possible, et s'appliquer, par conséquent, à n'amener que des repeuplements partiels,
à mesure de la coupe des arbres tout à fait dépérissants.

Enfin, ce mode peut encore convenir à quelques
propriétaires, communes, établissements publics ou
particuliers, qui, ne possédant que des bois d'une
faible étendue, veulent cependant trouver à y exploiter chaque année des pièces de dimensions diverses.

506. Mais lorsque le jardinage devra être maintenu,
au lieu de le pratiquer tel qu'il l'était autrefois et que
nous l'avons décrit plus haut [492], on s'appliquera
à en atténuer les inconvénients et à le concilier avec
un certain ordre dans la marche des exploitations.
Il est difficile de tracer des règles pour un traitement aussi essentiellement irrégulier que le jardinage; toutefois, on peut poser quelques principes
généraux qui devront se modifier suivant les exigences du propriétaire et d'après les circonstances
particulières que présente chaque forêt.

Pour établir un jardinage rationnel, il convient

d'abord de diviser la forêt en *parcelles*, circonscrites, autant que possible, dans des limites naturelles, crêtes de montagnes, fonds de vallée, ruisseaux, et surtout par des chemins par lesquels, lors des exploitations, les bois puissent se vider sans endommager les parties voisines. Ces parcelles devront être assez nombreuses pour que les jardinages annuels puissent se renfermer dans l'une d'elles ou tout au plus dans deux.

Le parcellaire établi, on déterminera l'ordre dans lequel les parcelles devront être parcourues par les jardinages, en ayant égard à leur peuplement tant en jeunes qu'en vieux bois et en tenant compte des règles d'assiette ; puis enfin, on fixera la périodicité des jardinages, c'est-à-dire, le nombre d'années à employer pour parcourir toutes les parcelles d'une série.

Pour régler ce dernier point, il sera nécessaire de déterminer : 1° Quel âge et quelle grosseur les bois devront avoir atteints pour être *réputés exploitables ;* 2° Quel sera le nombre d'années qui devra s'écouler pour que les bois de la catégorie immédiatement inférieure soient parvenus à la qualité de bois exploitables. Ce laps de temps, toutefois, ne pourra être qu'une moyenne qu'il sera prudent d'allonger plutôt que de trop raccourcir, afin de tenir compte de l'imprévu dans la végétation ; sa durée fera évidemment connaître la périodicité cherchée.

Quant à la possibilité, on conçoit qu'elle ne pourra

être basée que sur le volume; soit qu'on calcule
celui-ci comme pour les coupes de transformation [499], en estimant le volume actuel et le volume
futur de tous les bois réputés exploitables; soit qu'on
se contente de fixer le nombre de pieds d'arbre à
exploiter annuellement, ce qui suppose toujours
qu'on se sera rendu compte, avec plus ou moins de
précision, de leur nombre total et du volume de
l'arbre moyen.

Le jardinage lui-même se fera d'après les règles
suivantes :

1° L'exploitation portera en première ligne sur
les arbres branchus de forte dimension qui surmontent, soit des perchis, soit des fourrés ou des
gaulis. Si, sur ces derniers, il se trouve, çà et là,
des perches isolées qui ne pourront jamais faire massif avec l'ensemble, et entravent par conséquent sa
croissance, elles devront également être extraites
quel que soit leur âge;

2° Au lieu de n'enlever, à la fois, qu'un seul arbre
exploitable sur une même place, ainsi que le voulait
l'ancien jardinage, il faudra, au contraire, y en
abattre plusieurs, de manière à favoriser l'accès de
la lumière sur le sol autant qu'il sera nécessaire
pour assurer la levée du jeune plant et son développement pendant un certain nombre d'années. On
trouvera la juste mesure à cet égard, en se péné-
trant bien de ce principe : que si l'ombrage des
arbres est presque toujours avantageux au sous-

bois, leur couvert produit généralement l'effet
contraire (1) ;

3° Outre les bois exploitables proprement dits qui
formeront le produit principal de l'exploitation
annuelle, les jardinages devront faire disparaître
encore, dans la parcelle où ils seront assis, tous les
bois rabougris et dominés sur lesquels porteraient
les éclaircies périodiques dans les futaies régulières ;

4° Les chablis et bois morts seront exploités chaque
année dans toute la série et leur produit sera pré-
compté sur la possibilité. Dans les parcelles qui ne
seront pas prochainement atteintes par les coupes
jardinatoires, les vieux bois qui causent un notable
dommage par leur couvert devront être élagués à
une hauteur convenable ;

5° Enfin, toutes les précautions recommandées
pour l'abatage et la vidange des bois dans les futaies
régulières [443], devront être observées avec le plus
grand soin dans les forêts jardinées.

---

(1) Voyez, dans le 4° livre, les définitions d'*ombrage* et de
couvert.

CHAPITRE QUATRIÈME.

—

EXPLOITATION DES FUTAIES IRRÉGULIÈRES,

QUI ONT ÉTÉ SOUMISES

AU RÉGIME DIT A TIRE ET AIRE.

—

ARTICLE PREMIER.

De l'état de ces forêts en général.

507. Outre les forêts jardinées, il existe encore, en France, d'autres futaies irrégulières qui, le plus souvent, ont pour essences dominantes le chêne et le hêtre. Leur état est d'ordinaire peu satisfaisant, et provient, en général, du régime d'exploitation dit *à tire et aire,* auquel ces bois étaient soumis en vertu d'anciennes ordonnances.

Ce régime, qui semble avoir été conçu dans le but de remédier aux nombreux abus nés du jardinage [492], consistait surtout à asseoir les coupes *par contenances égales, de proche en proche et sans rien laisser en arrière* (1). Quant aux arbres de réserve, ils étaient peu nombreux dans les coupes, et celles-ci une fois vidées, restaient abandonnées pendant tout le cours de la révolution, sans que l'on y fît aucune exploitation, ni pour assurer les conditions du repeuplement naturel [423], ni pour favoriser la croissance des jeunes bois [429]. L'ordonnance des eaux et forêts de 1669, par exemple, qui a généralisé l'application du régime à tire et aire et dont les dispositions sont demeurées en vigueur jusqu'à la promulgation du Code forestier (2), portait : que la réserve dans les coupes de futaie serait de dix arbres par arpent (20 par hectare); et du reste elle ne permettait point, ainsi que nous venons de le dire, que dans une même révolution, ces coupes fussent soumises à plusieurs exploitations.

Il résultait d'un tel mode, que les bois, jusqu'à leur maturité, croissaient en massif trop serré pour acquérir de belles proportions et une texture forte [434], puis, les arbres réservés dans les coupes, étant en trop petit nombre, devenaient insuffisants pour assurer le repeuplement du terrain. Ce dernier inconvénient était d'autant plus ordinaire, que beaucoup de réserves étaient la proie des vents ou séchaient après peu d'années; par suite de la transi-

---

(1) Voyez Dictionnaire des Forêts par Baudrillart, page 913.
(2) 1er août 1827.

tion trop brusque de l'état serré à l'entier isolement.
Enfin, l'exploitation à tire et aire, en dénudant le
sol, donnait accès aux herbes et aux ronces, aux
arbustes, aux morts-bois et aux bois blancs, toutes
plantes qui s'opposaient à la propagation et à la crue
des essences d'élite, et absorbaient les sucs nourriciers, sans rendre à la terre l'engrais que la futaie
fournit d'ordinaire en abondance.

508. Toutefois, quand l'année même de la coupe
ou peu d'années auparavant, les graines avaient
réussi, on voyait, sous ces essences, paraître un repeuplement considérable, mais qui, selon le tempérament des jeunes plants, souffrait plus ou moins dans
cet état. Si c'étaient des chênes, ils ne tardaient pas
à languir, et la plupart finissaient par succomber ; si
c'étaient des hêtres au contraire, ils résistaient mieux
et souvent assez longtemps pour parvenir en définitive à lutter avec avantage contre les bois blancs
et les morts-bois ; surtout lorsque ceux-ci, par leur
âge et après avoir dépensé une partie notable des
substances nourricières du sol, commençaient à
croître avec moins de force et même à périr partiellement (1). Cependant, leur influence nuisible se faisait

---

(1) C'est ainsi que l'on peut expliquer comment, dans nos
futaies d'aujourd'hui, le chêne se perd presque généralement,
tandis que le hêtre s'y est conservé assez bien, malgré les en-
traves que lui créait le mode d'exploitation dans les vingt ou

toujours sentir, et les arbres de réserve que l'on était forcé de laisser subsister jusqu'au retour de la coupe, s'étendant librement en branches, contribuaient encore à ralentir la végétation des bonnes essences.

Mais, de tels résultats, évidemment les plus heureux que pût produire le mode à tire et aire, étaient bien plutôt l'exception que la règle. Le plus souvent ce mode avait des conséquences beaucoup plus fâcheuses, ainsi que nous l'avons dit d'abord, et que le prouvent d'ailleurs les vastes terrains couverts de bois tendres ou même entièrement dépeuplés, que l'on rencontre en si grand nombre dans nos futaies d'aujourd'hui.

509. Comme on le voit, les futaies traitées jusqu'alors à tire et aire offrent, en général, des peuplements très-diversement irréguliers, presque tous incomplets et vicieux, et qui réclament un prompt remède pour ne pas le devenir davantage. Sauver les bonnes essences en faisant disparaître les causes qui entravent leur végétation, leur rendre la totalité du terrain et établir ainsi la production sur des bases meilleures, hâter enfin le moment qui rendra possible l'introduction complète de la méthode du réensemencement naturel et des éclaircies, tel doit être le but du traitement actuel de ces forêts.

---

trente premières années de son existence et le retard considérable qui en résultait pour son accroissement. (Voyez Dralet, Traité du hêtre, page 79.)

Des coupes de transformation.

510. Pour réaliser la transformation qui vient d'être indiquée, il est nécessaire de se rendre compte des divers états de peuplement que présentent d'ordinaire les forêts dont il s'agit. On peut classer ces peuplements en quatre catégories principales :

1° Les restes de vieilles futaies ;

2° Les perchis ;

3° Les gaulis et les fourrés ;

4° Les parties totalement ruinées.

511. Bien que les vieilles futaies soient fréquemment clair-plantées, le nombre d'arbres y est cependant, en général, suffisant pour procurer le repeuplement naturel, à l'aide des coupes de régénération, et souvent même on y trouve des parties qui sont dans un très-bel état de végétation et de massif. Leur traitement rentre donc dans l'application pure et simple de la méthode du réensemencement naturel et ne présente aucune difficulté.

512. Dans les perchis, on retrouve ordinairement les anciens arbres de réserve qui ont gêné et gênent encore la végétation des jeunes bois ; on y trouve ensuite, en plus ou moins grande quantité, des bois blancs dont la présence est également nuisible.

Nous parlerons d'abord des anciennes réserves.

Lorsque les arbres sont en très-petit nombre, et

que l'on croit pouvoir les extraire sans causer trop
de dégâts on doit le tenter, quel que soit l'âge du
perchis, en apportant, dans l'abatage et dans la vidange, toutes les précautions possibles. Mais lorsque les réserves sont plus nombreuses ou qu'elles
sont rassemblées par places, comme cela se voit dans
certaines forêts où l'ordonnance n'a pas toujours été
strictement observée, ce serait une faute de les abattre
toutes. Dans ce cas, en effet, le perchis qui se trouve
parmi les réserves a crû dans une gêne extrême,
causée par les cimes volumineuses des arbres ; les
tiges qui le composent se sont élancées, mais ne recevant qu'incomplétement l'action de la lumière et
manquant d'espace pour prendre du corps, elles ont
un diamètre beaucoup trop faible, proportionnellement à leur hauteur, et ne se soutiennent contre les
intempéries, que par l'appui que leur prêtent les
branches des arbres entre lesquels elles se sont élevées. Si donc cet appui leur était enlevé subitement,
elles périraient inévitablement victimes des vents,
des neiges et du givre. De là, la nécessité de chercher à améliorer cet état de choses sans courir le
danger que nous signalons.

On y parviendra en se bornant à couper les réserves entièrement dépérissantes, et en faisant éla-
guer (1) périodiquement les autres, de manière à

_____

(1) Dans cet élagage, les branches servant d'appui au perchis ne devront pas être coupées entièrement ; il convient, au

donner insensiblement plus d'air au perchis et à favoriser sa croissance en grosseur, sans cependant le priver de l'appui qui lui est indispensable. Par ce moyen, les jeunes tiges finiront par prendre de la consistance, et le peuplement, dans son ensemble, pourra être conduit jusqu'à une sorte d'exploitabilité moyenne, c'est-à-dire, à une époque où les vieux bois fourniront encore de bonnes semences, et où les jeunes auront atteint l'âge de fertilité.

Cependant, si sur un point on trouvait de nombreuses réserves, et qu'elles fussent toutes dépérissantes, il faudrait se décider, malgré la perte momentanée qu'on en éprouverait, à laisser sur pied celles que l'on jugerait indispensables pour soutenir le perchis, dût-on courir la chance de les voir périr entièrement. Il est évident, en effet, que mieux vaudrait, dans ce cas, sacrifier une partie des produits actuels, que de risquer l'existence du peuplement entier.

Quant aux bois blancs que l'on rencontre dans les perchis, en plus ou moins grand nombre, il convient de les extraire en même temps que les anciennes réserves. Mais, comme pour celles-ci, il faut avoir égard à l'effet que cette extraction pourra produire, et la modifier selon qu'il en sera besoin.

---

contraire, de se borner à les raccourcir, afin que, tout en donnant aux perches plus d'espace, elles continuent cependant encore à les appuyer.

Ainsi, lorsque les bois blancs seront mélangés aux bonnes essences dans un faible rapport, ils devront être coupés sans exception ; au contraire, quand ils formeront une partie assez notable du peuplement pour qu'on ne puisse les enlever sans détruire le massif, il faudra en réserver le nombre indispensable à la conservation des tiges de bonnes essences. Plus tard, il y aura lieu de faire disparaître ces bois blancs par un deuxième nettoiement, si les bonnes essences sont assez nombreuses pour pouvoir, à une époque donnée, former le massif à elles seules; dans le cas contraire, on devra les laisser sur pied, même jusqu'à leur entier dépérissement, sauf seulement, à en enlever de temps à autre quelques-uns, afin d'aider au développement des perchis de bonne essence.

Il est sans doute inutile de dire que, quand l'état du perchis indiquera la nécessité d'une éclaircie périodique, soit partielle, soit générale, cette opération devra s'exécuter en même temps que les deux dont il vient d'être parlé.

513. Dans les gaulis et dans les fourrés on retrouve, de même que dans les perchis, les anciennes réserves et les bois blancs.

Ces derniers, associés aux morts-bois et à divers autres arbustes nuisibles, sont ordinairement en très-grand nombre, dans les fourrés surtout; leur extraction immédiate, qui doit être accompagnée de celle des vieux arbres, est de la plus grande importance.

En effet, le tort qu'ils occasionnent n'est point encore consommé, et en se hâtant de les enlever, on parvient souvent à sauver des semis naturels de hêtre et même de chêne d'une grande beauté et à restaurer ainsi tout de suite le repeuplement.

Ces coupes de nettoiement devront se répéter autant de fois qu'on le jugera nécessaire pour assurer l'état prospère des bonnes essences ; en outre, il sera convenable, dans les places où ces essences manqueront ou seront rares, de compléter le massif par quelques plantations.

514. Les parties entièrement ruinées, où les plantes parasites ont envahi la totalité du terrain, ne peuvent évidemment être remises en état qu'à l'aide de repeuplements artificiels. Nous renvoyons donc pour la manière de cultiver ces terrains, au sixième livre de ce Cours, et nous ferons observer seulement que, selon le tempérament des essences qu'on veut introduire, on devra détruire tout de suite les bois blancs, les morts-bois, etc., ou les conserver encore pendant quelque temps. Dans le premier cas, il ne suffira pas de les couper, il faudra les essoucher et extirper leurs racines le mieux possible, afin d'empêcher leur reproduction ; dans le second cas, on les enlèvera par forme de nettoiement dès que leur couvert ne sera plus d'aucune utilité au jeune repeuplement artificiel.

Les vieux arbres devront être abattus avant de commencer les semis ou les plantations.

Marche des coupes de transformation.

515. Dans les futaies de l'espèce qui nous occupe,
les anciennes exploitations, bien que faites sans principes, ont cependant été assises avec un certain ordre
et de manière à établir, dans les forêts de quelque
étendue, un nombre déterminé de séries. Toutes les
fois que ce cas se présentera, et ce sera le plus général, on fera bien de conserver ces anciennes séries
pour régler la marche des coupes de transformation;
et, dans les forêts où cette disposition n'existera pas,
on devra commencer par l'introduire et grouper
autant que possible dans une même série, des vieilles futaies, des perchis, des gaulis et des fourrés.

516. Cette distribution opérée, la marche des
coupes de transformation pourrait être réglée à peu
près comme celle des exploitations dans la futaie
régulière [444]. Supposons que la révolution jugée
convenable pour une série soit de 120 ans, on pourrait la partager en quatre périodes de 30 ans, affec-
ter à la première les vieilles futaies, à la seconde et à
la troisième les perchis, enfin à la quatrième les gaulis et les fourrés. Cela fait, on aurait pendant la première période les exploitations suivantes :

1° Dans la première affectation : coupes de régénération basées sur la possibilité par volume.

2° Dans les trois autres affectations : extractions

de vieilles réserves, de bois blancs, et, s'il y a lieu,
de tiges dominées, basées sur la possibilité par contenance.

Quant aux parties entièrement ruinées, il serait
convenable de les distraire de la surface totale de la
série et d'en prescrire le repeuplement artificiel, de
manière que les bois à y élever pussent, par leur
âge, être rattachés, autant que possible, aux parties
environnantes, et être soumis, après la première
période, aux mêmes exploitations. Le plus court
délai pour effectuer ces repeuplements, serait sans
doute le meilleur, puisqu'il s'agit de rendre à la
production des terrains devenus à peu près improductifs; mais on est forcé de se régler à cet égard
d'après les ressources dont on peut disposer.

Cette marche des coupes de transformation semble, au premier abord, la plus simple et la meilleure,
puisqu'elle a pour résultat de régulariser l'état de
la forêt dès la première période. Cependant, selon
nous, elle présente un inconvénient grave : celui
de ne pas maintenir le rapport soutenu. Il est clair,
en effet, que, pendant la première période, les
produits seront bien plus élevés qu'ils ne l'étaient
jusqu'alors et qu'ils ne le seront dans les périodes
suivantes ; car ils se composeront non-seulement des
coupes de régénération dans la vieille futaie, mais
encore d'une quantité considérable d'anciennes réserves répandues dans toute la forêt, sans compter
les bois blancs et les perches dominées qui, sur beaucoup de points, seront très-productifs.

Adopter une telle marche, ce serait évidemment transgresser un des principes fondamentaux de l'exploitation des bois ; ce serait, en outre, dans beaucoup de localités, jeter dans la consommation plus de matière qu'il n'en est besoin, et, par conséquent, en faire tomber le prix au-dessous de la valeur réelle.

517. En général, il sera facile d'obvier à ce double inconvénient, à moins qu'une circonstance, telle que le dépérissement total des restes de vieille futaie, n'y mette obstacle.

Les parties de vieille futaie, en effet, quoique parvenues à maturité, sont cependant, d'ordinaire, loin de dépérir, et peuvent, sans difficulté, demeurer sur pied 20 ou 30 ans de plus. On peut donc, au lieu de procéder immédiatement à leur régénération, les mettre, au contraire, en réserve, pour ne les exploiter que lorsque le peuplement du surplus de la série aura été régularisé par les coupes de transformation.

Or, dès que l'on aura pris un tel parti, la marche de ces coupes pourra être réglée d'une manière très-simple. Car ici, de même que dans les transformations de forêts jardinées, il faut éviter toute recherche dans la fixation de la possibilité, qui n'est qu'un objet secondaire ; le principal c'est d'assurer l'amélioration de la forêt par des moyens prompts, faciles et sûrs.

On s'occupera donc d'abord d'établir une révolution transitoire, qui se bornera au nombre d'an-

nées nécessaires pour assurer aux bois des débou-
chés convenables (10, 20, 30 ans par exemple);
cela fait, on séparera, sur le terrain, la vieille futaie
à mettre en réserve d'avec les perchis, et ceux-ci
d'avec les gaulis et les fourrés; enfin on considé-
rera ces deux derniers d'une part, et les perchis de
l'autre, comme deux séries ou sous-séries provisoi-
rés, dans chacune desquelles les coupes de transformation s'effectueront annuellement par contenances
égales et d'après les règles qui ont été posées plus
haut. Quant aux parties ruinées, on les repeuplera,
comme nous l'avons dit, de manière à pouvoir les
rattacher par la suite aux massifs environnants (1).

Il est à peu près certain que ces coupes, tout en ne
portant point sur la vieille futaie, satisferont cependant largement aux besoins ordinaires de la consommation. D'une part, les anciennes réserves fourniront en assez grand nombre des bois de service
et de travail; de l'autre, les perches dominées, et
surtout les bois blancs, alimenteront le chauf-

---

(1) Lorsqu'on établit des règlements de coupes dans des forêts comme celles dont il s'agit, il est nécessaire de se réserver le moyen d'entreprendre, dans le cours de la révolution
transitoire, outre les exploitations régulières, toutes celles qui
seraient jugées indispensables pour atteindre entièrement le but
cultural, telles que les nettoiements répétés dans les gaulis et
fourrés, les ébranchements périodiques des anciennes réserves
maintenues dans les perchis, etc.

fage, tout en donnant encore quelques pièces d'industrie.

La révolution transitoire terminée, le peuplement de la forêt sera suffisamment régulier pour que nos successeurs soient mis à même de conduire la futaie de plus en plus vers l'état normal. C'est à eux qu'il appartiendra de fixer la durée de la révolution définitive, la périodicité des éclaircies, etc., parce que, mieux que nous, ils jugeront de ce qu'il sera convenable de faire sous ces divers rapports.

518. Dans les forêts irrégulières dont traite le présent chapitre, de même que dans celles qui ont été jardinées, on rencontrera des cas nombreux que nous n'avons point prévus. C'est au forestier à les apprécier et à modifier les généralités du traitement que nous avons tracé, selon le degré d'importance qu'il accordera à l'exception (1).

---

(1) Voici, par exemple, une exception qui se présente très-fréquemment, surtout dans les forêts de chêne. On trouve dans ces forêts des parties de futaie qui, bien qu'à peine exploitables quant à leur âge, et quoique assises sur un bon sol, sont néanmoins sur le retour ou même dépérissantes, parce que les arbres proviennent de souches déjà fort vieilles. Dans ce cas, il est évident qu'il faut, avant tout, hâter la régénération du peuplement existant, et dès lors la marche des coupes de transformation, telle que nous l'avons proposée, ne peut plus être adoptée.

LIVRE QUATRIÈME.

LIVRE QUATRIÈME.

DE L'EXPLOITATION DES TAILLIS.

DÉFINITIONS.

519. On appelle *taillis*, les forêts destinées à se reproduire principalement par le rejet des souches et des racines.

Ce mode de régénération prend son principe dans la propriété que possèdent toutes les essences feuillues, à un degré plus ou moins élevé, de donner naissance à des rejets et à des drageons, lorsque l'arbre est coupé à fleur de terre ou à une certaine élévation au-dessus du sol (23).

Les rejets sont, en général, d'autant plus abondants, que l'arbre a été coupé plus près de terre et que son écorce est plus spongieuse. Les mêmes causes assurent aussi la production des drageons, qui est, en outre, favorisée par la disposition traçante des racines.

520. Lorsque, dans l'exploitation des taillis, on réserve un certain nombre d'arbres pour rester sur pied pendant trois révolutions et plus, le bois ainsi traité, est appelé *futaie sur taillis,* et mieux *taillis sous futaie* ou *taillis composé.*

Le taillis est *simple,* lorsque les arbres réservés ne sont pas maintenus au-delà de deux révolutions, ou lorsque les coupes s'exploitent sans réserve.

521. Les bois de réserve dans les taillis, se nomment *baliveaux.* On les distingue en *baliveaux de l'âge, baliveaux modernes et baliveaux anciens.*

Au moment de la coupe, les premiers sont âgés d'une révolution ; les seconds de deux, et les autres de trois et au-delà.

C'est ainsi que le code forestier désigne les arbres de réserve. Mais, dans l'usage général, le mot *baliveaux* seul exprime ceux de l'âge, la dénomination de *modernes,* ceux de deux révolutions, et celle d'*anciens,* les autres. On a aussi adopté une distinction entre les anciens : ceux qui ont beaucoup au delà de trois révolutions, ont reçu le nom de *vieilles écorces.*

Ces deux dénominations d'*anciens* et de *vieilles écorces,* laissent à désirer en ce qu'elles désignent des arbres d'un nombre indéterminé de révolutions.

Or, pour la classification des réserves d'un taillis sous futaie, il importe d'indiquer l'âge des bois; il serait donc convenable que chaque désignation eût un sens précis.

Voici comment nous avons cru pouvoir régler cet objet :

Baliveaux .... 1 révolution.
Modernes .... 2 révolutions.
Anciens de 2ᵉ classe......... 3 révolutions.
Anciens de 1ʳᵉ classe .... 4 révolutions.
Vieilles écorces............. 5 révolutions.

On pourrait même diviser les vieilles écorces, comme les anciens, en plusieurs classes.

522. Les arbres de réserve influent sur le taillis, de deux manières distinctes : par le *couvert* et par *l'ombrage.*

Il importe de ne pas confondre ces deux choses.

Le *couvert* exerce son action sur l'espace de terrain que la cime et les branches de l'arbre surmontent et recouvrent immédiatement ; il est constant et nuit à la végétation en affaiblissant les effets de la lumière et de la pluie, et en empêchant la formation de la rosée.

L'ombrage, au contraire, promène son influence sur une certaine étendue, suivant les différentes positions du soleil pendant le jour. Il est presque toujours salutaire à la croissance des bois, en ce qu'il tend à conserver la fraîcheur au sol et aux plantes, sans priver celles-ci de l'action bienfaisante de l'atmosphère et de la lumière.

Ces deux mots de *couvert* et d'*ombrage*, indiquent aussi la surface même qui est couverte ou ombragée. C'est ainsi qu'on évalue le *couvert* des réserves en mètres carrés, pour établir le rapport qui doit exister entre elles et le taillis.

523. *Ravaler*, c'est couper à fleur de terre des souches qui dans les exploitations précédentes avaient été laissées trop élevées.

524. *Couper en pivot*, c'est couper de manière à former un creux dans le milieu de la souche; *couper en talus*, c'est, au contraire, donner à la souche une inclinaison qui favorise l'écoulement des eaux pluviales.

525. On appelle *cépée* ou *trochée*, l'ensemble des rejets provenant d'une même souche.

526. *Ramiers ;* on nomme ainsi les perches du taillis et les branchages, immédiatement après l'abatage et lorsqu'ils ne sont point encore façonnés.

CHAPITRE PREMIER.

MÉTHODE DU TAILLIS SIMPLE.

ARTICLE PREMIER.

Généralités.

527. Dans la méthode du taillis simple, les rejets et les drageons sont considérés comme le produit principal. On évite avec soin tout ce qui peut nuire à leur accroissement et, à cet effet, on n'établit que peu et souvent même point de réserves dans les coupes. Lorsqu'on choisit quelques baliveaux, ce n'est que dans le but de procurer un peu d'ombrage aux expositions chaudes et d'obtenir les semences nécessaires pour régénérer le taillis. Ces baliveaux ne doivent jamais devenir des arbres anciens, et leur nombre doit être réglé de manière qu'en aucun cas ils recouvrent au-delà du *vingtième* ou du *seizième* au plus, de la surface totale.

Toutefois, dans les forêts de l'Etat, il sera souvent convenable de faire une exception à cette règle, afin de procurer des courbes à la marine. Lorsque le sol et l'essence le permettront, on pourra, sur les lisières des bois et sur les bords des routes, élever des arbres bordiers destinés à atteindre un âge avancé.

528. Les taillis ne peuvent avoir de durée constante que si les souches que l'âge ou une maladie fait périr, sont remplacées par de nouveaux pieds. Or, il est certain que ces souches ne vivent point aussi longtemps que l'arbre dont on n'aurait pas dérangé la croissance naturelle; car les exploitations répétées fatiguent et altèrent les racines (1).

Pour que l'existence des taillis soit assurée, il

---

(1) Voici l'explication physiologique de ce fait :

La relation intime ou l'équilibre qui existe entre les organes aériens (branches) et les organes souterrains (racines) détermine, comme on le sait, la vie végétale.

Les racines, en pompant la séve ascendante, produisent le développement des feuilles, et celles-ci, à leur tour, par le travail qu'elles accomplissent dans l'atmosphère, fournissent la séve descendante qui assure l'extension des racines, et particulièrement la formation des spongioles, sans lesquelles l'absorption des sucs de la terre ne saurait avoir lieu.

Or, quand on coupe la cépée d'une souche, on détruit évidemment cet équilibre. A la vérité, de nouveaux rejets apparaissent, mais ils sont minimes, comparés aux tiges qu'ils remplacent, et ne peuvent envoyer par conséquent, qu'une nourriture tout-à-fait insuffisante aux racines dont une partie

faut donc qu'il s'y opère une régénération graduelle, soit par les graines provenant des arbres
réservés, soit par des drageons, ou par des rejets
qui, nés très-près de terre (*traînants*), s'enracinent
et forment des pieds indépendants alors que le centre
de la souche se pourrit, soit enfin par des semis
artificiels ou par des plantations. En général, on
doit admettre que plus une essence a de propension
à drageonner, mieux elle convient, eu égard à sa
perpétuité, au régime du taillis.

Essences propres aux taillis.

529. Tous les arbres feuillus peuvent être traités
en taillis. Le hêtre est le seul auquel ce régime

---

cesse ainsi de former du chevelu, par suite ne fonctionne plus,
et ne tarde pas à pourrir.

Cependant, les racines étant diminuées, et les rejets s'ac-
croissant chaque année, l'équilibre se rétablit au bout d'un
certain temps. Mais bientôt une nouvelle exploitation survient,
les mêmes phénomènes se reproduisent, et la souche, troublée
périodiquement ainsi dans ses fonctions, finit par contracter
des tares, la pourriture se loge dans celles de ses parties où la
séve cesse de pénétrer, sa vitalité s'altère de plus en plus et
s'éteint en définitive bien plus tôt que cela ne fût arrivé si l'arbre eût obéi dans son développement aux lois naturelles de la
végétation.

semble ne point convenir, on a observé que si, dans quelques terrains, les souches produisent des rejets, cette faculté leur est enlevée dès la seconde, ou au plus tard à la troisième révolution, à moins qu'on ne coupe au-dessus du nœud de l'exploitation précédente ; et, dans d'autres terrains, on a reconnu que les souches meurent plus jeunes et souvent ne repoussent pas même dans l'âge le plus tendre.

Parmi les arbrisseaux, il en est quelques-uns qui méritent l'attention du forestier quoique à un moindre degré que les arbres, ce sont :

Le *coudrier*, les *petits saules*, le *merisier à grappes*, le *cornouiller mâle*, les *viornes*, etc.

Les taillis, ordinairement, se composent d'un mélange de diverses essences. L'art du forestier consiste à favoriser les plus importantes, à assurer leur durée, leur bonne croissance et à en obtenir les produits les plus utiles.

ARTICLE III.

Fixation de l'exploitabilité dans les taillis.

530. L'expérience a prouvé que, pour fournir d'abondants rejets, il ne faut pas que les bois soient coupés à un âge trop avancé. Toutes les essences, en général, sont moins disposées à ce genre de reproduction, lorsqu'elles ont dépassé la période où elles croissent surtout en hauteur, pour entrer plus particulièrement dans celle du grossissement, et il en

est même qui alors s'y refusent (1). D'un autre côté, il est incontestable qu'en coupant à des époques trop rapprochées, on affaiblit les souches (2) et l'on diminue considérablement les produits en matière (370).

D'après les observations des meilleurs forestiers, il est convenable de ne pas prolonger les révolutions de nos principales essences au-delà de 40 ans, et de ne les porter qu'exceptionnellement au-dessous de 15 ans. C'est entre ces deux limites qu'il convient généralement de renfermer la fixation de l'exploitabilité des taillis simples, afin d'assurer le mieux possible leur reproduction.

Pour les forêts de l'Etat et des communes, l'*exploitabilité absolue, renfermée dans les limites que nous venons de poser*, devra, la plupart du temps, être préférée. Elle dépend, comme on le sait, des circonstances plus ou moins favorables à la végétation, c'est-à-dire, du climat, de la situation, de l'exposition et du sol. Ainsi, le chêne qui, dans une terre profonde et substantielle, pourrait n'être coupé qu'à 40 ans, devra s'exploiter à 20 ans, et même au-dessous, dans un sol maigre qui a peu de fonds et qui est exposé aux ardeurs du soleil.

---

(1) Ce refus tient à la fois à la dureté de l'écorce et aux causes qui viennent d'être indiquées plus haut (note de la page 310).

(2) Voir la même note.

531. Lorsqu'on adoptera l'*exploitabilité absolue* ainsi entendue, pour terme de la révolution des taillis, les données suivantes pourront être considérées, sinon comme règle, du moins comme des indications utiles.

Dans un bon fonds, le *chêne*, le *hêtre*, l'*orme*, le *frêne*, les *grands érables* et le *charme* pourront s'exploiter de 30 à 40 ans. Les révolutions plus longues ne sont que des exceptions rares, presque toujours peu avantageuses.

La révolution de 20 à 25 ans conviendra aux mêmes essences, quand le sol sera moins propice, et elle pourra être considérée comme le plus long terme pour l'*aune*, le *tilleul*, le *bouleau*, le *petit érable*, les *alisiers*, les *sorbiers*, le *merisier* et le *micocoulier*.

Toutes ces essences devront s'exploiter de 15 à 20 ans, dans les fonds médiocres. Cet âge devra être préféré pour les *trembles* et les *grands saules* ainsi que pour le *châtaignier* qui, par exception, n'est jamais conduit jusqu'à son exploitabilité absolue, parce que, étant employé exclusivement à faire des cercles et des échalas, il atteint son maximum d'utilité bien avant cette époque. Le *tremble*, toutefois, ne se coupe, dans certaines contrées, qu'à 25 ou 30 ans, attendu qu'on l'emploie à la menue charpente.

Les révolutions de 5 à 10 ans doivent être uniquement réservées pour les *petits saules*, les *coudriers* et autres arbrisseaux. Le *robinier*, cependant, peut s'exploiter à cet âge, parce que sa végétation extrêmement

prompte et la dureté précoce de son bois le rendent
dès lors propre à fournir de bons échalas à la vigne.
Comme cette essence drageonne plus que toute autre,
ces courtes révolutions présentent moins d'inconvénient (1).

ARTICLE IV.

Fixation de la possibilité dans les taillis.

532. La possibilité dans les taillis doit être fondée
sur la contenance (382). Cette base, ainsi que nous
l'avons dit, est préférable en général à cause de sa
simplicité et de la régularité qu'elle imprime à la
marche des coupes. Or, cette régularité, c'est sur-

---

(1) Les besoins de cercles pour futailles et de petits paisseaux
de vigne, ont, dans divers départements, fait réduire les taillis
des essences les plus importantes à des révolutions aussi courtes.
Un tel régime est évidemment vicieux. Sans diminuer ainsi la
révolution, on peut satisfaire à ces besoins par des éclaircies,
possibles à tout âge, qui produiront des bois de quelque petite
dimension qu'on les demande. C'est ainsi qu'on délivre aux
adjudicataires de coupes, des milliers de harts, qui servent aux
bûcherons pour lier les fagots et aux flotteurs pour rassembler
les trains. Ils sont extraits, sans aucun dommage, des taillis de
l'âge de 6 ans et au-dessous ; mais ces extractions peuvent
avoir lieu de même dans des cantons plus âgés, et fournir aux
différents besoins de la consommation. Les forêts traitées en
futaie offrent la même ressource.

tout dans les bois exploités en taillis qu'on peut la réaliser, parce que, en raison des courtes révolutions auxquelles ces forêts sont soumises, il devient plus facile d'y établir une gradation convenable dans l'âge des bois et d'asseoir les coupes de proche en proche.

Différents auteurs ont prescrit de rendre les contenances des coupes, dans les taillis, proportionnelles au peuplement et à la fertilité du sol. Il est incontestable que cette mesure, bien exécutée, rendrait les produits annnels moins variables ; mais, comme on réussit ordinairement à créer un rapport soutenu par les moyens plus simples que nous connaissons (384), on a généralement accordé peu d'attention à cette idée, et, en France particulièrement, tous les taillis sont partagés en coupes d'égale contenance.

ARTICLE V.

Saison la plus convenable pour la coupe des taillis.

533. Il est généralement à désirer que les taillis ne soient coupés ni en automne ni en hiver, parce que l'intensité du froid, dans cette dernière saison, peut altérer les souches. L'écorce quelquefois même s'en détache, lorsque, gonflée par les pluies, elle éprouve l'effet d'une forte gelée. Dans ce cas, toute production de rejets devient impossible, et, à moins que les racines ne fournissent des drageons, le pied est perdu.

Il est peu convenable aussi de couper les taillis
en temps de séve; les souches s'affaiblissent, dit-
on, par l'écoulement trop abondant du suc séveux.
Un inconvénient plus réel, c'est la perte de la première et plus forte repousse du taillis qui est due
à la séve du printemps, tandis que, par la séve d'été,
on n'obtient que des rejets qui sont toujours moins
vigoureux et ont plus de peine à se défendre contre
les froids de l'hiver.

La coupe en temps de séve ne peut être tolérée
que pour les taillis dont l'écorce est indispensable
aux tanneries.

534. Les mois de février, mars, et quelquefois
le commencement d'avril, sont, dans les cas ordinaires, et dans le climat d'une grande partie de la
France, les époques les plus favorables à la coupe
des taillis. Ces époques pourront être sans doute
mieux choisies pour les départements méridionaux
où la végétation est très-précoce. La température
doit décider. En règle générale, on évitera de couper
avant et pendant les grands froids et au moment
de la séve.

Quelques parties du midi de la France et celles
qui sont voisines de l'Océan, n'ont guère à craindre
les fortes gelées d'hiver; dans ces pays, il sera préférable de commencer à couper aussitôt après la chute
des feuilles, et, pour les chênes à feuilles persistantes, aussitôt que le mouvement de la deuxième
séve sera arrêté.

Mode d'abatage des taillis.

535. L'abatage des taillis doit se faire avec des instruments bien tranchants, afin de ne pas faire éclater la souche et l'écorce qui la recouvre. Les perches ayant $0^m,1$ de diamètre et au-dessus doivent être coupées à la hache; pour les brins plus faibles, il est préférable d'employer la serpe, afin d'éviter l'ébranlement et souvent la rupture des racines que le choc de la hache occasionne aisément. On peut même se servir, pour les tiges les plus minces, de la scie, en prenant la précaution de faire la section oblique à l'horizon ; pratiquée sur des souches aussi petites, cette opération n'a aucun inconvénient.

En général, on coupera le plus près possible de terre, et l'on donnera à la souche une forme telle que les eaux pluviales ne puissent y séjourner. Cependant, lorsque le taillis provient de souches déjà très-vieilles, ou lorsque l'essence est peu disposée à se reproduire par rejets (comme le hêtre, par exemple, et dans certains terrains froids et humides, même le charme), on fera bien de couper dans le jeune bois, immédiatement au-dessus du nœud de la précédente exploitation, parce que les pousses nouvelles seront plus abondantes et se développeront avec plus de facilité que si elles avaient à traverser l'écorce épaisse et dure de la vieille souche (1).

Quand les essences ont la propriété de drageonner, le moyen à employer pour assurer la perpétuité du taillis est très-simple. Lorsqu'on s'aperçoit que la faculté reproductive des souches commence à diminuer, on les coupe entre deux terres, c'est-à-dire, au-dessous du collet de la racine. En détruisant ainsi le centre vers lequel se portait la séve, celle-ci agit plus énergiquement sur les racines et donne naissance à une grande quantité de drageons qui remplacent abondamment les souches surannées.

ARTICLE VII.

Façonnage et vidange dans les taillis.

536. La reproduction des taillis, en général, exige que les bois soient façonnés et entièrement vidés avant que les rejets paraissent. On ne saurait méconnaître l'utilité de ce principe, et il est à désirer qu'on puisse l'adopter.

Très-souvent on voit l'aire d'une coupe couverte de stères et de fagots, au milieu desquels les rejets s'élèvent et dépassent quelquefois les piles de bois.

---

(1) Une précaution très-utile aussi, en pareil cas, consiste à laisser subsister sur la souche, comme *tirants de séve*, quelques-uns des rejets traînants dont la conservation a déjà été recommandée à d'autres titres (528).

C'est ce qui arrive dans les taillis situés en sol très-fertile ou humide, et dans ceux que peuplent des bois d'une végétation rapide. On peut concevoir que, dans de pareilles coupes, le séjour de bois façonnés et surtout le retard de la vidange, ne peuvent manquer d'occasionner du dommage.

Il y en a moins à craindre pour les taillis situés en fonds maigre et aride et dans ceux que peuplent des essences d'une végétation lente, parce que les rejets de la première année sont ordinairement peu élevés.

537. La vidange avant le temps de la séve est la plus avantageuse, et peut presque toujours avoir lieu dans les coupes dont on commencera l'exploitation en automne. Elle sera possible encore dans les coupes de peu d'étendue, lors même qu'on attendrait la fin de l'hiver pour y mettre la cognée. Il n'est pas nécessaire au surplus, que les bois soient transportés hors de l'enceinte de la forêt; l'essentiel est que la coupe en soit débarrassée, et il est rare qu'on ne trouve pas des places où le produit de l'exploitation puisse être momentanément déposé. Par le moyen de ces places de dépôt (1), on pourra presser la vidange des coupes, quand même

---

(1) Quand les coupes, ainsi que cela doit être, aboutissent toutes sur une ou plusieurs laies sommières ou routes, les accotements de celles-ci deviennent les places de dépôt les plus naturelles et les plus avantageuses.

on n'aurait commencé à les exploiter qu'après les fortes gelées.

Ce qui favorise le plus la célérité des vidanges, c'est le bon état des chemins. Il est telle forêt où la sortie des bois n'est possible que lors des grands froids ou des chaleurs de l'été, et où la difficulté des transports diminue considérablement la valeur des coupes. Dans ce cas, on est forcé de consentir à des prorogations de délai de vidange, quel que soit l'inconvénient qui en résulte. De bonnes routes forestières doivent être mises au rang des améliorations les plus utiles, de celles, surtout, qui augmentent le revenu des forêts et qui permettent de mettre, dans le régime des exploitations, la promptitude désirable et l'ordre qui doit y régner.

ARTICLE VIII.

Examen des dispositions que renferme le cahier des charges des adjudications de coupes.

538. Le cahier des charges régissant les adjudications des coupes qui se font annuellement dans les forêts de l'Etat, des communes et des établissement publics, contient les dispositions suivantes (1) :

---

(1) Pour plus de facilité dans l'enseignement, nous avons classé ici les dispositions du cahier des charges, dans l'ordre où les différentes parties de l'exploitation des taillis ont été traitées dans ce chapitre.

A. « L'abatage des bois sera entièrement ter-
» miné le 15 avril qui suit la date de l'adjudication.

» Les bois à écorcer, en vertu de l'acte d'adjudi-
» cation, seront coupés avant le 15 mai.

B. « A moins de clauses contraires, les bois
» seront exploités à tire et aire et à la cognée, le
» plus près de terre que faire se pourra, de manière
» que l'eau ne puisse séjourner sur les souches.
» Les racines devront rester entières.

C. « Les coupes seront nettoyées, savoir : en ce
» qui concerne le ravalement des anciens étocs et
» l'enlèvement des épines, ronces et autres arbustes
» nuisibles, avant le terme fixé pour l'abatage ; en
» ce qui concerne le façonnage des ramiers, avant
» le 1er juin.

» A l'égard des ramiers provenant des bois qui
» auront été écorcés en vertu du procès-verbal
» d'adjudication, ce dernier délai est prorogé jus-
» qu'au 1er juillet suivant.

D. « La vidange sera entièrement terminée le
» 15 avril qui suit l'expiration du délai d'abatage.

E. « Si des circonstances locales nécessitent
» d'autres termes que ceux fixés pour l'abatage, le
» nétoiement et la vidange des coupes, il en sera
» fait une clause spéciale de l'adjudication. »

559. Par le dernier paragraphe que nous venons
de rapporter, le cahier des charges a prévu que
des modifications pourraient être nécessaires, et il
permet de les déterminer par des clauses spéciales,

qui doivent être proposées par les agents forestiers locaux et soumises à l'approbation de l'administration.

Nous allons examiner les conditions générales et en signaler les parties susceptibles d'être modifiées, lorsque d'ailleurs les circonstances rendront ces changements possibles.

a. *L'abatage doit être terminé au 15 avril.*

Ce terme est trop reculé pour un grand nombre de localités et fait naître à peu près tous les inconvénients de la coupe en temps de séve.

D'après ce qui a été expliqué plus haut (534), il faudrait, selon les différents climats, fixer, non seulement la fin, mais aussi le commencement de l'abatage, et faire en sorte d'éviter les exploitations d'automne et d'hiver qui, hors des contrées méridionales et d'une partie de celles de l'Ouest situées dans le voisinage de la mer, ne sont pas toujours sans danger.

b. *Les bois seront exploités à la cognée le plus près de terre que faire se pourra.*

Ce mode d'abatage, bien que généralement applicable, admet cependant quelques exceptions, comme nous l'avons fait voir (535). Par exemple, si, malgré le peu de dispositions du hêtre à repousser sur souche, on est forcé par les circonstances de le traiter en taillis, il sera prudent de le faire couper au-dessus du nœud de la précédente exploitation, car ce n'est que du jeune bois que l'on peut espérer des rejets.

C'est par ce mode que, dans l'ancienne Lorraine, on a soutenu, pendant assez longtemps, l'existence de quelques taillis de hêtre ; et lorsque les agents forestiers, pour obéir aux règlements, se sont décidés à faire couper ces taillis rez terre, les vieux bûcherons ont prédit la mort des souches et ne se sont pas trompés.

Une mesure très-utile pour assurer la reproduction des taillis et dont nous avons déjà parlé plus haut (528 et 535, note) consiste à conserver les rejets traînants, soit que l'on compte sur le mouvement naturel des voitures et des hommes dans la coupe pour les enterrer, soit, ce qui est mieux, qu'on les fasse coucher en terre plus soigneusement par des ouvriers. Quoiqu'il en soit, dans l'un et l'autre cas, on peut obtenir par ce moyen une multitude de jeunes tiges. Il serait donc à propos de ne pas exiger que l'abatage se fît par trop près de terre, et de recommander au contraire aux bûcherons, tout en coupant en talus, de respecter les traînants dont il s'agit.

c. *Les coupes seront nettoyées, savoir : en ce qui concerne le ravalement des anciens étocs et l'enlèvement des arbustes nuisibles avant le terme fixé pour l'abatage ; en ce qui concerne le façonnage des ramiers, avant le 1er juin.*

Les ramiers devraient expressément être façonnés dans le plus bref délai possible. Si le terme de cette opération n'est fixé qu'au 1er juin, les adjudicataires peuvent les laisser éparpillés dans les coupes pen-

dant tout le mois de mai et, par conséquent, dans
le moment où la séve produit déjà des rejets. D'une
part, il en résultera du dommage pour la repousse
des souches, de l'autre, les agents et les gardes seront empêchés de visiter toutes les parties des exploitations, ce qui peut favoriser la fraude. Les
bûcherons devraient être partagés en deux brigades :
l'une chargée d'abattre et de façonner le bois de
corde, l'autre de relever et de fagotter les ramiers.
Cette dernière travaillerait au fur et à mesure de
la chute des arbres et de l'abatage des cépées. Dans
tous les temps, une coupe doit être accessible
et ne présenter aucun obstacle à la surveillance
journalière. Quant aux anciens étocs, c'est-à-dire
les souches ou parties de souches qui sont mortes,
il vaudrait mieux les extraire et leur substituer des
jeunes plants bien venants que de se contenter de
les ravaler.

d. *La vidange sera entièrement terminée le 15
avril.*

Cet article des conditions générales, donne aux
adjudicataires une année entière, à partir de l'abatage, pour le débit et l'enlèvement des bois de leurs
ventes, et doit, par conséquent, contribuer au succès
des adjudications. Il est à regretter, toutefois, que
cette manière d'augmenter les revenus actuels des
forêts soit contraire à leur bien-être, et l'on ne peut
qu'émettre le vœu bien formel, de voir adopter des
délais de vidange plus favorables à la reproduction

des taillis, dans toutes les localités où le bon état
des chemins et une concurrence suffisante entre les
marchands de bois permettront de le faire sans
sacrifice.

ART. IX. Climats et sols qui conviennent aux taillis.

540. En général, les régions élevées et froides
semblent peu propices au mode d'exploitation en
taillis. Premièrement, les essences feuillues les plus
répandues dans ces climats sont peu disposées à se
reproduire de souche; en second lieu, les étés y
sont courts, et par suite la lignification des rejets
s'y opère assez incomplétement, d'autant plus que
l'abatage ne peut avoir lieu qu'à une époque déjà
assez avancée de l'année, à cause des grandes neiges
et de leur séjour prolongé. Enfin, les gelées tardives
du printemps qui, quelquefois, sévissent encore en
juin dans ces localités, causent de notables dommages aux bourgeons naissants. Aussi est-il à remarquer que le régime du taillis est beaucoup plus répandu dans les climats méridionaux que dans ceux
du nord.

541. Les bois situés en sol aride ou peu profond
languissent souvent à un âge peu avancé, et si l'on
persiste à les maintenir sur pied malgré leur chétive
végétation, ils ne tardent pas à dépérir entièrement.
Mais quand, au contraire, on les exploite avant que cet
état de langueur se manifeste, les souches se repro-

duisent abondamment, et l'on obtient alors pendant
un certain nombre d'années, un accroissement sensiblement plus productif qu'il ne l'eût été sans cette
opération. En pareil cas donc, le régime du taillis
est tout à fait à sa place, pourvu que, d'ailleurs, la
déclivité jointe au manque de compacité du terrain,
ne mette pas obstacle à ce mode de traitement. Il en
sera de même dans un sol fertile, mais dépourvu de
profondeur, s'il s'agit d'y cultiver des essences qui
ne sauraient atteindre un âge avancé qu'en enfonçant leurs racines assez avant dans le sol.

CHAPITRE DEUXIÈME.

—

MÉTHODE DU TAILLIS COMPOSÉ.

ou

SOUS FUTAIE.

—

ARTICLE PREMIER.

Généralités.

542. La méthode du taillis sous futaie a pour objet particulier d'élever, sur les taillis, des bois de service ; les rejets ne sont plus alors considérés comme le produit le plus important. On veut ici obtenir, à la fois, les avantages du taillis et une partie de ceux de la futaie, c'est-à-dire, régénération prompte et facile, et production de bois de fortes dimensions. Dans cette vue, on conserve, à chaque coupe du taillis, un certain nombre d'arbres auxquels on laisse parcourir plusieurs révolutions.

543. Toutes les essences propres aux taillis simple (les arbrisseaux exceptés), peuvent aussi être

traitées en taillis sous futaie; et les mêmes principes d'exploitation s'appliquent à l'un et à l'autre mode. Mais, dans celui du taillis sous futaie, il faut considérer en outre le *choix*, le *nombre* et la *distribution* des baliveaux, trois objets qui sont de la plus haute importance. Car, s'il est incontestable que des réserves modérées et réparties avec intelligence sur le taillis, sont le plus souvent un moyen d'augmenter la quantité et l'utilité des produits en matière, il n'est pas moins vrai aussi qu'un balivage surabondant, fait sans égard aux conditions d'une bonne végétation, amène des résultats diamétralement opposés. En effet, il ne faut point perdre de vue que le taillis sous futaie réunit deux éléments, qui, par leur nature, s'entravent et se contrarient réciproquement. D'une part, les arbres réservés qui deviennent branchus, noueux, et s'élèvent peu, parce que chaque exploitation du taillis les isole et provoque leur végétation latérale aux dépens de leur croissance en hauteur; de l'autre, le sous-bois qui est gêné dans son développement par le couvert des réserves qui le surmontent.

Accorder ces deux éléments qui sont en opposition, en réglant le nombre et la distribution des réserves, de manière que la croissance du taillis n'en soit entravée que le moins possible, tel doit donc être le problème à résoudre dans l'exploitation du taillis sous futaie.

544. Les considérations, que nous avons exposées,

22

plus haut (540) sur les climats qui conviennent aux taillis simples, s'appliquent également aux taillis sous futaie. Seulement il faut remarquer que ce dernier genre de forêt est encore moins à sa place que le premier dans les régions élevées, attendu que l'influence nuisible de la réserve sur la reproduction des souches et sur la croissance du sous-bois s'y fait sentir beaucoup plus défavorablement que dans les climats tempérés. On sait, en effet, que l'action du soleil contribue surtout au développement des bourgeons adventifs d'où naissent les rejets et qu'elle est non moins nécessaire à la bonne végétation et à la lignification de ces derniers. Or, dans les régions froides, le ciel est toujours moins pur et la lumière solaire, par conséquent, moins intense que dans les climats doux ; donc, tout ce qui tend à entraver l'action du soleil sur la végétation y sera d'autant plus nuisible.

545. Quant au sol, il est évident qu'il doit, pour convenir au taillis sous-futaie, être sinon plus fertile, du moins plus profond que celui qui suffit au taillis simple, puisqu'il s'agit d'y élever des bois d'un âge avancé, et dont les dimensions et les qualités puissent satisfaire aux besoins de la consommation, en ce qui concerne les constructions et l'ouvrage.

Choix des baliveaux.

546. Les baliveaux doivent être choisis parmi les pieds les plus vifs et de la plus belle venue. En donnant la préférence aux brins de semence, qui sont généralement mieux-venants et plus durables que les rejets, il faut éviter de réserver des baliveaux de l'âge trop grêles, eu égard à leur élévation, parce qu'ils sont facilement ployés ou rompus par les vents, la neige et le givre.

547. La réserve doit se composer, en majeure partie, de chênes, comme étant l'essence la plus précieuse pour les constructions.

Après le chêne on doit préférer le châtaignier, l'orme, le frêne, les grands érables ; puis le hêtre et le charme. Il est avantageux aussi de réserver quelques pieds d'alisier, de sorbier, de merisier et de bouleau. Le tremble même pourrait, dans certains taillis, faire partie de la réserve, attendu la rapidité de sa croissance et ses belles dimensions qui le font rechercher pour divers usages (247). On l'en exclut cependant, et généralement avec raison, parce que l'extrême abondance de ses graines le multiplie dans les taillis au point de compromettre la végétation des essences d'élite (243).

En général, il est utile de composer la réserve de plusieurs essences, tout en maintenant la proportion

la plus forte aux plus importantes. Non-seulement
on assure, de cette manière, les différents besoins
de la consommation, mais on a l'avantage d'élever,
dans chaque canton de la forêt, sur chaque place
pour ainsi dire, les bois qui y prospèrent le mieux.
On augmente donc la production générale en quantité et en qualité. A ce point de vue, on ne peut
qu'approuver ce qui se pratique dans certaines parties de l'Allemagne, où l'on a l'habitude de mêler à
la réserve feuillue, un certain nombre de bois résineux, mélèzes ou pins sylvestres, qui réussissent
parfaitement dans de telles conditions, fournissent
d'excellents bois de travail et de construction et
n'entravent cependant que très-peu la croissance du
sous-bois, attendu la légèreté de leur feuillage. Cette
pratique, du reste, n'est point inconnue en France :
dans différents bois particuliers de la Sologne, par
exemple, on voit croître, au-dessus de taillis mélangés de chêne, de châtaignier et de bouleau, une
réserve de pins sylvestres qui présente à tous égards
des résultats satisfaisants (1).

548. On a l'habitude de ne marquer que des tiges
très-droites, et l'on néglige celles qui présentent
quelque courbure ou qui forment la fourche à la

_____

(1) V. le rapport de M. Ad. Brongniart, de l'Institut, à M. le
Ministre de l'Agriculture et du Commerce, sur les plantations
forestières dans la Sologne.

naissance des branches, parce que, dit-on, ces dernières sont exposées à être déchirées par les vents.

Les tiges droites doivent, sans doute, être l'objet principal du balivage ; mais, dans les forêts de l'État du moins, et pour l'essence *chêne*, il ne faut point perdre de vue les besoins de la marine qui sont du plus haut intérêt. Dans toutes les forêts, et surtout dans celles qui sont traitées en futaie, on n'est jamais embarrassé de trouver des pièces droites, tandis qu'on n'y rencontre pas aussi facilement les courbes et les courbants qui sont indispensables à la construction des vaisseaux. Il faut donc chercher à y pourvoir par les balivages.

ARTICLE III.

Nombre des baliveaux.

549. Le nombre de baliveaux à réserver, doit être réglé de manière que le couvert qui en résulte ne puisse compromettre la croissance et la reproduction du taillis. C'est dire qu'il doit varier selon les *essences*, les *sols* et les *expositions*, et qu'il n'est pas possible de prescrire, à cet égard, des règles générales et absolues.

En effet, il est des essences, telles que le chêne, le frêne, le bouleau, etc., qui ne donnent qu'un couvert léger et n'empêchent point entièrement la croissance du taillis, tandis que les hêtres, les charmes, et d'autres encore, étouffent tout ce qui végète sous leur épais feuillage.

Certaines essences aussi supportent mieux que d'autres d'être dominées. Ainsi les taillis de chêne, quel que soit le sol ou l'exposition, souffrent beaucoup de la présence des arbres, tandis que l'on voit souvent les rejets de charme croître assez bien sous le couvert et même tout près du tronc de chênes anciens.

Quand le sol sera fertile, il y aura moins d'inconvénients, pour le taillis, que les réserves soient multipliées et qu'elles acquièrent un âge avancé ; d'une part, parce que la végétation du taillis est d'autant plus assurée que le terrain présente plus de ressources ; de l'autre, parce que, dans un bon fonds, les arbres prennent plus de hauteur de tige, et que, plus cette tige est élevée, moins le couvert de sa tête nuit au taillis.

Mais, dans les terrains médiocres, peu profonds et placés à une exposition chaude, il faut éviter de conserver de vieux arbres, et chercher seulement à *ombrager* le taillis par des réserves moins âgées, qui pourront être en assez grand nombre, mais dont il importe que les têtes soient peu volumineuses. Il ne peut y avoir d'ailleurs que perte à réserver des arbres jusqu'à un âge avancé, dans des sols impropres à leur fournir une nourriture suffisante, et où, par conséquent, on ne peut espérer obtenir des bois de fortes dimensions.

En créant dans de pareilles localités un *ombrage* abondant, tout en ne donnant qu'un léger *couvert,* c'est-à-dire, en se rapprochant davantage du mode du taillis simple, on mettra obstacle à l'évaporation trop considérable du sol et des bois eux-mêmes, et l'on écartera, cependant, ce qui pourrait entraver la croissance du taillis, déjà trop peu favorisée par la nature du sol.

Ces considérations, et d'autres encore, telles que les besoins de la consommation, la valeur des bois de service de certaines dimensions, etc., exigent que le balivage se modifie selon les localités.

550. Quoiqu'il ne soit pas possible d'établir une base fixe à l'égard du balivage, on n'en sent pas moins le besoin de certaines données qui puissent servir de point de départ et de guide, lorsqu'il s'agit, dans la pratique, de régler cet objet aussi important que difficile. Dans ce but, on a cherché à déterminer, par maximum et par minimum, l'étendue que peuvent recouvrir les arbres de réserve, sans compromettre le taillis; puis on a essayé de trouver l'espace moyen que recouvre un baliveau de chaque catégorie, et l'on est ainsi arrivé à fixer le nombre d'arbres de différents âges, qu'il conviendrait de réserver à chaque exploitation.

On concevra facilement que les expériences faites ont produit des résultats fort divers, et que, par suite de ces différences, les opinions émises à ce sujet ont beaucoup varié. Nous ne rapporterons de ces opi-

nions, que celles qui se sont assez généralement vérifiées et qui sont le plus conformes à nos propres
convictions. Toutefois, nous nous hâtons d'ajouter
que lorsqu'il s'agira de régler le balivage d'une
forêt ayant quelque importance, cet objet demandera
toujours à être expérimenté particulièrement ; attendu qu'il se modifie selon les essences et selon la
disposition des arbres à s'étaler plus ou moins, disposition qui dépend à son tour du sol et du climat.
Enfin, nous ferons remarquer que le couvert des
vieux arbres est bien plus nuisible au sous-bois (à
surface couverte égale) que celui de pieds jeunes ou
d'âge moyen, parce que le feuillage des premiers est
plus épais et moins pénétrable, par conséquent, aux
rayons du soleil que celui des seconds.

551. On admet en principe que, immédiatement
avant l'exploitation, les arbres ne doivent couvrir que
le *tiers*, au plus, du terrain, quand les circonstances
locales, que nous avons indiquées plus haut, semblent
permettre une réserve abondante. Lorsque ces circonstances n'existent que partiellement, le couvert
peut être diminué, selon les cas, jusqu'au *sixième*
de la surface.

Le balivage normal qui va suivre, et dont la première idée appartient à Cotta, nous paraît applicable
à un grand nombre de nos taillis sous futaie, lorsqu'ils sont placés en fonds convenable ; il établit un
couvert et un ombrage modérés, et assure des ressources en bois de service et de travail, propres à

tous les besoins de la consommation. On pourra facilement, au surplus, y apporter les modifications que des circonstances particulières rendront avantageuses ou nécessaires, soit en supprimant une et même deux catégories de réserves, soit en diminuant le nombre des pieds composant chacune des catégories.

Il est presque inutile d'ajouter, que ce balivage n'est applicable qu'aux essences dont la consommation réclame des pièces de fortes dimensions, et qui, d'ailleurs, sont susceptibles d'atteindre un âge avancé ; telles sont, par exemple : le chêne, le châtaignier, l'orme, le frêne, l'érable. Nous ne voyons pas l'opportunité de réserver, comme on le fait souvent, des hêtres et des charmes jusqu'à 150 ans et plus. Ces arbres, dont le couvert est très-épais, s'étalent considérablement et écrasent le taillis, sans offrir, au propriétaire, lors de leur abatage, une compensation des pertes que leur présence a occasionnées. Il est vrai, toutefois, que le hêtre, par ses fruits, présente quelque dédommagement ; c'est un objet à calculer d'après la fréquence des années de semence dans la localité, la valeur de la faîne, et les difficultés de la récolte.

552. Balivage normal. — Admettant une révolution de 30 ans, on devrait trouver, à chaque exploitation, par hectare :

RÉSERVES par CLASSES D'AGE.	NOMBRE de RÉSERVES.	COUVERT d'un ARBRE.	COUVERT de tous les ARBRES.
		mêt. car.	mèt. car.
Vieilles écorces (150 ans). . .	10	60	600
Anciens de 1re classe (120 ans).	20	42	840
Anciens de 2e classe (90 ans).	30	32	960
Modernes (60 ans).	40	15	600
TOTAUX. . .	100	»	3000

Lors de la coupe, on abattrait par hectare :

Vieilles écorces (150 ans) 10
Anciens de 1re classe (120 ans). . . . 10
Anciens de 2e classe (90 ans). 10
Modernes (60 ans). 10

Total . . 40 arbres,
et l'on réserverait 50 baliveaux de l'âge (1).

(1) On remarquera que l'on prescrit une réserve de cinquante baliveaux de l'âge, tandis qu'on ne coupe cependant que 40 pieds d'arbres et qu'on ne compte retrouver, au bout de la révolution, que quarante modernes (voir le tableau). Cette mesure a paru nécessaire pour tenir compte des nombreux accidents dont un certain nombre de baliveaux de l'âge est toujours victime.

Il resterait donc sur pied, après la coupe :

RÉSERVES par CLASSES D'AGE.	NOMBRE de RÉSERVES.	COUVERT d'un ARBRE.	COUVERT de tous les ARBRES.
		mèt. car.	mèt. car.
Anciens de 1re classe (120 ans).	10	42	420
Anciens de 2e classe (90 ans). .	20	52	640
Modernes (60 ans).	30	15	450
Baliveaux (30 ans).	50	nul.	»
TOTAUX. . .	110	»	1510

On voit, d'après ce qui précède, que le balivage normal que nous proposons, ne recouvre, immédiatement avant la coupe, qu'une superficie un peu au-dessous du tiers de l'étendue totale. Or, c'est ce rapport, entre le taillis et la futaie, que nous avons indiqué, plus haut, comme nous paraissant le plus convenable pour conserver la forêt en bon état, quand le sol et le climat sont d'ailleurs d'une fertilité moyenne.

Pour éviter toute méprise, dans l'application, sur le sujet que nous venons de traiter, nous ferons remarquer que le balivage normal, ou tout autre analogue qu'on aurait adopté pour une forêt, ne doit pas être considéré comme une prescription absolue qu'il faille observer à la lettre, dans l'exécution. La plupart du temps, il y aurait impossibilité matérielle à le faire et ce serait, d'ailleurs, méconnaître entièrement l'esprit d'une telle disposition. En étudiant les conditions de production d'une forêt, sol, climat, essences, et en les combinant avec les intérêts du propriétaire et les besoins de la consommation, on détermine le balivage le plus avantageux, le plus rationnel à appliquer à cette forêt. Ce n'est qu'un terme de comparaison, une image de l'état de choses le plus désirable, dont il faut sans cesse chercher à approcher, sans prétendre jamais le réaliser totalement, si ce n'est sur quelques points exceptionnels. Mais on comprend néanmoins combien cet *état théorique*, si l'on peut s'exprimer ainsi, sera utile au praticien pour le guider dans ses travaux.

ARTICLE IV.

Distribution des baliveaux.

553. La distribution des baliveaux de différentes catégories présente souvent de très-grandes difficultés, et demande toujours la plus scrupuleuse attention.

Si la coupe est située dans un même plan, il faut chercher à répartir l'ombrage, le plus également possible, sur l'ensemble du terrain ; si, au contraire, elle offre des accidents variés dans sa configuration, le balivage doit changer selon la nature du sol et l'exposition de chaque partie. Ce qu'il faut surtout éviter, c'est de conserver, sur un même point, plusieurs arbres anciens. Non-seulement ils causent, ainsi réunis, un dommage bien plus considérable que lorsqu'ils sont isolés, mais, s'ils sont destinés à disparaître ensemble à la prochaine exploitation, il en résultera, le plus souvent, un vide dans le taillis, sur lequel les bois blancs et les morts-bois trouveront accès, ou qu'il faudra combler par des repeuplements artificiels.

Toutes les fois que cela se pourra, on fera bien de réserver les arbres anciens sur les lisières des bois et sur les bords des routes et des chemins. Dans cette position, ils nuiront moins au taillis et leur propre végétation y gagnera.

554. Le balivage raisonné des taillis sous futaie est un objet pour l'exécution duquel les règles de la théorie ne sauraient suffire, parce qu'il existe une infinité de cas et de circonstances qu'on ne peut ni préciser ni prévoir, et que le coup-d'œil exercé du praticien peut seul apprécier. C'est assez dire que cette opération nécessite une habileté plus grande et bien plus rare qu'on ne le pense communément (1).

---

(1) Les conditions dans lesquelles les agents forestiers et, avec eux, la plupart des particuliers exécutent cette importante opération du choix et de la distribution des baliveaux sont, il faut le reconnaître, peu faites pour en obtenir de bons résultats. En effet, le martelage, c'est-à-dire, la désignation des réserves de toutes catégories, a lieu, comme on le sait, *en une seule fois* et s'exécute dans le printemps ou l'été qui précède l'exploitation

Exploitabilité des taillis sous futaie.

555. L'exploitabilité des taillis sous futaie doit être réglée d'après les mêmes considérations que

---

du bois. La coupe est vendue *sur pied*, abattue, façonnée et vidée suivant certaines conditions imposées par le vendeur, acceptées par l'acquéreur et dont la principale est de représenter, au récolement, toutes les réserves frappées du marteau. Or, quand le taillis est sur pied, enveloppant les arbres de toute part, empêchant souvent de juger leur port, de bien apercevoir leur cime, il est, sinon impossible, du moins fort difficile de faire toujours de bons choix individuels. Mais ce qui est bien plus difficile encore, c'est de distribuer convenablement les diverses catégories de réserves, de manière à répartir l'ombrage dans la mesure où il est utile et à atténuer, autant que possible, les inconvénients du couvert.

Nous savons que des obstacles à peu près insurmontables s'opposent à ce qu'il soit rien changé à cet état de choses dans les forêts soumises au régime forestier : les règlements administratifs, la marche du service et les garanties de régularité dont il est nécessaire de l'entourer, enfin, le nombre limité d'agents chargés des opérations dont il s'agit ne permettent pas (quant à présent du moins) d'y songer. Mais il n'en est pas de même dans les bois de particuliers que les propriétaires exploitent eux-mêmes pour n'en vendre les produits qu'après façonnage. Dans ces bois, il sera facile de modifier le procédé actuel, en s'y prenant de la manière suivante :

On exploitera le taillis, à l'époque de l'année où l'on a cou-

celle des taillis simples, sauf, toutefois, à ne point
perdre de vue que, lorsqu'il s'agit d'élever des bois
de service sur le taillis, il n'est plus possible de soumettre celui-ci à des révolutions de courte durée.

En effet, si l'on exploitait le taillis à 10, 15 ou
20 ans, la réserve d'arbres destinés à atteindre un
âge avancé manquerait en grande partie son but.
D'abord, la plupart de ces tiges, trop grêles pour résister aux intempéries, en seraient inévitablement
victimes; en second lieu, on a peu à espérer de
baliveaux n'ayant que l'élévation ordinaire des taillis
de cet âge, c'est-à-dire, 4, 6 ou 7 mètres. On sait
qu'en général, le fût de l'arbre crû en massif, une
fois isolé, ne s'allonge plus, bien que la cime continue à gagner en hauteur; la raison en est, que,
dans cet état d'isolement, n'étant plus serré par des

---

tume de le faire, en laissant sur pied, d'abord, toutes les
réserves de la révolution précédente et, en outre, les plus
belles perches du taillis, en nombre triple ou quadruple de
celui des baliveaux de l'âge qui devront être maintenus définitivement. Ces perches seront répandues sur toute la coupe,
même dans les lieux où il se trouve d'anciennes réserves. —
Aussitôt l'abatage du taillis terminé, on procédera au martelage de la réserve, de façon que les arbres abandonnés puissent
encore être coupés en temps utile pour la reproduction de la
souche. On conçoit aisément que cette opération se fera avec
promptitude et facilité, et qu'elle présentera toutes les garanties
désirables pour le meilleur choix des arbres et leur espacement
le plus avantageux.

voisins qui le forçaient à s'élever, l'arbre se partage en branches. Il est donc évident que pour obtenir, dans un taillis sous futaie, des arbres ayant une longueur de tige utile aux différentes constructions, il faut, en général, qu'ils aient atteint cette longueur, avant d'avoir été l'objet du balivage, c'est-à-dire, comme perches du taillis.

D'après ces considérations, en fera donc bien de fixer la révolution des taillis sous futaie à 30, 35 ou 40 ans. Dès lors, on pourra faire choix de baliveaux ayant 10, 12 et 14 mètres de hauteur sur un diamètre proportionné, et qui, par conséquent, supporteront mieux les injures de l'atmosphère et deviendront propres aux usages auxquels on les destine.

556. Plusieurs auteurs allemands, entre autres M. Pfeil, sont d'avis d'exploiter le sous-bois des taillis sous futaie à *courte révolution*. Les bois, disent-ils, qui croissent sous le couvert perdent la faculté de repousser, bien plus tôt que ceux qui végètent en plein soleil ; d'où il suit que, dans les taillis composés soumis à une exploitabilité reculée, un grand nombre de souches, quoique jeunes, périssent soit immédiatement après l'exploitation, soit quelques années plus tard (1).

---

(1) Voici en effet ce qui se passe dans ce cas : lorsqu'un brin ou une cépée vient d'être coupé et que la souche fournit

Nous reconnaissons la vérité de cette observation, sans cependant adopter le remède proposé, parce qu'il donne lieu à l'inconvénient, très-grave aussi, que nous venons de signaler, concernant l'éducation de la réserve. Mais, par contre, il nous paraît d'autant plus indispensable d'employer d'une manière régulière et permanente les travaux d'entretien (repeuplements artificiels, nettoiements, élagages), dont traite ci-après le chapitre III, et sans lesquels les produits des taillis sous-futaie ne peuvent que s'amoindrir de révolution en révolution, tant en quantité qu'en qualité. Cet amoindrissement graduel, dont les exemples sont malheureusement trop fréquents en France, suit une marche d'autant plus rapide que le sol et le climat [545 et 546] sont moins propices, et parfois même il aboutit à la stérilité.

---

des rejets, la végétation, ainsi que nous l'avons fait voir plus haut (note de la page 310), passe par un état transitoire pendant lequel elle s'efforce de rétablir l'équilibre entre les tiges et les racines. Or, quand les nouveaux rejets croissent sous le couvert, ou des réserves ou des bois blancs, ils languissent et ne peuvent, faute de lumière, se développer de manière à rétablir, promptement et en temps utile, l'équilibre en question. De leur côté les racines, imparfaitement nourries par une séve descendante insuffisante, ne parviennent ni à se raviver elles-mêmes ni à raviver la souche ; la pourriture souterraine y continue ses ravages et finit par amener la mort du pied, tantôt dans le cours de la révolution, tantôt, et le plus souvent, à la prochaine exploitation.

23

CHAPITRE TROISIÈME.

—

TRAVAUX NÉCESSAIRES

POUR ENTRETENIR LES TAILLIS EN BON ÉTAT.

—

ARTICLE PREMIER.

Repeuplements artificiels.

557. Aussitôt après l'exploitation des coupes de taillis, on doit s'occuper de remplacer, par voie de semis ou de plantation, toutes les souches qui ne repoussent plus, et de regarnir, de la même manière, les places qui ne seraient peuplées que de bois de médiocre qualité. Sans cette précaution, les meilleures essences seraient souvent dépossédées par les bois blancs, et le chêne surtout, la plus précieuse de toutes, finirait par disparaître entièrement.

C'est effectivement un fait reconnu, que le chêne se reproduit mal de semence dans nos taillis, même lorsqu'il y est dominant. Ce fait est surtout saillant

dans les taillis composés. Nous connaissons des
forêts considérables, où la réserve en anciens et en
vieilles écorces, formée en presque totalité de très-
beaux chênes, atteste de l'abondance avec laquelle
cette essence y était répandue autrefois, et où l'on
ne trouve plus aujourd'hui que fort peu de jeunes
sujets de franc pied, propres à remplacer les arbres
parvenus à maturité. Aussi est-on réduit à choisir les
baliveaux parmi les perches des cépées, quoique l'on
sache que les réserves de cette nature ne valent pas,
à beaucoup près, celles qui proviennent de semence.
En effet, un rejet n'atteint jamais l'âge auquel le brin
peut parvenir ; il se détériore, se creuse fréquemment par le pied, et n'offre que rarement des
ressources à la marine et aux grandes constructions
civiles.

Si nous recherchons la cause d'un inconvénient
aussi grave, nous la trouvons dans le tempérament
du jeune plant. On sait que les brins de chêne, dès
les premières années de leur existence, ne supportent plus d'être couverts [72]. Or, dans un taillis, ils
le sont en général toujours, soit par les rejets, soit
par les arbres de réserve ; il est donc évident qu'ils
doivent finir par périr, et que, dans une pareille
situation, les glands, quelle que soit leur abondance,
se répandent et lèvent en pure perte.

558. Convaincu de cette vérité par l'expérience,
Hartig propose de planter, par hectare, après chaque
exploitation, une certaine quantité de brins de

chênes bienvenants, pour assurer les ressources nécessaires au balivage (pour le nôtre ce nombre serait 50). Il veut que ces brins aient une hauteur de 2 mètres à 2 mètres 50 centimètres, qu'ils soient convenablement espacés, et défendus par des tuteurs contre les coups de vent et contre la pression de la neige et du givre.

Cet expédient n'est cependant à conseiller que si, par des motifs quelconques, on ne peut avoir recours au semis, ou à la plantation de sujet plus jeunes ; il exige de la dépense, beaucoup de soins, et suppose l'existence de pépinières dans lesquelles on puisse préparer le plant. Le jeune chêne, de la hauteur indiquée par Hartig, ne devient propre à être transplanté avec succès, qu'après avoir été une première fois repiqué en pépinière. Lors de ce repiquement, on retranche une portion de son pivot, et on le force ainsi à former plus de racines latérales et plus de chevelu.

Quand on le pourra, on fera donc bien de donner la préférence au semis, ou à la plantation de sujets de 3 à 5 ans dont la reprise est généralement facile, et que l'on recèpera en les transplantant, pour donner à leur végétation un essor plus rapide.

Comme nous l'avons dit plus haut, on n'opère ces travaux que dans les parties clairiérées ou les moins abritées de la coupe, et l'on arrache, en outre, les souches dépérissantes ou mortes, pour gagner un peu de terrain. Les bois blancs et les morts-bois, s'ils peuplent seuls certaines places de la coupe, doivent aussi être soigneusement extirpés, et remplacés par des essences meilleures (1).

Outre le chêne, qui tient le premier rang, d'autres bois, tels que l'orme, le frêne, les grands érables, etc., méritent encore d'être répandus, dans nos taillis sous futaie, plus qu'ils ne le sont; ils amélioreront considérablement la composition du taillis et pourront aussi, avec avantage, faire partie de la réserve.

ARTICLE II.

Nettoiements et éclaircies.

559. Après avoir assuré, par les moyens que nous venons d'indiquer, la conservation des essences les plus précieuses, on ne peut point encore

---

(1) Dans les taillis sous futaie, ces remplacements s'opèrent souvent naturellement, à la suite d'une année de semence abondante. Il n'est pas rare alors de voir, dans les coupes exploitées depuis quelques années, des semis très-complets de chêne et d'autres essences dures, levés sous les bois blancs et les morts-bois. On conçoit qu'en coupant ceux-ci une ou plusieurs fois, jusqu'à ce que les autres soient en état de soutenir avantageusement la lutte, on fera une excellente opération [513], fort simple en elle-même, peu coûteuse et qui, tout en épargnant au propriétaire des frais de repeuplement bien plus considérables, lui fera encore gagner du temps.

abandonner le jeune taillis à lui-même; car, bien que l'on ait extirpé les bois blancs et les morts-bois dans les places où ils dominaient entièrement, il s'en trouvera cependant, qui, provenant soit de nouvelles semences, soit d'anciennes racines, reparaîtront parmi les cépées de bonnes essences, auxquelles ils ne tarderont pas à nuire. Ainsi que dans les jeunes futaies, ce sera une opération des plus utiles, de faire disparaître ces parasites, aussitôt et autant de fois qu'il en sera besoin. Par ce moyen on écartera toute entrave à la végétation du taillis (1).

En procédant à ce nettoiement au commencement de l'automne, il est probable que l'on diminuera les chances de la reproduction.

560. Lorsque le taillis, ainsi débarrassé des bois blancs, aura atteint l'âge de 12 à 15 ans, il sera à propos d'y faire une éclaircie, d'après les principes que nous avons développés pour le traitement

---

(1) En principe, il est incontestable que ces nettoiements doivent se faire sans avoir égard aux produits pécuniaires. Cependant, pour éviter une opération entièrement onéreuse et à laquelle un propriétaire aurait de la peine à se décider, on peut ne commencer ces extractions qu'à l'âge de 6 à 9 ans. On en obtiendra, dès lors, des fagots propres au chauffage, surtout à celui du four, et dont le prix de vente offrira, le plus souvent, un bénéfice assez considérable. La valeur des bois dans les différentes localités fera avancer ou retarder cette opération utile.

des jeunes futaies [451]. Toutefois, on devra se borner à enlever les perches dominées qui se trouvent dans les cépées et respecter soigneusement les brins de semence qui végètent, çà et là, sous le couvert et dont on peut espérer qu'ils vivront jusqu'au retour de l'exploitation et formeront ainsi une souche nouvelle propre à la reproduction. On devra aussi laisser subsister les *traînants* susceptibles de s'enraciner et de devenir par la suite des pieds indépendants [528]. Une seule éclaircie sera suffisante, si la forêt est exploitée à 20 ou 25 ans; on pourra en effectuer deux, dans le cas d'une révolution de 50 à 40 ans, surtout si l'on ne retarde pas le nettoiement dont nous venons de parler.

Un propriétaire, qui cherche à donner des soins raisonnés et suivis à l'exploitation de son taillis, augmentera le nombre des éclaircies, favorisera par là l'accroissement des bois et obtiendra plus de produits.

ARTICLE III.

Elagage des baliveaux.

561. Pour compléter la série de travaux à exécuter dans les taillis, il nous reste à parler de l'élagage ou taille des baliveaux, opération dont on ne peut méconnaître l'utilité.

Aussitôt qu'on les isole, la plupart des arbres, et principalement le chêne, se garnissent abondamment, le long du tronc, de branches gourmandes qui détournent, à leur profit, une grande partie de la séve destinée précédemment à la cime. Ces branches prenant un prompt accroissement, il arrive, au bout de plusieurs années, que la cime n'est plus assez nourrie, elle sèche et amène ainsi le dépérissement prématuré de l'arbre. De plus, la tige devient très-noueuse et moins propre, par conséquent, au service et au travail. Il est donc évident que l'élagage de ces branches gourmandes, pratiqué non-seulement sur les réserves anciennes et modernes mais aussi sur les baliveaux de l'âge, est de la plus grande utilité, si le taillis sous futaie doit atteindre son but.

Les époques auxquelles l'élagage doit se faire ne peuvent être déterminées avec précision. Le plus ordinairement, il y a lieu de le commencer trois ans après l'exploitation de la coupe, et de le répéter de trois en trois années, jusque vers la moitié ou les deux tiers de la révolution ; le taillis, alors, devient assez élevé pour empêcher de nouvelles productions du tronc.

La coupe des branches se fera rez tronc, avec une serpe bien tranchante et en menant le trait de l'instrument de bas en haut, afin de ne point arracher l'écorce. Quant aux moyens d'exécuter cette opération avec facilité, surtout sur de gros arbres, le meilleur paraît être de se servir d'échelles ; l'ouvrier conserve ainsi les deux bras libres, et se meut plus aisément en tous sens que lorsqu'il est réduit à grimper, fût-il même muni de crampons.

La saison à choisir pour ces travaux est le commencement de l'automne, comme étant la moins
favorable à la reproduction. Dans les pays où le
bois a de la valeur, cet élagage n'est point onéreux;
les bourrées qui en résultent couvrent presque
toujours les frais d'exploitation et donnent souvent
même des bénéfices. Mais, n'en fût-il pas ainsi, il
conviendrait cependant de tenir à son exécution;
l'avantage marqué qu'on en obtiendra pour les
arbres compensera amplement les frais.

562. Outre les branches gourmandes, l'élagage
doit encore supprimer, dans les baliveaux anciens
et modernes, les branches sèches qui pourraient
se présenter, et celles des branches latérales qui,
s'étalant trop, empêchent l'arbre de gagner en hauteur et écrasent le taillis en pure perte. Cette dernière opération demande du discernement de la
part de celui qui la dirige, et de l'adresse dans
l'exécution. Il ne faut point perdre de vue que si la
végétation de la jeune tige est facile à diriger par la
taille, l'arbre déjà âgé peut éprouver un grave dommage par l'enlèvement total de branches très-fortes;
tant parce que cet enlèvement interrompt l'équilibre entre la tête et les racines, que par ce que les
plaies, occasionnées au tronc par l'opération, ne se
cicatrisent souvent qu'imparfaitement et deviennent
ainsi une cause de pourriture (1). Il ne faut pas

(1) Il est généralement à conseiller de ne pas couper rez-

oublier non plus, que l'arbre isolé a besoin, pour prospérer et pour résister aux intempéries, d'une tête plus développée que celui qui a crû en massif, et qu'il ne peut d'ailleurs jamais atteindre la hauteur de ce dernier, par cela même qu'il a un plus grand nombre de branches à nourrir.

563. L'élagage est un art qui a ses règles théoriques et pratiques, et qui, transporté en partie dans la culture des bois, amènera des effets heureux. Dans les forêts de l'Etat surtout, il aura une haute importance, à cause des moyens qu'il offre pour favoriser la formation des courbes et courbants propres aux constructions navales (1).

---

tronc les branches qui ont plus de 10 à 12 centimètres de diamètre, et dans ce cas, de se borner, à en retrancher les extrémités pour les empêcher de s'allonger davantage. Mais si, par un motif particulier, elles devaient être supprimées, il faudrait en tous cas, laisser subsister un chicot de 3 à 6 décimètres de long, garni (s'il se peut) de quelques ramilles, afin d'y attirer la séve et de les garantir ainsi contre la pourriture.

(1) On peut consulter avec fruit, sur cet objet, le Manuel de l'Elagueur ou de la conduite des arbres forestiers, par M. Hotton. Paris, chez Mme Huzard ; prix : 2 fr.

CHAPITRE QUATRIÈME.

—

DU BALIVAGE DES TAILLIS

SELON L'ORDONNANCE RÉGLEMENTAIRE DU CODE FORESTIER.

—

ARTICLE PREMIER.

Texte de l'ordonnance.

564. Après avoir cherché à fixer les règles de l'exploitation des taillis, en nous appuyant tout à la fois de la théorie et de l'expérience, il ne sera pas inutile de nous occuper des dispositions légales qui, en France, régissent la matière, et auxquelles les agents de l'administration des forêts sont tenus de se conformer, toutes les fois qu'il n'existe pas de règlement spécial pour la localité qu'ils administrent.

Ces dispositions, qui se rapportent principalement au mode de balivage, se trouvent consignées dans l'article 70 de l'ordonnance royale du 1er août 1827, rendue pour l'exécution du code forestier ; elles sont ainsi conçues :

« Lors de l'exploitation des taillis, il sera réservé
» 50 baliveaux de l'âge de la coupe, par hectare.
» En cas d'impossibilité, les causes en seront énon-
» cées aux procès-verbaux de balivage et de mar-
» telage.

» *Les baliveaux modernes et les anciens ne*
» *pourront être abattus, qu'autant qu'ils seront*
» *dépérissants ou hors d'état de prospérer jusqu'à*
» *une nouvelle révolution.* »

ARTICLE II.

Examen de ces dispositions et conséquences qui en découlent.

565. Cet article, calqué sur l'ordonnance de 1669
qui a régi les forêts jusqu'en 1827, paraît avoir pour
but principal d'assurer à la France, qui possède peu
de futaies, les ressources nécessaires en bois de
construction et de travail.

On a craint, avec quelque raison sans doute, que,
du silence du code et de l'ordonnance à l'égard des
arbres à réserver sur les taillis, il ne résultât, en
général, une anticipation sur les ressources de l'a-
venir, et que, pressées par des besoins toujours
croissants, les générations actuelles ne vinssent à
absorber plus que l'usufruit de richesses dont les
siècles passés les ont rendues dépositaires.

En second lieu, il importait de donner aux agents
forestiers un point d'appui légal qui, dans l'administration des forêts des communes et des établissements

publics, leur permit de renfermer dans de justes bornes le mode de jouissance des propriétaires.

Sous ces divers rapports, on ne peut qu'approuver la sagesse de l'article de l'ordonnance ; mais il est impossible de méconnaître, d'un autre côté, les graves inconvénients de l'état de choses qu'il a consacré.

En effet, deux objets nous frappent dans les prescriptions qu'il renferme :

1° Un même mode de balivage est appliqué à tous les taillis ;

2° Dans ce mode, on ne fixe que le nombre des baliveaux de l'âge ; celui des modernes et des anciens n'est point déterminé.

Ainsi, le taillis sous futaie est admis partout, le taillis simple nulle part. Et cependant, que de forêts dont le sol est entièrement impropre à la culture d'arbres de fortes dimensions, et dont l'essence, d'ailleurs, rend cette culture sans objet !

On comprend de suite qu'une application aussi générale et aussi peu raisonnée d'un mode d'exploitation quelconque, ne peut que faire commettre de nombreuses fautes. Or, au cas particulier, ces fautes seront d'autant plus graves que le balivage prescrit ne donne pas le moyen de les atténuer ; car l'ordonnance ne s'arrête que devant le dépérissement des arbres, et n'admet, dans le nombre des réserves, aucune modification tirée des circonstances qui influent sur la végétation et sur l'emploi des bois.

Enfin, le traitement qu'elle ordonne, suivi à la lettre, conduit, dans un temps plus ou moins long, à la destruction de l'état de forêt auquel il doit s'appliquer (le taillis sous futaie).

C'est cette dernière assertion qu'il nous reste à prouver.

566. Pour administrer cette preuve, il nous suffira d'examiner ce que devient, à la longue, un taillis sous futaie exploité d'après le régime de l'ordonnance.

A cet effet, admettons, comme plus haut [552], une révolution de 30 ans. Etablissons de plus (ce qui ne saurait être contesté), que le chêne, le hêtre et la plupart des autres essences dures, peuvent, dans un sol de fertilité moyenne, atteindre généralement l'âge de 180 ans ou six révolutions, sans dépérir et sans présenter des signes évidents de mauvaise végétation, et, par conséquent, sans être parvenus au degré d'exploitabilité voulu par l'ordonnance. Adoptons aussi, pour les différentes catégories de baliveaux, le même couvert qui a servi de base à nos calculs rapportés pour le balivage normal; et supposons, pour les arbres de six révolutions dont il n'a pas été question dans ces calculs, un couvert de 70 mètres carrés, c'est-à-dire, supérieur de 10 mètres carrés seulement, à celui des vieilles écorces de 150 ans. Enfin, fixons, comme plus haut [552], le déchet des baliveaux de l'âge à un cinquième.

Le tableau ci-après fait voir quel sera, avec ces données, le couvert, sur un hectare, au bout de la sixième révolution.

RÉSERVES par CLASSES D'AGE.	NOMBRE de RÉSERVES.	COUVERT d'un ARBRE.	COUVERT de tous les ARBRES.
		mèt. car	mèt. car.
Vieilles écorces (6 révolutions).	40	70	2800
Id. (5 révolutions).	40	60	2400
Anciens (4 révolutions). . . .	40	42	1680
Id. (3 révolutions). . . .	40	32	1280
Modernes.	40	15	600
TOTAUX. . .	200	»	8760

Ainsi, après six révolutions, les 200 arbres qui existeront sur un hectare, couvriront 8760 mètres carrés, et le taillis n'en occupera plus que 1240 où il ne sera pas surmonté.

Autant vaudrait dire, que le taillis sous futaie a disparu pour faire place à une futaie bâtarde, dont les arbres différents d'âge, branchus et de hauteur inégale, se gênent et s'entravent réciproquement.

Dans cet état de choses, si l'on vient à couper les réserves les plus âgées, il est évident qu'on ne pourra plus compter sur des rejets de souches; et les clairières occasionnées par l'enlèvement de ces arbres, se garnissant principalement de bois

blancs, ceux-ci déposséderont peu à peu les bonnes
essences. Toutefois, deux expédients pourraient
être employés pour prévenir un aussi fâcheux résultat. L'un, que nous connaissons, serait de repeupler ces clairières par semis ou par plantation
[557]; l'autre consisterait à abandonner, pendant
une révolution, le mode du taillis sous futaie, et à
établir des coupes de régénération avec les arbres
de réserve, afin de produire, de semence, une
jeune forêt susceptible d'être de nouveau exploitée
en taillis. Mais, le premier de ces moyens a l'inconvénient de devenir fort coûteux, en raison de
la surface considérable à repeupler artificiellement
chaque année (2800 mètres carrés par hectare,
c'est-à-dire, plus du quart de la contenance de la
coupe); le second compromet le rapport soutenu et
fait succéder la disette à l'abondance; car il oblige
à abattre toutes les réserves dans le cours d'une
même révolution, et réduit, par conséquent, les
produits des révolutions suivantes au taillis seul.

De quelque point de vue qu'on le considère donc,
le balivage selon l'ordonnance, exécuté à la lettre,
ne saurait aboutir qu'à de mauvais résultats. Dans
les terrains propres au taillis sous futaie, ces résultats ne se feront sentir qu'après un assez grand
nombre d'années; au contraire, dans les terrains
que réclamait le taillis simple, le mal sera pire et
plus prompt.

ARTICLE III.

Conclusion.

567. Il faut le reconnaître, l'article 70 de l'or-donnance réglementaire du code forestier, quoique dicté par une sage prévoyance, a maintenu dans les taillis un état de choses vicieux qu'il est urgent de remplacer par un régime d'exploitation fondé, dans chaque localité, sur les exigences culturales et sur celles de la consommation. Notre opinion n'est pas, cependant, que cet article soit abrogé de suite ; nous croyons au contraire, qu'il doit être maintenu quant à présent, parce que, comme nous l'avons dit au commencement de ce chapitre, nous reconnaissons en lui un principe conservateur, propre à prévenir de funestes abus.

Mais, ce que nous désirons vivement, c'est son abrogation graduelle, par des dispositions d'amé-nagement(1), basées sur un mûr examen des lieux, et sur la saine application des principes d'économie forestière. Une semblable mesure n'a d'ailleurs rien de contraire à la loi, et semble même avoir été prévue par elle ; car l'article 15 du code forestier (qui s'applique aux forêts de l'Etat comme à celles

---

(1) On entend par ce terme, l'opération qui consite à régler, pour une ou plusieurs révolutions, le mode de culture d'une forêt, ainsi que la marche et la quotité de ses exploitations.

24

des communes et des établissements publics), dit : *que les aménagements seront réglés par des ordonnances royales* (1), c'est-à-dire, par des actes qui ont même force que l'ordonnance réglementaire elle-même, et qui, par conséquent, peuvent la modifier.

Trop souvent, jusqu'ici, on n'a fait consister l'aménagement des taillis que dans la fixation de la révolution, et dans la division du terrain en coupes d'égale contenance.

Quant au mode de balivage, on le passait sous silence, s'en référant ainsi aux dispositions de l'ordonnance réglementaire.

Nous pensons qu'au contraire, ce dernier objet devrait toujours être livré à une discussion approfondie, dans les procès-verbaux d'aménagement, et que, partout où sous ce rapport il existe une lacune dans les anciens actes, il faudrait s'empresser de la remplir, en provoquant des décrets complémentaires, qui régleraient cette importante matière.

C'est ainsi que, sans s'exposer aux inconvénients d'une abrogation immédiate de l'article 70 de l'ordonnance, on réaliserait peu à peu une amélioration de la plus haute portée dans l'état de nos forêts.

---

(1) Aujourd'hui, des décrets de l'Empereur.

CHAPITRE CINQUIÈME.

APPLICATION

DES

DEUX MÉTHODES D'EXPLOITATION DU TAILLIS.

ARTICLE PREMIER.

Exploitation du chêne en taillis.

568. Le chêne, l'arbre le plus intéressant pour la futaie, est en même temps l'un des plus propres à croître en taillis. Sa souche produit des rejets pendant près de deux siècles, lorsque le sol lui est favorable ; elle donne des cépées abondantes et d'une croissance prompte, qui fournissent un bon bois de chauffage, de charbon et d'ouvrage.

L'écorce du chêne, qui est particulièrement recherchée pour les tanneries, est d'autant meilleure pour cet usage, que le bois est plus jeune et qu'il a crû plus rapidement. Cette circonstance rend les taillis de chêne infiniment précieux et leur donne une valeur qu'aucune autre essence ne peut atteindre.

Si l'on veut traiter le chêne en taillis sous futaie, on en obtiendra des bois de travail et de service d'une utilité générale.

Le seul inconvénient des taillis de cette essence, et nous l'avons déjà signalé [557], est que les brins de semence y réussissent trop rarement. Lors donc que les souches périssent, il devient indispensable de les remplacer par le semis ou la plantation.

569. Quand il y a lieu d'écorcer les taillis de chêne, il faut attendre que le bois soit en pleine séve, c'est-à-dire que les bourgeons commencent à s'épanouir, car ce n'est qu'alors qu'on peut procéder à cette opération. Le mieux est d'écorcer les arbres et les perches sur pied, après que tous les menus bois non susceptibles d'écorcement auront été coupés et enlevés.

Les bûcherons chargés de l'écorcement doivent d'abord faire, au pied des arbres et des perches, une entaille circulaire assez profonde pour arriver jusqu'à l'aubier. Ils fendent ensuite l'écorce en longueur et par bandes, avec la pointe d'une serpe ou avec une lame quelconque, et la lèvent avec un outil en fer, en bois dur ou en os, qui a la forme d'une spatule. Cette écorce, qui se détache sans peine lorsque la température est douce et un peu humide, s'arrache, depuis la coupure circulaire au bas du tronc, jusqu'au point le plus élevé où le bûcheron puisse atteindre. Il arrive souvent que les ouvriers arrachent l'écorce du haut en bas, ce qui rend d'autant plus indispensable la coupure circulaire au pied des chênes ; cette coupure empêche que la souche et les racines ne soient dépouillées de leur écorce dont l'adhérence complète au bois est, comme on le sait, une condition indispensable de la production du rejet.

Ce premier travail fait, on coupe les chênes à fleur de terre pour en écorcer les parties supérieures qui n'avaient pu être atteintes. On expose pendant quelque temps les écorces au soleil, pour les sécher, puis on les lie en bottes. Il faut se hâter de les mettre à couvert ; car, si elles étaient exposées à la pluie, elles perdraient de leur qualité.

L'écorcement diminue de quelque chose le volume du bois ; on calcule cette diminution au huitième à peu près. Mais cette perte est largement compensée par la valeur de l'écorce, et il est arrivé déjà que le prix de l'écorce d'une coupe a dépassé celui du bois dont elle provenait. La perte la plus réelle est celle de la séve du printemps, qui s'écoule sans résultat et remet à la séve d'été la production de rejets moins robustes alors pour résister aux fortes gelées [533].

La température de la France étant généralement assez douce, cet inconvénient n'est que peu à craindre dans un grand nombre de départements ; et les besoins des tanneries, ainsi que les grands avantages pécuniaires que présentent l'écorcement ne permettent pas d'hésiter sur son adoption (1).

L'expérience prouve d'ailleurs que cette opération ne compromet pas l'existence des taillis de chêne. Ce qui est très-probable, néanmoins, c'est que les souches coupées toujours en temps de séve ne sauraient avoir la durée de celles dont la coupe ne s'effectue, au contraire, qu'en saison convenable.

ARTICLE II.

Exploitation du hêtre en taillis.

570. Il est incontestable que le hêtre n'est pas disposé à repousser sur souche ; une écorce trop adhérente au bois, et d'un tissu trop serré, semble s'opposer au développement facile des rejets. Quelle que soit au surplus l'organisation particulière de cet arbre, il est de fait, qu'en le traitant en taillis, et surtout en le coupant à fleur de terre, on s'expose à voir mourir les souches.

---

(1) Pour éviter les inconvénients auxquels l'écorcement donne lieu dans les climats rudes, on peut se borner, une première année (au mois d'août par exemple), à écorcer sur pied et procéder à l'abatage seulement à la fin de l'hiver suivant. Mais en opérant de la sorte, on devra faire l'entaille circulaire au-dessous de laquelle l'écorce doit rester intacte, non plus au pied des tiges, mais à une certaine hauteur au-dessus du sol, afin qu'en coupant ensuite rez-terre, on trouve la souche fraîche et entourée d'une écorce parfaitement saine.

Nous avons dit ailleurs [555], qu'un moyen de soutenir plus longtemps le hêtre en taillis, est de couper toujours au-dessus du nœud de l'exploitation précédente, afin que la séve, circulant sous une écorce plus jeune et plus tendre, ait plus de facilité à produire de nouvelles pousses. Mais, outre que ce moyen n'est pas infaillible dans certaines localités (1), surtout dans les situations élevées et froides, les souches d'un taillis ainsi exploité présenteraient, au bout de quelques révolutions, des chicots informes qui, s'élevant toujours davantage, finiraient par devenir de petits têtards, sur lesquels les rejets

---

(1) De nombreuses observations ont constaté que le hêtre repoussait mieux de souche dans les terrains maigres que dans les bons fonds. Hartig cherche à expliquer cette particularité de la manière suivante, sans toutefois prétendre que son explication soit la vraie. « Dans un sol substantiel, dit-il, l'affluence très-forte de la séve donne lieu à des bourgeons d'une grande vigueur. Mais l'écorce dure du hêtre, faisant obstacle à ce qu'ils paraissent promptement à la surface extérieure, il arrive qu'ils se crispent et prennent une croissance contournée qui alors ne leur permet plus de percer. Lorsque le sol est médiocre, au contraire, la séve est peu abondante, la végétation moins prompte, et les bourgeons trouvent moyen de perforer lentement l'écorce. » Ce qui confirme Hartig, dans son opinion, c'est qu'il a remarqué que, dans les bons sols, le hêtre repousse mieux lorsqu'il est coupé en temps de séve, c'est-à-dire, lorsque les souches ont perdu une partie de la séve surabondante.

n'auraient plus une insertion et une assiette assez solides, pour résister aux coups de vents ou à la pression de la neige et du givre.

571. Hartig, dont l'expérience est d'un grand poids dans toutes les questions forestières, a reconnu l'impossibilité de maintenir les taillis de hêtre, en suivant les règles ordinaires de l'exploitation des taillis ; il propose, en conséquence, un mode particulier dont voici les détails.

Supposant la forêt de hêtre soumise à une révolution de 30 ans, il conseille de réserver à la première exploitation, 100 baliveaux par hectare ; à la deuxième, lorsque les souches auront 60 ans, il veut que l'on réserve, par hectare, 2000 baliveaux. Trente ans plus tard, les souches ayant 90 ans, on doit interrompre le régime du taillis ; et exploiter d'après la méthode du réensemencement naturel. Les 100 premières réserves étant âgées de 90 ans et les 2000 autres de 60 ans, on peut espérer la semence nécessaire au repeuplement du terrain. On doit alors effectuer les trois coupes de régénération, dont l'effet sera de créer une jeune forêt qui remplacera les anciennes souches et qui pourra de nouveau être traitée en taillis, sauf, toutefois, à lui appliquer le même mode.

Hartig ne fait mention que d'un taillis de hêtre qui n'a jamais été exploité, et qui, à la première coupe, ne présente que des souches de 30 ans. Une pareille forêt se rencontre rarement ; il est plus ordinaire d'en trouver qui ont déjà été exploitées pendant quelques révolutions et où les souches sont d'âges très-différents. Dans ce cas, il faudra donc réserver de suite 2000 perches par hectare. Ce nombre, toutefois, ne doit pas être considéré comme invariable, il dépend de la grosseur des perches et de la quantité d'arbres antérieurement réservés. Il ne s'agit, en effet, que d'établir un massif convenable, qui puisse produire le repeuplement naturel aussitôt que les perches seront assez âgées pour porter semence.

572. En réfléchissant aux moyens jugés indispensables pour assurer la durée du hêtre en taillis, on est nécessairement amené à conclure que ce mode d'exploitation ne lui convient pas et qu'on lui fait violence en l'y soumettant.

Si l'on examine avec attention les taillis de hêtre, surtout ceux dont les souches sont un peu anciennes, on y trouvera toujours des clairières plus ou moins considérables, causées par la mort d'une partie de ces souches ; si les clairières sont remplies, ce sera par des essences à semences légères, le plus souvent par les bois blancs, à moins que des repeuplements artificiels n'y mettent obstacle. C'est ainsi que le hêtre est peu à peu dépossédé du terrain où antérieurement il dominait.

Les moyens proposés par Hartig sont sans doute suffisants pour prévenir un tel résultat ; mais ils sont compliqués et peu avantageux au propriétaire,

à cause de la suppression presque totale des produits de la deuxième révolution. En effet : couper
d'abord afin d'obtenir des rejets ; puis, dès la seconde
révolution, laisser sur pied la plus grande partie de
ces rejets pour en former des arbres à semence ;
exploiter ensuite d'après la méthode du réensemencement naturel, et ne reprendre enfin le régime du
taillis que lorsque la semence aura créé de nouveau
une jeune forêt; tels sont ces moyens.

Ce n'est donc qu'avec beaucoup de soins, et à
l'aide d'opérations difficiles et même onéreuses, que
l'on parvient à conserver le hêtre en taillis, tandis
qu'on perpétue facilement cette essence par la méthode du réensemencement naturel, mode uniforme,
dont les règles sont faciles à suivre, et par lequel on
obtient d'ailleurs, dans un temps donné, des produits en matière plus considérables et plus utiles
[378]. Toutefois, lorsque les circonstances ne permettront point de traiter les forêts de hêtre en futaie, le mode du taillis composé devra toujours être
préféré, comme favorisant davantage la reproduction par la semence.

573. Dans l'ancien Morvan (départements de la
Nièvre et de Saône-et-Loire) et dans plusieurs autres
contrées de la France, on a adopté, très-ancienne-
ment, dans les taillis de hêtre, un mode d'exploitation particulier, dont l'efficacité, en ce qui concerne du moins la reproduction des souches, est
démontrée par une longue expérience. Ce mode,

connu sous le nom de *furetage*, consiste à n'abattre, de chaque cépée, que les plus grosses perches propres à être converties en bois de corde, et à réserver soigneusement les autres. En place des perches coupées, naissent de nouveaux rejets qui prospèrent sous le couvert des tiges conservées, jusqu'au moment où celles-ci, ayant atteint la grosseur qui les rend exploitables, sont coupées et remplacées à leur tour. Les souches des taillis furetés présentent ainsi des bois de deux et même de trois âges ; jamais elles ne sont entièrement dépouilées, et c'est, à ce qu'il paraît, cette dernière circonstance qui assure leur reproduction jusqu'à un âge très-avancé.

Ordinairement ces taillis sont soumis à une révolution de 24 à 30 ans, et, selon que les souches portent des bois de deux ou de trois âges, les coupes viennent deux ou trois fois en tour d'exploitation dans la même révolution : ainsi, par exemple, un taillis exploité à 30 ans peut être fureté chaque décennie, de manière qu'il y ait sur les souches des bois de 10, de 20 et de 30 ans.

Comme on n'a pas l'habitude de réserver des baliveaux, et que les perches du taillis sont abattues trop jeunes pour porter graine, les essences parasites et les plantes nuisibles gagnent peu à peu sur le hêtre. Aussi est-il indispensable, pour entretenir ces forêts, de remplacer les souches dépérissantes par des repeuplements artificiels.

Il paraît qu'un très-grand inconvénient de ce mode, consiste dans les dégats considérables que l'abatage. et le façonnage des perches exploitables causent à celles qui, ne l'étant pas encore, doivent rester sur pied. Au dire de tous ceux qui ont vu ces sortes d'exploitations, elles portent la plus grave atteinte à la production des taillis furetés. Peut-être y aurait-il moyen de remédier au mal, au moins partiellement.

Quoi qu'il en soit, nous pensons, d'après tous les renseignements que nous avons recueillis, que si le furetage peut se justifier dans les taillis simples de hêtre, en raison de la difficulté d'obtenir une reproduction assurée par la coupe à blanc étoc, ce mode d'exploitation ne présente cependant pas assez d'avantages, et offre trop d'inconvénients, pour que l'on cherche à le répandre dans d'autres localités que celles où il a pris naissance, sans doute dans des circonstances exceptionnelles.

ARTICLE III.

Exploitation du châtaignier en taillis.

574. La souche du châtaignier a une extrême durée, et les cépées qu'elle produit sont bien fournies et d'une croissance vigoureuse et rapide. C'est surtout dans les pays vignobles que les taillis de cette essence sont avantageux, à cause des cercles de futaille et des échalas qu'ils fournissent et qui sont de première qualité.

Les baliveaux sont d'autant moins à conseiller, dans les taillis de châtaignier, que leur couvert est épais et que les rejets supportent difficilement d'être dominés. Les perches de 10 à 15 ans fournissent d'ailleurs déjà des fruits ; les réserves, sous le rapport du repeuplement naturel, ne sont donc pas nécessaires. On peut, toutefois, en conserver sur les lisières du taillis, afin d'obtenir quelques fortes pièces et d'augmenter la récolte des châtaignes.

Dans les départements du Rhin, où il existe beaucoup de taillis de châtaignier, on a l'habitude, après chaque exploitation, de cultiver le terrain, entre les souches, pendant un ou deux ans. Ordinairement on y plante des pommes de terre. Outre la récolte que cette opération produit, elle a le grand avantage d'activer considérablement la végétation des cépées en débarrassant le châtaignier des arbustes et des morts-bois qui, comme on le sait, lui nuisent beaucoup.

ARTICLE IV.

Exploitation de l'aune en taillis.

575. Le régime du taillis est celui qui convient le mieux à l'aune. Ses souches fournissent, pendant près d'un siècle, des rejets abondants et d'une croissance rapide, et l'aune blanc drageonne même beaucoup.

En général, les baliveaux qu'on réserve dans les

aunaies, pour fournir de la semence, ne remplissent pas le but proposé.

Les aunes se trouvent d'ordinaire ou dans les marais, ou dans les sols aquatiques, ou enfin, dans des lieux très-humides. Dans les deux premiers cas, la semence est noyée; dans le dernier, le terrain est tellement gazonné ou rempli de joncs et d'autres plantes nuisibles, que la graine tombe en pure perte. Il ne faut donc pas compter sur le semis naturel pour l'entretien du taillis ; le seul moyen de repeuplement, lorsque les drageons ne réussissent pas, consiste dans les plants, et pour l'aune blanc dans les boutures (1).

On doit cependant réserver quelques baliveaux, mais dans le seul but d'élever quelques arbres utiles aux constructions hydrauliques et à d'autres usages.

Lorsque les aunaies se trouvent placées dans des marais d'une grande profondeur, il devient impossible de les exploiter autrement qu'en hiver, pendant les fortes gelées, quels que soient d'ailleurs les inconvénients qui peuvent en résulter pour la reproduction.

---

(1) Voir cet article dans le VIe livre de ce cours.

Exploitation du robinier faux acacia en taillis.

576. Le robinier est une des essences les plus propres au taillis, lorsqu'il est placé dans un sol et dans un climat convenables. Non-seulement il croît avec une rapidité prodigieuse (1), mais il drageonne abondamment et son bois acquiert dès les premières années, un grain très-serré.

Un inconvénient assez grave des taillis de robinier, c'est la multiplicité d'épines qui garnissent les tiges; la blessure de ces épines est fort douloureuse et présente même souvent, dit-on, quelque danger. Cette circonstance rend l'exploitation de ces bois difficile, et beaucoup plus coûteuse, par conséquent, que celle des autres.

Quant aux baliveaux, il n'est pas à conseiller d'en réserver. La tête du robinier est rameuse et très-sujette à être déchirée par les vents ; il n'est donc pas prudent de l'isoler sur le taillis.

Exploitation des taillis mélangés.

577. A l'exception des essences dont nous venons d'examiner l'exploitation en taillis, dans les cinq

_____

(1) Dans un sol substantiel et frais, les rejets s'élancent

articles qui précèdent, tous les autres arbres feuillus
se trouvent ordinairement mélangés dans les taillis
et y dominent plus ou moins, suivant que le climat
et le sol conviennent davantage aux unes ou aux
autres. Le chêne et le hêtre même se rencontrent
rarement sans mélange d'autres bois.

Les ormes, les frênes, les érables, les charmes
et les tilleuls, se reproduisent très-abondamment de
souche, pendant 100 à 150 ans ; les deux premiers
ont une disposition marquée à drageonner, et les
charmes et les tilleuls, qui poussent de nombreux
traînants [528], se perpétuent facilement de cette
manière, lorsque la souche-mère vient à mourir.

Les bouleaux, les alisiers, les sorbiers, les mé-
risiers et les micocouliers fournissent des rejets
jusqu'à 60 et 80 ans, et les saules et les trembles
dont le pied est de moindre durée, drageonnent
considérablement.

Mais, quoique ces essences soient d'ordinaire
mélangées dans les taillis, leur réunion n'est cependant pas toujours sans inconvénient, les unes
ayant une végétation rapide, les autres, au contraire, une croissance assez lente. Ainsi, les trembles, les saules et quelquefois les tilleuls, sont,
comme on sait, d'un voisinage nuisible pour les

---

souvent dès la première année, à 3 et même à 4 mètres de
haut, et, à l'âge de 5 ou 6 ans, les perches mesurent jusqu'à
8 à 10 centimètres de diamètre à un mètre de terre.

essences dures qu'ils surmontent et dépossèdent peu à peu du terrain, par suite de la grande abondance de graines ou de drageons qu'ils produisent; aussi ne devrait-on les cultiver que séparément ou réunis à celles qui ont la même force de végétation.

En ce qui concerne le balivage dans les taillis mélangés, simples ou composés, toutes les indications nécessaires ont été données plus haut [521, 549 à 554].

ARTICLE VII.

Exploitation des taillis d'arbrisseaux.

578. Il faut éviter de mêler les arbrisseaux avec les arbres. Dans les premières années, leur croissance pourrait être égale, mais plus tard les arbrisseaux seraient immanquablement surmontés; il ne peut être convenable d'ailleurs de soumettre les uns et les autres à la même révolution.

Ceux des arbrisseaux qui, par la qualité de leur bois et par les usages auxquels ils sont propres, méritent plus particulièrement l'attention du forestier, sont : le *cornouiller mâle,* le *coudrier* et le *merisier à grappes.* Les deux derniers peuvent avec avantage croître en mélange. Quant au cornouiller mâle, il n'existe guère d'espèce feuillue d'une végétation aussi lente; on ne peut donc le cultiver que seul. Ordinairement on l'exclut des forêts, parce que, mêlé à d'autres essences, il en est écrasé et, ne pouvant s'élever, il s'étale. Cependant, l'excellente qualité de son bois, sa souplesse, sa dureté, devraient lui faire accorder, dans les forêts, une place petite mais exclusive, puisqu'il ne peut s'allier à aucune autre essence.

Comme nous l'avons dit [551], c'est aux arbrisseaux qu'il convient d'adapter les révolutions de 5 à 10 ans ; le cornouiller, toutefois, pourrait être coupé à un âge un peu plus avancé, vu la lenteur de sa croissance. Exploités ainsi, on les nomme *menus-taillis.* Il est inutile d'ajouter que ces essences ne sont traitées qu'en taillis simple et, la plupart du temps, sans aucune réserve.

CHAPITRE SIXIÈME.

—

DU SARTAGE.

—

579. On appelle *sartage*, un mode particulier d'exploiter les taillis, qui consiste à cultiver des céréales, à chaque coupe, pendant un ou deux ans, après avoir brûlé, au préalable, les menus bois, broussailles, morts-bois et autres plantes, sur la surface du sol, dans le but de le rendre plus favorable à la végétation.

C'est principalement dans les Ardennes, dans les pays de Liége et de Luxembourg et sur différents points de l'Allemagne méridionale que cette pratique est en usage. Elle est extrêmement ancienne et semble avoir pris naissance, dans ces contrées, par suite du manque de terres arables dû à la fois à la pauvreté du sol, à sa forme accidentée, et à l'âpreté du climat.

Les taillis de chêne sont les seuls qui supportent le sartage sans inconvénient et ceux dans lesquels cette opération présente d'ailleurs le plus d'avantage, à cause de l'écorce de très-bonne qualité qu'on en obtient (1). Cette écorce et les céréales formant les produits les plus importants des taillis soumis au sartage, il est de l'intérêt du propriétaire d'exploiter ceux-ci à de courtes révolutions, c'est-à-dire, à 12, 15 ou 20 ans.

580. L'opération du sartage a lieu de la manière suivante.

Après avoir écorcé sur pied, lors de la séve du printemps [569], puis abattu et vidé le bois de la manière ordinaire, on répand sur la surface du sol, entre les souches exploitées, toutes les menues branches, brindilles, cimeaux et broussailles qui n'ont point fait partie du bois de corde (2). Par un temps cal-

---

(1) La qualité des écorces est, en général, d'autant meilleure que le liber a une épaisseur plus considérable, comparativement aux couches corticales et à l'épiderme ; car il paraît que le tannin est contenu surtout dans le liber. Or, cet organe est d'autant plus développé que la végétation est plus rapide et que le bois est jeune ; mais ces deux circonstances se trouvant réunies dans les taillis sartés, on conçoit que les écorces qu'ils fournissent doivent être de très-bonne qualité.

(2) En général, on ne fait pas de fagots dans les taillis sartés, mais on façonne en cordes, soit pour le chauffage ordinaire,

me, on y met le feu. La flamme se propage rapidement
et convertit en cendres, non-seulement le bois ainsi
répandu, mais encore le gazon et toutes les plantes
qui croissent sur le sol. Cette mise à feu doit avoir
lieu, au plus tard, dans les premiers jours de juillet (1). Afin de mieux diriger l'incendie et de pouvoir le maîtriser en cas d'accident, on subdivise l'aire
de la coupe à sarter, lorsqu'elle est grande, en un
certain nombre de parcelles ou lots dont chacune
séparément est mise à feu. Les séparations s'établissent, soit en dégazonnant le pourtour de chaque
parcelle sur une certaine largeur, soit en réunissant
sur ce pourtour des perches de la coupe qui, mises
en tas continu, forment un petit rempart ou sentier
en relief. En outre, le périmètre de la coupe entière

---

soit pour être carbonisé (bois de charbonnette), tout le bois
au-dessus de 25 millimètres environ de diamètre.

(1) Dans l'Odenwald (grand duché de Hesse-Darmstadt) le
délai de rigueur pour la mise à feu est fixé au 10 juin ; dans
les Ardennes, au contraire, elle n'a lieu qu'en août et septembre. Il en résulte, évidemment, que les rejets de la première
année sont détruits. C'est un retard fâcheux, et il est permis
de croire que ce nouveau trouble apporté dans la végétation
des souches altère leur vitalité et compromet leur durée. Mais
d'un autre côté, la repousse ne se produisant qu'au printemps
suivant, les rejets naissent dans de meilleures conditions pour
résister aux froids de l'hiver [533 et 569], ce qui, dans un
climat aussi rude, est peut-être une circonstance essentielle
à leur réussite (v. note, p. 366).

doit aussi être dégazonné sur une largeur de plusieurs mètres (1).

Aussitôt l'incendie consommé, la terre reçoit un léger labour à la pioche, après quoi elle est ensemencée en céréales. Quand le sartage a été effectué de bonne heure, on peut cultiver du sarrazin la première année et du seigle l'année suivante ; mais si, au contraire, la saison est déjà avancée, il faudra se contenter d'une seule récolte de seigle (2). Ces

---

(1) Les gazons provenant de ces enceintes sont mis en tas, brûlés à feu couvert et les cendres qu'ils donnent répandues sur la coupe.

(2) Feu M. de Salomon, directeur de l'école forestière, a rapporté, en 1835, d'une tournée faite avec ses élèves dans l'Odenwald, une céréale, appelée *seigle multicaule* (*secale cereale multicaule*), qui est cultivée avec un très-grand succès dans les taillis sartés. Ce seigle est bisannuel et se sème dans les taillis avec le sarrazin. La première année, il ne s'élève qu'à environ 16 centimètres et l'on peut le couper, sans lui nuire, en récoltant le sarrazin. La deuxième année, ses tiges, qui sont ordinairement à vingt ou trente sur le même pied, s'élèvent à plus de 2 mètres et donnent des épis très-productifs. Son emploi, en mélange avec le sarrazin, présente d'abord l'avantage de procurer deux récoltes au moyen d'une seule culture ; en second lieu, on évite les dangers de la dégradation des sols inclinés, dans lesquels, comme on le sait, les terres trop ameublies par la culture sont toujours exposées à être entraînées par les eaux pluviales. (Voir le mémoire publié par M. de Salomon dans le journal de la société d'agriculture de

céréales devront être coupées à la faucille, en prenant toutes les précautions nécessaires pour que les rejets soient respectés.

Le mode de sartage que nous venons de décrire, se nomme *sartage à feu courant.* Les cendres qui en résultent ajoutent à la fertilité du sol par les sels qu'elles contiennent, et par la faculté qu'elles ont d'attirer et de retenir l'humidité de l'air, de manière à ne la céder que lentement aux plantes ; de plus, il est incontestable qu'elles sont un puissant stimulant pour la végétation. On conçoit donc que, à la suite du sartage, les céréales et le bois croissent tous deux avec une grande vigueur. Si l'action du feu a quelquefois pour effet de nuire à la reproduction, en détruisant les semences et les jeunes plants et en charbonnant partiellement la surface des souches, elle provoque, d'une autre part, de nombreux drageons, par la température élevée qu'elle communique au sol et par la culture qui blesse un certain nombre de racines et les met toutes en communication plus directe avec les influences atmosphériques. Dans les forêts où le sartage est bien conduit, il est même de règle d'amasser le feu sur les souches d'un fort diamètre qui ne promettent plus qu'une faible reproduction,

---

Nancy, février 1836, sur le sartage des taillis de chêne de l'Odenwald et sur le seigle multicaule.)

afin d'y détruire, jusqu'à plusieurs centimètres dans terre, tout principe de végétation, et de forcer ainsi les racines demeurées intactes à pousser des drageons. Enfin, un dernier avantage du sartage, est l'abri que les céréales procurent aux jeunes rejets (1).

581. Il existe encore un autre mode de sartage, dit *à feu couvert*, qui consiste à peler, à la houe, la surface du terrain couverte de gazon et d'autres plantes, à en former un grand nombre de petits fourneaux que l'on allume et dont on répand alors les cendres sur toute l'aire de la coupe. Du reste, on procède comme il a été dit plus haut.

Ce mode ne présente pas les avantages du premier; on en obtient, pour le bois, une végétation

---

(1) C'est contre les vents froids, bien plus que contre les ardeurs du soleil, qu'il importe d'abriter les rejets, dans les deux premières années. Dans les Ardennes, on avait coutume autrefois de réserver, autour de chaque coupe, un cordon de futaie qui répondait à ce besoin et offrait d'ailleurs des ressources d'autant plus précieuses que le sartage à feu courant ne permet guère de réserver des baliveaux dans la coupe même. Peu à peu, ces cordons ont été exploités, on a négligé de les remplacer et, depuis lors, on a remarqué, principalement sur les plateaux, que la reproduction des taillis y était de plus en plus compromise. On n'hésite pas à attribuer à cette circonstance, jointe aux abus du pâturage, la dégradation considérable et même la disparition presque entière de certaines forêts de cette contrée.

moins abondante et moins vigoureuse, sans doute parce que d'une part on enlève trop de terre en certains endroits, et qu'alors les racines sont coupées ou mutilées ou trop découvertes ; de l'autre part, parce que le sol n'est point échauffé dans toute sa surface et beaucoup trop dans les endroits des fourneaux.

Enfin, le sartage à feu couvert devient plus nuisible dans les pentes rapides que celui à feu courant, parce qu'il ameublit la terre plus profondément et l'expose plutôt à s'ébouler. Il est vrai toutefois, qu'il donne la faculté de réserver, avec plus de chances de succès, quelques baliveaux dans les coupes, attendu qu'on peut en éloigner le feu à volonté, ce qui ne saurait se faire en sartant à feu courant, à moins de recourir à des précautions particulières.

582. Quel que soit le mode de sartage que l'on emploie, il est à conseiller de le faire suivre de quelques plantations ou semis, pour assurer la perpétuité des bonnes essences et surtout du chêne (1).

---

(1) La plantation sera généralement préférable au semis. Partout où il se fait un vide dans les coupes sartées, les genets y lèvent en abondance (dans les Ardennes du moins) aussitôt après la récolte des céréales. Ces arbustes étoufferaient donc les semis. En plantant des sujets de 0^m,50 à 1^m de haut, préalablement préparés en pépinière, et autour desquels on arracherait les genets dès la première année de leur levée, le succès de l'opération serait à peu près assuré.

Les drageons, à la vérité, semblent rendre ces travaux moins urgents que dans les taillis ordinaires, mais il y a toujours néanmoins beaucoup de places où il sera très-utile de repeupler artificiellement.

583. La pratique du sartage, comme nous l'avons dit, n'est usitée que dans quelques localités ; mais elle pourrait être appliquée avantageusement, par les particuliers qui possèdent des taillis de chêne, sur différents points de la France, en évitant, toutefois, d'y soumettre ceux qui sont assis dans des fonds secs et légers.

CHAPITRE SEPTIÈME.

—

DE L'ÉTÊTEMENT ET DE L'ÉMONDAGE.

—

ARTICLE PREMIER.

Généralités.

584. On fait d'un arbre un *têtard*, lorsqu'on abat sa tige à une certaine hauteur du sol; on l'*émonde*, au contraire, en lui enlevant toutes les branches latérales jusqu'à la partie supérieure de la cime qu'on laisse intacte.

Par suite de l'une ou de l'autre opération, il se présente, au point de la coupe, des rejets que l'on exploite périodiquement à l'instar du taillis. Des repousses nouvelles se répètent aussi longtemps que la tige conserve sa faculté de reproduction, c'est-à-dire, jusqu'à ce que l'âge ou une maladie l'en prive.

585. Sous le rapport de son emploi, il est en général peu avantageux de laisser à la tige des

arbres étêtés une hauteur considérable. Cette manière d'exploiter altère ordinairement le centre du
bois, en favorisant l'infiltration des eaux pluviales,
et c'est chose rare de voir des têtards un peu vieux,
dont la tige ne soit creuse. Il n'en est pas de même
de l'émondage au moyen duquel les arbres se conservent plus longtemps et peuvent être utilement
employés, lorsqu'ils ont atteint les dimensions convenables. Cet avantage est dû à ce que, le sommet
de l'arbre restant toujours garni, les eaux pluviales
glissent sur la partie coupée et pénètrent moins aisément dans l'intérieur du tronc.

Mais, si l'étêtement a l'inconvénient de hâter la
perte du tronc, il fournit par contre des rejets plus
abondants, plus forts et plus utiles que l'émondage, dont on n'obtient que du fagotage de peu de
valeur.

L'étêtement s'opère à une hauteur de 1 jusqu'à
6 et 7 mètres. On tient bas les têtards plantés sur
les bords des ruisseaux, des rivières, dans les pentes, etc., pour maintenir les terres ; on donne de
l'élévation, au contraire, à ceux sous lesquels on cultive des céréales ou des fourrages.

En effet, c'est dans les pâturages, dans les prairies,
sur le bord des champs, des routes et des chemins
que les arbres émondés et les têtards trouvent plus
particulièrement leur place; et l'on conçoit, pour
ces derniers, que plus ils seront élevés au-dessus du
sol, moins ils empêcheront les plantes fourragères

qui croissent sous leur couvert, de participer aux influences atmosphériques.

Essences propres à l'étêtement et à l'émondage.

586. Toutes les essences feuillues peuvent être
étêtées ou émondées, mais elles ne présentent pas
toutes les mêmes avantages. Celles qui s'exploitent
le plus ordinairement ainsi, sont : les *peupliers*,
les *grands saules*, le *tilleul*, l'*orme*, l'*aune*, le
frêne, les *érables*, le *charme* et le *chêne*.

Exploitabilité de ces bois.

587. Les révolutions que l'on adopte d'ordinaire
pour les têtards sont de 3 à 6 jusqu'à 10 ans ; elles
dépendent de la force des bois qu'on désire obtenir
et de l'accroissement plus ou moins prompt des différentes essences. Ainsi, les saules et les peupliers,
qui repoussent avec la plus grande activité, peuvent
être exploités de 3 à 5 ans, tandis qu'il faut prolonger la révolution des autres essences. Il en est
absolument de même pour les arbres soumis à l'é-
mondage.

Saison la plus convenable à l'étêtement et à l'émondage.

588. Mars et avril sont les mois les plus convenables pour l'étêtement et pour l'émondage, sauf
les modifications nécessitées par la différence des
climats. Les motifs sont les mêmes que ceux qui
ont été donnés pour l'abatage des taillis [534 et
535]. Il est cependant des pays pauvres en fourrages, où l'on emploie le feuillage des têtards et des
arbres émondés à la nourriture des bestiaux. Dans
ce cas, on coupe aussitôt après la séve d'août pour
pouvoir mettre encore les feuilles à profit. Cette
raison seule peut justifier la coupe à la fin de l'été.

Mode d'abatage.

589. Lorsque les têtards sont jeunes encore ou
dans un âge moyen, il est avantageux de couper les
rejets rez trouc; mais lorsqu'ils vieillissent et que
l'écorce devient coriace, il vaut mieux couper plus
haut, afin que les nouvelles pousses trouvent une
écorce tendre qu'elles puissent percer avec plus de
facilité. Il en est de même pour les arbres à émonder : les premiers ébranchements se font à fleur de
la tige ; plus tard, on laisse subsister des bouts de
branches, tant pour la facilité des repousses que pour

éloigner du corps de l'arbre des plaies qui, à la longue, pourraient lui nuire.

L'emploi d'instruments bien tranchants est essentiel pour cette opération, afin que la tranche soit nette et sans éclats. Pour éviter l'infiltration des pluies, la coupe des têtards doit, autant que possible être faite obliquement à l'horizon ; celle des arbres à émonder de même, mais en menant le trait de l'instrument de bas en haut.

ARTICLE VI.

Avantages des têtards et des arbres émondés.

590. Il est des pays, par exemple dans le voisinage du Rhin, où toutes les terres vagues en parcours, tous les bords des rivières et des ruisseaux sont plantés de têtards et d'arbres d'émondes. Ces plantations soutiennent les rives contre l'envahissement des eaux et défendent les habitations et les terres cultivées contre les glaçons que le dégel et les inondations pourraient y porter ; soumises à des coupes périodiques, elles fournissent en même temps un chauffage abondant. Les terrains en parcours surtout, étant ainsi plantés, offrent, avec les produits en bois, de l'herbe et des feuilles pour la nourriture des bestiaux.

Les arbres d'émondes et les têtards sont d'un immense intérêt partout où le bois a de la valeur. Leur plantation n'enlève rien à la culture des terres ;

on en garnit les places improductives, les endroits marécageux, les lisières des prairies et d'autres lieux dont la charrue ne peut approcher ; toutes les eaux devraient en être bordées.

Il est à regretter que des plantations aussi utiles qui s'opèrent avec tant de facilité et qui, sans présenter aucun obstacle à l'agriculture, peuvent offrir les plus grands avantages aux propriétaires, soient encore aussi négligées dans un grand nombre de nos départements.

LIVRE CINQUIÈME.

LIVRE CINQUIÈME.

~~~

DES EXPLOITATIONS DE CONVERSION.

CHAPITRE PREMIER.

CONSIDÉRATIONS GÉNÉRALES.

---

591. Les exploitations de conversion ont pour but d'introduire dans les forêts une autre méthode de culture que celle qui, jusqu'alors, y était pratiquée. A cet effet, elles doivent changer l'état du bois, et ce changement doit être consommé dans un temps donné.

Or, nous connaissons trois principales méthodes de culture, celle de la *futaie*, celle du *taillis simple* et celle du *taillis composé* (1). On peut donc concevoir les conversions suivantes :

---

(1) Nous ne comptons pas le *jardinage* au nombre des modes d'exploitation, que, dans certaines circonstances, il pourrait être utile d'*introduire* ; les inconvénients auxquels il donne lieu

1° Conversion d'une futaie en taillis simple ou en taillis composé ;

2° Conversion d'un taillis simple en taillis composé ou en futaie; et

3° Conversion d'un taillis composé en taillis simple ou en futaie.

Les règles culturales pour exécuter ces différentes opérations forment l'objet de ce livre, mais pour les appliquer avec discernement, il faut être fixé sur les cas où un changement de mode d'exploitation devient réellement nécessaire ou utile. Cette question, qui n'est pas seulement forestière, mais qui touche aussi à l'économie politique, a été débattue à plusieurs reprises et décidée en sens divers. Il nous a semblé, toutefois, que les données nécessaires pour la résoudre n'avaient pas toujours été bien nettement établies, convenablement rapprochées et discutées. Nous nous proposons donc de l'examiner dans ce qui va suivre, parce que nous la considérons comme devant dominer toute la théorie des conversions.

---

nous sont connus. Nous ne parlons pas non plus, sous ce rapport, du *sartage*, de l'*étêtement* et de l'*émondage*. Les deux derniers modes, comme on le sait, conviennent dans les terres cultivées, dans les prés et dans les pâturages, bien plutôt que dans les forêts, et l'autre, qui ne se pratique que dans quelques localités, n'est d'ailleurs qu'un taillis simple, plus la culture des céréales et l'écobuage.

CHAPITRE DEUXIÈME.

—

EXAMEN COMPARÉ.

DES

TROIS PRINCIPALES MÉTHODES D'EXPLOITATION.

—

ARTICLE PREMIER.

Énoncé de la question et données employées pour sa solution.

592. La question que nous venons d'indiquer dans le précédent chapitre peut se formuler ainsi :

Quelle est la méthode d'exploitation qui mérite la préférence, eu égard aux besoins de la consommation, aux intérêts du propriétaire et à la nature des lieux?

Pour la résoudre, nous examinerons successivement les trois méthodes d'exploitation sous les rapports suivants :

1° Quantité de produits en matière que chacune procure dans un temps donné;

2° Qualité de ces produits ;

3° Revenu qui en résulte pour le propriétaire ;

4° Enfin, influence de chaque méthode sur la fertilité du sol.

ARTICLE II.

De la quantité des produits en matière.

593. Dans le second livre de ce cours, nous avons démontré que, pour obtenir dans un temps donné les produits matériels les plus considérables, il faut couper le bois lorsqu'il a atteint son plus grand accroissement moyen [370]. Or, nous savons que les futaies sont généralement exploitées à des révolutions qui répondent à peu près à ce terme, ou du moins le dépassent peu, tandis que les taillis se coupent presque toujours (1) en deça, à cause de la reproduction des souches [531] ; il est donc évident que ceux-ci doivent produire moins de matière que les autres.

Cette vérité, d'ailleurs, est corroborée par les expériences de tous les forestiers qui se sont occupés de recherches de ce genre, et les auteurs français,

_____

(1) Il n'y a que les taillis situés en très-mauvais fonds ou composés d'essences médiocres qui atteignent leur maximum d'accroissement moyen à un âge peu avancé. On comprend qu'il ne peut en être question pour les mettre en parallèle avec les futaies.

comme les allemands, ont fourni de nombreuses preuves à l'appui (1).

Hartig, par exemple, ayant comparé entre eux (toutes circonstances égales d'ailleurs) un taillis simple exploité à 30 ans et une futaie soumise à une révolution de 120, a trouvé que les produits en matière de ces deux forêts étaient dans le rapport de 4 à 7. On conçoit, au surplus, que ce rapport se modifie, d'abord en raison des révolutions attribuées à chaque mode d'exploitation et qui peuvent être plus ou moins favorables à la production en matière ; en second lieu, selon les essences, dont les unes croissent rapidement dans leur jeunesse, mais se ralentissent de bonne heure, tandis que les autres font peu de progrès d'abord, mais ont un accroissement plus fort et plus soutenu dans un âge avancé.

Sans prétendre donc exprimer, par un chiffre constant, le rapport entre les produits matériels des futaies et ceux des taillis, on peut cependant poser d'une manière générale : que le volume fourni par les futaies dans un temps donné, est toujours plus grand que celui des taillis simples fourni dans le même temps, quelque révolution que l'on adopte, pour l'une ou l'autre de ces forêts, *dans le cercle tracé par les règles de la culture des bois et les intérêts du propriétaire.*

---

(1) Voyez Varenne de Fenille, de Perthuis, Cotta, Hartig et autres.

594. La supériorité de la futaie sur le taillis simple étant établie quant à la production en volume, il sera facile de fixer la position du taillis composé sous ce rapport. En effet, dans ce genre de forêt, une partie du terrain est occupée par des arbres qui atteignent un développement analogue à celui de la futaie, l'autre partie est couverte par le taillis proprement dit; le produit matériel d'une telle combinaison doit donc évidemment être inférieur à celui de la futaie, et supérieur au contraire au produit du taillis simple.

Cette conclusion théorique est toujours confirmée par les faits, quand le balivage est réglé dans une proportion convenable. Mais, lorsque les réserves sont tellement nombreuses qu'elles étouffent presque entièrement le taillis et se gênent même entre elles [566], il est bien certain que la production se trouve considérablement diminuée, et qu'elle peut même devenir de beaucoup inférieure à celle du taillis simple.

ARTICLE III.

De la qualité des produits matériels.

595. La qualité des produits en matière est relative à l'emploi auquel on les destine. On distingue deux principaux genres d'emploi, savoir :

1° Le bois de feu (chauffage, charbon);

2° Le bois d'œuvre (construction, travail).

Chacun de ces emplois exige des qualités particulières qui, la plupart du temps, ne se trouvent pas réunies dans le même individu; ainsi le meilleur bois de construction n'est pas ordinairement le meilleur bois de chauffage *et vice versa*.

596. Bois de feu. — Les qualités du bois de feu doivent être de brûler facilement, d'une manière égale, sans trop de promptitude ni trop de lenteur, et de fournir, pour un volume donné, la plus grande somme de chaleur.

Or, les expériences faites à ce sujet, et vérifiées d'ailleurs par la pratique, tendent à établir que les bois possèdent ces différentes qualités au plus haut degré vers l'époque de leur plus grand accroissement qui, comme on le sait (v. page 150, note), correspond à peu près à l'âge de 60, 80, 90 ou 100 ans pour les bois durs, et à celui de 30, 40 ou 50 ans pour les bois blancs. En deçà de cette époque, le bois a moins de valeur calorifique; au-delà, il ne paraît plus gagner sous ce rapport, et il devient d'une combustion plus difficile et plus lente à mesure que ses vaisseaux se durcissent et s'oblitèrent. Il est à observer, toutefois, que les bois crûs sur souches atteignent, plus tôt que les brins de semence, le maximum de leur valeur calorifique, et qu'ils y parviennent d'autant plus promptement que les souches sont plus âgées; en général, c'est de 25 à 50 jusqu'à 40 ans que ce maximum se présente dans les taillis.

Lors donc qu'il ne s'agira que de bois de feu, les taillis pourront fournir des produits aussi utiles que les futaies. Il est incontestable même que le bois des taillis sera, sous ce rapport, meilleur que celui des futaies soumises à de longues révolutions; mais il est non moins évident, d'un autre côté, que les futaies dont la révolution ne dépassera pas l'époque du plus grand accroissement moyen, ou s'arrêtera même un peu en deçà, produiront une qualité de bois supérieure ou au moins égale à celle des taillis (1).

---

(1) On trouve la preuve du fait que nous avançons dans les taillis mêmes, où le bois le plus recherché pour le chauffage est celui des *baliveaux modernes,* c'est-à-dire, d'arbres qui ont ordinairement de 50 à 80 ans.

Quant au charbon, il est certain (malgré l'opinion contraire répandue à cet égard) que celui que l'on obtient de brins de semence d'âge moyen, est d'une qualité au moins égale, sinon supérieure, à celle du charbon fourni par les bois taillis parvenus à maturité. *Karsten,* dont les travaux sont connus et appréciés de tous les métallurgistes, donne les quantités suivantes de charbon, obtenues de 100 parties de bois (en poids), par la méthode ordinaire de carbonisation :

Jeune chêne............	25,45
Vieux *idem*.............	25,60
Jeune hêtre.............	25,50
Vieux *idem*............	25,75
Jeune charme...........	24,90
Vieux *idem*............	26,10

Des maîtres de forges du Bas-Rhin et de la Meuse, ont fait,

597. BOIS D'OEUVRE. — Quant à l'emploi des bois pour les constructions civiles et navales, ainsi que pour les divers ouvrages de fente, etc., il n'y a point de parallèle à établir entre les futaies et les taillis simples, ceux-ci n'étant point destinés à produire des bois de cette nature. Il ne reste donc qu'à comparer les arbres élevés dans les taillis composés avec ceux qui ont crû dans les futaies traitées par éclaircies.

Les qualités que doit présenter un bois d'œuvre sont, la force, l'élasticité, la durée. Or, l'expérience prouve que ces propriétés s'acquièrent au plus haut degré sous l'influence des agents atmosphériques, à mesure que la substance ligneuse prend plus de densité, c'est-à-dire, avec l'âge. Un bois d'œuvre doit offrir, en outre, des dimensions convenables en longueur et en grosseur, et être exempt de tous défauts (1)

---

sur cet objet, de nombreuses expériences en grand, et ont obtenu des résultats analogues à ceux de *Karsten*. M. Pfeil, dans son Traité de culture forestière (1839), indique, parmi les différents genres d'utilité de la futaie, celui de fournir de très-bons bois de charbon aux usines métallurgiques.

(1) Les défauts les plus marquants, dans les bois d'œuvre, sont les *gouttières*, les *chancres*, les *roulures*, les *abreuvoirs* et les *gélivures*.

La *gouttière* est occasionnée par le desséchement ou la pourriture d'une ou de plusieurs branches de la cime, ce qui favorise l'infiltration des eaux pluviales dans le tronc de l'arbre.

qui le rendraient plus ou moins impropres à sa destination, et diminueraient beaucoup, par conséquent,
sa valeur.

Nos naturalistes les plus distingués, les Buffon,
les Duhamel, les Réaumur ont successivement en-
trepris des recherches étendues dans la vue de
déterminer le mérite, comme bois d'œuvre, des

Quelquefois ces eaux finissent par suinter à travers l'écorce du
tronc, alors la gouttière est apparente.

Le *chancre* est une espèce d'ulcère d'où s'écoule, en toute
saison, une humeur roussâtre, âcre et corrompue. Cette maladie
est souvent causée par une contusion ou par un coup de soleil.

Un bois est *roulé* lorsque, dans son intérieur, il y a solution
de continuité entre deux couches concentriques contiguës, de
manière qu'elles ne soient point adhérentes. Quelquefois la
roulure ne s'étend que sur une longueur de quelques pouces,
mais souvent elle embrasse toute la circonférence et présente
alors un cylindre creux de bois vif qui en renferme un plein
de bois mort que l'on peut en faire sortir.

Les *abreuvoirs* sont des espèces de gouttières qui se forment
aux aisselles des branches, lorsque celles-ci, par les grands
vents ou par le poids du givre ou de la neige, se détachent
partiellement du tronc. La blessure, tout en se cicatrisant,
présente alors un creux dans lequel les eaux s'amassent, et
d'où elles finissent par s'infiltrer dans l'intérieur de l'arbre.

La *gelivure* est produite par l'effet de la gelée sur le tronc
des arbres. Elle consiste ordinairement en une crevasse longi-
tudinale dont la cicatrice forme extérieurement un bourrelet
qui reste toujours visible, et à l'intérieur une fente qui rend le
bois plus ou moins impropre à l'emploi auquel il est destiné.

arbres élevés sur les taillis. Tous trois ont dé-
claré que les baliveaux ne répondaient sous aucun
rapport à ce besoin, et ils ont conclu que les
futaies, éclaircies périodiquement, pouvaient seules
y satisfaire. Cependant, des praticiens justement
appréciés, tels que de Perthuis et autres, ont
combattu ces opinions, en ce qu'elles avaient de
trop exclusif, et nous pensons que ce n'est pas sans
raison.

On ne saurait, en effet, refuser aux baliveaux
(surtout à ceux qui ont été élevés sur des taillis soumis à de longues révolutions) un degré réel d'utilité
pour les constructions et l'industrie ; il est même
incontestable, qu'en raison de l'état libre dans lequel ils se trouvent placés à chaque coupe du taillis,
leur bois acquiert plus de densité que celui des
arbres qui auraient crû dans un massif trop serré.
Mais il faut reconnaître aussi que, par leur isolement et par leur extension considérable en branches,
ces réserves sont exposées à une foule d'accidents
météoriques qui leur causent trop souvent des
défauts majeurs. D'un autre côté, elles deviennent
toujours plus ou moins noueuses et perdent, par
conséquent, de leur force, de leur élasticité et
de leur qualité pour la fente ; enfin, elles n'acquièrent jamais un fût ni aussi élevé, ni aussi
parfaitement rond et droit que l'arbre venu en
massif.

Si l'on compare ces bois à ceux qui ont crû

dans les futaies traitées par éclaircies, il ne peut rester aucun doute sur la supériorité des derniers. Ceux-ci, par l'état de massif dans lequel ils sont maintenus, prennent une hauteur sous branches plus que double de celle des baliveaux, et l'appui mutuel qu'ils se prêtent contre les intempéries les exempte, presque toujours, des vices si communs aux arbres isolés. Leur accroissement marchant, à l'aide des éclaircies périodiques, d'un pas uniformément progressif ; il en résulte un bois d'une texture plus homogène dans toutes ses parties et qui finit par atteindre une densité parfaite, par l'espacement de plus en plus considérable des arbres et l'accès plus complet des influences atmosphériques qui en est la conséquence.

ARTICLE IV.

Du revenu.

598. Dans les deux précédents articles, nous avons démontré :

1° Que les futaies fournissent, dans un temps donné, des produits matériels plus élevés que les taillis simples et les taillis composés, et que ces derniers, sous ce rapport, sont intermédiaires entre les premières et les seconds ;

2° Que le bois des futaies est généralement d'une qualité supérieure, sauf celui qui est employé au chauffage ; pour cet usage, le bois des taillis peut être préférable, mais dans quelques cas seulement.

Or, la valeur des produits étant nécessairement en raison de leur quantité et de leur qualité, il est évident que le revenu des futaies doit être plus grand que celui des taillis simples et des taillis composés, toutes choses étant égales d'ailleurs ; et, par la même raison, le revenu des taillis sous futaie doit, à son tour, être plus élevé que celui des taillis simples.

599. Posée ainsi, la question, comme on le voit, est facilement résolue. Cependant, cette solution ne saurait convenir qu'à un propriétaire tel que l'Etat, par exemple, qui ne périt point et qui, en raison de sa perpétuité même et de la stabilité de possession qui en est la conséquence, doit considérer les forêts comme un puissant élément de prospérité publique et comme une source constante de revenus qu'il importe de rendre aussi féconde que possible.

Pour le propriétaire particulier, au contraire, une forêt est un capital qu'il conservera sous sa forme actuelle, s'il lui paraît convenablement placé, ou dont il changera l'emploi, *en tout* ou *en partie,* si cette opération doit lui procurer des bénéfices. Or, la mesure de ces bénéfices se trouve, en général, dans la proportion qui existe entre le revenu d'une forêt et la valeur des bois sur pied ou le *capital*

engagé (1), ainsi qu'on le verra dans ce qui va
suivre.

De ce point de vue la question devient donc
celle-ci :

Quel est le mode d'exploitation qui, *proportionnellement au capital engagé*, produit les revenus les
plus élevés ?

Nous examinerons premièrement les futaies sous
ce rapport, en recherchant si l'intérêt particulier
permet de les conserver, ou si, au contraire, il ne
conseille pas de les dénaturer et d'en placer la valeur
d'une autre manière (2). Les faits que constatera

---

(1) On nomme *capital engagé* les valeurs qui résident dans
les objets matériels employés à l'exploitation d'une entreprise,
et qui ne sauraient en être distraits sans entraver ou arrêter
sa marche.

Dans une entreprise agricole, ce sont les bâtiments, les clô-
tures, et les améliorations de tout genre, qui forment le *capital engagé ;* dans une entreprise forestière, ce capital, par
analogie, se compose évidemment de l'ensemble des bois sur
pied, et, en outre, des améliorations nécessaires pour favoriser
leur croissance et assurer leur conservation.

(2) Dans le deuxième livre [374], il a été établi que ce sont
les courtes révolutions qui profitent le plus à l'intérêt privé ;
il nous suffirait donc de nous appuyer de ce qui a été dit à cet
égard, pour conclure que les taillis seuls peuvent être possé-
dés avec avantage par les particuliers. Mais comme, dans le
paragraphe précité, on a dû se borner à traiter cet objet d'une
manière tout à fait générale et succincte, sans entrer dans les
développements qu'il comporte, nous croyons qu'il ne sera
pas inutile de l'examiner de nouveau ici, vu son importance.

cette recherche nous serviront ensuite pour considérer, sous le même rapport, les taillis simples et les
taillis composés.

600. Afin de rendre notre argumentation plus
simple, servons-nous d'un exemple et choisissons-le
tel, qu'il présente les circonstances les plus favorables à la production d'un revenu soutenu, et, par
conséquent, à l'intérêt du propriétaire.

Soit une futaie de chêne, d'une contenance de
140 hectares, située sous un climat et dans un sol de
fertilité moyenne ; soit son peuplement entièrement
normal [379], et la révolution de 140 ans; soit enfin,
le commencement des éclaircies périodiques fixé à
20 ans, et leur marche réglée de 20 en 20 années.

Dans cette forêt, que nous pouvons nous représenter partagée en quatorze affectations décennales
de 10 hectares chacune, le produit annuel se composera :

1° De la coupe d'un hectare de chênes parvenus
à l'âge d'exploitabilité (1) ;

2° De 6 hectares d'éclaircies périodiques à faire
dans les bois âgés de 120, 100, 80, 60, 40 et 20
ans.

D'après les calculs et les expériences de la plupart des auteurs allemands, le produit des éclaircies

---

(1) Pour plus de facilité dans les calculs, nous exprimons
ici la possibilité des coupes de régénération *par contenance.*

périodiques, dans une futaie normale, est au produit
principal, comme 1 est à 4 ou à 5; au contraire, les
auteurs français ont établi ce rapport comme 1 est à
2. Bien que, selon nous, les données des forestiers
allemands se rapprochent davantage de la vérité,
nous admettrons néanmoins celle de nos auteurs
nationaux, afin de nous placer sur le terrain le plus
favorable à l'intérêt privé (1). Dans cette hypothèse,
le produit matériel de la forêt proposée équivaudra
donc annuellement à celui de 1 hectare 50 ares de
futaie exploitable.

Or, pour apprécier ce produit annuel, par rapport
au capital engagé, il est nécessaire de se rendre
compte de la composition de celui-ci.

601. Le tableau ci-après fait connaître le volume
des bois existant sur l'hectare moyen de chaque
affectation décennale, et par suite le volume total de
la forêt. Les données contenues dans la quatrième
et la cinquième colonne, et qui ont servi à former
la sixième et la septième, ont été puisées dans des
tables que l'on doit à Cotta sur l'accroissement des
bois dans les futaies régulières (2). Nous pensons

---

(1) Il est évident, en effet, que faire le revenu annuel plus
grand, quand le capital reste le même, c'est améliorer les conditions de placement.

(2) Ces tables, qui sont généralement estimées en Allemagne,
ont été converties en mesure française par feu M. de Salomon,

que, pour le climat de la plus grande partie de la France, ces données sont loin d'être assez élevées; cependant nous n'hésitons pas à nous en servir, parce que nous les considérons principalement comme un moyen de rendre plus clairement nos idées, et que, d'ailleurs, les conclusions que nous nous proposons de tirer des faits qu'elles constatent ne seraient que plus frappantes encore, dans la supposition d'une végétation plus productive.

directeur de l'Ecole forestière, et publiées par lui à la suite de son Traité de l'aménagement des forêts.

Affectations décennales.	AGE DES BOIS		VOLUME ABSOLU (¹)		VOLUME absolu de l'hectare moyen.	VOLUME absolu de toute l'affectation décennale.
	sur l'hect. le plus jeune.	sur l'hect. le plus âgé.	de l'hectare le plus jeune.	de l'hectare le plus âgé		
1.	**2.**	**5.**	**4.**	**5.**	**6.**	**7.**
	ans.	ans.	mèt. cub.	mèt. cub	mèt. cub	mèt. cub.
14ᵉ	1	10	0 (²)	14	7	70
15ᵉ	11	20	16	28	22	220
12ᵉ	21	50	50	54	42	420
11ᵉ	51	40	55,5	74,5	65	650
10ᵉ	41	50	77	105	90	900
9ᵉ	51	60	105,5	150,5	118	1 180
8ᵉ	61	70	153	161	147	1 470
7ᵉ	71	80	163,5	192,5	178	1 780
6ᵉ	81	90	195,5	226,5	211	2 110
5ᵉ	91	100	229,5	260,5	245	2 450
4ᵉ	101	110	264,5	295,5	280	2 800
5ᵉ	111	120	299	529	514	5 140
2ᵉ	121	150	552	560	346	5 460
1ʳᵉ	151	140	562,5	589,5	576	5 760
Volume total de la forêt....						24 410

(1) On entend par *volume absolu* ou *réel,* le volume plein, sans aucun interstice.

(2) On pourrait objecter qu'un hectare peuplé de bois d'un an n'a pas zéro volume. Cela est vrai, mais ce volume est tellement faible que nous avons cru pouvoir le négliger sans commettre une erreur appréciable.

602. On voit, par ce tableau, que le produit d'un hectare parvenu à l'âge d'exploitabilité (140 ans) est de 376 mètres cubes (1); le produit annuel de notre forêt sera donc, coupes de régénération et éclaircies périodiques réunies :

$$376^{\text{mèt. cub.}} \times 1^{\text{hect.}} 50_a = 564^{\text{mèt. cub.}}$$

On voit, de plus, que le volume en bois nécessaire pour assurer ce produit annuel *d'une manière soutenue*, est de 24 410 mètres cubes, c'est-à-dire, que le capital engagé est environ *quarante-trois fois* plus grand que le revenu.

Substituant, à ces valeurs en nature, des valeurs en argent, soit, par exemple, 15 francs pour le

---

(1) Si l'on demandait pourquoi nous portons le produit d'un hectare de 140 ans à 376 mètres cubes, au lieu de 389 ¹/₂ mètres cubes que l'on trouve dans la cinquième colonne, nous rappellerions qu'en faisant des coupes de régénération dans une futaie, il faut nécessairement, pour couper l'équivalent d'un hectare, s'étendre sur une surface beaucoup plus grande, et que d'autres circonstances, d'ailleurs, telles que le retard d'une année de semence, par exemple, forcent souvent à porter, en peu d'années, les coupes d'ensemencement sur toute l'étendue de l'affectation décennale. D'où il suit que l'évaluation du volume d'une futaie doit se faire pour le milieu de la décennie à laquelle elle est affectée [390], ou, ce qui est la même chose au cas particulier, en prenant pour base l'hectare moyen de l'affectation.

mètre cube sur pied, quel que soit l'âge des bois ;
nous aurons pour revenu :

$$564^{mèt.\ cub.} \times 15^{fr.} = 8,460^{fr.} ;$$

et pour capital engagé :

$$24410^{mèt.\ cub.} \times 15^{fr.} = 366,150^{fr.}$$

Le placement sera donc au taux d'environ deux
et un tiers pour cent, en ne tenant toutefois aucun
compte de la valeur du fonds ou du *capital foncier*.

Ce calcul prouve que, quand un propriétaire aura
l'occasion de placer ses capitaux à 5 ou à 4 pour
cent, ce qui est très-admissible dans les affaires, la
destruction de sa futaie lui présentera une des plus
belles spéculations possibles.

En effet, supposons qu'ayant l'emploi de ses fonds
à 4 pour cent, il se décide à abattre sa forêt moins
les bois de 1 à 20 ans, trop jeunes pour être livrés
au commerce avec avantage; voici le capital qu'il
réalisera :

$$24\ 120^{mèt.\ cub.} \times 15^{fr.} = 361\ 800^{fr.},$$

lequel, placé à 4 p. %, lui rapportera une rente
de, ci.......................... 14472$^{fr.}$

Mais le revenu de la futaie n'était
que de......................... 8460

En la détruisant, il aura donc gagné
de rentes...................... 6012$^{fr.}$

Et outre ce bénéfice, il lui restera un bois de 20
hectares âgé de 1 à 20 ans, plus 120 hectares d'un

sol susceptible de fructifier de nouveau, soit en bois, soit par d'autres cultures, si la faculté de défricher existe.

603. En présence de tels faits, il semble difficile de soutenir que l'exploitation conservatrice des futaies soit de nature à satisfaire les exigences de l'intérêt particulier; cependant, cette opinion, qui a été défendue par des agronomes du plus éminent mérite, trouve encore aujourd'hui des partisans. Voici le raisonnement sur lequel ils se fondent :

« Tant qu'une futaie debout aura plus de valeur
» pour celui qui voudra la conserver pour en at-
» tendre les produits, qu'elle n'en aurait actuelle-
» ment pour celui tenté d'y mettre la cognée, on
» peut être assuré qu'il y a dix chances contre une
» pour qu'elle ne soit pas abattue ; car, s'il se ren-
» contre un propriétaire pressé d'en réaliser la va-
» leur, il se trouvera aussi des acheteurs disposés
» à spéculer sur sa conservation. *Mais il est évident*
» *qu'il faut pour cela que les bois de fort équar-*
» *rissage acquièrent une valeur qui se trouve dans*
» *un certain rapport avec ceux de moindre dimen-*
» *sion;* c'est cette proportion que l'on doit consi-
» dérer comme le nivellement entre les bois de
» service de divers genres ; la concurrence seule
» suffira pour l'établir, et c'est de ce nivellement
» que l'on doit attendre toute sécurité pour les ap-
» provisionnements en bois des âges à venir. » (*De*
l'Industrie forestière en France, par M. de Dombasle, Annales de Roville, 8° livraison, 1832.)

604. D'après le passage qu'on vient de lire, c'est une juste proportion entre les prix des bois, selon leur âge et leurs dimensions, qui assurera la conservation des futaies de la part des particuliers.

Pour vérifier l'exactitude de cette assertion, supposons un propriétaire *pressé de réaliser la valeur de sa futaie*, et examinons si, au moyen de prix proportionnés comme nous venons de le dire, les acheteurs les plus offrants seront plutôt *disposés à spéculer sur la conservation* de cette futaie que sur sa destruction. A cet effet, conservons l'exemple de la futaie normale dont nous nous sommes servis plus haut, et ajoutons au tableau des bois qui la composent, des prix gradués de la manière suivante :

Pendant les 40 premières années, le prix du mètre cube augmentera tous les dix ans de 5 francs.

Depuis l'âge de 40 ans jusqu'à celui de 100, cette augmentation sera, chaque dix ans, de 10 fr.; et enfin :

A partir de 100 ans jusqu'à 140, chaque décennie augmentera la valeur du mètre cube de 20 francs, de sorte que, dans les bois parvenus à l'âge d'exploitabilité, cette valeur sera portée au taux excessif et, pour ainsi dire, imaginaire de 160 francs (1).

---

(1) On a fait observer que ce prix de 160 fr. par mètre cube était souvent payé, pour des pièces de choix, par les arsenaux de la marine, de la guerre et par d'autres consommateurs

Voici, avec ces données, le tableau du capital engagé, exprimé dans la 4ᵉ colonne en mètres cubes, et dans la 6ᵉ en argent.

---

encore, et que, en l'adoptant comme maximum, ce n'était pas faire une hypothèse tellement exagérée qu'elle autorisât, dans tous les cas, la conclusion *a fortiori* que nous en tirons. On se serait dispensé de l'objection, si l'on avait réfléchi qu'il s'agit, dans notre exemple, non de bois de choix équarris à vive arrête ou tout au moins au 5ᵉ déduit comme ceux que les arsenaux recherchent et paient fort cher, mais de la *totalité* du matériel sur pied dans une futaie exploitable, ce qui constitue une différence tout au moins du simple au double ou au triple.

Affectations décennales	AGE des Bois.		VOLUME absolu de l'hectare moyen.	VOLUME absolu de toute l'affectation décennale.	PRIX du mètre cube.	VALEUR de toute l'affectation décennale.
1.	2.		3.	4.	5.	6.
		ans	mèt. cub.	mèt. cub.	fr.	fr.
14e	1 à	10	7	70	5	350
13e	11	20	22	220	10	2 200
12e	21	30	42	420	15	6 300
11e	31	40	65	650	20	13 000
10e	41	50	90	900	30	27 000
9e	51	60	118	1 180	40	47 200
8e	61	70	147	1 470	50	73 500
7e	71	80	178	1 780	60	106 800
6e	81	90	211	2 110	70	147 700
5e	91	100	245	2 450	80	196 000
4e	101	110	280	2 800	100	280 000
3e	111	120	314	3 140	120	376 800
2e	121	130	346	3 460	140	484 400
1re	131	140	376	3 760	160	601 600
TOTAUX....			»	24 410	»	2 362 850

605. Il résulte du tableau ci-dessus que les coupes de régénération à faire annuellement dans la futaie produiront :

$$376^{\text{mèt. cub.}} \times 160^{\text{fr.}} = 60\ 160^{\text{fr.}}$$

Quant aux éclaircies périodiques, il est nécessaire

d'entrer dans quelques détails pour en fixer la valeur.

Nous avons admis, plus haut, que le produit annuel en matière de ces opérations équivalait, dans la futaie normale proposée, à la moitié du produit des coupes de régénération, savoir :

$$\frac{376}{2} = 188 \text{ mètres cubes.}$$

Mais comme ces 188 mètres cubes doivent s'obtenir par six éclaircies, à faire sur six hectares, dont le plus jeune a 20 ans et le plus âgé 120, nous avons besoin de connaître séparément le produit matériel de chaque éclaircie, afin d'en déterminer le prix conformément à la 5e colonne du tableau, et d'obtenir ainsi la somme pour laquelle ces exploitations contribueront au revenu annuel.

Or il est d'expérience, que les produits matériels des éclaircies périodiques vont en augmentant, jusqu'à l'âge de 80 ans à peu près, pour les essences longévives, et surtout pour le chêne, et qu'ensuite ils diminuent brusquement. C'est d'après plusieurs auteurs forestiers estimés, et d'après les données pratiques que nous avons eu l'occasion de recueillir nous-même, que nous avons adopté les nombres suivants comme représentant cette échelle de production avec une exactitude suffisante pour l'exemple que nous discutons :

1re éclaircie, bois de 20 ans, fournira 10mèt. cub., à 10fr. l'un, ci.								100fr.
2e	—	bois de 40 ans,	—	20	—	20	—	400
3e	—	bois de 60 ans,	—	40	—	40	—	1,600
4e	—	bois de 80 ans,	—	62	—	60	—	3,720
5e	—	bois de 100 ans,	—	50	—	80	—	2,400
6e	—	bois de 120 ans,	—	26	—	120	—	3,120

TOTAL... 188mèt. cub.   11,340fr.

Ajoutant à cette somme la valeur des coupes de régénération qui
est de, ci...................................... 60,160

On trouve pour revenu de la forêt, ci.................... 71,500fr.

606. Si nous rapprochons ce revenu de 71,500 fr. de la valeur du capital engagé, qui est de 2,362,860 fr., nous voyons que, malgré les prix excessifs attribués aux bois de fort équarrissage, on n'obtient encore qu'un placement à 3 pour cent environ, et toujours sous la condition expresse de négliger la valeur du fonds.

Mais après tout, ces prix, que nous pourrions presque appeler calamiteux, nous garantiront-ils du moins que la futaie ne passera qu'entre les mains d'un acheteur *disposé à spéculer sur sa conservation?* Nullement. Cet acheteur sans doute se présentera, puisque c'est au taux de 3 p. 0/0 environ que se font ordinairement les placements en biens-fonds ; mais il se trouvera certainement en concurrence avec celui qui spéculera sur la destruction, et qui pourra offrir au vendeur un prix bien plus considérable, parce que, industriel ou commerçant, il fait travailler ses capitaux et en retire 4, 5 et même 6 pour cent, au lieu de se contenter de 3 comme le premier. On peut donc être assuré qu'il y a dix chances contre une, pour que toute futaie mise en vente soit acquise par des spéculateurs ayant intérêt à ce qu'elle soit promptement abattue. Le calcul, d'ailleurs, prouvera facilement ce que nous avançons.

En effet, supposons, comme nous l'avons fait dans le premier exemple, que l'on abatte toute la futaie, moins le bois de 1 à 20 ans; on réalisera le capital suivant :

$$2{,}362{,}850^{\,\text{fr}}. - 2{,}500^{\,\text{fr}}. = 2{,}360{,}300^{\,\text{fr}}.;$$

lequel placé à 4 pour cent seulement, rapportera par an.............................. 94,412 ^{fr}.

Mais le revenu, en spéculant sur la conservation, n'est que de.......... 71,500

Le bénéfice réalisé équivaut donc à 22,912 ^{fr}. de rente, sans compter la valeur considérable du terrain déboisé et du jeune bois de 1 à 20 ans.

Et que l'on ne dise pas que ces sortes d'affaires présentent, dans la réalité, des difficultés et des chances qui en détournent les spéculateurs; elles sont aujourd'hui fort connues et fort recherchées même, par suite des nombreuses ventes de bois faites depuis trente et quelques années par l'Etat. Que l'entreprise soit ou non considérable, elle trouvera des amateurs: si elle est peu importante, elle conviendra à des individus; si elle est plus vaste, ce seront des compagnies qui s'en empareront, et, dans tous les cas, le capitaliste qui voudrait conserver sera écarté du marché.

607. Il nous semble donc démontré que le prix des bois de fortes dimensions, quelque élevé qu'on le suppose, ne saurait assurer la culture et la conservation des futaies de la part des particuliers. Il est évident, au contraire, qu'avec l'augmentation de ces bois en valeur, doit croître aussi l'appât de les détruire, surtout si l'on tient compte de la puissance des intérêts composés, que, dans l'état actuel de l'industrie, il n'est plus possible de nier pour un grand nombre de cas.

608. Après avoir considéré les futaies dans leurs rapports avec l'intérêt particulier, il nous reste à examiner les taillis simples et les taillis composés sous le même point de vue.

Peu de mots suffiront.

Si les futaies, surtout celles à longues révolutions, ne peuvent convenir à l'intérêt privé, la cause, comme on l'a vu, en est principalement dans le capital trop élevé, qu'il est nécessaire d'engager dans les bois sur pied, pour se procurer un revenu soutenu; capital qui, joint à la valeur du sol, fait descendre le taux de l'argent bien au-dessous de celui des placements ordinaires.

Or, il n'en est pas de même pour les taillis simples, qui s'exploitent à des époques rapprochées et n'exigent qu'un capital engagé peu élevé comparativement au revenu qu'ils procurent (1); leur destruction ne saurait donc être avantageuse dans une contrée où le prix du bois est à peu près nivelé avec celui des autres denrées, sauf dans le cas où le sol serait d'une qualité tout à fait supérieure pour un genre de culture très-lucratif.

Quant aux taillis sous futaie, leur position, ici encore, est intermédiaire ; présentant plus d'avantages à l'intérêt particulier que les futaies, ils sont moins profitables que les taillis simples, surtout lorsqu'on y élève des bois de plus de trois révolutions (2).

609. En résumé, la discussion du revenu des trois principales méthodes d'exploitation constate les faits suivants :

---

(1) Voici quelques données à cet égard, que nous fournit un auteur allemand très-estimé (Hundeshagen) :

Le peuplement du taillis étant supposé normal, et le revenu en matière égal à l'unité, le capital engagé sera :

pour une révolution de 30 ans — 14 à 16,
     —   20   — 10 à 12.
     —   10   — 5.
     —   5   — 3.

(2) Lorsque le bois de feu se place difficilement dans une localité, et, en tout cas, ne s'y vend qu'à bas prix, la spéculation de réserver, sur le taillis, des arbres de deux et même de trois révolutions peut devenir fort avantageuse au propriétaire, parce que les bois d'œuvre acquièrent dès lors une valeur proportionnelle d'autant plus grande, qui permet de les exporter jusque sur les marchés où ils trouvent un placement profitable et assuré.

Pour l'Etat et pour tout propriétaire impérissable comme lui, et qui, *par essence*, n'est point apte aux spéculations commerciales, la méthode de la futaie offre les plus grands bénéfices ; le taillis composé tient le second rang et le taillis simple occupe le dernier.

Le contraire a lieu pour les particuliers dont la possession est précaire, et qui, par suite de la division indéfinie des fortunes, sont forcés, soit à la première soit à la deuxième, ou au plus tard à la troisième génération, de rechercher des placements élevés et des spéculations mercantiles auxquelles ne saurait résister le capital engagé dans des bois exploitables. Pour eux, c'est le taillis simple qui doit être mis en première ligne, le taillis composé en seconde, et la futaie ne peut occuper que le dernier rang.

ARTICLE V.

De l'influence des différentes méthodes d'exploitation sur la fertilité du sol.

610. Les bois influent sur le sol qu'ils occupent de deux manières distinctes :

1° Par le couvert ;

2° Par l'amendement qu'ils procurent.

Le premier effet est produit par le massif plus ou moins serré et par l'épaisseur de feuillage propres à chaque essence ; le second effet dépend des mêmes causes, et, en outre, de l'abondance des feuilles et des circonstances qui hâtent où retardent leur décomposition après leur chute (1).

611. Dans les futaies en général, la méthode du réensemencement naturel et des éclaircies établit un couvert constant et complet qui garantit le sol du desséchement et y maintient la fraîcheur favorable à la végétation des bois. Un détritus abondant, composé de feuilles, de menues branches, et qui trouve toutes les circonstances favorables à sa prompte décomposition, augmente chaque année la couche d'humus dans ces forêts, et restitue ainsi abondamment à la terre les substances nourricières que s'assimilent les arbres. Ce n'est que quand les révolutions sont très-longues que cette restitution devient moins complète: le massif alors, s'éclaircissant de plus en plus, permet l'action trop directe du soleil et de l'air sur la surface du sol; les vents dispersent le lit de feuilles; et l'humus, formé pendant longues années, se dessèche, diminue peu à peu, et finit par perdre toutes ses qualités fertilisantes. Mais, hors ce cas qui n'est qu'une rare exception, il est incontestable que tout, dans l'exploitation des futaies régulières, concourt à con-

---

(1) On sait que les causes d'une prompte décomposition où putréfaction sont : l'humidité, une chaleur modérée et l'air stagnant ou du moins calme. Au contraire, la sécheresse, une forte chaleur et des courants d'air violents retardent et entravent même la putréfaction.

28

server et à augmenter constamment la fertilité du terrain.

612. Par la méthode du taillis simple, le sol est à peu près complétement dénudé à chaque coupe. S'il est fertile, situé en plaine ou en pente douce, les rejets s'y élèvent rapidement après la coupe et forment, dès les premières années, un nouveau fourré assez épais pour préserver le terrain des influences nuisibles de l'atmosphère. Si le sol est médiocre, peu profond, mais cependant plat, la méthode du taillis simple, quoique ne l'amendant que faiblement, ne l'expose pas néanmoins à se détériorer. Mais, quand ce mode d'exploitation est pratiqué dans un terrain aride, fortement incliné et exposé aux ardeurs du soleil, il est impossible qu'il ne produise pas de fâcheux résultats. En effet, à chaque coupe, les rejets nouveaux, manquant de vigueur, sont très-longtemps avant de couvrir le terrain, ce qui fait que la faible couche d'humus, formée pendant la révolution écoulée, est promptement torréfiée, puis lavée par les pluies ; en second lieu, l'élément minéralogique lui-même, n'étant plus recouvert, se désagrége, devient pulvérulent et est entraîné dans les bas-fonds. C'est ainsi, par exemple, que, dans les formations de grès et de calcaires qui sont entièrement dépourvus d'argile, il suffit souvent de quelques révolutions de taillis, pour mettre le roc à nu, et exclure toute végétation autre que celle de quelques chétifs arbrisseaux et arbustes.

613. Quant à la méthode du taillis sous futaie,

considérée sous le rapport de son influence sur la fertilité du sol, elle participe naturellement des deux méthodes examinées plus haut, et ses effets se rapprochent de ceux de la futaie ou de ceux du taillis simple, selon que, par le nombre et l'âge des baliveaux, le couvert est plus ou moins épais après la coupe.

614. Les considérations que nous venons de présenter font voir que la méthode de la futaie ne s'applique pas exclusivement aux bons sols, ainsi qu'on le pense communément ; on peut, et l'on doit même, l'employer dans certains terrains médiocres, si l'on veut empêcher qu'ils ne s'appauvrissent davantage. Mais, dans ce cas, il faut cultiver des essences traçantes qui donnent, autant que possible, un couvert épais (1), et les soumettre à de courtes révolutions, afin de maintenir les bois en massif très-serré, et d'assurer ainsi l'amendement du sol. Nous ne voudrions pas, cependant, que l'on inférât de ce que

---

(1) Pour atteindre ce but, le hêtre, parmi les essences feuillues, et l'épicéa, parmi les résineuses, méritent la préférence. Le pin sylvestre dans le nord et l'est, dans l'ouest le pin maritime, et dans le midi ce dernier pin et le pin d'Alep, peuvent aussi être employés avec avantage, mais comme *essences transitoires* seulement. Ils donnent, dans la jeunesse, un couvert épais et des détritus abondants, à la faveur desquels les sols dégradés se restaurent suffisamment pour qu'il devienne possible, ensuite, d'y introduire des essences susceptibles de croître en massif serré jusqu'à l'exploitabilité.

nous venons de dire, que, selon nous, les taillis doivent, dans les terrains médiocres en général, faire
place aux futaies. Ce serait entièrement méconnaître
notre opinion. En général, il est naturel et juste
d'assigner les terrains médiocres aux taillis, ainsi
qu'on le fait d'ordinaire ; mais, lorsque la base minéralogique de ces terrains est dépourvue de tout
liant, que la pente est rapide, et qu'on a d'ailleurs la
faculté de choisir le mode d'exploitation, nous pensons qu'il n'y a pas à hésiter et que la futaie doit
être préférée.

ARTICLE VI.

Conclusion.

615. Des faits démontrés dans le présent chapitre,
on peut déduire les considérations et les principes
généraux suivants sur l'application des divers modes
d'exploitation dans les forêts de l'Etat, des communes et des particuliers.

616. La méthode de la futaie fournit les produits
en matière les plus considérables et les plus utiles ;
elle fait rendre aux forêts, *comme telles,* les revenus
les plus élevés, et elle conserve et améliore, plus que
toute autre, la fertilité du sol ; elle répond donc au
plus haut degré, à l'intérêt général. Il suit de là,
que l'Etat doit non-seulement conserver soigneusement les futaies qu'il possède, mais qu'il doit encore
s'appliquer à en créer de nouvelles. Or, le moyen
le plus prompt et le plus sûr pour atteindre ce der-

nier but, c'est la conversion en futaie des taillis composés, de ceux du moins qui sont situés en bons fonds et suffisamment peuplés de bonnes essences.

617. Toutefois, des obstacles majeurs s'élèvent contre une mesure générale de ce genre. En effet, pour convertir en futaie un taillis composé, il faut, nécessairement, réserver une grande partie des bois qui, sans la conversion, eussent été coupés, d'où résulte un abaissement notable dans les produits. Quelque évidente que soit donc, en principe, l'utilité d'une telle opération, il est incontestable qu'elle pourrait donner lieu à de graves embarras, si l'on voulait l'étendre, à la fois, à toutes les forêts qui en sont plus ou moins susceptibles, et tenter ainsi une réforme systématique, brusque et complète.

Prendre un tel parti, ce serait ignorer qu'en administration on ne modifie sans danger ce qui est défectueux, qu'en procédant par des améliorations partielles, et en cherchant à amener peu à peu les intérêts existants à transiger avec ceux de l'avenir.

Dans leur état actuel, les forêts domaniales sont destinées à fournir des produits d'une haute importance, pour les principales industries du pays et pour la consommation en général ; en outre, le trésor compte sur elles pour lui procurer des revenus qui lui sont nécessaires. Toute amélioration donc, qui, dans ces forêts, ne peut se faire sentir qu'après de longues années, doit avoir pour condition de ne point froisser les intérêts actuels, tant ceux des consommateurs que ceux de l'Etat lui-même. Le principe qui interdit de dépasser la possibilité des forêts, trouve ici sa réciproque ; car, s'il est injuste de faire tourner au profit de la génération actuelle des produits qui ne devraient échoir qu'à ses successeurs, il le serait au moins autant de refuser satisfaction à des besoins existants, afin de préparer l'abondance dans l'avenir.

618. Pour convertir en futaie un taillis composé, le problème à résoudre est donc : de conduire la forêt à l'état de futaie exploitable, sans que les produits subissent de baisse sensible. Le chapitre qui traitera spécialement de ces conversions fera voir que, dans une forêt de quelque étendue, on peut souvent obtenir un tel résultat à l'aide d'une combinaison particulière des exploitations entre elles [638]. Nous ferons observer, cependant, que, pour apprécier l'opportunité des conversions en futaie sous la condition que nous venons d'énoncer, il ne faut pas toujours considérer, dans leur abstraction, les forêts que l'on y destine ; on doit, au contraire, les regarder comme partie d'un certain ensemble de forêts, dont les produits alimentent une localité déterminée, ou, s'il est permis de s'exprimer ainsi, un *bassin de consommation.*

Placé à ce point de vue plus élevé, on reconnaîtra souvent qu'un taillis composé peut être converti, quoique cette opération doive amener, pour un certain temps, une baisse dans les produits particuliers de ce taillis ; car, pendant le même temps, les produits d'une autre forêt pourront être mis en hausse, et ainsi, en définitive, la possibilité de la localité, tant en matière qu'en argent, ne se trouvera point altérée (1).

Lorsque, au contraire, on aura acquis la certitude que l'intérêt du trésor et celui des consommateurs rendent impossible la conversion de taillis composés qui, d'ailleurs, y seraient propres, *on se contentera de préparer, pour l'avenir, les moyens d'exécuter cette importante amélioration.* Dans ce but, on conservera et l'on multipliera, dans ces forêts, les essences précieuses, et l'on y règlera, en général, le balivage et le traitement, d'après les principes qui ont été enseignés dans le quatrième livre de ce cours.

619. Peu de mots suffiront quant à l'application que peuvent recevoir, dans les forêts domaniales, les autres genres de conversion mentionnés plus haut [591].

Ces diverses combinaisons ne se rattachent point, comme les conversions en futaie de taillis composés, à des considérations administratives d'un ordre supérieur, attendu qu'elles ne sont pas susceptibles d'acquérir ce caractère de généralité dont il importait, pour les autres, de discuter la portée théorique

_____

(1) C'est, en général, de cette manière qu'un grand propriétaire de bois, tel que l'État, devrait entendre la possibilité, qui, prise dans un sens trop étroit, devient souvent une véritable entrave à la plus grande production.

et pratique. Leur opportunité n'est en général déterminée que par la nature du sol et des essences, et
il est, par conséquent, facile au forestier, qui possède
quelques connaissances culturales, de l'apprécier. La
conversion des taillis simples en futaie semble seule
devoir participer, dans certains cas, de l'importance
de celle des taillis composés; mais ce mode de traitement ne se rencontre que rarement, et, pour ainsi
dire, par exception seulement, dans les bois de l'Etat ;
nous en avons indiqué la cause plus haut [565].

620. Les motifs qui doivent faire préférer, en
principe, la méthode de la futaie, dans les forêts de
l'Etat, se reproduisent, en grande partie, au sujet des
forêts communales. Les communes, en effet, sont
perpétuelles comme l'Etat, et, en raison de cette
perpétuité, elles doivent chercher à administrer leurs
domaines *dans l'intérêt du plus grand usufruit.* Pour
toute commune, donc, qui possède des futaies, il est
de la plus grande importance de les conserver ; les
convertir en taillis (sauf dans quelques circonstances
tout à fait exceptionnelles), ce serait consommer une
véritable spoliation envers les générations futures.

Cependant, une commune doit-elle, comme l'Etat,
chercher à *convertir* en futaie ses taillis composés ?
— Oui, si elle est assez riche pour que, par quelque
combinaison temporaire dans l'ensemble des exploitations de ses bois, elle trouve à couvrir le déficit
qui, temporairement aussi, résultera de la conversion.

Mais, telle n'est pas, en général, la position des

communes en France : presque toutes ne possèdent que des forêts peu étendues, dont les ressources sont à peine suffisantes pour faire face, soit aux dépenses d'utilité publique qui se reproduisent périodiquement, soit aux besoins d'une population toujours croissante. On ne peut donc guère espérer que l'on *créera* des futaies dans les forêts communales; les obstacles, il faut le reconnaître, sont à peu près insurmontables.

621. La majorité de ces forêts est traitée aujourd'hui en taillis composé, mode qui, s'il est bien conduit, réunit une partie des avantages de la futaie à ceux du taillis simple [543]. Cette méthode d'exploitation intermédiaire semble d'ailleurs convenir assez bien à un propriétaire tel que la commune, qui, par sa perpétuité et comme corporation, participe de l'essence de l'Etat; mais qui, en raison de ses besoins presque toujours pressants et de ses ressources bornées, est très-souvent forcée, par la nécessité, de calculer comme un particulier.

Nous pensons donc, vu ces circonstances, que l'on doit, dans les forêts communales en général, se borner à conserver soigneusement les futaies existantes et maintenir, du reste, le mode du taillis composé en s'attachant à le rendre rationnel et à corriger son application qui, trop généralement, laisse beaucoup à désirer.

622. Quant aux forêts particulières, leur traitement, comme nous l'avons vu [599], est déterminé

par la condition dominante *d'élever le plus possible le rapport entre le revenu et le capital engagé ;* il est donc évident que la méthode du taillis simple mérite la préférence, sauf le cas où le manque de débouché des bois de feu dans la localité, ou leur très-bas prix, peut rendre profitable la réserve de baliveaux destinés à fournir des bois d'œuvre (voir la note 2, page 423). Enfin, il est un genre de forêts, les résineuses, qui exclut absolument le mode du taillis et commande celui de la futaie : mais alors le particulier devra nécessairement choisir la révolution la plus courte possible, parce que, comme nous l'avons prouvé ailleurs [602-606], les longues révolutions exigent un capital engagé tellement considérable, comparativement aux intérêts qu'on en retire, que le taux du placement finit par descendre au-dessous de tous ceux que l'on trouverait dans toute autre spéculation, même la plus sûre (1).

---

(1) D'après des expériences faites par Cotta, les sapins et les épicéas rapporteraient, à 70 ans, 2 p. %; à 100 ans 1 p. %, et à 140 ans ½ p. %. (Voyez les tables de cet auteur réduites en mesures françaises, dans le deuxième volume du Traité de l'aménagement des forêts, par feu M. de Salomon, directeur de l'École forestière.)

CHAPITRE TROISIÈME.

CONVERSION DES FUTAIES.

ARTICLE PREMIER.

Conversion d'une futaie en taillis simple.

623. La conversion d'une futaie en taillis simple ne présente en général aucune difficulté. Il suffit de déterminer, d'une part, les parties de la forêt dont les souches promettent encore une reproduction certaine; de l'autre, les parties où cette circonstance n'existe pas. Dans les premières, l'exploitation en taillis peut commencer immédiatement; dans les secondes, il est nécessaire de créer d'abord un nouveau peuplement, soit par des coupes de régénération, soit par des travaux de semis ou de plantation, afin de pouvoir ensuite passer au mode du taillis.

Soit, par exemple, une futaie, soumise jusqu'alors à une révolution séculaire, destinée à être convertie

en un taillis de 25 ans. Si, dans la localité, on peut
compter avec certitude sur la reproduction des
souches jusqu'à l'âge de 50 ans, tous les bois de cet
âge et au-dessous (1) seront exploités tout de suite,
en taillis, par 25ᵉ de surface ; le surplus de la forêt,
peuplé d'une futaie de 100 à 51 ans, sera mis en
coupes de régénération, de manière à produire,
dans le délai de 25 ans, un repeuplement d'une
gradation d'âge aussi régulière que possible, et qui,
après ce temps, pourra être traité comme la partie
précédente.

Ce n'est que quand une futaie a été exploitée sans
ordre, que la conversion en taillis peut présenter
des difficultés, parce qu'alors les parties susceptibles
de se reproduire tout de suite par rejets se trouvent
plus ou moins mélangées avec celles à régénérer au
préalable par la semence. Dans de telles circonstances, c'est l'examen attentif des lieux qui peut seul
décider auquel des deux moyens il convient de
donner la préférence, ou, s'il y a lieu de les combi-
ner, pour arriver au but le plus sûrement et le plus
promptement possible.

_____

(1) Dans le cas où l'étendue de ces bois serait considérable,
on les partagerait en deux séries, l'une comprenant les bois de
1 à 25 ans et l'autre ceux de 26 à 50.

Conversion d'une futaie en taillis composé.

624. La marche à suivre pour opérer la conversion d'une futaie en taillis composé est absolument
semblable à celle que nous venons d'indiquer dans
l'article précédent, sauf les dispositions à prendre
pour le balivage.

On commence donc par fixer la révolution du
taillis à créer, et l'on détermine les parties de forêt
qui pourront être tout de suite exploitées d'après ce
mode et celles qui, préalablement, sont à régénérer
par la semence ; puis on règle, d'après les principes
que nous connaissons, le degré de couvert à répandre
sur le taillis, et l'on arrête le nombre et les différentes catégories de baliveaux dont devra se composer la réserve [549-551].

625. Dans les parties à exploiter tout de suite en
taillis, cette réserve ne pourra se composer, pour la
première révolution, que de baliveaux de l'âge dont
le nombre sera tel que, parvenus à la qualité de
moderne, ces arbres donnent le couvert voulu. A la
2ᵉ révolution, on ne conservera, de ces *modernes*,
que la quantité fixée par le balivage adopté, et l'on
complètera le couvert par des tiges de l'âge. A la 3ᵉ
révolution, on réservera le nombre prescrit d'*anciens* et de *modernes*, et l'on complètera encore le
couvert par des baliveaux de l'âge, et ainsi de suite,

de révolution en révolution, jusqu'à ce que toutes les catégories d'arbres, dont doit se composer la réserve, soient établies sur le taillis.

626. Dans les parties qu'il faut d'abord régénérer par la semence, on laissera sur pied, lors de la coupe définitive, un certain nombre d'arbres, donnant le couvert jugé convenable. Quand on coupera le sous-bois pour la première fois, on réservera le nombre de tiges de l'âge que prescrit le balivage adopté, et l'on diminuera le nombre des vieux arbres dans le rapport du couvert que donneront ces jeunes baliveaux lorsqu'ils seront devenus *modernes*. Et l'on continuera ainsi, jusqu'à l'entier établissement du balivage adopté.

CHAPITRE QUATRIÈME.

—

CONVERSION DES TAILLIS SIMPLES.

—

ARTICLE PREMIER.

Conversion d'un taillis simple en taillis composé.

627. Cette opération, qui ne consiste qu'à établir successivement, sur le taillis, différentes catégories de baliveaux qui ne s'y trouvent pas, est évidemment semblable, en tout, à celle qui tend à convertir en taillis composé, une partie de futaie dont les souches sont encore susceptibles de reproduction ; nous venons de la décrire [625].

ARTICLE II.

Conversion d'un taillis simple en futaie.

628. La conversion en futaie, d'un taillis simple, ne présente point de difficulté dans l'exécution, dès que les perches, dont il se compose, sont

assises sur des souches assez jeunes encore, et que le sol est d'ailleurs convenable.

Dans cette opération, on conserve, pour la révolution transitoire, le terme de l'ancienne révolution du taillis, et on laisse subsister, sur chaque coupe, un massif composé des tiges les plus vigoureuses et des baliveaux ayant atteint la qualité de *moderne*.

On fait en sorte de supprimer, outre les perches dominées et les morts-bois, toutes les essences impropres à la futaie, à moins qu'elles ne soient indispensables pour maintenir le massif. Ces exploitations ont reçu le nom de *coupes préparatoires*, parce qu'elles ont, en effet, pour objet de préparer l'état de futaie, en parcourant la forêt une ou plusieurs fois, jusqu'au moment fixé pour commencer les coupes de régénération.

Soit un taillis aménagé à 30 ans, et que l'on se propose de convertir dans le même délai, on aura, au bout de ce temps, en opérant comme nous venons de le dire, une forêt qui présentera, dans la partie la plus âgée, des bois de 60 ans et un certain nombre de 90, et dans la partie la plus jeune, des bois de 30 et de 60 ans. Dès lors on pourra commencer l'exploitation en futaie et ce sera même à conseiller, le peuplement se composant généralement de rejets. En raison de cette circonstance, on devra aussi abréger, au moins d'un tiers, la révolution qu'il eût été d'ailleurs convenable d'adopter pour la futaie.

629. Mais cette manière de procéder, fort simple

il est vrai, présente le grave inconvénient d'imposer au propriétaire une privation presque absolue de produits, pendant toute la révolution transitoire où les coupes se bornent à l'extraction de quelques tiges dominées ou inutiles. Aussi n'est-elle guère admissible que théoriquement ou dans quelques cas exceptionnels. Dans les circonstances ordinaires, on ne peut entreprendre la conversion qu'à la condition *de ne pas abaisser trop sensiblement l'ancienne production.* La méthode suivante a pour objet d'atteindre ce but.

630. On détermine immédiatement la révolution de futaie, en l'abrégeant toutefois autant que possible, par le motif que nous venons de donner. Prenons pour exemple le même taillis que précédemment, c'est-à-dire, aménagé à 30 ans, on fixera cette révolution à 90 ans, partagée en trois périodes de 30 ans chacune. Sur le terrain, les affectations de ces périodes seront composées, savoir :

La 1re, des bois de 21 à 30 ans;

La 2e, des bois de 11 à 20 ;

La 3e, des bois de 1 à 10.

Les exploitations à faire dans chacune de ces affectations, de période en période, seront :

PREMIÈRE PÉRIODE.

1re *affectation.* Coupe préparatoire, pendant la première décennie, par dixième de surface.

29

2e *affectation.* Coupe de taillis par trentième de
surface.

3e *affectation.* Coupe de taillis par trentième de
surface.

En étendant, dès la première décennie, les coupes préparatoires sur la totalité de la première affectation, on a
l'avantage d'atténuer la baisse des produits qui résulte nécessairement de ce que, dans les deux autres affectations,
on exploite des taillis trop jeunes. Après ce laps de temps,
les deux coupes de taillis entreront dans des bois qui auront
26 ans dans la deuxième affectation, 16 ans dans la troisième,
et passeront successivement à des parties plus âgées, pour
terminer, en deuxième affectation, par des bois de 40 ans,
et en troisième, par des bois de 30. Il est donc permis de
penser que, avec la troisième décennie, la production at-
teindra, non pas entièrement sans doute, mais à peu de
chose près, celle de l'ancien taillis.

A l'expiration de la première période, le peuplement
sera :

1re *affectation.* Perchis de 60 à 50 ans avec sous-bois
dominés (provenant des souches exploitées dans la
coupe préparatoire) de 20 à 30 ans.

2e *affectation.* Taillis de 30 à 1 an.

3e *affectation.* Taillis de 30 à 1 an.

DEUXIÈME PÉRIODE.

1re *affectation.* Seconde coupe préparatoire ou
éclaircie, par trentième de surface, avec extraction
de sous-bois dominés.

2ᵉ *affectation.* Première coupe préparatoire, par trentième de surface.

3ᵉ *affectation.* Coupe de taillis par trentième de surface.

La production de ces trois coupes réunies restera certainement encore au-dessous de la production de l'ancien taillis, mais on peut espérer qu'elle ne sera pas inférieure à celle de la première période.

A l'expiration de la deuxième période, le peuplement sera :

1ʳᵉ *affectation.* Futaie de 90 à 80 ans;

2ᵉ *affectation.* Perchis de 60 à 50 ans;

3ᵉ *affectation.* Taillis de 50 à 1 an.

631. Comme on le voit, le but de la conversion se trouve en quelque sorte atteint, dès le commencement de la troisième période, et cela, sans que le propriétaire ait eu à s'imposer de trop fortes privations sur son revenu. De plus, la série présente une gradation d'âge presque normale, avantage évident qui fait défaut à la méthode de conversion directe, et dont l'absence peut, dans certains sols et pour certains taillis, devenir une cause d'embarras tels que, dans le cours de la révolution de futaie, tout le succès de l'opération en soit compromis. — Enfin, le traitement des deux dernières affectations donne toute latitude d'améliorer le peuplement, en extirpant les souches usées et les essences impropres à la futaie, pour y introduire les essences d'élite : 30

ans dans la deuxième affectation, et 60 ans dans la troisième sont, à coup sûr, un délai plus que suffisant pour réaliser ce résultat, tout en ne faisant chaque année qu'une faible dépense.

Le seul reproche fondé, quoique secondaire toutefois, que l'on puisse, selon nous, adresser à la méthode que nous venons d'exposer, c'est la nécessité d'exploiter en première période un taillis âgé de 10 ans seulement (troisième affectation). Mais cette nécessité n'est point absolue, on le conçoit (1) et l'inconvénient qu'elle présente s'atténue d'ailleurs dès la deuxième décennie de la période, et cesse avec la troisième pour ne plus se reproduire. — Il n'y a donc pas lieu d'y attacher une grande importance.

632. Que si l'on avait à convertir trois ou quatre séries contiguës qui dussent plus tard, ramenées en futaie, n'en former qu'une, on pourrait procéder d'une manière tout à fait analogue. Cette réunion rendrait même l'opération d'une exécution plus facile. En effet, dans ce système, chaque série devenant une affectation, la deuxième et la troisième présenteraient immédiatement la succession d'âge qu'on ne réussit à établir qu'en faisant une première

---

(1) Rien n'empêche de retarder de quelques années l'exploitation des premières coupes pour la faire ensuite en une fois, lorsque le bois aura acquis des dimensions plus marchandes.

fois des coupes prématurées, lorsque la conversion porte sur une seule série.

633. Quand il s'agira de convertir des taillis exploités à un âge moindre que 30 ans, 20 ou 25 ans par exemple, le mieux et le plus simple sera de les soumettre une première fois à une révolution trentenaire, pendant laquelle on renforcera le nombre des baliveaux de l'âge ; après quoi la forêt se trouvera ramenée au cas que nous avons traité.

CHAPITRE CINQUIÈME.

—

CONVERSION EN FUTAIE DES TAILLIS COMPOSÉS (1).

—

ARTICLE PREMIER.

Généralités.

634. Les taillis sous futaie soumis au régime forestier, ainsi que nous avons déjà eu l'occasion de le dire, sont loin de se trouver dans un état normal [556 et 557].

Faute d'une culture suffisamment soignée, les bois blancs y sont nombreux et occupent la place d'essences plus précieuses, et, par suite du mode de

---

(1) Nous passons sous silence la conversion d'un taillis composé en taillis simple. Il est évident que cette opération se borne, d'une part, à la coupe de toutes les réserves, pour ne plus laisser subsister que des baliveaux de l'âge; et, de l'autre, à quelques repeuplements artificiels, afin de regarnir les clairières causées dans le taillis par l'enlèvement des arbres.

balivage institué par l'ordonnance de 1669 et consacré par l'ordonnance réglementaire du code forestier, la réserve en baliveaux anciens et en vieilles
écorces y est généralement trop considérable [565].

A la vérité, les dispositions de ces deux ordonnances n'ont pas toujours été rigoureusement suivies ; beaucoup d'agents forestiers, parce qu'ils en
reconnaissaient le vice, ont cru pouvoir se permettre
d'y déroger et sont souvent alors tombés dans un
excès contraire.

Dans les forêts de l'Etat néanmoins, on s'est plus
généralement astreint à satisfaire au vœu de l'ordonnance, ce qui fait que la grande majorité des taillis
composés domaniaux est encore richement pourvue
d'anciennes réserves ; on pourrait même dire que
bon nombre d'entre eux en sont tout à fait surchar-
gés. Cette surabondance se remarque surtout dans
les bois qui sont situés en bon fonds et dans lesquels
dominent ou dominaient jadis les essences les plus
précieuses. Or, ce sont précisément les forêts de
cette nature qui sont les plus propres à être converties en futaie ; il importe donc, lorsqu'il s'agit d'en
entreprendre la conversion, de se rendre un compte
exact des différents états de peuplement auxquels
l'ancien traitement a donné naissance, afin de les
faire concourir le mieux possible au but qu'on se
propose. Il serait difficile toutefois, et en tout cas
beaucoup trop long, de donner ici une description
de tous ces peuplements divers. L'arbitraire qui a

régné dans le nombre et dans le choix des réserves, joint à l'absence totale ou à l'insuffisance de travaux d'entretien [557] pour régénérer le sous-bois, a produit sous ce rapport la plus grande variété, non-seulement de forêt à forêt, mais souvent dans la même série d'exploitation. Cette bigarrure, lorsqu'elle se présente, est, on le comprend, une des plus sérieuses difficultés que rencontre l'opération des conversions.

Quoi qu'il en soit, on peut diviser nos taillis composés en deux grandes catégories, savoir :

1° Les taillis sous futaie *réguliers*, c'est-à-dire, ceux qui présentent un sous-bois bien venant, assis généralement sur des souches d'âge moyen, composé en majorité d'essences propres à croître en futaie, et que surmonte une réserve nombreuse d'arbres de toutes catégories, assez convenablement répartis.

2° Les taillis sous futaie *irréguliers*, dont les peuplements divers peuvent, tous à peu près, être ramenés aux suivants :

a. Anciens et vieilles écorces, plus ou moins nombreux constituant, seuls à peu près, la réserve, et dominant un sous-bois incomplet, composé presque exclusivement de bois blancs et de morts-bois ;

b. Une réserve abondante de toutes catégories, avec sous-bois en grande partie impropre à la futaie, soit par l'essence, soit par l'état de végétation ;

c. Un taillis en bon état, mais presque entièrement dépourvu de réserves, et enfin,

d. Quelques parties régulières.

Selon que, *considéré dans son ensemble*, un taillis sous futaie devra être qualifié de *régulier* ou d'*irrégulier*, il y aura lieu de lui appliquer l'une des deux méthodes de conversion dont nous allons nous occuper plus bas.

ARTICLE II.

Conversion des taillis sous futaie réguliers.

635. Pour ramener en futaie un taillis composé régulier, la méthode des *coupes préparatoires* que nous avons donnée plus haut pour la conversion des taillis simples [628] pourra être employée. Seulement, il faudra tenir compte ici d'un élément nouveau très-important; nous voulons parler des anciennes réserves qui n'existent pas dans les taillis simples, et qu'il s'agit d'associer, en partie du moins, aux perches du taillis pour constituer la futaie à venir.

L'opportunité de conserver, à peu près généralement, dans les coupes préparatoires, les baliveaux modernes d'essences longévives, est évidente. Quant aux anciens, ils devront être maintenus, toutes les fois qu'ils seront nécessaires pour assurer l'état de massif; mais il faudra éviter de choisir des pieds trop branchus, et surtout de vieilles écorces déjà sur le retour, à moins que leur présence ne parût tout à fait indispensable pour empêcher qu'il n'y eût clairière, ou pour assurer, par la suite, le repeuplement en bonnes essences.

Toutes les fois que des arbres, modernes ou anciens, feront partie de la futaie préparatoire, l'élagage, tel que nous l'avons indiqué [512 et 562], sera de la plus grande utilité, afin d'accorder le mieux possible les cimes de ces arbres avec celles des perches environnantes, et de détourner, en outre, les causes apparentes de dépérissement qui pourraient les menacer.

Une dernière et importante attention à apporter dans le choix des anciennes réserves, c'est d'examiner dans combien d'années le massif dont elles font partie reviendra en tour d'exploitation. Mais cet objet ne peut se raisonner qu'après avoir tracé la marche des coupes préparatoires, opération d'ailleurs indispensable pour assurer régulièrement le succès de la conversion.

636. MARCHE DES COUPES PRÉPARATOIRES. Le premier point à arrêter, pour établir cette marche, est la révolution transitoire. Cette révolution doit satisfaire à deux conditions principales :

1° Il faut, à son expiration, que les parties les plus âgées de la forêt puissent être mises en coupe de régénération, c'est-à-dire que les arbres fournissent bonne et abondante semence ;

2° A la même époque, les parties les plus jeunes doivent, eu égard à leur âge et à leur végétation, être en état de prospérer jusqu'à la fin de la révolution de futaie qui succédera à la révolution transitoire.

Les taillis composés, dans lesquels on trouve d'ordinaire le plus de ressources pour la conversion en
futaie, sont ceux qui s'exploitent à 30, 35 ou 40 ans;
or, pour atteindre, dans de tels bois, le double but
que nous venons d'indiquer, il suffit, en général, de
donner à la révolution transitoire une durée égale à
l'ancienne révolution du taillis.

Supposons, par exemple, qu'on ait à convertir en
futaie un taillis composé exploité jusqu'alors à 40
ans. Si l'on adopte ce même terme de 40 ans pour la
révolution transitoire, on trouvera, généralement, à
l'expiration de cette révolution :

Dans la partie la plus âgée, un perchis de 80 ans
qui sera parfaitement en état d'ensemencer le terrain,
quelle que soit l'essence, d'autant plus qu'il renfer-
mera des réserves de 120 et 160 ans ;

Dans la partie la plus jeune, des bois de 40 ans,
surmontés d'arbres de 80 et 120 ans, susceptibles de
prospérer jusqu'à la fin de la révolution de futaie,
attendu que cette révolution sera nécessairement
abrégée, à cause de l'âge des souches.

637. La possibilité des exploitations de conversion
doit, comme celle des taillis en général, être basée
sur l'étendue ; seulement, afin de remédier à la forte
diminution que ce genre d'opération ne peut manquer d'occasionner sur les produits, il convient de
partager la révolution transitoire en deux périodes
ou sous-révolutions, pendant chacune desquelles les
coupes préparatoires auront à parcourir la totalité

de la forêt. Par ce moyen, la coupe annuelle s'étendant sur une contenance double de celle qu'avait la
coupe ordinaire en taillis sous futaie, il s'établit naturellement une chance favorable pour que les produits de la révolution transitoire se rapprochent de
ceux que procurait l'ancien mode.

Outre cet avantage, la mesure en présente encore
d'autres qui ne sont pas moins importants. D'abord,
elle favorise l'accroissement des bois, en rendant
plus fréquentes les exploitations préparatoires ; en
second lieu, elle donne de grandes facilités pour le
choix des réserves parmi les arbres anciens [635],
surtout si l'on prend le parti, très-convenable selon
nous, d'asseoir et de délimiter, sur le terrain, toutes
les coupes, dès le début de la révolution transitoire.
En effet, la disposition dont il s'agit permet de réserver, pendant la première sous-révolution, certains arbres anciens, utiles encore malgré leur âge
et leur état de décroissance, parce qu'on sait qu'on
pourra les faire abattre vingt ans plus tard, lorsque
leur présence ne sera plus nécessaire. Dans la seconde sous-révolution , on trouve non moins de
facilité sous ce rapport, car on connaît les coupes
préparatoires qui, selon toutes les probabilités, seront régénérées soit au commencement, soit au
milieu, soit à la fin de la révolution de futaie ; on est
donc mis à même d'apprécier si les arbres anciens
ou modernes, qu'on voudrait conserver, présentent
des chances suffisantes de durée jusqu'au moment
probable de leur abatage.

638. Mais, si favorable que soit l'expédient qui vient d'être indiqué, il est facile d'entrevoir cependant (et l'expérience d'ailleurs en a donné la preuve) qu'il ne suffit point pour balancer la production du régime nouveau avec celle de l'ancien. Ce résultat ne saurait être atteint qu'à l'aide d'une combinaison qui consiste à faire marcher, parallèlement aux exploitations préparatoires, une ou plusieurs exploitations de taillis.

Presque toujours on trouve, dans les forêts que l'on se propose de convertir, des parties considérables dont l'essence ou le sol, et souvent tous deux conviennent peu pour le régime de la futaie ; c'est le cas d'y créer des séries de taillis simple ou composé, ou de conserver celles qui déjà y sont établies. En réduisant, dans de telles localités, l'ancienne révolution de 5 ou de 10 ans, et en y adoptant un mode de balivage qui fasse tomber les réserves surabondantes, fruit de l'ordonnance réglementaire [634], on créera, avec les coupes préparatoires, un ensemble d'exploitations qui, le plus souvent, maintiendra les produits au niveau de ceux du mode de taillis sous futaie.

Cette combinaison, dont l'efficacité est aujourd'hui démontrée par la pratique (1), pourra être

_____

(1) En 1826, l'Ecole forestière a été chargée de s'occuper de la conversion en futaie de deux forêts domaniales, situées dans le voisinage de Nancy, et traitées jusqu'alors en taillis

employée, non-seulement quand elle sera comman-
dée par la nature du sol ou des essences, mais alors

---

composé, à une révolution de 40 ans. Ces deux forêts sont
contiguës; l'une, la forêt d'*Amance*, contient, ci... 623$^{\text{hect.}}$40$^{\text{a.}}$
l'autre, appelée *Saint-Jean-Fontaine*, a une éten-
due de 343   45
                                TOTAL 966   85

La première de ces forêts a été divisée en trois séries : une
de futaie et deux de taillis composé ; dans la seconde forêt,
on n'a établi que deux séries : une de futaie et l'autre de taillis
composé.

Les deux séries de futaie contiennent ensemble 648$^{\text{hect.}}$43$^{\text{a.}}$
et les trois séries de taillis composé 318   42

La révolution transitoire des parties destinées à croître en
futaie a été fixée à 40 ans, et divisée en deux sous-révolutions
de 20 ans chacune; l'exploitabilité des taillis composés a été
réduite de 40 à 30 ans.

L'étendue moyenne des coupes préparatoires, dans les deux
séries de futaie réunies, est donc de, ci .... 32$^{\text{hect.}}$42$^{\text{a.}}$
et les trois coupes de taillis composé contiennent
moyennement 10   61

Le prix moyen de l'hectare de coupe préparatoire, calculé
sur les exploitations effectuées de 1828 à 1836 inclusive-
ment, est de, ci .... 560$^{\text{fr.}}$
et le prix moyen de l'hectare de taillis composé, calculé d'après les mêmes données de, ci 1,540

Les deux coupes préparatoires ont donc été vendues, année
moyenne :   32$^{\text{hect.}}$42$^{\text{a.}}$ $\times$ 560$^{\text{fr.}}$ = 18 155$^{\text{fr.}}$
et les trois coupes de taillis composé :

                        10$^{\text{hect.}}$61$^{\text{a.}}$ $\times$ 1540$^{\text{fr.}}$ = 16 339

ce qui établit un produit moyen de, ci 34 494

même que de telles circonstances n'existeraient pas.
C'est ainsi que, par une distribution mieux entendue

Report 34 494

Or, le produit moyen, de ces deux forêts, calculé
d'après les exploitations faites de 1816 à 1826, a été
de, ci................................... 18 818

Les produits du régime de conversion excèdent
donc ceux du régime de taillis composé de, ci.... 15 676

Hâtons-nous de le dire, toutefois, cet excédant considérable
ne saurait être exclusivement attribué au changement de régime;
il est dû, en partie, à la hausse que le prix des bois a subie
généralement dans le pays, et, en outre, à des routes plus faciles établies dans la forêt même. Mais, quelque large que l'on
fasse la part de ces circonstances, cet exemple ne prouve pas
moins, qu'en général, dans les taillis composés exploités à 30
ou 40 ans, dans lesquels il existe de nombreuses réserves,
l'administration des forêts peut entreprendre des conversions
en futaie, sans compromettre ni les besoins de la consommation, ni les intérêts du trésor.

Depuis que l'aménagement actuel a été établi dans les forêts
d'Amance et de Saint-Jean-Fontaine, on a soumis au même
régime un assez grand nombre d'autres forêts, d'une consistance analogue, et partout (du moins lorsqu'on y a tâché) on a
réussi à maintenir la production au taux où l'avait laissée le
mode du taillis sous futaie.

Quoique la note qui précède remonte à 17 ans (1837), nous
la reproduisons sans y rien changer, parce que les conclusions
qu'elle présente ont été complétement vérifiées par les faits

de nos richesses forestières, on réussira à étendre de plus en plus les conversions en futaie, et que l'on préparera au pays les ressources les plus précieuses, sans cependant lui imposer de privations. Il n'est pas nécessaire de dire que, pour mettre en usage la combinaison dont il s'agit, il faudra tenir compte des

---

accomplis, depuis cette époque, dans les deux forêts dont elle fait connaître l'aménagement.

En effet, le relevé des produits des 17 exercices écoulés porte le prix de l'hectare moyen de coupe préparatoire à.   653$^{fr.}$ et celui de l'hectare moyen de taillis composé, à...   1 689

Les deux coupes préparatoires ont donc été vendues, année moyenne : $32^{hect.}42^{a.} \times 653^{fr.} = 21\ 170$ et les trois coupes de taillis composé :
$$10^{hect.}61^{a.} \times 1689^{fr.} = 17\ 920$$

ce qui donne un produit annuel moyen, de....... 38 090
Or, ce même produit ne s'était élevé, pendant la période de 1828 à 1836 qu'à................. 34 494

Le bénéfice annuel moyen, depuis cette époque, est donc de............................. 3 596$^{fr.}$

Ce bénéfice doit être attribué surtout à l'amélioration des voies de vidange dont les principales ont été empierrées, ce qui a fait baisser le prix des transports. Aussi, n'entendons-nous tirer d'autre conclusion de ces nouveaux chiffres que celle que nous avons énoncée il y a 17 ans, à savoir : que les taillis composés *réguliers*, appartenant à l'Etat, peuvent très-souvent être convertis en futaie, sans que ni les besoins de la consommation ni les intérêts du trésor aient à souffrir de cette opération.

considérations que nous avons développées plus haut [618].

639. La révolution transitoire terminée, nos successeurs trouveront évidemment la forêt dans un état plus riche et plus prospère que celui où nous l'avons prise. C'est à eux qu'il appartiendra de régler le mode de jouissance de ces richesses, en fixant définitivement la révolution de la futaie, la nature et l'ordre des exploitations à y faire, etc.

Ce sont eux aussi qui décideront s'il y a lieu d'introduire des changements dans le mode d'exploitation des séries de taillis.

ARTICLE III.

Conversion des taillis sous futaie irréguliers.

640. Nous avons essayé plus haut [634] de caractériser l'état des taillis sous futaie *irréguliers*, en faisant connaître la cause de cette irrégularité, et nous avons ramené les divers peuplements qu'ils présentent à cinq cas principaux, savoir :

a. Anciens et vieilles écorces plus ou moins nombreux constituant, seuls à peu près, la réserve, et dominant un sous-bois incomplet, composé presque exclusivement de bois blancs et de morts-bois ;

b. Une réserve abondante de toutes catégories, avec sous-bois en grande partie impropre à la futaie, soit par l'essence, soit par l'état de végétation ;

c. Un taillis en bon état, mais presque entièrement dépourvu de réserves, et enfin,

d. Quelques parties régulières.

Il suffit de considérer un tel ensemble pour reconnaître que le seul moyen de le régulariser et de le restaurer, c'est de le régénérer le plus promptement possible par la semence, de manière à y ramener les essences d'élite en profitant, pour cela, des ressources qu'offre encore la réserve.

Toutefois, il s'agit ici, comme dans les méthodes de conversion que nous avons précédemment étudiées [629 et 637] de réaliser, en les conciliant, deux conditions essentielles : il faut d'abord éviter un abaissement trop brusque des produits, et, en second lieu, constituer une gradation d'âge en rapport avec le traitement et la révolution auxquels, *régénérée*, la forêt doit être soumise.

641. Pour atteindre ce double but, on déterminera immédiatement la révolution de futaie. Supposons, comme plus haut [630], qu'elle soit fixée à 90 ans et partagée en trois périodes de 30 ans. Sur le terrain, on chercherait à constituer les affectations ainsi qu'il suit :

1re *affectation*. Les peuplements désignés sous la lettre **a**;

2e *affectation*. Les peuplements désignés sous la lettre **b**;

3ᵉ *affectation*. Les peuplements désignés sous les lettres **c** et **d** (1).

Les exploitations à faire dans chacune de ces affectations seront :

PREMIÈRE PÉRIODE.

1ʳᵉ *affectation*. Coupes de régénération, en faisant intervenir le repeuplement artificiel partout où les bois existants ne suffiront pas pour assurer le repeuplement naturel.

2ᵉ *affectation*. Coupe, par trentième de surface, du sous-bois, avec extraction des vieilles écorces dépérissantes et avec réserve, dans le taillis, de toutes les perches de bonnes essences susceptibles d'être associées à la futaie, dans l'intérêt du repeuplement futur.

3ᵉ *affectation*. Coupes préparatoires, à commen-

---

(1) On conçoit qu'il ne sera pas toujours possible d'arriver à un tel résultat et qu'il faudra souvent modifier la composition des affectations, soit en raison de la situation respective des divers peuplements, et pour éviter le morcellement de la surface affectée à chaque période, soit parce qu'une ou plusieurs natures de peuplement (a, b, c, d,) occuperont des contenances ou trop grandes ou trop petites, comparativement aux autres. Aussi, n'entendons-nous donner ici qu'un exemple, en choisissant le cas le plus simple, afin de ne pas compliquer inutilement la démonstration, et de mieux faire comprendre la méthode.

cer immédiatement ou à une année quelconque de
la période, selon l'âge des taillis qui composeront
cette affectation. Dans ces coupes, il sera procédé, à
l'égard des réserves, comme il est dit plus haut [635
et 637].

A l'expiration de la première période, le peuplement se
composera ainsi qu'il suit :

> 1re *affectation*. Gaulis et fourrés ;
> 2e *affectation*. Futaie irrégulière, plus ou moins clair-
> plantée, mais susceptible d'être mise en coupe de
> régénération; — taillis dominé; '
> 3e *affectation*. Perchis avec vieux arbres.

DEUXIÈME PÉRIODE.

1re *affectation*. Coupes d'amélioration.

2e *affectation*. Coupes de régénération, avec es-
souchement du taillis, à moins qu'on ne juge utile
de le conserver (hêtre, par exemple), pour protéger
le jeune repeuplement. Dans ce cas, il sera extrait,
après la réussite de celui-ci, par forme de nettoiement.

3e *affectation*. Eclaircie, avec extraction, s'il y a
lieu, de quelques vieux bois.

A l'expiration de la deuxième période, le peuplement
sera :

> 1re *affectation*. Perchis ;
> 2e *affectation*. Gaulis et fourrés ;
> 5e *affectation*. Massif de futaie sur souche.

Ainsi, dès la troisième période, la futaie sera constituée avec une gradation d'âge convenable, et il est évident, d'un autre côté, que, pendant les deux premières périodes qui, de fait, forment seules la révolution transitoire, la production n'aura pas été sensiblement abaissée.

642. Quand le mode de conversion que nous venons d'exposer devra s'appliquer à une forêt comprenant plusieurs séries de taillis composés , on trouvera la plupart du temps plus de facilité à en réunir deux ou trois pour former une même série de futaie [632], parce qu'il y aura, dans ce cas, d'autant plus de chance de rencontrer les différentes natures de peuplement que nous avons décrites, sur des surfaces assez étendues pour constituer les affectations dans lesquelles il est convenable de les faire entrer (1).

---

(1) On peut consulter avec fruit sur la question de la conversion des taillis, un très-bon mémoire inséré dans le tome 3ᵉ des Annales forestières, page 496.

LIVRE SIXIÈME.

LIVRE SIXIÈME.

DES REPEUPLEMENTS ARTIFICIELS.

DÉFINITIONS.

643. On entend par *semis* l'opération par laquelle on met en terre des semences, et principalement des semences d'arbres, pour en obtenir de jeunes sujets.

644. La *plantation* consiste à extraire un jeune arbre du lieu où il croît, et à le replacer dans un autre lieu pour l'y faire croître.

645. On donne le nom de *bouture* à une jeune branche qui, séparée de l'arbre et mise en terre, pousse des racines et des rejets et devient ainsi un nouvel individu.

646. La *marcotte* est une branche que l'on couche en terre, à une certaine profondeur, sans la détacher de l'arbre dont elle fait partie ; de telle sorte

que celui-ci la nourrit jusqu'à ce qu'elle ait pris suffisamment de racines, après quoi elle peut former
un individu isolé.

647. On dit que les semences *s'échauffent*, lorsque, mises en tas, elles commencent à fermenter en
dégageant de la chaleur ; ce qui réagit sur le germe
et en détruit la vitalité.

648. Un semis est fait *en plein*, quand toutes les
parties d'un terrain, sans aucune exception, sont
ensemencées ; au contraire, le semis est *partiel*, si
le terrain est préparé de manière qu'entre les espaces
ensemencés il y en ait d'autres en friche.

649. *Repiquer* est synonyme de planter, et s'applique aussi bien aux graines qu'aux plants.

CHAPITRE PREMIER.

—

CONSIDÉRATIONS GÉNÉRALES.

650. Bien que la culture des bois n'admette, en principe, d'autre régénération que la *régénération naturelle*, il se présente cependant, dans les forêts, des cas nombreux où l'action seule de la nature ne saurait suffire pour atteindre le but que l'on se propose, et où il devient indispensable de recourir à des moyens artificiels (1). On doit donc considérer l'art d'opérer des repeuplements de main d'homme comme l'auxiliaire plus ou moins obligé de toute méthode d'exploitation, et comme devant former, par conséquent, une partie essentielle de l'instruction du forestier.

Cette branche de la sylviculture mérite d'ailleurs une attention plus particulière en France, où le

---

(1) Nous avons indiqué les principaux de ces cas, en traitant, dans le 3ᵉ et le 4ᵉ livre, des différentes méthodes d'exploitation et de leur application aux diverses essences. (Voyez les nᵒˢ 426, 455, 471, 474, 475, 480, 486, 514, 557, 558, 582.)

reboisement de plusieurs contrées importantes (les Alpes, les Pyrénées, la Sologne, les Landes, etc.) est devenu une question vitale pour les habitants et qui préoccupe à juste titre le Gouvernement (1). En outre, un grand nombre de nos forêts présentent des clairières, des vides nombreux, causés par l'abus du pâturage, par les incendies ou même par des exploitations mal entendues, et qui ne peuvent désormais être rendus à la production qu'à l'aide de repeuplements artificiels. — Enfin, ces sortes de travaux trouvent encore leur application lorsque, par suite de la dégradation soit du sol, soit du peuplement, ou par quelque autre motif économique, il y a lieu de substituer une essence nouvelle à celles qui composent actuellement la forêt.

651. Des quatre modes de repeuplement artificiel dont nous avons donné plus haut la définition, les plus généralement mis en usage sont le semis et la plantation. Le semis est considéré, par beaucoup de forestiers, comme principalement applicable en grand, à cause des procédés par lesquels il s'exécute, et qui semblent à la fois plus naturels, plus simples et moins coûteux que ceux de la plantation. Cepen-

---

(1) Voir à ce sujet : Etude sur les torrents des Hautes-Alpes, par M. Surell, ingénieur des ponts et chaussées, et le Rapport, déjà cité, sur les plantations de la Sologne, par M. A. Brongniart, de l'Institut (Annales forestières, tome X).

dant la pratique tend chaque jour de plus en plus à établir la supériorité de celle-ci. Non seulement on est parvenu à atténuer singulièrement la dépense qu'elle occasionne en plantant des sujets très-jeunes que l'on élève en pépinière, à très-peu de frais ; mais il est incontestable qu'une plantation *bien faite* présente, la plupart du temps, des chances de réussite plus assurées que le semis préparé avec le plus de soin, — parce que celui-ci a de plus que l'autre, à lutter contre des dangers nombreux qui menacent la graine d'abord et ensuite le plant naissant. Ainsi, il vaudra toujours mieux planter que semer dans les localités exposées aux dégats, soit du bétail, soit du gibier ; dans les terrains où la crue des herbes, ou d'autres plantes nuisibles, est trop abondante ; dans ceux où les jeunes plants sont exposés à être déracinés par la gelée [657]; sur les grandes sommités, et enfin, dans les lieux exposés aux inondations. Il en sera de même quand il s'agira de repeupler un terrain entièrement nu par une essence qui, dans sa première jeunesse, réclame beaucoup de couvert, comme le hêtre par exemple; ou bien lorsqu'on voudra établir le mélange de deux essences dont l'une occupe déjà le terrain [453]. Enfin, la plantation est surtout convenable pour compléter les repeuplements naturels dans les coupes de futaie [426], ainsi que pour assurer la conservation des bonnes essences et remplacer les souches manquantes dans les taillis [557].

CHAPITRE SECOND.

—

DES SEMIS.

—

ARTICLE PREMIER.

Des connaissances qu'il faut posséder.

652. Outre la connaissance des climats et des sols convenables aux différentes essences, telle qu'elle a été enseignée dans le premier livre de ce cours, il faut encore, pour opérer des semis avec succès, posséder plusieurs autres notions, savoir :

1° La manière de récolter et de conserver les semences ;

2° Les moyens à employer pour s'assurer de leur qualité ;

3° La préparation à donner au terrain ;

4° La saison la plus convenable pour semer ;

5° La quantité de graine à employer ;

6° Enfin, la manière de répandre et de recouvrir les semences.

De la récolte et de la conservation des semences.

653. L'âge et l'état de végétation des arbres sur lesquels on récolte les graines ne sont point indifférents. Les sujets qui fournissent les meilleures semences sont ceux d'âge moyen qui croissent isolés ou à peu près et présentent une cime parfaitement saine et bien développée; tandis que les bois trop vieux ou dépérissants, de même que les tiges trop jeunes, donnent en général des graines mal conditionnées ou vaines qu'il faut, par conséquent, se garder d'employer. On doit éviter également de se servir de semences provenant d'arbres rabougris et dont le tempérament s'est plus ou moins abatardi en raison des circonstances locales défavorables dans lesquelles ils ont crû. De tels bois forment, pour ainsi dire, des variétés ou races dégénérées du type primitif et qui n'y retournent, la plupart du temps, qu'après avoir été cultivées, dans de meilleures conditions, pendant plusieurs générations.

La récolte des semences doit, autant que possible, se faire par un temps sec ou qui du moins ne soit point pluvieux ; les graines trop humides étant plus exposées à s'avarier. Pour recueillir les semences lourdes, si l'on n'aime mieux attendre leur chute naturelle, on fait gauler les arbres et tendre des toiles pour les recevoir ; quant aux semences légères des essences feuillues, il faut, en général, les faire cueillir, et il en est de même des cônes de bois résineux.

654. Aussitôt récoltées, les graines des essences feuillues, quelle que soit leur nature, doivent être étendues, en couches minces, dans un lieu sec et aéré, et remuées souvent afin de les laisser ressuyer et d'empêcher ainsi qu'elles ne s'altèrent. Les cônes d'arbres résineux peuvent, sans trop d'inconvénient, être entassés davantage, quand les quantités récoltées ne sont pas très-considérables ; néanmoins il est toujours préférables de les étendre. C'est surtout après que la semence a été extraite des cônes, qu'il devient nécessaire de prendre des précautions pour la conserver en bon état.

Selon leur nature particulière, les semences sont plus ou moins sujettes à germer, à pourrir, à s'échauffer ou à se dessécher ; il faut donc, lorsqu'il s'agit de les conserver pendant un certain temps avant de les mettre en terre, savoir les garantir contre ces différents dangers.

Les moyens à employer pour empêcher, soit une germination prématurée, soit la pourriture, consistent d'abord à placer les graines dans un lieu frais sans être humide, tel qu'une cave, par exemple, où elles soient, autant que possible, à l'abri des variations de l'atmosphère, et ensuite à les mêler avec un corps qui puisse se charger de l'humidité qu'elles laissent échapper, comme du sable sec, de la paille, des feuilles sèches, etc. Le desséchement peut être prévenu par des procédés analogues, c'est-à-dire, en préservant la semence le plus possible du contac

de l'air et en la mettant dans un endroit frais. Quant
aux graines en danger de s'échauffer, il faut les
placer dans des lieux secs et aérés, éviter de les entasser et les faire remuer souvent à la pelle.

En traitant plus bas du semis des principales
essences, nous donnerons, pour chaque espèce de
graine, les procédés de conservation que l'expérience
a démontré être les meilleurs.

ARTICLE III.

Des moyens de reconnaître la qualité des semences.

655. Avant d'effectuer un semis, il est de règle
de s'assurer de la qualité des graines dont on dispose, surtout lorsque c'est par la voie du commerce
qu'on se les est procurées. Cet examen ne doit jamais être négligé; il est indispensable pour déterminer exactement la quantité de semence à employer,
et l'on conçoit aisément l'importance d'une telle détermination. En effet, si la quantité de semence est
trop considérable, il en résulte non-seulement un
surcroît inutile de frais, mais encore une surabondance de jeunes plants qui se nuisent et s'affament
réciproquement. Si, au contraire, la graine est trop
épargnée, le semis se trouve nécessairement incomplet; on est forcé d'y revenir pour le compléter, et
l'on augmente ainsi la dépense pécuniaire, tout en
perdant du temps et en établissant une certaine inégalité dans l'âge des jeunes bois.

31

Le moyen le plus sûr pour vérifier la qualité des graines, est d'en prendre, au hasard, dans la provision que l'on doit éprouver, un certain nombre (plus ou moins, selon l'importance de la provision), de les semer dans une caisse, ou dans tout autre vase quelconque, rempli d'une terre substantielle et légère ; puis, de placer cette caisse dans un lieu tempéré, et d'arroser souvent avec de l'eau tiède afin d'accélérer la germination. En comparant ensuite le nombre de plants levés avec le nombre de graines qui avaient été semées, on pourra apprécier la qualité de la provision entière. Si, dans cette épreuve, on reconnaît que les deux tiers ou les trois quarts des graines ont levé, la semence peut être considérée comme étant de bonne qualité.

Le moyen que nous venons d'indiquer est surtout à conseiller lorsqu'il s'agit de semis considérables ; autrement on peut se contenter de prendre quelques graines, de les ouvrir, soit avec un canif, soit avec tout autre instrument, et d'examiner si l'amande et le germe sont frais et en bon état. Cette opération peut, en général, se faire sur les petites graines comme sur les grosses, mais c'est surtout sur celles-ci qu'elle se pratique aisément.

Selon l'essence, les graines doivent présenter, dans leur aspect et dans leur consistance, des caractères particuliers qui en font reconnaître la bonté ; nous indiquerons ces caractères dans le chapitre suivant, en traitant séparément du semis de chaque essence.

656. C'est ici le cas de signaler quelques manœuvres frauduleuses des marchands de graines forestières, contre lesquelles il est utile de se précautionner.

Les semences légères, surtout les semences résineuses, étant celles qu'on achète le plus ordinairement au poids, les marchands les humectent quelquefois au moment de la vente. On fera bien de ne consentir à la pesée des graines qu'après qu'elles auront été sorties des sacs à leur arrivée, et étendues, pendant une quinzaine de jours, dans un grenier ou dans une chambre aérée. Cette précaution est d'autant plus utile que, quelquefois aussi, les fournisseurs, pour en augmenter le poids, mêlent à la semence un sable très-fin. Au surplus, quand même on ne peut stipuler cette condition avec les marchands, il ne faut pas moins s'empresser, à l'arrivée de la semence, de la répandre, de la remuer et d'opérer son desséchement ; car, toute fraude à part, elle peut avoir été, pendant le transport, mouillée par la pluie ou imprégnée de l'humidité de l'atmosphère.

Une autre fraude, à laquelle les marchands ont souvent recours pour augmenter leurs profits, consiste dans le mélange des graines d'épicéa avec celles de pin sylvestre ; le prix de la dernière étant ordinairement double du prix de l'autre. Comme la semence de pin est généralement noire, tandis que celle de l'épicéa est brun-rougeâtre, ils teignent celle-ci en noir, par un procédé qui n'altère point sa faculté germinative. On peut y être trompé, parce que ces deux graines ne diffèrent essentiellement que par la couleur. Sans doute, en y regardant de près, on finirait par distinguer le pin sylvestre d'avec l'épicéa : la première est plus arrondie, la seconde plus allongée et plus anguleuse ; mais il serait extrêmement difficile de reconnaître dans quelle proportion ces deux graines sont mélangées, surtout lorsque les quantités de semences reçues sont considérables. La seule épreuve exacte est donc de prendre au hasard quelques pincées et de les semer dans une caisse, comme nous l'avons expliqué plus haut. La levée des jeunes plants donnera la mesure de la fraude (1).

On conçoit qu'indépendamment du trop payé, ce mélange puisse entraîner de graves inconvénients. Ce sont ordinairement les pentes méridionales, entièrement dégarnies, que l'on destine à être repeuplées en pin sylvestre [276] ; or, si les semences mélangées sont employées, sans examen préalable, dans de pareils terrains, on peut être assuré que tous les jeunes plants d'épicéa périront, aussitôt levés, par l'ardeur trop vive du soleil. Mais quand

---

(1) Les pins sylvestres lèvent avec une tigelle rougeâtre portant de cinq à six feuilles séminales ; les épicéas naissants, au contraire, ont la tigelle jaunâtre et presque toujours neuf feuilles séminales.

bien même, par suite d'une exposition moins défavorable à l'épicéa, les jeunes plants de cette essence résisteraient pendant les 2 ou 3 premières années, ils ne finiraient pas moins par être étouffés par le pin sylvestre qui a, dès sa naissance, une végétation beaucoup plus rapide que l'épicéa et le surmonterait complétement dès avant la dixième année. — Dans tous les cas donc le mélange des deux graines ne saurait produire qu'un semis manqué ou du moins très-incomplet.

De la préparation du terrain.

687. La préparation du terrain a pour but de le nettoyer, en tant que cela est nécessaire, des herbes et arbustes qui y croissent, et de le rendre assez meuble pour que la semence puisse y germer, les plants naissants y étendre leurs racines et s'y nourrir [419].

A cet égard, il est d'expérience, que les labours profonds et répétés, ainsi que le nettoiement trop soigné du sol, ne sont pas, en général, favorables à la réussite des semis d'essences forestières. L'analogie que l'on a prétendu exister, sous ce rapport, entre la culture des bois et la culture des céréales est une erreur.

Les céréales, en effet, germent promptement, et, aussitôt levées, elles ne demandent que quelques

semaines pour s'enraciner à une profondeur assez
considérable ; puis, continuant à croître rapidement,
elles ne tardent pas à devenir assez hautes et assez
fourrées, pour couvrir entièrement le sol et empêcher son desséchement. Enfin, ces plantes, qui sont
annuelles, atteignent leur maturité à l'époque des
fortes chaleurs et ne courent plus alors aucun risque
de périr.

Il en est tout autrement de nos essences forestières. La plupart d'entre elles, d'abord, ont des
graines qui ne supportent que très-peu d'être recouvertes, et néanmoins, demeurent quelquefois longtemps en terre avant de germer ; en second lieu, les
jeunes plants, pendant la première année (et souvent
même jusqu'à la deuxième et la troisième) restent
petits et délicats de racine comme de tige, et ne couvrent point le terrain. Il peut donc arriver que, par
un défoncement complet et soigné, la terre très-
ameublie, se dessèche à une profondeur plus grande
que celle à laquelle la semence est placée, et qu'ainsi
la germination se trouve entravée ; il peut arriver
encore, que la jeune plantule, bien que formée, soit
entièrement saisie par la chaleur, et privée ainsi de
la fraîcheur indispensable à sa nutrition. Certains
sols même (principalement les sols calcaires), lorsqu'ils sont trop ameublis, présentent un danger de
plus, celui de donner prise aux gelées de l'arrière-
saison et du printemps. Ces gelées, dans ce cas, bour-
soufflent la terre à sa surface et soulèvent ainsi les

jeunes plants naissants; puis lorsque, vers le milieu du jour, le soleil opère rapidement le dégel, les radicelles se déchaussent, et, privés de leur assiette, les plants tombent et périssent.

C'est surtout, on le conçoit, dans les sols légers et pour les semis d'essences traçantes ou dont les jeunes plants sont très-grêles, que les divers inconvénients que nous signalons sont à redouter. Mais, dans les sols gras aussi, de même que dans les terres fortes, un labour trop complet peut quelquefois avoir des suites fâcheuses, quoique, en général, ce soit dans ces sortes de terrains qu'il convienne le mieux, surtout s'il s'agit d'y cultiver des essences pivotantes. De pareils sols, bien que défoncés et parfaitement nettoyés pour le moment, ne tardent pas, la plupart du temps, à se regarnir d'herbes et d'autres plantes nuisibles qui, par suite du labour, n'y végètent que mieux. Il arrive ainsi que ces plantes gênent et affament le jeune semis, et souvent même, lorsqu'à la fin de l'automne elles périssent et s'abattent sur le sol, elles étouffent entièrement les plants. Sans doute, ces sortes de dégâts peuvent être évités à l'aide de sarclages ou de binages exécutés une ou deux fois l'an; mais de tels travaux, lorsqu'il s'agit de les appliquer en grand, deviennent extrêmement dispendieux, et, par cela même, impossibles dans la plupart des cas.

658. D'après ce que nous venons de dire, on voit qu'il est de la plus haute importance de bien examiner le terrain qu'on se propose d'ensemencer,

afin de lui donner la préparation convenable, tant
en raison de sa nature même, que par rapport à
l'essence que l'on veut y cultiver. Les modes de
labour conseillés par les différents auteurs forestiers
sont en grand nombre; toutefois nous n'en décrirons que trois, parce que jusqu'alors ils sont les
seuls réellement consacrés par la pratique, et que
d'ailleurs, selon nous, ils peuvent satisfaire à toutes
les conditions. Ces trois modes sont :

1º Le labour entier ou labour en plein;

2º Le labour par bandes alternées ;

3º Le labour par places, trous ou pots.

Selon la nature du sol, selon l'essence que l'on
veut cultiver, il devient souvent utile de faire précéder le labour, soit de l'écobuage, soit de quelques
travaux d'assainissement; nous donnerons donc,
sur ces deux objets aussi, les explications nécessaires (1).

659. LABOUR EN PLEIN. — Le labour en plein
consiste à retourner la totalité du terrain à ensemencer ; il s'exécute à la charrue ou à la houe.

---

(1) Si nous ne parlons pas de l'épierrement du sol, c'est
qu'il est reconnu que des pierres de moyenne grosseur, lorsqu'elles ne sont pas trop nombreuses, favorisent bien plutôt
qu'elles n'entravent la réussite des semis forestiers. D'une
part elles forment un abri pour les plants qui naissent dans
leur voisinage, de l'autre elles raffermissent les sols trop légers,
et y maintiennent plus longtemps la fraîcheur.

Le labour à la charrue est moins coûteux que le
labour à la houe, et donne en outre la facilité de
joindre la culture des céréales à celle du bois. Cet
avantage est considérable, car souvent le produit
des céréales peut couvrir entièrement les frais de
culture. Toutefois, la charrue ne peut être employée
que dans les terrains plats ou légèrement inclinés,
dans lesquels, d'ailleurs, son action n'est pas em-
pêchée par des pierres ou des racines trop fortes;
dans les sols très-légers, il faut éviter de s'en servir,
afin de ne pas exposer les semis aux inconvénients
auxquels donne lieu un terrain trop ameubli. C'est
surtout dans les terres fortes et profondes, et lorsqu'il s'agit de cultiver des essences dont le pivot s'enfonce très-avant, que la charrue doit être préférée.

La houe (voy. fig. 1re) remplacera utilement la
charrue, pour opérer des labours en plein, dans les
terrain légers ou d'un accès difficile, et particulièrement dans les coupes d'ensemencement, ainsi que
dans d'autres parties clair-plantées dont la régénération naturelle est entravée par suite du gazonnement du sol.

Il est entendu que le labour en plein, à la houe
comme à la charrue, ne doit jamais être pratiqué
dans les pentes rapides, où l'on pourrait craindre
l'éboulement des terres.

660. LABOUR PAR BANDES ALTERNÉES. — De tous
les modes en usage pour préparer le terrain au
semis, le mode par bandes alternées semble réunir

le plus d'avantages et être le plus généralement
applicable. Il consiste à ouvrir des rayons dans lesquels on sème, et à les alterner avec des bandes
qu'on laisse incultes ; celles-ci ayant au moins le
double de largeur des autres.

En plaine, ces rayons peuvent être tracés à la
charrue, en prenant soin toutefois, dans les sols
légers, de ne pas trop enfoncer le soc ; on leur
donne une largeur de 30 à 40 ou même 50 centimètres, et on les dirige de l'Est à l'Ouest, de manière à entasser, sur le bord méridional, le gazon
et la superficie du terrain.

En montagne, ce labour se fait à la houe ; on
donne aux rayons une direction horizontale, et leur
largeur varie de 20 à 40 centimètres. Plus le pen-
chant est rapide, plus le rayon doit être étroit ; il
faut éviter de laisser à celui-ci de la pente, dans le
sens de sa largeur, et relever son bord inférieur en
y entassant le gazon et les différentes plantes qu'on
en extrait. Cette précaution est très-essentielle afin
d'empêcher que les graines ne soient entraînées par
les eaux pluviales dans la bande inculte.

L'avantage d'un tel mode de labour est incontestable. En montagne, ces rayons, parallèles à l'horizon, soutenus par des bandes incultes empêchent les
terres de s'ébouler ; en toute situation, les semences
et les jeunes plants sont abrités par les bords un peu
élevés des rayons et par les herbes et les arbustes
qui peuvent se trouver dans les bandes voisines.

Enfin, les végétaux décomposés, les feuilles sèches s'arrêtent au fond des rayons et les eaux pluviales y sont retenues. Ainsi, l'engrais naturel, l'abri et la fraîcheur assurent bien des chances de succès à un semis fait d'après ce mode. Il est inutile d'ajouter que les dépenses qu'il nécessite, tant pour le labour même que pour l'achat des graines, sont bien moindres que celles d'un semis fait en plein.

Le seul inconvénient auquel ce mode puisse donner lieu, est que, au moyen des bandes incultes, les herbes et autres plantes nuisibles peuvent se reproduire promptement dans les rayons cultivés et étouffer ainsi les jeunes plants ou au moins les gêner dans leur croissance. C'est au forestier à juger, selon la nature du terrain et des essences, si cet inconvénient peut réellement se présenter au point d'avoir un fâcheux résultat, et à se décider, par suite, pour le mode de préparation qu'il jugera convenable.

661. LABOUR PAR PLACES, TROUS OU POTS. — Ce mode de labour s'opère en formant des places ou trous carrés de 50 à 66 centimètres environ de côté, séparés les uns des autres par des intervalles de 66 centimètres à 1 mètre qu'on laisse en friche.

Comme dans le labour par bandes, on entasse les déblais de ces trous sur le bord méridional, lorsqu'ils sont faits en plaine ; et, si le sol est incliné, on a soin de les creuser parallèlement à l'horizon et d'en amasser la superficie sur le bord inférieur.

Sur un terrain presque nu, on peut aligner ces trous carrés, de manière à donner au tout, à peu près, l'aspect d'un damier; au contraire, on les fait sans ordre déterminé lorsque le sol présente des obstacles tels que des arbres que l'on ne voudrait point couper encore, de vieilles souches, des blocs de rochers, etc. C'est alors, surtout, que le labour par trous est avantageux, parce qu'il serait souvent impossible d'établir des rayons continus.

Les différents modes de labour qui viennent d'être indiqués peuvent se pratiquer en toute saison, sauf, bien entendu, celle des fortes gelées. Pour les semis du printemps, il convient de faire préparer le terrain dans l'été ou dans l'automne précédent, que sa nature soit d'ailleurs compacte ou légère. Si le sol est léger et que, en raison des plantes parasites qui le recouvrent, il a fallu le remuer assez profondément, il aura le temps de se raffermir suffisamment avant de recevoir la graine [657]; s'il est compacte, les gelées d'hiver en l'attaquant et le soulevant en tous sens, le rendront plus meuble et plus propice par conséquent à la végétation. — Cette distribution des travaux présentera en outre l'avantage de pouvoir se procurer plus aisément et à moins de frais les ouvriers dont on a besoin, ce qui, dans la saison du printemps où les ouvrages de la campagne réclament ordinairement tous les bras, est souvent très-difficile.

662. ÉCOBUAGE. — L'écobuage qui, dans la culture

des champs, produit des effets fort avantageux, peut contribuer aussi, dans beaucoup de cas, au succès des cultures forestières. Il consiste ordinairement à enlever, par tranches, à un ou plusieurs pouces de profondeur, la superficie du sol couverte de plantes; à couper ces tranches en morceaux carrés pour en faire de petits fours qu'on allume et qu'on brûle à feu étouffé; puis à répandre les cendres obtenues sur le terrain.

Les résultats de cette opération sont : 1° de détruire les mauvaises herbes et leurs semences, ainsi que les œufs et les repaires d'animaux nuisibles; 2° de fournir un amendement. Le premier de ces résultats ne saurait être qu'avantageux, quelle que soit d'ailleurs la nature du terrain; mais il n'en est pas de même du second, et il importe, par conséquent, de connaître la manière d'agir des cendres, comme amendement, afin de n'appliquer l'écobuage que dans les sols où il peut avoir de bons effets.

« L'action des cendres sur les terrains cultivés,
» dit M. de Candolle (1), est, comme la nature même
» de cette matière, complexe et variable. Les cen-
» dres tiennent le milieu entre les amendements et
» les engrais, sous ce rapport, qu'outre les matières
» terreuses qui en constituent la masse, elles con-
» tiennent toujours une certaine quantité de sels et

(1) Physiologie végétale, tome III, page 1267.

» de débris organiques. Considérées comme amen-
» dement, leur action est variable, selon que, four-
» nies par divers combustibles, elles peuvent contenir
» des quantités très-diverses de matières terreuses
» différentes et de sels différents. On peut dire, en
» général, que : 1° elles agissent mécaniquement en
» divisant les sols trop compactes, et, sous ce rapport,
» plus elles sont siliceuses, plus elles ont d'action ;
» 2° elles ont une action hygroscopique, en ab-
» sorbant l'humidité; 3° elles paraissent accélérer la
» décomposition du terreau ; et 4° enfin, peut-être
» agissent-elles à titre d'excitants.

» Il est donc évident, dit plus loin le même au-
» teur (1), et la pratique confirme cette théorie, que
» l'écobuage est utile : 1° dans les terrains trop ar-
» gileux, pour les diviser et les rendre moins hy-
» groscopiques ; 2° dans les terrains très-chargés de
» mauvaises herbes et en même temps très-humides ;
» 3° dans les climats où l'humidité de l'air est très-
» continue; 4° dans les terrains marécageux, tour-
» beux ou froids, couverts de mousses, de joncs, de
» lichens, etc., pour les exciter par les molécules
» alcalines des cendres, et accélérer leur décompo-
» sition. »

663. Dans les cultures forestières, l'écobuage ne
se pratique pas toujours comme nous l'avons expli-

---

(1) Physiologie végétale, tome III, page 1277.

qué plus haut; souvent on se borne à brûler, sur
pied, les herbes et les arbustes qui recouvrent le
sol. Cette opération, qui se fait à peu près comme le
sartage à feu courant qui a été décrit dans le quatrième livre [580], est avantageuse, d'abord, en ce
qu'elle épargne des frais de main-d'œuvre; en second
lieu, parce qu'elle peut être employée même dans des
terrains inclinés ou d'une nature assez légère. En
effet, le sol, dans ce cas, n'étant point remué, conserve toute sa compacité, et si, entre le moment de
l'écobuage et celui du semis, on laisse s'écouler
quelque temps (1), les cendres, demeurant à la surface, seront, en très-grande partie, dispersées par
les vents; de telle sorte qu'en définitive, les résultats de l'opération se réduiront, à peu de chose près,
à la destruction des plantes nuisibles. Ajoutons que
les jeunes plants, en grandissant, fourniront, par
leurs dépouilles et par l'ombrage qu'ils procurent,
une fraîcheur et un engrais salutaires qui tendront
nécessairement à neutraliser les effets des cendres.

On pourra donc écobuer *à feu courant* pour détruire les fortes herbes, les bruyères, les myrtilles,
etc., pourvu que le terrain ait quelque compacité,
comme les sables gras, par exemple, et que la pente
ne soit pas trop rapide. Au contraire, on devra s'interdire cette opération dans les versants escarpés,

---

(1) On peut écobuer en automne pour semer au printemps.

dans les sables mouvants, dans les pierrailles soit siliceuses, soit calcaires, dans les sols crayeux et, en général, dans tous les terrains qui, par leur peu de consistance, se dessèchent très-facilement.

664. ASSAINISSEMENTS. — Lorsqu'il y a lieu de procéder à l'assainissement d'un terrain, soit marécageux soit aquatique, il faut rechercher d'abord, d'où proviennent les eaux surabondantes qu'il s'agit de faire disparaître. Ordinairement elles sont produites par le débordement d'une rivière ou d'un ruisseau ; ou bien par des sources, apparentes ou souterraines, qui se trouvent, soit à l'intérieur, soit à l'extérieur du terrain détrempé. Souvent aussi les eaux pluviales ou de neige, ne pouvant s'infiltrer, à cause d'un banc d'argile situé à peu de profondeur, sont maintenues dans la couche de terre végétale et s'amassent dans les lieux les plus bas, au point de les submerger.

665. Quand ce sont les débordements d'une rivière qu'il s'agit de combattre, c'est au creusement de son lit, à l'endigage de ses rives qu'il faut avoir recours. Mais de tels ouvrages, d'ordinaire très-considérables, difficiles d'ailleurs sous le rapport de l'art, et qui intéressent le plus souvent un grand nombre de propriétés riveraines, ne sont plus à compter au nombre des travaux de simple amélioration forestière ; leur exécution ne peut être confiée qu'à des hommes spéciaux.

Le cas qui rentre dans les attributions du forestier,

c'est quand des accidents analogues sont causés par un simple ruisseau, soit qu'il emplisse ou exhausse son lit entier par les matières qu'il charrie, soit qu'il s'obstrue seulement sur quelques points, soit enfin qu'il se gonfle outre mesure à certaines époques de l'année. Redresser le cours de l'eau, en coupant les nombreuses sinuosités qu'elle forme, par un fossé suffisamment profond; ouvrir, dans le terrain inondé, d'autres fossés de moindre dimension, qui déversent dans le premier; enfin, s'il en était besoin, creuser des saignées ou rigoles plus petites encore, aboutissant dans les fossés secondaires : tels sont ordinairement les moyens à employer.

666. Lorsque les marécages sont formés par des eaux de source sans écoulement, il importe de distinguer si elles sourdent dans le marais même, ou si, au contraire, elles sont fournies par une source placée à l'extérieur, dans une situation plus élevée.

Dans le premier cas, on ouvrira, dans le sens de la pente du sol, un fossé qui traverse la partie la plus détrempée du marais; puis on observera, sur les parois de ce fossé, les points d'où les eaux suintent avec le plus d'abondance. Là on creusera de nouveaux fossés que l'on poursuivra de manière à finir par mettre les sources à découvert. Ajoutant ensuite, à ces fossés, des saignées plus petites, le terrain sera facilement assaini.

Dans le second cas, lorsque les eaux viennent de l'extérieur, il convient d'ouvrir d'abord, immédiatement au-dessus du marais, un fossé transversal pour recueillir les eaux, puis on en ajoutera deux, sur les côtés, pour les éconduire. Si, malgré cela, le terrain à assainir conserve encore trop d'humidité, quelques fossés ouverts dans l'intérieur ne tarderont pas à procurer le résultat désiré.

C'est d'après le même procédé que l'on pourra assainir, dans les forêts assises sur des couches d'argile, les parties basses, périodiquement inondées par les eaux de pluie ou de neige.

On peut aussi, dans ces sortes de terrains, lorsqu'ils manquent de pente, avoir recours aux bétoirs ou boit-tout artificiels, pourvu toutefois que la couche d'argile sur laquelle le sol végétal repose ne soit pas d'une grande puissance ; autrement les frais de l'opération, on le conçoit, deviendraient hors de proportion avec l'utilité qu'elle doit procurer.

667. Il ne faut pas trop se hâter de repeupler les terrains qui viennent d'être assainis. Il convient, au contraire, de les laisser ressuyer et tasser complétement pendant une ou deux années.

ARTICLE V.

De la saison la plus convenable au semis.

668. Il est naturel de penser, en général, que la saison la plus convenable au semis de nos essences forestières nous est indiquée par l'époque de la dissémination naturelle de leurs graines. C'est un prin-

cipe que l'on peut admettre, sauf les cas d'exception.

Pour les semis de glands, de faînes et de châtaignes, par exemple, on préfère ordinairement le printemps à l'automne, quoique ce soit dans cette dernière saison que ces fruits tombent des arbres. Les motifs de cette exception sont dans les circonstances particulières sous lesquelles les graines se trouvent placées dans un semis artificiel, circonstances toutes différentes de celles qui, d'ordinaire, accompagnent la réussite d'un semis naturel. En effet, dans les semis naturels, les semences se répandent surabondamment, et, pourvu que la moindre partie réussisse, le repeuplement se trouve complet; les arbres qui ont produit les graines, le lit de feuilles sèches, les mousses, etc., leur fournissent d'ailleurs un couvert précieux pour résister au froid de l'hiver. Au contraire, dans les semis artificiels, il n'est pas possible de semer avec autant de profusion, et souvent même le prix de la semence oblige, sous ce rapport, à beaucoup d'économie; en second lieu, les semis se font d'ordinaire dans des terrains entièrement nus ou du moins fort peu couverts; les graines sont donc bien plus exposées à se geler ou à se gâter; enfin, plusieurs animaux, les sangliers et les mulots surtout, trouvant peu de nourriture pendant la mauvaise saison, se jettent quelquefois sur les semis artificiels et les ravagent totalement.

Les graines résineuses, quelle que soit d'ailleurs

l'époque de leur dissémination naturelle, doivent
aussi, en général, se semer plutôt au printemps qu'en
automne ; les oiseaux, principalement ceux de passage, y causent souvent des dommages considérables
dans cette dernière saison. Un inconvénient non
moins réel, et qui existe surtout dans les climats un
peu rudes, c'est que les graines semées en automne
lèvent trop tôt, au retour du printemps suivant, pour
que les jeunes tiges, tendres et presque toujours peu
abritées, ne soient pas souvent victimes des gelées
tardives de cette époque de l'année.

ARTICLE VI.

Des quantités de semence à employer.

669. Ainsi que nous l'avons dit plus haut [655],
il est très-important de connaître les quantités de
semence qu'il convient d'employer dans un semis.
Ces quantités dépendent de la fertilité du sol, de sa
déclivité, du climat local et des dangers qui, par suite,
peuvent menacer les jeunes plants dans les premières années ; mais elles varient surtout selon la grosseur de la graine, selon sa qualité et selon le mode
de labour adopté.

Plus la graine sera grosse, plus il en faudra, en
poids ou en volume, pour ensemencer une étendue
déterminée ; si l'on a des doutes sur sa qualité, si
les dégats d'animaux sont à craindre ou si, en général, les circonstances sont peu propices à sa réussite,

la quantité à employer dans les cas ordinaires devra être augmentée ; enfin, le labour en plein absorbera plus de semence que le labour partiel, soit celui par bandes, soit celui par pots. Nous ferons observer, toutefois, qu'avec ces deux derniers modes de labour, il est nécessaire d'employer proportionnellement plus de semence qu'avec le labour en plein. On conçoit, en effet, qu'il est important, dans un semis par places, par exemple, que toutes les places soient bien peuplées ; car si quelques-unes seulement restaient vides, leur surface, ajoutée à celle des parties environnantes demeurées en friche, occasionnerait des espaces trop considérables, pour que, de longtemps, le massif pût se former. Aussi emploie-t-on toujours, dans un semis partiel, les deux tiers à peu près de la semence nécessaire pour un semis en plein, quoique, cependant, il n'y ait à ensemencer que le tiers ou la moitié tout au plus du terrain.

En traitant, plus bas, du semis de chaque essence en particulier, nous indiquerons les quantités de graine que l'expérience a démontré devoir être employées par hectare, selon les différents modes de labour, en supposant la graine de qualité moyenne et les circonstances extérieures ordinaires.

De la manière de semer.

670. Dans l'opération du semis proprement dit, il faut porter son attention sur deux objets principaux : le premier, de répandre la graine le plus également possible ; le second, de la recouvrir convenablement (1).

671. Lorsque le terrain à ensemencer est considérable, il est bon de le diviser en parcelles d'égale contenance (de 20 ou 25 ares, par exemple), et de partager aussi la semence en un même nombre de parts égales. Sans cette précaution, il serait difficile de régler le travail des ouvriers semeurs, ou de le corriger à temps, s'il était fautif. Dans un semis en plein, les ouvriers peuvent semer à la volée, comme on sème les céréales ; mais lorsque le terrain est préparé par bandes alternées ou par pots, ils doivent, pour répandre la graine uniformément, imprimer au bras un mouvement de va et vient, et ne laisser échapper les semences, la main étant fermée, qu'entre le pouce et l'index. Plus la semence est légère, plus il faut rapprocher la main du sol.

(1) Lorsque la graine que l'on doit semer est vieille ou qu'elle a naturellement une enveloppe que l'humidité pénètre difficilement, on fera bien de la mettre tremper dans de l'eau vingt-quatre heures avant de la répandre.

672. Aussitôt semées, les graines doivent être recouvertes. Cette opération se fait, dans les semis en plein, avec une herse dans laquelle, s'il y a lieu, on entrelace des branchages afin d'empêcher qu'elle ne s'enfonce trop ; pour les semences qui n'ont besoin d'être enterrées que très-légèrement, on peut aussi employer un fagot d'épines ou le rouleau. Dans les semis partiels, les semences lourdes se recouvrent à la houe, et les semences légères à l'aide d'un rateau en bois ou en fer (voy. fig. 2), selon que le sol est plus ou moins meuble. On se trouvera bien, pour ces dernières, surtout dans les sols légers, de raffermir la terre avec les pieds, ce que les jardiniers appellent *trippler*, afin de mieux unir la graine aux parcelles terreuses qui l'entourent immédiatement.

Le degré d'épaisseur dont il convient de recouvrir les graines, dépend, à la fois, de leur nature particulière et de la nature du sol. Les semences légères, ayant l'amande petite, et dont le plant, en levant, est très-ténu, ne doivent être enterrées que fort peu, tandis que les fruits lourds, ou à noyau dur, ont besoin de l'être davantage, afin d'obtenir l'humidité qui leur est nécessaire pour germer. Dans un sol compacte, les graines doivent être peu couvertes ; au contraire, dans un sol léger, prompt à se dessécher, il faut les enterrer plus profondément.

673. Il nous reste à parler d'une manière de semer, avantageuse surtout pour exécuter des semis partiels de semences lourdes ; c'est le repiquement.

Cette opération consiste à ouvrir, à la houe, de petits trous assez rapprochés, dans chacun desquels on
place un ou plusieurs fruits, et que l'on recouvre
ensuite avec le même instrument, ou seulement avec
le pied, si le sol est bien meuble. Non-seulement
ce procédé permet d'économiser beaucoup la semence, mais encore chaque graine se trouve, en
général, mieux enterrée et plus convenablement
placée pour prospérer. Dans les lieux clairiérés,
dans les coupes d'ensemencement dont le sol est
gazonné [446], lorsqu'il s'agit d'établir un mélange
d'essences [451], le repiquement est souvent préférable à tout autre mode de semis, parce qu'il peut
s'exécuter sans labour préalable.

Outre la houe, on se sert encore, pour cette opération, de plusieurs autres instruments. Le plantoir
ordinaire peut être employé; toutefois, dans les sols
argileux, il a l'inconvénient de trop tasser la terre
et de mettre obstacle, par là, au développement du
jeune plant. On a inventé, en Allemagne, un plantoir qui lève cet inconvénient. Cet instrument est
en fer, rond, d'une longueur de 15 centimètres environ, pointu par le bas, large au milieu, de 3 à 6
centimètres (selon la grosseur de la graine qu'il doit
servir à repiquer), et partagé par quatre nervures
saillantes, le tout surmonté d'un manche (v. fig. 4).
Lorsqu'on enfonce le plantoir, on tourne et retourne
le fer, ce qui émiéte et divise la terre; ainsi fait, le
trou se remplit en partie de cette terre émiétée et

conserve précisément la profondeur convenable pour
y placer une graine, telle qu'un gland, par exemple.

Il est évident, comme nous venons de le dire, que
ce plantoir n'est réellement avantageux que dans
les terres fortes; car, dans un sol très-léger, ce n'est
plus à diviser la terre qu'il faut s'appliquer, mais
bien à la raffermir. Pour obtenir ce résultat, on a
construit, encore en Allemagne, un *plantoir-massue*
(v. fig. 5). Cet instrument se compose d'un cylindre
en bois de chêne de 33 centimètres environ de hauteur sur 16 à 18 centimètres de diamètre, cerclé en
fer aux deux extrémités et surmonté d'un manche.
Au centre de la base inférieure est fixé un boulon de
3 à 6 centimètres de longueur, sur 2 à 4 centimètres de large. Ces dimensions varient suivant la
grosseur de la graine qu'on veut repiquer; et, afin
de pouvoir modifier l'instrument selon qu'il est besoin, on a des boulons de différentes grosseurs qui
se vissent après le cylindre en chêne.

Pour faire usage du plantoir-massue, on l'élève
verticalement et on le laisse retomber de même sur
le sol. Il en résulte d'abord la cavité formée par le
boulon dans laquelle on place la graine; ensuite, la
terre est raffermie par le poids du cylindre et tassée au point de présenter un renfoncement de
plusieurs centimètres, dans lequel l'humidité s'a-
masse, et dont les bords abritent le plant naissant (1).

_____

(1) Cotta conseille de repiquer aussi les semences légères.

Il n'existe aucun motif raisonnable, dit-il, pour ne pas le faire, si ce n'est que le maniement des petites graines est moins aisé, et que, par conséquent, la main-d'œuvre peut revenir trop cher. Mais, comme on peut employer, à cette opération, des femmes, et même des enfants, dont les doigts sont plus déliés et dont le salaire est moindre, cette objection n'est pas fondée.

CHAPITRE TROISIÈME.

—

APPLICATION DES RÈGLES GÉNÉRALES

AU

SEMIS DES ESSENCES LES PLUS IMPORTANTES.

—

ARTICLE PREMIER.

Semis du chêne.

674. RÉCOLTE ET CONSERVATION. — La manière de récolter les glands et de les soigner immédiatement après qu'ils ont été amassés, a été expliquée plus haut [653 et 654]. Nous ajouterons seulement qu'il faut éviter de faire amasser les premiers tombés, parce qu'ils sont ordinairement de mauvaise qualité et piqués des vers.

On connaît, pour conserver les glands pendant l'hiver, différents moyens, plus ou moins applicables, selon les circonstances dans lesquelles on se trouve :

1° Dans un jardin, ou en tout autre lieu clos, on

choisit une place bien sèche que l'on garnit d'un lit de feuilles, sèches aussi, de la hauteur de 33 centimètres environ. Sur ce lit de feuilles, on place les glands, par tas coniques d'un mètre de haut; on les recouvre d'une couche de feuilles mortes de 33 centimètres d'épaisseur, puis on ajoute encore 16 centimètres de mousse sèche, et 16 centimètres de paille. Sur le tout on établit une couverture en paille comme celles que l'on voit sur les meules de grain ou de foin ; enfin, pour mieux garantir le sol de toute humidité, on ouvre un fossé circulaire autour de la place de dépôt.

2° On établit des silos ou fosses. S'ils ne sont que temporaires, on se contente d'en soutenir les parois par des pieux entre lesquels on tresse de la paille ; s'ils doivent servir pendant longues années, on les construit en maçonnerie. Dans le fond de la fosse, on met un lit de paille, les glands y sont répandus par couches de 33 centimètres d'épaisseur, alternant avec des couches aussi épaisses de menue paille et de feuilles sèches. Ainsi remplie, la fosse est recouverte de planches, par-dessus lesquelles on élève une butte épaisse de terre bien tassée, afin d'empêcher le froid et l'humidité d'y pénétrer.

3° On peut remplir de glands des tonneaux ou des caisses, qu'on perce de petits trous et qu'on plonge dans l'eau pour les y laisser jusqu'au printemps. Le séjour des glands, dans l'eau, les conserve et ne leur ôte rien de leur faculté germinative.

4° On prend de grandes caisses qu'on élève sur
des liteaux, dans une cave, de même qu'on place les
tonneaux. On remplit ces caisses de couches alter-
nes de sable et de glands. Il faut avoir soin d'employer du sable de rivière bien sec et éviter surtout
un sable terreux. La couche supérieure de glands,
ayant toujours plus de disposition à germer, doit
être recouverte de 22 à 27 centimètres de sable. Il
n'est pas nécessaire de donner d'autre couverture à
la caisse.

Ces quatre modes de conservation du gland sont
donnés par Hartig. D'après l'expérience qu'il en a
faite, le premier lui paraît préférable ; nous pouvons
indiquer le quatrième comme nous ayant toujours
parfaitement réussi, alors même que les glands n'é-
taient extraits des caisses qu'à une époque assez avancée du printemps. Le gland ne peut se conserver
que jusqu'au premier printemps.

675. EXAMEN DE LA GRAINE. — Le gland doit
remplir complétement son enveloppe extérieure ;
en le séparant par le milieu dans le sens de sa longueur, il doit être blanc, frais et luisant ; le germe
qui se trouve à la partie supérieure doit être intact.
Si, au contraire, le fruit est desséché, d'une couleur
bleuâtre ou noirâtre intérieurement ; s'il a une odeur
de moisi, ou s'il est piqué, sa faculté germinative est
détruite.

Un autre moyen de juger de la bonté des glands
consiste à en jeter un nombre déterminé dans un

vase rempli d'eau ; ceux qui tombent au fond sont
bons pour la plupart, ceux qui surnagent sont mauvais. Enfin, on les juge aussi par le poids : un litre
de glands de bonne qualité doit peser environ de 550
à 600 grammes.

676. EXÉCUTION DU SEMIS. — Lorsque le terrain
à repeupler est en plaine, d'une nature compacte,
entièrement découvert, mais garni cependant d'arbustes et de gazon, il convient de le préparer en
y cultivant, soit des céréales, soit des pommes de
terre, pendant une ou deux années selon qu'il sera
plus ou moins facile de le nettoyer et de l'ameublir.
Ce résultat obtenu, on donne un dernier labour à la
charrue, et l'on répand les glands avec une demi-
semaille de seigle, si c'est en automne, et d'avoine
ou d'orge, si c'est au printemps.

Le semis ne doit être recouvert que de 3 ou 4
centimètres au plus. La herse est l'instrument le
plus convenable pour cette opération. A la récolte
des céréales, il faut avoir soin de couper les chaumes à une certaine hauteur, afin de ne pas endommager les jeunes chênes.

Dans les sols légers ou en pente, le labour partiel,
soit par bandes, soit par places, doit être préféré ;
et, selon les circonstances, on répand les glands pour
les recouvrir ensuite avec la houe, ou bien on les
repique. Si les herbes ou les arbustes sont peu nombreux, ce dernier mode peut même être pratiqué
sans aucun labour préalable.

Dans les terres légères, le gland doit être recouvert de 5 à 6 centimètres.

Semé en automne (1), il lève au bout de cinq à six mois ; semé au printemps, après quatre ou six semaines. Cette dernière saison est toujours préférable, ainsi que nous l'avons dit plus haut [668] ; mais quand on a des semis très-considérables à faire et qu'on ne peut, par divers motifs, garder jusqu'au printemps toute la quantité nécessaire de glands, il convient de partager son semis entre les deux saisons, en prenant la précaution de semer en automne avec plus d'abondance, afin de faire la part des intempéries et des animaux.

Quoique le jeune chêne soit d'un tempérament très-robuste et ne réclame en général aucun abri, [72] on se trouvera bien cependant, dans les départements de l'ouest et du midi, de lui adjoindre, dans la proportion d'un quart ou d'un cinquième, une ou plusieurs essences ayant une croissance rapide dès les premières années, telles que bouleau, pin sylvestre ou maritime, etc. Dès que ces bois auront atteint les dimensions propres à faire de menus fagots, et que les chênes d'ailleurs se montreront suf-

---

(1) On fera bien de ne pas semer avant la mi-novembre, et même plus tard dans les climats doux, afin d'empêcher chez le gland la germination d'automne qui le rendrait victime des gelées de l'hiver.

fisamment vigoureux, on s'empressera de débarrasser ceux-ci des essences auxiliaires, en les enlevant
par forme de nettoiement.

Les quantités de glands à employer par hectare
sont :

Pour un semis en plein, 15 à 16 hectolitres ;
Pour un semis partiel, 10 à 12 　*id.*
Pour le repiquement, 　6 à 7 　*id.*

ARTICLE II.

Semis du hêtre.

677. RÉCOLTE ET CONSERVATION. — La faîne se
récolte et se conserve comme le gland (1). Hartig
indique en outre, pour la conservation de cette semence, un procédé très-simple et qu'il dit avoir
souvent employé avec un entier succès.

Après avoir étendu les faînes dans un endroit aéré,
et les avoir journellement retournées, pour en laisser évaporer toute l'humidité [654], il suffit de les
entasser, à une hauteur de 33 à 66 centimètres, sur
le plancher d'une chambre close et de les recouvrir
de 33 centimètres environ de paille, afin de les garantir du froid.

La faîne, à moins de précautions minutieuses et

---

(1) Cotta dit que la faîne ne se conserve pas dans l'eau.

impossibles à pratiquer en grand, ne peut se garder que de l'automne au printemps.

678. EXAMEN DE LA GRAINE. — La qualité de la faîne s'apprécie, en général, d'après les mêmes caractères que celle du gland. On peut, en outre, en juger par le goût du fruit; il doit être agréable et rappeler celui de l'amande ou de la noisette. Une saveur rance indique la mauvaise qualité.

Un litre de faînes doit peser de 405 à 425 grammes.

679. EXÉCUTION DU SEMIS. — Le tempérament très-délicat du jeune hêtre rend, en général, impraticable le semis en plein de cette essence, sur un terrain entièrement nu. Quand bien même on mélangerait une forte quantité de céréales à la faîne, on ne remédierait pas à cette difficulté, puisque l'abri est nécessaire pendant plusieurs années; aussi faut-il, pour réussir dans une opération de ce genre, préparer, quelque temps à l'avance, l'abri indispensable.

Dans ce but, après que le terrain est convenablement labouré, on le partage par bandes dont, sur deux, on en sème une d'essences ayant une végétation rapide, telles que bouleaux, ormes, pins, etc.; on peut aussi, pour plus d'économie, employer selon le climat, le genet ou l'ajonc. Si l'on veut gagner du temps, il faut planter ces essences au lieu de les semer; car ce n'est que quand elles auront atteint une certaine hauteur, qu'on pourra répandre la faîne

33

dans les bandes intermédiaires restées vides. L'abri créé de cette manière doit être conservé au jeune hêtre jusqu'à ce qu'il en éprouve quelque gêne, ou du moins jusqu'à ce qu'il soit assez fort pour résister aux influences atmosphériques ; alors les essences supplémentaires pourront être extraites par forme de nettoiement.

Toutefois, le mode d'opérer que nous venons d'indiquer ne saurait être suivi dans les terrains fortement inclinés, vu que le défrichement total du sol pourrait amener l'éboulement des terres. Dans ce cas, il faudrait, comme à l'ordinaire, diviser la superficie en bandes horizontales de 66 centimètres à 1 mètre de largeur, dont l'une resterait inculte et dont l'autre serait préparée à l'ensemencement projeté. Celle-ci serait elle-même partagée en deux portions ; dans la première, on planterait ou l'on semerait à l'avance, comme nous venons de l'expliquer, et l'autre, en temps opportun, recevrait la faîne.

Les difficultés d'exécution dont est entouré le semis de la faîne en terrain découvert, les frais qu'il entraîne et les nombreuses chances auxquelles il est exposé rendent cette opération peu avantageuse, et doivent, en général, faire choisir d'autres essences pour le repeuplement des terres vagues ; ou, si l'on tenait expressément au hêtre, faire préférer la plantation comme plus sûre [651]. C'est plus particulièrement dans les futaies clairiérées, dans certains taillis entièrement épuisés , ou bien dans d'autres parties totalement envahies par les bois blancs ou les morts-bois que l'on pourra semer la faîne avec succès [514]. Dans de telles circonstances, le repiquement sera surtout convenable ; on fera bien de jeter plusieurs semences dans le même trou, parce qu'il s'en trouve souvent qui sont vaines. Lorsque les jeunes plants de hêtre auront acquis suffisamment de force, les autres essences devront être extraites par forme de nettoiement.

La faîne ne doit être recouverte que de 15 à 30 millimètres, suivant la nature plus ou moins compacte du sol. Il faut faire en sorte que la terre soit bien divisée à sa surface ; autrement, le jeune plant qui lève avec deux lobes séminaux très-amples ne pourrait la percer.

La faîne, semée en novembre, lève au bout de cinq à six mois ; semée au printemps, qui est la saison préférable, les plants lèvent au bout de trois ou de six semaines.

Pour un semis en plein, il faut, par hectare, de. . . . . 8 à 10 hectolitres ;
pour un semis partiel, de . . . . 6 à 7 *id.*
et pour le repiquement, de. . . . 3 à 4 *id.*

680. Cotta indique, dans son traité de la culture des bois, un mode particulier de semer la faîne sans donner aucun abri au jeune plant, mode qui, dit-il, lui a parfaitement réussi. Voici en quoi il consiste.

Le terrain étant partagé par bandes alternées, on creuse, dans le milieu de la bande cultivée, une

rigole de 10 à 12 centimètres de large, sur autant
de profondeur environ ; c'est dans cette rigole qu'on
sème la faîne. Immédiatement après la levée des
plants, on comble la rigole, en y tirant les terres
voisines, de manière à en entourer complétement les
petites tiges jusqu'à fleur des feuilles séminales. Il
paraît, ajoute Cotta, que c'est surtout la tige des
jeunes hêtres qui souffre des influences atmosphériques, et, qu'en la préservant d'une manière quelconque, les jeunes plants peuvent se passer d'ombrage.

L'auteur que nous citons mérite la plus grande
confiance, et nous sommes d'autant plus porté à croire
bon le procédé qu'il recommande, que nous connaissons un fait qui en confirme entièrement l'efficacité.

Dans la forêt de Compiègne, appartenant au do-
maine de la Couronne, on exécute, chaque année,
des plantations très-considérables de différentes essences et entre autres aussi de hêtre. Ordinairement, les sujets plantés proviennent de semis faits
en pépinière et ne sont définitivement mis en place
qu'après avoir subi, dans la pépinière même, une
première transplantation. Mais, pour le hêtre en
particulier, comme on connaît les difficultés de le
semer en terrain découvert, on se procure les jeunes
plants, qui doivent subir cette première transplantation, dans les massifs de futaie où ils lèvent en
abondance. Ce sont les plants naissants, munis en-

core de leurs feuilles cotylédonaires, que l'on choisit de préférence; on les extrait de terre avec un couteau, puis, dans la pépinière, on les place, à ciel ouvert, dans des rigoles semblables à celles dont parle Cotta, en prenant aussi la précaution de les enterrer entièrement jusqu'aux feuilles séminales. Quand l'été est très-chaud, on perd néanmoins beaucoup de ces plants; mais ceux qui résistent, et en général c'est le très-grand nombre, deviennent, dès lors, suffisamment robustes pour supporter les intempéries de tout genre.

Cette pratique du *buttage* des semis de hêtre faits en terrain découvert est aujourd'hui généralement admise en Allemagne, et les meilleurs auteurs la recommandent, tout en reconnaissant cependant, que la plantation reste toujours le moyen le plus sûr et le plus facile d'établir le hêtre sur un sol entièrement dénudé.

ARTICLE III.

Semis du châtaignier.

681. Récolte et conservation. — Les châtaignes se récoltent et se conservent comme le gland; le moyen de conservation qui nous a toujours le mieux réussi est la stratification dans le sable, telle que nous l'avons décrite plus haut; on peut aussi les garder assez longtemps, en les laissant dans leur enveloppe extérieure appelée communément hérisson. La châtaigne ne se conserve que pendant un hiver.

682. EXAMEN DE LA GRAINE. — La qualité des châtaignes se reconnaît par les mêmes caractères que celle des glands et des faînes. La châtaigne doit avoir une saveur agréable , quoique légèrement acerbe. On a prétendu que la grosseur du fruit devait être prise en considération, et qu'il fallait éviter de semer de petites châtaignes, parce qu'elles produisent des plants d'une faible végétation. C'est une erreur. Quelle que soit leur grosseur, les châtaignes produisent de bons plants, pourvu qu'elles proviennent d'arbres bien portants, qu'elles soient saines, fermes, bien remplies, et que le germe soit intact.

683. EXÉCUTION DU SEMIS. — Le châtaignier demande, plus que toute autre essence, un sol bien nettoyé. On doit, à cet effet, donner un labour convenable, soit à la charrue, soit à la houe ; puis disposer le terrain par bandes alternées. Dans l'une, de 16 centimètres de large, on repique les châtaignes : dans l'autre, d'une largeur d'un mètre environ, on cultive, pendant plusieurs années, des pommes de terre, des betteraves, etc., afin d'empêcher la crue des plantes nuisibles.

Le repiquement des châtaignes se fait ordinairement assez dru ; en raison des ennemis qu'elles ont à redouter et des différentes chances auxquelles elles sont exposées [668]. Si les plants levaient trop épais en certains endroits, on aurait toujours la facilité d'en extraire une partie pour garnir les places où le semis aurait moins bien réussi.

Le mode de semis dont nous venons de parler, s'emploie plus particulièrement pour élever le châtaignier en massif de futaie. Quand il s'agit d'un taillis, on prépare le terrain de même, mais, au lieu de semer en rigoles, on établit communément des trous ou pots peu profonds, espacés d'un mètre à un mètre et demi, dans chacun desquels on repique deux ou trois châtaignes. Comme il suffit de laisser, dans chaque trou, une seule tige, on dispose des plants superflus au bout de deux ans. A l'âge de cinq ou six ans, et même plus tôt, selon sa végétation, on recèpe le jeune plant avec soin, après avoir donné, jusqu'à cette époque, au moins deux cultures à la terre.

On a prétendu qu'il était à propos d'abriter les jeunes châtaigniers par des bouleaux, des saules marceaux, ou par d'autres bois d'une croissance rapide. Cette précaution est au moins inutile dans l'Est et le Nord de la France où le jeune châtaignier, s'il occupe les expositions qui lui conviennent, n'a pas besoin d'abri. Dans les régions plus chaudes, un tel mélange pourra être mieux à sa place.

La châtaigne ne s'enterre que de 3 à 6 centimètres au plus, selon la nature du sol. Quand on la sème en automne, elle lève après cinq ou six mois; si elle n'est semée qu'au printemps, le plant paraît au bout de trois à six semaines. Cette dernière saison doit en général être préférée.

Pour semer en rigoles, ainsi que nous l'avons

indiqué plus haut, il ne faut que 9 ou 10 hectolitres de châtaignes, par hectare ; quand on repique par pots ou trous, on conçoit que la quantité doit être de beaucoup inférieure ; 2 ou 3 hectolitres, au plus, doivent suffire.

ARTICLE IV.

Semis de l'orme.

684. Récolte et conservation. — On récolte les semences d'orme en en dépouillant les rameaux à la main. Aussitôt qu'elles sont cueillies, il est essentiel de les étendre, en couches minces, dans un lieu bien aéré et de les remuer souvent. Pour peu qu'on les laisse en tas, elles s'échauffent et perdent leur faculté germinative. En continuant à leur donner les mêmes soins, on peut rigoureusement les conserver jusqu'au printemps suivant ; mais il est préférable, sous tous les rapports, de les semer immédiatement après leur maturité.

685. Examen de la graine. — La semence qui est placée au centre de la membrane doit être un peu élevée et ferme au toucher ; en la coupant transversalement et en l'écrasant sur l'ongle, il faut qu'elle soit farineuse en même temps qu'humide ; en outre, elle doit dégager une odeur fraîche, agréable et avoir une saveur oléagineuse prononcée.

Un litre de semence d'orme doit peser environ 40 grammes.

686. Exécution du semis. — Le labour par bandes alternées ou par trous carrés est le plus avantageux pour le semis de l'orme. Comme il est convenable de semer la graine de suite après sa maturité qui a lieu au commencement de juin, on fera bien de chercher à donner un premier abri aux jeunes plants, afin qu'il résistent mieux aux chaleurs de l'été. A cet effet, si le sol est en plaine, ou en pente douce, on pourra, dès le printemps, tracer les bandes destinées à la graine d'orme et ensemencer le reste du terrain en orge ou en avoine. De cette manière, l'abri sera assuré aux jeunes plants sitôt qu'ils lèveront, et l'on obtiendra en même temps un produit en céréales, ce qui n'aurait pu avoir lieu si on ne les avait semées qu'avec la graine d'orme. Lorsque le terrain sera fortement incliné, on pourra ou subdiviser la bande cultivée [679], ou se contenter de mélanger la graine d'orme aux céréales, sauf à faire le sacrifice de celles-ci.

La semence d'orme doit être très-légèrement recouverte ; elle n'a même besoin de l'être que pour empêcher le vent de la disperser. Semée aussitôt après sa maturité, elle lève au bout de quinze jours ou de trois semaines, et, dès l'automne, les jeunes plants atteignent une hauteur de 16 à 22 centimètres.

Pour effectuer un semis d'orme en plein, il faudrait employer, par hectare, de 28 à 30 kilogrammes de semence ; pour le semis partiel 18 à 22 kilogrammes peuvent suffire.

Semis du frêne.

687. RÉCOLTE ET CONSERVATION. — Le meilleur moyen pour récolter la semence du frêne est de la cueillir à la main; si l'on voulait employer la gaule, il faudrait choisir, pour cette opération, un temps parfaitement calme.

Cette graine est sujette à se dessécher, et se conserve, en général, assez difficilement ; il est bon de la mélanger avec du sable et de la placer dans un endroit frais. Ce qui vaux mieux, c'est d'ouvrir, dans quelque terrain, des rigoles ou fosses de 33 à 50 centimètres de profondeur, sur une longueur et une largeur proportionnées à la quantité de graines recueillies, d'y jeter cette graine en amas, puis de la couvrir de 12 à 16 centimètres de terre. Comme la semence de frêne ne germe que la seconde année, après avoir été mise en terre, on pourra, si l'on veut semer en automne, la laisser, dans les rigoles, pendant un an, et même jusqu'au printemps suivant, si c'est dans cette dernière saison seulement que doit s'effectuer le semis. Ce procédé a l'avantage de conserver la semence en très-bon état, et de plus on sait, dès la première année, à quoi s'en tenir sur la réussite du semis.

688. EXAMEN DE LA GRAINE. — Pour juger des semences de frêne, on en coupe plusieurs transversalement. Si l'intérieur présente une substance d'un blanc bleuâtre et de la consistance de la cire, la graine est bonne ; elle est mauvaise si cette substance est entièrement desséchée.

Le litre de cette semence doit peser à peu près de 170 à 180 grammes.

689. Exécution du semis. — Le labour par bandes alternées ou par trous carrés est, en général, le meilleur pour les semis de frêne. Il faut faire en sorte que les jeunes plants soient un peu abrités, au moins la première année, et, dans ce but, leur adjoindre des céréales, lorsque la nature du terrain le permet. On devra éviter de laisser prendre le dessus à la mauvaise herbe qui fait beaucoup de tort aux jeunes frênes.

Sous ce dernier rapport, il est très-avantageux que la semence ait été préparée dans des fosses, parce qu'alors elle lève tout de suite, sans laisser le temps aux plantes nuisibles d'envahir le terrain.

Les semences de frêne ne doivent être enterrées que de 15 à 20 millimètres. Préparées comme nous venons de l'indiquer plus haut, et semées en automne, elles lèvent au commencement du printemps suivant ; quand elles sont semées au printemps, les plants paraissent au bout de quatre à six semaines.

Les quantités de semences de frêne à employer par hectare, sont :

pour le semis en plein, de 40 à 45 kilogrammes ;
et, pour le semis partiel, de 27 à 30   *id.*

Semis de l'érable.

690. Récolte et conservation. — La récolte des semences d'érable a lieu comme celle des semences de frêne. Quant à la conservation, il suffit, après les avoir laissées ressuyer dans un lieu aéré, de les mettre en tas, dans un appartement clos, et de les retourner de temps en temps ; on peut aussi les mélanger avec du sable. Traitées de la sorte, leur faculté germinative peut se conserver jusqu'au second printemps, mais il est toujours bien préférable de les semer dès le premier.

691. Examen de la graine. — Pour vérifier les graines d'érable, on en ouvre plusieurs. Elles sont bonnes lorsque, sous les capsules qui les enveloppent, on les trouve fraîches, flexibles et d'une couleur verte. Le vert seul, cependant, ne suffit pas pour décider de la qualité ; il existe souvent quand déjà il y a desséchement. Il faut donc qu'indépendamment de la couleur, la graine présente du moelleux et de la fraîcheur.

Un litre de semence d'érable de bonne qualité doit peser de 120 à 150 grammes.

692. Exécution du semis. — Ce que nous avons dit, à cet égard, du semis de frêne s'applique aussi à celui de l'érable.

Le printemps est la saison la plus favorable pour

semer, les jeunes plants étant assez délicats et craignant les gelées printanières.

Pour ensemencer un hectare en plein, il est nécessaire d'employer de 60 à 65 kilogrammes de semence d'érable ; et, pour un semis partiel il en faut, sur la même superficie, de 40 à 45 kilogrammes.

ARTICLE VII.

Semis du bouleau.

693. Récolte et conservation. — Comme la semence du bouleau se dissémine très-promptement, il faut saisir à point l'époque de sa maturité pour la récolter. On cueille les chatons à la main. Un procédé plus facile, mais qui ne peut s'exécuter que sur des bouleaux destinés à être abattus prochainement, c'est de couper les rameaux qui portent la graine. Dans ce cas, il n'est pas nécessaire d'attendre l'entière maturité ; en suspendant les rameaux coupées dans un endroit sec et aéré, la graine achèvera de mûrir.

La semence de bouleau est très-difficile à conserver, et il est à conseiller d'en faire le semis l'année même de la récolte. Néanmoins, si l'on était forcé de la garder jusqu'au printemps suivant, il faudrait l'étendre, en couches minces, dans un grenier, la garantir des froids de l'hiver et la remuer très-souvent.

694. EXAMEN DE LA GRAINE. — L'examen des graines de bouleau se fait comme celui des semences d'orme. En en ouvrant quelques-unes, avec la pointe d'un canif, par exemple, la petite amande doit être farineuse ; écrasée sur l'ongle, elle doit laisser quelques traces d'un suc laiteux.

Un litre de cette graine doit peser de 90 à 100 grammes.

695. EXÉCUTION DU SEMIS. — Le labour partiel convient plus particulièrement pour les semis de bouleau. Ce qu'il faut craindre surtout, c'est de trop remuer le sol et de trop enterrer la graine. On se contentera donc, pour établir les bandes ou les pots, de lever le gazon et d'extraire les arbustes sans piocher la terre ; il suffira même, si le terrain n'est pas très-gazonné, de racler la superficie avec les dents d'un rateau en fer (voy, fig. 2).

En semant, il faut tenir la main le plus près possible de terre (1), afin d'empêcher que le vent n'emporte la graine. Le temps le plus favorable, pour cette opération, est le temps pluvieux, parce qu'alors on peut se dispenser d'enterrer la semence ; mais si l'on sème par un temps sec, on devra faire en sorte de mêler seulement la graine à la terre,

_____

(1) Une bonne précaution pour faciliter l'opération du semis de la graine de bouleau, comme de toute graine très-légère en général, consiste à ne la répandre que mêlée à une certaine proportion de terre très-fine.

en promenant légèrement un rateau en bois dans les parties semées ou bien en les *tripplant* [672] avec les pieds.

Semée en automne, qui, comme nous l'avons dit, est la saison la plus convenable, la semence de bouleau lève dès le commencement du printemps.

Si l'on voulait faire un semis en plein, il faudrait employer, par hectare, de 36 à 40 kilogrammes de semence ; pour le semis partiel, il suffira de 24 à 30 kilogrammes. En général, la graine de bouleau ne doit pas être épargnée, parce qu'elle est rarement de très-bonne qualité.

ARTICLE VIII.

Semis du robinier faux accacia.

696. RÉCOLTE ET CONSERVATION. — Les gousses du robinier se cueillent à la main. En les étendant sur un grenier, elles s'ouvrent d'elles-mêmes pendant l'hiver ; il suffit ensuite de les remuer légèrement avec un rateau pour détacher les semences [170]. On sépare les graines des gousses, à l'aide du crible.

Cette semence peut se garder deux et même trois ans ; on la conserve en tas, dans des greniers, en ayant soin de l'aérer de temps à autre.

697. EXAMEN DE LA GRAINE. — La graine du robinier doit être brun foncé ; l'intérieur doit être blanc, farineux et frais.

698. EXÉCUTION DU SEMIS. — Le semis partiel

mérite la préférence. Un sol bien nettoyé favorise la végétation des jeunes plants.

La semence doit être recouverte de 5 à 10 millimètres ; et comme le plant, dans sa naissance, redoute les froids, on fera bien, quand ce sera possible, de garnir le sol d'une couche de mousse ou de feuilles mortes.

La délicatesse du jeune plant doit faire préférer le printemps pour les semis de robinier. Mise en terre dans cette saison, la graine lève après trois ou quatre semaines ; semée en automne, au contraire, le plant ne paraît qu'au bout de cinq ou six mois.

Quatorze à seize kilogrammes de semence de robinier seraient nécessaires, par hectare, pour un semis par bandes ou par pots ; si l'on voulait semer en plein, il faudrait employer, sur la même superficie, de 20 à 25 kilogrammes.

ARTICLE IX.

Semis du charme.

699. — RÉCOLTE ET CONSERVATION. — Les semences de charme se cueillent à la main ; on peut aussi, mais seulement par un temps très-calme, faire gauler les arbres en tendant des toiles pour recevoir la graine. Les moyens de conservation sont absolument les mêmes que ceux que nous avons indiqués pour la semence de frêne [687] ; comme celle-ci, la graine de charme se conserve difficile-

ment, et, mise en terre, elle ne germe que la seconde année.

700. EXAMEN DE LA GRAINE. — En ouvrant la graine de charme, on doit trouver une amande blanche et fraîche; cette amande doit remplir complétement le noyau qui lui sert d'enveloppe. Un litre de semence de charme ailée doit peser de 50 à 60 grammes; si la semence est désailée, la même capacité pésera de 410 à 420 grammes.

701. EXÉCUTION DU SEMIS. — Ce qui a été dit pour l'exécution du semis de frêne [689] s'applique entièrement au semis de charme; seulement, la graine de cette dernière essence pourra, dans les sols légers, être enterrée jusqu'à 3 centimètres de profondeur.

Les quantités de semence de charme à employer par hectare, sont :

semence ailée,
pour un semis en plein, 50 à 55 kilogrammes;
pour le semis partiel,   33 à 38 ·   id.
semence désailée,
pour un semis en plein, 45 à 50 kilogrammes;
pour le semis partiel,   30 à 33   id.

ARTICLE X.

Semis de l'alisier, du sorbier et du micocoulier.

702. Ces essences ne sont pas ordinairement cultivées en grand; mais il est intéressant d'en faire

des semis en pépinière, pour les répandre ensuite, par la plantation, dans les forêts.

Les fruits se cueillent à l'arrière-saison ; on les sème en rigoles, en évitant de trop les rapprocher, et on les recouvre de bonne terre bien émiettée. Les semences de sorbier demandent à être enterrées de 6 à 8 millimètres seulement ; celles de micocoulier de 10 à 15 millimètres, et les alises de 3 à 4 centimètres. Ces deux dernières graines ne lèvent, en général, que le second printemps après avoir été semées, à moins que, par des arrosements fréquents, on ne hâte leur germination.

Le micocoulier, ainsi que nous l'avons dit plus haut [204], redoute les froids dans ses premières années, et a besoin, dans le nord et dans l'est de la France, d'être recouvert de paille, de feuilles mortes ou de mousse pendant l'hiver.

Lorsque les plants de ces trois essences ont deux ans à peu près, on leur fait subir une première transplantation en pépinière, afin de favoriser le développement de leurs racines ; à cet effet, on les espace de 22 à 33 centimètres.

Parvenus à 66 centimètres ou à 1 mètre de haut, on les plante alors dans les lieux pour lesquels on les destine.

ARTICLE XI.

Semis de l'aune.

703. Récolte et conservation. — On cueille les petits cônes à la main, dès qu'ils commencent à brunir; il faut se hâter, car la semence se dissémine très-promptement. Cette récolte peut aussi se faire, comme celle des semences de bouleau [693], en coupant les branches qui portent graine sur les arbres destinés à être prochainement abattus; nous avons indiqué les avantages de ce procédé.

Pour obtenir la graine, il suffit d'étendre les cônes sur un plancher bien aéré et de les remuer souvent; les écailles s'entr'ouvrent peu à peu et la semence s'échappe. Mais si l'on voulait semer dès l'automne, il faudrait exposer les cônes à une chaleur tempérée, afin de les faire ouvrir plus vite. Pour séparer la graine d'avec les cônes, on se sert du crible.

La semence d'aune ne se conserve que de l'automne au printemps. On la met ordinairement en tas sur un grenier; on peut aussi la plonger dans l'eau.

704. Examen de la graine. — La semence d'aune doit présenter à peu près les mêmes caractères que celle d'orme ou de bouleau. Ouverte et écrasée sur l'ongle, l'amande doit être farineuse, légèrement humide, et dégager une odeur fraîche et agréable. La couleur de la graine est brun-marron.

Un litre de cette semence, lorsqu'elle est de bonne qualité, pèse de 320 à 340 grammes.

705. Exécution du semis. — Les sols humides, aquatiques, ou même marécageux, dans lesquels l'aune prospère plus particulièrement, offrent des difficultés pour le semis. La grande quantité d'herbe dans les premiers, une crue d'eau dans les autres, s'opposent souvent, soit à la germination de la graine, soit au développement du jeune plant. Aussi a-t-on plus généralement recours à la plantation pour établir une aunaie [654]. Cependant, comme les inconvénients que nous venons de signaler ne se présentent par toujours, on pourra aussi, dans certains cas, employer la voie du semis.

Le labour en plein pourra être pratiqué, lorsque le sol le permettra et qu'on n'aura pas d'ailleurs besoin d'épargner la graine ; toutefois, le labour partiel sera généralement préférable. La principale précaution à prendre, pour préparer le terrain, consiste à le remuer le moins possible, tout en le débarrassant de la mauvaise herbe. Souvent il sera très-avantageux d'écobuer, et, dès lors, il suffira de gratter la terre, soit à la herse, si l'on veut semer en plein; soit avec le rateau en fer, s'il s'agit de cultiver par bandes ou par pots. Dans certains terrains, on pourra même se contenter de faire parcourir des bêtes à cornes ou des moutons. Il n'est pas rare en effet de voir, dans les prairies, des semis naturels d'aune très-bien réussis dans les pas des bestiaux ou dans les rigoles d'irrigation.

La semence ne doit pour ainsi dire pas être en-terrée. Dans les semis en plein, on pourra se conten-ter de passer le rouleau pour la raffermir contre la terre, à moins qu'on ne redoute les dégâts des oiseaux, auquel cas il faudrait employer le fagot d'épines. Dans les semis partiels on se servira, le plus légèrement possible, du rateau de bois. Semée en automne, qui est la saison la plus favorable, la graine lève au mois d'avril suivant; semée au printemps, elle produit des plants au bout de cinq ou six se-maines.

Pour un semis en plein, il faut, par hectare, de 10 à 12 kilogrammes de semences d'aune; pour le semis partiel 6 à 8 kilogrammes suffisent.

ARTICLE XII.

Semis du sapin.

706. RÉCOLTE ET CONSERVATION. — On cueille les cônes à la main, dès la fin de septembre ou le com-mencement d'octobre. Il suffit de les étendre sur un grenier et de les remuer de temps en temps au ra-teau, pour faire tomber les écailles et les graines; on sépare ensuite les unes d'avec les autres au moyen du crible.

Si l'on veut dépouiller la semence de l'aile dont elle est garnie, il faut la frotter entre les mains ou dans un sac seulement rempli au quart. Quoi qu'on fasse, on ne pourra que briser une partie de l'aile;

il est impossible de l'enlever entièrement, parce qu'elle est très-adhérente.

La graine de sapin ne se conserve guère au-delà de 18 mois; si donc on ne l'emploie pas au printemps qui suit sa maturité, il faut, au plus tard, la semer un an après. Le meilleur moyen de conservation est de la mettre en lieu sec, à l'abri du froid, et de l'entasser le moins possible. D'abord il faut avoir soin de la retourner souvent et ensuite seulement de temps à autre, jusqu'au moment de l'employer.

707. EXAMEN DE LA GRAINE. — En ouvrant les petites amandes du sapin, on doit les trouver pleines, fraîches et d'une couleur blanchâtre; elles doivent dégager une odeur prononcée de térébenthine, et le germe doit être vert. La couleur extérieure est brune.

Un litre de cette semence, munie de son aile, pèse ordinairement de 200 à 215 grammes; lorsque la graine est désailée, le poids de la même capacité est de 265 à 275 grammes.

708. EXÉCUTION DU SEMIS. — Tout ce que nous avons dit plus haut [679] sur les procédés à employer pour semer le hêtre, et sur les difficultés que cette opération présente, s'applique entièrement au semis du sapin, à cause de l'extrême délicatesse du jeune plant. Le mode indiqué par Cotta, pour semer le hêtre sans abri [680], n'a point encore été essayé pour le sapin, et la plantation ne peut guère suppléer au semis; car cette essence résineuse, surtout

en terrain découvert et aux expositions chaudes, est d'une reprise fort difficile. C'est principalement pour remettre en état des parties de forêt ruinées, couvertes de bois blancs, de morts-bois ou de broussailles quelconques, que l'on peut employer le semis du sapin (1). Comme le hêtre, dans ce cas, on sèmera le sapin par places, à l'ombre de ces broussailles ; ou même on repiquera la graine, si elle est rare, mais en ayant soin de ne remuer la terre que le moins possible (2).

La semence doit être recouverte, avec le rateau, d'une épaisseur de 6 à 9 millimètres.

Il est difficile d'indiquer la quantité de semence nécessaire, par hectare, pour un semis fait de la sorte.

En général, il faut semer abondamment, car la graine n'est pas toujours de très-bonne qualité, surtout lorsqu'elle a été conservée pendant quelque

---

(1) Toutes les fois qu'on pourra abriter les semis de sapin, de manière à préserver les jeunes plants des gelées tardives du printemps, on fera bien de répandre la graine dans l'automne même de sa maturité. Il est certain qu'une quantité notable de semences, quelques précautions que l'on prenne pour la conserver, perd sa faculté germinative dès le premier hiver.

(2) Pour repiquer des graines légères, telles que celles du sapin, ou pour les semer, par places, sous des bois blancs ou sous des broussailles, l'instrument le plus commode est la *houe-rateau* dont nous donnons le dessin à la fin du volume (voy. fig. 3). Les dimensions à lui donner peuvent varier selon la nature des terrains dans lesquels elle doit fonctionner.

temps ; et d'ailleurs les jeunes plants, fort tendres, ont plusieurs chances à courir. Pour un semis par bandes ou par pots, on peut employer de 40 à 45 kilogrammes de semence ailée, et de 36 à 40 kilogrammes de semence désailée, par hectare.

Ordinairement on sème depuis la fin de l'hiver jusque vers la fin du mois de mai, selon que les gelées printanières sont plus ou moins à craindre. Dans ce cas, les jeunes plants paraissent au bout de quatre à six semaines.

ARTICLE XIII.

Semis de l'épicéa.

709. RÉCOLTE ET CONSERVATION. — La récolte des cônes d'épicéa peut avoir lieu depuis le mois de novembre jusqu'au mois de mars. Quand on doit faire de grands approvisionnements en semences, il faut s'y prendre aussitôt après la maturité [269]; dans le cas contraire, il est préférable de ne cueillir les cônes qu'après les froids, parce que plus on rapproche cette opération de l'époque de la dissémination naturelle, plus on extrait ensuite la graine avec facilité.

L'extraction des graines a lieu, soit à l'aide de la chaleur artificielle d'un fourneau, soit à l'aide de la chaleur du soleil. Quoique ce dernier moyen mérite d'être préféré, en ce sens qu'on en obtient généralement des graines d'une qualité supérieure, le premier est cependant le plus employé, parce qu'il est beaucoup plus expéditif, et qu'il permet mieux de pourvoir à des approvisionnements considérables.

Hartig décrit les appareils à établir pour l'un et l'autre mode ; nous donnons ci-après ces descriptions telles qu'elles sont traduites dans le Dictionnaire des Forêts de Baudrillart.

1° « On se sert d'une chambre dans la partie in-
» férieure d'un bâtiment en maçonnerie ; s'il est
» possible, on place dans cette chambre un ou plu-
» sieurs poëles, pourvus de grils, afin de pouvoir
» les échauffer avec les cônes vides ; ou bien on y
» établit circulairement des canaux de chaleur ,
» comme dans une serre chaude, afin que le local
» puisse être échauffé dans toutes ses parties à un
» assez haut degré de température. Dans cette étuve,
» on fait construire, contre les murs et dans le mi-
» lieu de la pièce, des échafaudages sur lesquels on
» puisse placer des claies en bois ou en fil de fer de
» 1 mètre 66 centimètres à 2 mètres de long sur 82
» centimètres de large, et en former des étages de
» 16 centimètres environ d'intervalle. Sous la der-
» nière rangée des claies, on fait pratiquer des tiroirs
» pour recevoir la graine. Ces premières disposi-
» tions prises, on charge les claies de cônes et on
» chauffe l'étuve de manière qu'un homme en puisse
» difficilement supporter la chaleur (20 à 25 degrés
» Réaumur) (1) ; on entretient cette température

_____

(1) Cotta dit que la température peut s'élever jusqu'à 30 et

» jusqu'à ce que les cônes se soient ouverts. Alors
» on les remue fortement sur toutes les claies, en
» commençant par les étages supérieurs, de manière
» que les semences tombent d'étage en étage, jus-
» qu'aux tiroirs placés sous les claies inférieures. (1) »

« Lorsque tous les cônes sont ouverts aussi com-
» plétement que possible, on les retire et l'on cher-
» che à obtenir encore la semence qui a pu y rester.
» A cet effet, on les place dans un vaisseau dont la
» disposition est semblable à celle d'une baratte à
» battre le beurre. Dans ce vaisseau, qui doit avoir
» le fond à claire-voie serrée, afin que les semences
» seules puissent y passer et être reçues dans un vase
» placé au-dessous, on agite fortement les cônes jus-
» qu'à ce qu'ils soient totalement dépouillés de grai-
» nes. On peut alors employer les cônes à chauffer
» les fourneaux. »

2° « Pour employer la chaleur du soleil, on éta-
» blit des échaffaudages contre le mur d'un bâtiment
» exposé au midi. On y place des claies à une telle
» distance les unes des autres, que le soleil puisse
» donner sur les rangées les plus reculées et sur les

---

même 35° Réaumur, sans que la faculté germinative de la graine
ait à en souffrir.

(1) Pour plus de facilité on a rendu les claies mobiles, en
les faisant glisser sur roulettes dans deux coulisses. De cette
manière en poussant et tirant la claie, on agite aisément tous
les cônes qui s'y trouvent.

» inférieures. Sous la dernière claie se trouve un
» tiroir dont le fond est en toile grossière, afin que,
» si la pluie vient à y tomber, elle la traverse faci-
» lement et que les graines puissent sécher. L'appa-
» reil entier est recouvert d'un petit toit dont la pente
» est dirigée vers le Nord. »

« Lorsqu'il fait un beau soleil et une chaleur forte,
» on remue les cônes en commençant par les claies
» des étages supérieurs et en continuant jusqu'en
» bas ; on rassemble alors les graines tombées dans
» le tiroir. Enfin, quand on juge que les cônes se
» sont ouverts autant que possible, on les enlève, et
» on les place dans l'espèce de baratte dont nous
» avons parlé, pour en tirer les semences qui pour-
» raient y être restées. »

L'appareil décrit en dernier a été perfectionné en
pratiquant sur chaque claie un couvercle mobile,
qu'on ferme pendant la nuit et quand il pleut, et que
l'on ouvre lorsqu'il fait beau, plus ou moins suivant
la hauteur du soleil. Afin que ce couvercle renvoie
mieux les rayons calorifiques sur les cônes, on en
peint la face intérieure d'une couleur blanche au
vernis.

L'extraction des semences par la chaleur artificielle a lieu encore, d'après un autre système, dans
des bâtiments construits exclusivement pour cet objet.
On trouvera la description d'un établissement de ce
genre, avec des détails intéressants sur les manipu-
lations auxquelles donnent lieu l'extraction, le désai-

lement et la conservation des graines résineuses, dans les Annales forestières, tome II, année 1843, page 505. Nous renvoyons le lecteur à cet article qui est de M. Rich, Sous-Inspecteur des forêts et gérant de la sécherie de graines forestières que l'administration des forêts a établie à Haguenau (Bas-Rhin).

Lorsqu'on veut désailer les graines d'épicéa, on les humecte, et après les avoir mises dans un sac qu'on ne remplit qu'au quart, on les frotte fortement jusqu'à ce que les ailes s'en détachent (1). Ensuite, après les avoir étendues dans un lieu très-aéré afin de hâter leur dessication, on les nettoie entièrement au moyen du van.

Le désailement de la graine est avantageux parce qu'il en rend le transport plus facile, en lui faisant occuper un moindre volume et en diminuant son poids ; en second lieu la semence désailée se sème et se recouvre mieux, et l'on ne risque pas autant de la voir dispersée par les vents. Mais, en général, les graines qui ont subi cette opération, surtout quand on se les procure par le commerce, se conservent moins bien que celles qui sont munies de leurs ailes. Dans les établissements (principalement dans ceux d'Allemagne) où il se prépare de grandes quantités

---

(1) On peut éviter d'humecter la graine (ce qui vaut toujours mieux) en étendant les sacs, remplis comme il est dit, sur l'aire d'une grange et les frappant avec des fléaux à battre le grain.

de semence pour la vente, on met quelquefois la graine en tas, après l'avoir bien humectée, et on la laisse ainsi jusqu'à ce que, en y enfonçant la main, on sente une légère chaleur ; c'est alors que les ailes s'en détachent avec le plus de facilité. On conçoit aisément qu'un tel procédé prédispose les graines à la germination, et que, si le semis est retardé, il puisse s'en trouver un grand nombre qui perdent leur faculté germinative.

La graine d'épicéa peut, rigoureusement, se conserver trois ou quatre ans, en lui donnant les mêmes soins qu'à celle du sapin.

710. EXAMEN DE LA GRAINE. — La graine d'épicéa de bonne qualité, comme celle de sapin, est ferme et bien remplie ; son odeur, en l'ouvrant, est fraîche, résineuse, et, écrasée sur l'ongle, la petite amande y laisse une substance grasse, d'une odeur oléagineuse. La couleur de cette graine est brun rougeâtre.

Un litre de semence d'épicéa ailée doit peser de 125 à 140 grammes ; désailée, cette graine pèse, par litre, de 400 à 430 grammes.

711. EXÉCUTION DU SEMIS. — Le labour par bandes alternées ou par pots, convient, en général, au semis d'épicéa comme au semis de sapin. Quoique le jeune plant ne soit pas aussi délicat que celui de cette dernière essence, il a besoin, cependant, surtout aux expositions chaudes, de quelque ombrage ; le couvert au contraire lui est très-défavorable.

Quand le terrain se trouvera garni de myrtilles, de
bruyères, etc., il suffira de les conserver dans les
bandes ou dans les places qu'on laisse en friche ;
dans le cas contraire, c'est-à-dire, si le terrain était
entièrement nu, il faudrait mêler une demi-semaille
d'avoine ou d'orge à la graine. On devra faire en
sorte de remuer la terre le moins possible, par le
labour ; presque toujours le rateau en fer pourra
suffire pour cet objet.

Le jeune plant, restant très-petit dans les premières années, a souvent beaucoup à souffrir des
herbes qui envahissent les semis. Quand on aura à
combattre cet inconvénient, on devra d'abord augmenter la largeur des bandes ou des pots et ensuite
faire enlever les herbes avant l'automne, soit en les
arrachant soit en les faucillant, toutes les fois qu'on
le pourra sans trop de frais. Parfois la conservation
du semis est à ce prix.

La graine n'a besoin d'être enterrée que de 4 à 6
millimètres : on peut même se contenter de la mêler
à la terre avec un rateau en bois. Semée au printemps, qui est la saison préférable, elle lève au bout
de cinq ou six semaines.

Pour le semis partiel, 13 à 15 kilogrammes de
semences ailées, et 10 à 12 kilogrammes de semences désailées, suffiront par hectare. Pour un
semis en plein, il faudrait ajouter moitié en sus.

Semis du pin sylvestre.

712. Récolte et conservation. — Ce qui a été dit de la récolte des cônes d'épicéa s'applique entièrement à la récolte des cônes de pin sylvestre.

L'extraction des semences se fait à l'aide des appareils qui ont été décrits dans l'article précédent ; mais, ainsi que nous l'avons dit plus haut, on a aussi construit des bâtiments exclusivement destinés à cet objet, auxquels on a donné le nom de sécheries de graines forestières. L'administration des forêts possède, dans la forêt de Hagueneau (Bas-Rhin), un établissement de ce genre qui lui fournit tous les ans les semences de pin qu'elle fait répandre dans les forêts de l'Etat.

On se sert plus particulièrement, pour la préparation des graines de pin sylvestre, de sécheries par la chaleur artificielle dont nous avons dit un mot plus haut en renvoyant, pour la description d'un tel établissement, aux Annales forestières. Nous renouvelons ici ce même renvoi.

Le désaillement de la graine de pin a lieu tout à fait comme nous l'avons expliqué pour la graine d'épicéa.

La semence de pin sylvestre peut aussi se conserver pendant trois et quatre ans ; mais, dans ce cas, il ne faut pas la désailer. Elle se conserverait

encore plus sûrement si on la laissait enfermée dans
les cônes, et si on ne récoltait ceux-ci qu'à la fin de
l'hiver.

713. EXAMEN DE LA GRAINE. — Les caractères qui
indiquent la bonne qualité des semences sont absolument les mêmes pour le pin sylvestre que pour
l'épicéa. Les semences de pin sont noires ou blanches ; parmi ces dernières il s'en trouve un plus
grand nombre de vaines que parmi les autres. On
fera donc bien, lorsqu'on achètera des graines, et
que les blanches seront en majorité, de les éprouver
avec d'autant plus de soin.

La semence de pin sylvestre doit peser, par litre,
de 120 à 140 grammes, si elle est ailée ; et de 440
à 500 grammes si elle est dépouillée de ses ailes.

714. EXÉCUTION DU SEMIS. — Le labour à donner
au terrain pour le semis du pin sylvestre est le même
que celui qui convient pour le semis de l'épicéa,
sauf qu'il n'est pas nécessaire de ménager autant
l'abri. Dans les pentes méridionales couvertes de
bruyères, où souvent on sème le pin, il est essentiel
de prendre une précaution particulière, en préparant
le sol ; c'est de creuser les bandes ou les trous jusqu'à
la couche de terre inférieure au terreau noir qui se
trouve à la surface, et que l'on nomme communément terre de bruyère. En répandant la graine dans
ce terreau sans aucune consistance, impropre à retenir l'humidité, et qui, par sa couleur, s'échauffe à
un haut degré, les semis manquent presque toujours.

Souvent d'ailleurs la terre de bruyère contient un principe acide qui fait avorter complétement la germination (1).

Comme les graines d'épicéa, celles du pin sylvestre ne doivent être recouvertes que de 4 à 6 millimètres ; il suffit même de les mêler à la terre avec le rateau. Ordinairement les jeunes plants paraissent au bout de quatre à six semaines, lorsque le semis a été fait au printemps, ainsi que cela est à conseiller ; mais souvent aussi, quand les graines ont été trop recouvertes ou trop chauffées dans l'extraction, elles ne germent que la seconde année.

Dans quelques parties de l'Allemagne, où les semences de pin sont très-abondantes, on est dans l'usage de semer tout simplement les cônes dans les bandes ou dans les trous préparés à cet effet ; puis, dès qu'au printemps la chaleur commence à agir sur les écailles, on remue fortement les cônes avec un

---

(1) Ce principe est l'acide acétique. On a proposé, pour le neutraliser, d'employer l'écobuage qui, par les cendres qu'il produit, atteindrait ce but. Ce procédé peut être suffisant pour certaines plantes qui exigent peu d'humidité et pour la culture desquelles on retourne entièrement la terre, de manière à mêler la couche de terreau à l'élément minéralogique du sol. Mais pour les semis d'essences forestières, il ne saurait en être de même, car, tout en enlevant au terreau un principe nuisible, les cendres ajouteraient d'ailleurs à son trop de légèreté et à son défaut d'hygroscopicité [662].

rateau, afin d'en faire tomber les graines et de distribuer celles-ci le plus également possible. Ce procédé a d'abord l'avantage d'économiser les frais
d'extraction et de désailement des semences; en second lieu, celles-ci sont généralement de meilleure
qualité; et enfin, les cônes qui recouvrent le sol
peuvent donner quelque abri aux plants naissants.
Mais, d'un autre côté, on perd une partie des graines,
parce qu'on ne réussit jamais à les faire sortir toutes
des cônes; elles ne sont pas aussi également réparties sur le terrain, et, pour le transport, les cônes sont
plus encombrants.

Les quantités de semences de pin sylvestre à employer, par hectare, pour un semis partiel, sont :

Semences ailées.... 12 à 14 kilog.
Semences désailées.. 9 à 11 *id.*
Cônes........... 18 à 20 hectolitres.

ARTICLE XV.

Semis du pin maritime.

715. RÉCOLTE ET CONSERVATION. — Ce que nous
avons dit, sous ce rapport, de l'épicéa et surtout du
pin sylvestre, s'applique entièrement au pin maritime.

716. EXAMEN DE LA GRAINE. — La graine de ce pin
est beaucoup plus grosse que celle du précédent; sa
couleur est grise ou brun mat sur une face et d'un
noir luisant sur l'autre; elle doit d'ailleurs présenter
les mêmes caractères que la graine du sylvestre.

717. Exécution du semis. — Les différents modes de labour que nous connaissons sont tous applicables au pin maritime. Quoique cet arbre soit surtout cultivé dans des terrains légers et peu accidentés, on se sert assez généralement de la charrue pour la façon à donner à la terre et de la herse pour recouvrir le semis, attendu que, croissant très-rapidement dès la première année, il n'a pas à craindre le dessèchement du sol [291]. — La graine, d'ailleurs, étant plus grosse, a besoin d'être enterrée davantage.

La quantité de semences à employer par hectare varie. — En Sologne, par exemple (voir le rapport déjà cité de M. A. Brongniart), on emploie pour un semis en plein, depuis 10 jusqu'à 20 kil., sans doute, selon la bonté de la graine et aussi selon que l'on a en vue la création d'un bois plus touffu. Nous pensons que 15 à 18 kil. de semence ailée et 12 à 14 kil. de semence désailée doivent suffire, attendu que la graine du pin maritime est généralement de très-bonne qualité. Pour les semis partiels, il y aurait lieu de diminuer ces quantités d'un tiers.

La culture du pin maritime a pris dans plusieurs contrées de l'ouest et du centre de la France (notamment dans le Maine et la Sologne), une très-grande extension, par suite des produits particuliers que fournit cet arbre [292]. Mais c'est surtout dans les Landes et dans la Gironde qu'elle acquiert une importance de premier ordre. On sait que, dans ces départements, s'étend sur le littoral de l'Océan, depuis l'embouchure de la Gironde jusqu'à celle de l'Adour, une région, appelée les *dunes du golfe de Gascogne* qui occupe un espace d'environ 240 kil. de long sur une largeur moyenne de 5 kil. Le sol de cette région, exclusivement composé d'un sable quartzeux très-tenu que les marées de l'Océan déposent sur la plage, devient tellement mobile, dès qu'il se dessèche, que les vents le soulèvent et l'emportent au loin. Le plus léger obstacle, tel qu'un petit accident de terrain, un arbre, quelques touffes de genet ou de gourbet (*arundo arenaria*), suffit souvent pour arrêter les sables dans leur marche; ils s'accumulent alors d'autant plus vite et forment des amas d'autant plus forts que les dépôts laissés par les lames sont plus considérables, et que les vents soufflent plus longtemps dans la même direction. Telle est la formation des *dunes*, dont la hauteur et la forme diffèrent nécessairement en raison des conditions sous lesquelles elles se sont élevées; on en rencontre qui ont de 20 à 30 et jusqu'à 50 et même 100 mètres de haut.

C'est par un système mixte de travaux de clayonnage et de reboisement en pin maritime que l'on est parvenu à arrêter partout à peu près la marche des sables qui menaçait les communes voisines et leur territoire, et c'est une des gloires du corps des ponts et chaussées à qui le Gouvernement a confié cette grande et belle œuvre, d'avoir pu la conduire à bonne fin et d'avoir successivement amélioré et tellement simplifié les procédés employés, qu'ils sont aujourd'hui à la portée de toutes les personnes qui peuvent avoir à s'occuper du boisement de sables mouvants.

Mais si intéressante que soit pour le forestier, comme pour l'ingénieur, l'étude approfondie de ces procédés, nous sortirions du cadre que nous nous sommes tracé pour la rédaction de ce cours, si nous entreprenions de les exposer ici avec détail. Nous renvoyons donc le lecteur, curieux d'étudier cette belle question, aux principaux écrits qui en ont traité, savoir :

1. *Mémoire sur les dunes,* par Brémontier, inspecteur général des ponts et chaussées (réimprimé dans les Annales des ponts et chaussées, année 1833, page 145).

2. *Notice sur la fixation des dunes,* par M. Lefort, ingénieur des ponts et chaussées (Annales des ponts et chaussées, année 1831, page 320).

3. *Mémoires sur les dunes du golfe de Gascogne,* par M. Laval, ingénieur en chef, directeur des ponts et chaussées (Annales des ponts et chaussées, année 1847, page 218) (1).

4. *Notice sur le pin maritime,* par M. Lorentz, ad-

_____

(1) Ce mémoire fort remarquable, quoique moins étendu que celui de l'illustre Brémontier, fait parfaitement connaître la formation des dunes et les procédés employés pour les fixer, d'après les perfectionnements les plus récents.

ministrateur des forêts (Annales forestières, année 1842, page 57).

718. RÉCOLTE ET CONSERVATION. — Les règles données dans les deux précédents articles, concernant cet objet, sont applicables aux deux pins dont il s'agit.

719. EXAMEN DE LA GRAINE. — Les graines du laricio et du pin d'Alep sont à peu près d'égale grosseur et tiennent le milieu, sous ce rapport, entre le pin maritime et le pin sylvestre. La première a une couleur jaune terne et la seconde est d'une nuance brun-foncé. — Ces semences doivent présenter les mêmes caractères que les précédentes.

720. EXÉCUTION DU SEMIS. — Les procédés de semis de ces deux essences sont les mêmes que ceux que nous avons indiqués pour l'épicéa et le pin sylvestre, sauf à enterrer la graine un peu plus, attendu sa grosseur. — La quantité de semence à employer par hectare ne nous est pas positivement connue par l'expérience ; mais on peut à cet égard juger par analogie et en tenant compte de la bonté de la graine que l'on est à même de se procurer.

Il est probable que pour un semis partiel, il suffirait d'employer :

Semences ailées..... 14 à 16 kilog.
Semences désailées.. 11 à 13 *id.*

ARTICLE XVII.

Semis du pin pinier et du pin cembro.

721. Récolte et conservation. — Les cônes de ces deux pins se cueillent à la main (1). Pour les faire ouvrir, il suffit de les exposer au soleil ou de les placer dans un appartement tempéré ; les amandes s'en échappent facilement.

La faculté germinative de ces graines ne se conserve guère que de l'automne au printemps ; elles sont très-exposées à rancir. On peut les étendre, comme les autres graines résineuses, sur des planchers secs et aérés. Si l'on voulait les garder pendant plusieurs années, il faudrait les laisser renfermées dans les cônes, et, pour cela, garantir ceux-ci de la chaleur.

722. Examen de la graine. — En cassant le noyau de ces graines on doit le trouver plein ; l'amande doit être blanche, d'un goût et d'une odeur agréables. Si elle sent le rance, la graine est gâtée.

Un litre de semence de cembro pèse de 380 à 400 grammes.

723. Exécution du semis. — Le pin pinier et le

---

(1) Dans les Alpes, on tend quelquefois des toiles sous les pins cembros pour profiter de la dissémination naturelle ; ces toiles demeurent à terre pendant tout l'automne et jusqu'à l'entrée de l'hiver ; car la dissémination se fait très-lentement.

pin cembro sont trop rares pour en faire des semis
en grand. Ordinairement on repique les amandes en
pépinière ou en pots, dans une terre de bonne qualité ; on les recouvre de 9 à 13 millimètres et on les
arrose souvent. Lorsque les plants ont un ou deux
ans, on les transplante une première fois, et ce n'est
que trois ou quatre ans plus tard qu'on les met définitivement en place. Il est essentiel de leur donner
les soins qu'ils réclament, selon leur tempérament
[312 et 324].

Quand le repiquement de la graine se fait en automne, les plants paraissent au printemps ; lorsqu'on
sème dans cette dernière saison, ils lèvent au bout
de cinq ou six semaines. Souvent, néanmoins, les
amandes ne germent que la seconde année.

ARTICLE XVIII.

Semis du pin du lord Weymouth.

724. Récolte et conservation. —Après les avoir
cueillis, il suffit d'étendre les cônes dans un lieu sec
et aéré et de les retourner souvent. Les écailles
s'entr'ouvrent sans le secours de la chaleur et laissent
échapper la graine.

On n'a fait encore que peu d'essais sur la faculté
qu'a cette semence de se conserver ; aussi est-il à
conseiller de l'employer dès le printemps qui suit
la maturité. Les moyens de conservation sont les
mêmes que pour les autres graines résineuses.

725. Examen de la graine. — Ces graines doivent
être d'un brun-clair et présenter du reste les mêmes
caractères que celle du pin sylvestre.

726. Exécution du semis. — Ce que nous avons
dit à cet égard, dans l'article précédent, du pin pinier
et du cembro, s'applique entièrement au pin du
Lord. Les graines n'ont pas besoin d'être enterrées
à plus de 6 ou 8 millimètres.

ARTICLE XIX.

Semis du mélèze.

727. Récolte et conservation. — La récolte des
cônes, l'extraction des graines et leur désailement se
font de la manière qui a été indiquée pour le pin sylvestre et l'épicéa. Lorsqu'on le pourra, il sera préférable d'attendre le printemps pour la récolte.

Dans l'opération de l'extraction, il est essentiel de
ne donner qu'une chaleur très-modérée, ce qui nécessite un plus long séjour des cônes sur les claies. Une
chaleur trop élevée fait suinter la résine à travers les
écailles, et les enduit au point qu'elles ne peuvent
plus s'ouvrir.

Lorsqu'on donne à la semence de mélèze les soins
que nous avons déjà indiqués pour les autres graines
résineuses, elle peut se conserver plusieurs années,
moins cependant que les semences de pin sylvestre
et d'épicéa. Aussi est-il préférable de ne pas tarder à
l'employer.

728. EXAMEN DE LA GRAINE. — Mêmes caractères que la graine du pin sylvestre [713]. La semence de mélèze doit être jaunâtre et peser, par litre, 160 à 175 grammes si elle est ailée, et 500 à 550 grammes si elle est dépouillée de ses ailes.

729. EXÉCUTION DU SEMIS. — Les règles que nous avons données à cet égard pour le semis d'épicéa, sont tout à fait applicables au semis du mélèze. Toutefois, comme la graine de cette dernière essence est en général fort chère et qu'il est assez dificile de s'en procurer des quantités considérables, on préfère, la plupart du temps, semer d'adord en pépinière, et employer ensuite la plantation pour les repeuplements à exécuter en forêt. Souvent aussi on mélange la graine de mélèze avec d'autres graines de bois résineux où feuillus. La semence de mélèze est ordinairement d'assez mauvaise qualité ; si l'on voulait en faire un semis par bandes ou par trous, il ne faudrait pas l'épargner ; 16 à 18 kil. de graine ailée, et 12 à 15 kil. de graine sans aile, seraient nécessaires, par hectare. Semée au printemps, cette graine lève au bout de quatre ou six semaines.

ARTICLE XX.

Semis du cèdre du Liban.

730. Nous avons fait connaître, dans le premier livre de ce cours [350], l'époque de la dissémination naturelle du cèdre. En cueillant les cônes à la fin d'août ou de septembre (selon que la température reste sèche ou devient pluvieuse), on pourra les conserver à volonté jusqu'au moment où l'on se proposera de semer, car la graine renfermée dans les cônes, se maintient en parfait état pendant des années. — Pour extraire la semence, il suffit de laisser les cônes séjourner dans l'eau pendant 24 ou 36 heures. Les écailles se détachent alors de leur axe avec une grande facilité, et il n'y a plus qu'à en séparer la graine à l'aide d'un crible.

La semence se trouvant fortement humectée par le procédé d'extraction, il est à conseiller de la semer immédiatement. Toutefois, si l'on voulait différer le semis de quelques semaines, il faudrait faire sécher la graine, au soleil autant que possible, et l'étendre ensuite dans un lieu bien aéré en la faisant retourner fréquemment.

Les semis de cèdre ne se font qu'en pépinière ou en pots ; la dernière manière est préférable, parce qu'elle permet de rentrer les jeunes plants en hiver [351]. Après leur avoir fait subir une première transplantation, on pourra les placer définitivement en forêt. Si, dans ce dernier lieu, on n'a pas la facilité de les garantir du froid, il faudra attendre, pour les y planter, qu'ils aient atteint leur huitième année au moins [348].

et pendant une durée moindre, s'il ne s'agit que d'un taillis. En s'attachant ensuite, dans les éclaircies périodiques, à extraire l'essence supplémentaire, on réussira peu à peu à faire dominer entièrement la plus précieuse.

735. La manière d'exécuter des semis mélangés ne présente aucune particularité, si ce n'est que, après avoir déterminé le rapport du mélange, il faut semer et recouvrir d'abord la semence qui demande à être enterrée davantage. Si, au contraire, les deux graines ont, sous ce rapport, les mêmes exigences, on les mélange avant de les semer, et ensuite le semis se fait comme à l'ordinaire.

CHAPITRE QUATRIÈME.

—

DES PLANTATIONS.

—

ARTICLE 1er.

Des qualités que doivent offrir les plants.

736. Tout plant, quel que soit son âge, doit, pour présenter les meilleures chances de reprise, avoir des racines fraîches, unies, qui ne soient ni rompues, ni écorchées, ni endommagées en aucune manière; plus les racines sont nombreuses, mieux la reprise est assurée.

Si c'est un plant de *haute tige* (1 mètre à 1 mètre 33 centimètres et au-dessus), il est nécessaire que sa grosseur soit proportionnée à sa hauteur, afin qu'il puisse se soutenir seul, et résister aux intempéries; il faut en outre, qu'il soit bien droit, sans aucune blessure, que sa tête soit suffisamment développée, et qu'il ait d'ailleurs tous les signes d'une végétation vigoureuse [372]. Si c'est un plant de *basse tige* (au-dessous de 1 mètre), sa forme est moins importante; cependant il doit être droit et présenter surtout de

Des semis mélangés.

731. Les semis mélangés deviennent utiles dans différents cas :

1° Pour créer des forêts mélangées ;

2° Pour élever une essence sous l'abri d'une autre ou pour couvrir promptement le sol afin de l'empêcher de se détériorer ;

3° Pour économiser une semence très-chère ou rare.

732. Nous savons que les essences dont le mélange est avantageux sont celles qui ont une croissance sensiblement égale, qui supportent même révolution et même mode de traitement, et dont les racines puisent la nourriture à différentes profondeurs du sol.

Dans le troisième et dans le quatrième livre de ce cours, nous avons indiqué les essences qu'il convient d'élever en mélange, soit pour la futaie, soit pour le taillis ; il suffira donc de consulter, pour cet objet, les parties précitées [451, 461, 462, 468, 477, 577].

733. La propriété la plus importante des essences destinées à en abriter d'autres dans leur jeunesse ou à couvrir le sol, est d'avoir une croissance très-rapide dès les premières années. Celles qui, dans ce but, conviennent le mieux, sont : parmi les bois

feuillus, l'orme, le bouleau, les érables, les saules, et les peupliers (1) ; parmi les bois résineux, le pin sylvestre, le pin maritime, le pin laricio et le pin d'Alep. Mais, en général, les graines résineuses sont d'un prix trop élevé pour être employées à un tel usage, tandis qu'on se procure à très-peu de frais, selon les localités, des graines de l'une ou de l'autre essence feuillue.

Ainsi que nous l'avons dit ailleurs [679], le genet ou l'ajonc peut aussi être employé avec avantage.

Dès que l'essence supplémentaire a atteint son but, il convient de l'extraire. Dans les pays où le bois a de la valeur, le produit de cette extraction est souvent assez considérable pour faire rentrer le propriétaire, en très-grande partie, dans ses avances. Aussi cette considération seule peut-elle, dans beaucoup de cas, décider le mélange des essences dans un semis.

734. Lorsque, pour économiser une graine rare ou chère, on la mélange avec une autre plus commune, la seule précaution à prendre, dans le choix de cette dernière, est que les deux essences aient une végétation et des exigences à peu près semblables ; au moins pendant les trente ou quarante premières années, si c'est une futaie que l'on veut créer,

----

(1) Ces deux dernières ne se multiplient d'ordinaire que par boutures.

belles racines, des pousses fortes et des bourgeons sains et bien formés.

737. Les plants reprennent d'autant plus facilement qu'ils sont plus jeunes ; aussi les hautes tiges ne sont-elles employées en sylviculture, que dans quelques cas d'exception où elles peuvent seules convenir : par exemple, dans des lieux exposés aux dégâts du pâturage ou des inondations, ou bien encore s'il s'agit, dans certains taillis composés, d'élever des sujets propres au balivage [558]. D'ordinaire, c'est toujours la plantation de basses tiges qui est préférée ; non-seulement parce qu'elle est, comme nous venons de le dire, d'une réussite plus assurée, mais encore parce qu'elle entraîne à bien moins de frais. Cette dernière considération, lorsqu'on fait des repeuplements en grand, est naturellement de beaucoup de poids.

En général, les hautes tiges ne sont propres à la transplantation que quand elles ont été élevées en pépinière ; pour les basses tiges, bien que celles que l'on produit en pépinière méritent de beaucoup la préférence, on peut cependant aussi les tirer des semis naturels ou artificiels qui existent souvent, soit dans la forêt même où il s'agit de planter, soit dans les forêts voisines. Si l'on prend un tel parti, il faut éviter de choisir des plants provenant d'endroits très-fourrés ou très-couverts : dans les uns, ils sont rabougris ou au moins très-délicats et peu propres, par conséquent, à résister lorsque on les met en terrain découvert ; dans les autres, ils manquent de racines et de branches, ce qui compromet également leur reprise.

L'âge le plus convenable pour la reprise des basses tiges varie d'ailleurs selon les essences. Ainsi, on peut planter avec avantage :

De 1 à 3 ans, les pins sylvestre, maritime et laricio, — l'épicéa et le mélèze, de même que les bouleaux, les aunes et les robiniers ;

De 3 à 6 ans, les sapins, les pins du lord Weymouth, les châtaigniers, les ormes, les frênes et les érables ;

De 4 à 8 ans, les chênes, les hêtres, les charmes, les fruitiers, etc.

Il est entendu que, pour être générales, ces règles n'ont rien d'absolu et qu'elles doivent fréquemment se modifier d'après les circonstances locales.

Quand on a des plantations considérables à exécuter, la création d'une pépinière, loin d'être une dépense inutile, est, au contraire, une grande économie ; c'est aussi le moyen le plus sûr d'obtenir du plant de bonne qualité.

ARTICLE II.

De la culture des plants en pépinière.

738. Il faut éviter d'établir les pépinières dans un terrain très-gras ou humide : les plants y prennent une texture lâche, leurs racines y sont générale-

ment mal conditionnées, et, lorsque, plus tard, on les transplante dans une terre moins fertile, ils périssent souvent dès la première année, ou bien ils sont longtemps avant de reprendre de la vigueur. Un terrain maigre et de mauvaise qualité convient moins encore pour une pépinière, parce qu'on n'y obtient que des brins languissants, dont tous les organes, et surtout les racines, sont faibles et d'une conformation vicieuse ; transplantés, de tels sujets sont presque toujours victimes des circonstances plus ou moins défavorables qui sont la suite de la transplantation. C'est dans un terrain de fertilité et de compacité moyennes qu'on élèvera des plants vigoureux et qui, placés en forêt, s'accommoderont le mieux d'un sol quelconque.

Les éléments minéralogiques du terrain n'exercent qu'une très-faible influence sur la réussite des cultures d'une pépinière ; les labours de diverses sortes, les arrosages, les amendements au besoin y combattent et corrigent les défauts que peut présenter le sol. Seulement, quand on en aura le choix, on devra donner la préférence aux sols légers sur les terres fortes, parce que celles-ci, comme on le sait, se durcissent et se crevassent profondément par la sécheresse et, sous l'influence de labours fréquents surtout, les jeunes plants y sont facilement soulevés et déracinés par les gelées d'hiver.

Autant que possible, on doit établir la pépinière

à proximité du terrain à replanter ; d'abord, afin que les plants s'habituent, dès leur naissance, au climat et au sol qui leur sont destinés ; en second lieu, parce qu'il y a économie sur les frais de transport. Toutefois, les grandes élévations, de même que les vallées profondes, doivent être évitées ; un terrain un peu abrité des grands vents, en plaine ou en pente douce, et où les plants soient le moins possible exposés aux gelées tardives du printemps, tel est l'emplacement le plus convenable. S'il se trouve, dans le voisinage, des eaux qui donnent la facilité d'arroser pendant les temps de sécheresse, ce sera un grand avantage.

739. Le terrain destiné à une pépinière, à moins qu'il ne soit tout à fait léger, doit recevoir un labour complet et profond, de manière à y détruire entièrement la mauvaise herbe et à rendre la terre parfaitement meuble.

Ce résultat obtenu, soit par de simples labours, soit par une ou plusieurs cultures de céréales ou de pommes de terre, on divise le terrain en planches ou plate-bandes, en le coupant par des chemins et par des sentiers perpendiculaires les uns aux autres ; enfin, si l'on a à redouter les dégâts du bétail ou du gibier, on le clôt de fossés, de palissades, de haies, etc.

Dans les plate-bandes dont il vient d'être parlé, et parallèlement aux sentiers qui les limitent, on ouvre des sillons ou petites rigoles, séparés entre eux par des intervalles de 20 à 30 centimètres, profonds de 25 à 30 et d'une largeur de 20 à 25 centi-

mètres, réduite au fonds à 12 ou 15 centimètres
environ (1). La terre qui provient de ce travail
est répartie sur les intervalles demeurés libres. —
L'opération terminée, on remplit les sillons d'un
terreau provenant, mi-partie, de feuilles mortes
et mi-partie de gazons décomposés et qu'il faut
avoir soin, à cet effet, de préparer annuellement
dans quelque place reculée de la pépinière (2). On
tasse ensuite légèrement ce terreau, soit avec une

---

(1) Voyez Charles Heyer, traité de sylviculture.

(2) Pour faire son terreau on choisit une place ombragée,
abritée du midi mais non recouverte ou surmontée, afin que
les influences atmosphériques y aient un libre accès. — On
forme, d'une part, un ou plusieurs tas de feuilles mortes, de
fougères et autres plantes charnues récoltées avant la maturité
de leurs semences ; de l'autre, des tas semblables composés de
gazons, de la mauvaise herbe provenant des binages de la pépinière, du nettoyage des chemins, etc. — Ces tas doivent être
longs, assez étroits et d'une hauteur de 1 mètre à 1 mètre 50
environ. Deux fois par an, au printemps et en automne, on les
retourne, et dans les temps de sécheresse prolongée, on les
arrose. Les gazons sont d'ordinaire entièrement décomposés
au bout d'un an, mais il faut 3 et 4 ans aux feuilles mortes
pour être complétement réduites en terre. — Les feuilles de
hêtre mélangées, en parties égales, à des feuilles de bois résineux, fournissent une des meilleures qualités de terreau.
Pour hâter la pourriture assez lente de ce mélange, on fera bien
d'y ajouter des feuilles qui se décomposent plus rapidement,
telles que celles de frêne, érable, orme, saule, peuplier,
aune, robinier, etc.

Lorsque les sillons d'une pépinière ont été, une première

batte ou simplement avec la main, de façon que les intervalles entre les sillons saillissent sur ceux-ci de 3 ou 4 centimètres environ. Cette précaution devient très-utile lorsque, dans l'hiver qui suit la levée du semis, les jeunes plantules ont été soulevées par les gelées, et qu'une partie des radicelles se trouve déchaussée, parce que, si tôt le dégel du printemps, il suffit de les recouvrir de quelques centimètres de terre pour assurer leur reprise.

740. Les semis en pépinière se font de préférence au printemps ; il faut semer très-dru de manière que les graines se touchent, pour ainsi dire, et ne recouvrir celles-ci (même les semences lourdes) que d'une couche de terreau, tout juste suffisante pour empêcher que la pluie ne les mette à découvert. — On comprend que des semis aussi drus fournissent le plus grand nombre possible de plants, eu égard à la surface cultivée, et en second lieu, que la mauvaise herbe ne saurait les envahir. L'expérience prouve

---

fois, préparés avec ce terreau, comme nous l'expliquons ci-dessus, il suffit d'y apporter chaque année une faible quantité de terreau neuf pour entretenir la fertilité du sol. — En prévenant ainsi, par un procédé simple et peu coûteux, l'épuisement de la terre dans les pépinières, on évite la nécessité de les déplacer de temps à autre, à laquelle on ne saurait échapper autrement. L'intérêt qu'il y a sous tous les rapports, à établir les pépinières à proximité des maisons de gardes et à les y maintenir, doit faire apprécier cette méthode de culture et lui mériter l'accueil des forestiers.

d'ailleurs que les plants qui en proviennent sont abondamment pourvus de racines, surtout de chevelu,
et qu'ils ne s'affament point entre eux, même lorsqu'ils atteignent 40, 50 et jusqu'à 70 centimètres de
hauteur. Lorsqu'on procède à leur extraction, les
racines, quoique entrelacées, se démêlent et se séparent aisément; mais un certain nombre de tiges,
ayant été dominées (surtout vers le milieu du sillon),
sont demeurées faibles et ont besoin de se fortifier
avant de pouvoir être mises définitivement en place.
A cet effet, on les repique dans des rigoles voisines
ou dans celles mêmes d'où elles proviennent, et on
les y laisse jusqu'à ce qu'elles aient atteint les dimensions et la vigueur désirables.

Pour élever une essence qui, comme le chêne,
par exemple, pousse un fort pivot dès les premières
années et diminuer l'inconvénient que cette racine
présente lors de l'extraction ultérieure des plants,
il suffit d'enfoncer, de chaque côté du sillon et obliquement vers le fond de celui-ci, le fer bien acéré
d'une bêche, après quoi l'on referme, avec le pied,
la section faite par l'instrument dans la terre. Le
plant ne tarde pas à remplacer le pivot ainsi re-
tranché par des racines obliques qui sont moins gê-
nantes et plus utiles lors de la transplantation. Cette
opération doit se faire au commencement de l'automne qui suit la levée des plants.

Un autre procédé, pour empêcher le trop grand
développement des pivots, est celui que Duhamel

indique sous le nom de *pratique de Bretagne* (1); et dont il conseille l'emploi. Il consiste à paver en pierres plates le fond des sillons dans lesquelles on sème; ces pierres, en arrêtant le pivot, forcent le plant à pousser des racines latérales.

741. Quand il s'agit d'élever en pépinière des plants de haute tige, on choisit dans les sillons de semis, les sujets les plus vigoureux et les plus élancés, et on les transplante dans une ou plusieurs plate-bandes à ce destinées, en leur donnant un espacement en tout sens de 33 à 66 centimètres. Lors de cette transplantation, on pourra retrancher le pivot du plant (qui se reproduit souvent, même après avoir été supprimé une première fois), afin de favoriser le développement des racines latérales. On pourrait aussi, dans le même but, placer une ou plusieurs pierres plates au fond de chaque trou.

742. Les arrosements, ainsi que nous l'avons dit, seront très-utiles dans les temps de grande sécheresse; mais, une fois commencés, il faut les continuer jusqu'à ce que la pluie survienne. Autrement il se forme, à la surface de la terre, une croûte qui nuit à la végétation, en empêchant l'air de parvenir aux racines. — Il est essentiel d'arroser assez abondamment pour détremper le sol jusqu'à la profondeur où plongent les racines les plus longues; on conçoit

---

(1) Des semis et plantations des arbres, page 127.

que, sans cette précaution, la peine que l'on prendrait serait sans résultat.

De tous les modes d'arrosement, celui qui offrirait le plus d'avantages sans présenter d'inconvénient serait l'irrigation, telle qu'on la pratique dans les prairies, en faisant, dans ce cas, servir comme saignées, les sentiers qui séparent les plates-bandes. Mais les pépinières forestières sont trop rarement placées dans des situations qui rendraient applicable un pareil système; on ne peut donc en parler qu'à titre d'exception.

743. Il faut avoir un soin particulier de ne pas laisser prendre le dessus à la mauvaise herbe. Dans les sillons, il faut l'enlever à la main dès qu'elle paraît, et choisir autant que possible pour cette opération un temps frais. — Si le semis a réussi convenablement, ces sarclages ne seront nécessaires que la première année. — Les intervalles entre les sillons, ainsi que les chemins et sentiers, devront aussi être nettoyés au moins deux fois par an, au printemps et vers la fin de l'été, dès avant l'époque où mûrissent les graines des plantes nuisibles. Les parties de la pépinière occupées par les plants de haute tige devront recevoir chaque année deux binages.

De la saison la plus convenable à la plantation.

744. On peut planter depuis le temps de la chute des feuilles jusqu'au moment où les boutons commencent à s'ouvrir; mais comme en hiver la terre est ordinairement ou gelée ou trop molle, on distingue deux saisons pour planter : l'automne et le printemps.

Quand on plante en automne, les arbres, lors de l'extraction, souffrent moins de se trouver quelque temps hors de terre, parce que l'évaporation est moindre dans cette saison qu'en toute autre ; en second lieu, la terre, par l'humidité dont elle s'imbibe, et par les gelées, se tasse mieux autour des racines ; enfin, il paraît constant que, dans les hivers doux, les arbres poussent du chevelu, d'où il suit que, dans certain cas, des sujets plantés en automne peuvent être pourvus, dès le printemps, de nouvelles racines (1). On peut donc, en général, considérer l'automne comme la meilleure saison pour les plantations à faire en grand; cependant il existe aussi des cas où le printemps est préférable. Ainsi on doit choisir cette saison pour les essences qui peuvent avoir à souffrir des fortes gelées d'hiver, et, à cet

---

(1) Voyez Duhamel. Des semis et plantations des arbres, page 172.

égard, il faut nécessairement tenir compte du climat local ; elle est encore la plus convenable pour les bois résineux qui, généralement, reprennent moins bien quand ils sont plantés en automne (1). Dans les terrains trop humides, la plantation du printemps mérite souvent aussi la préférence.

De l'espacement à donner aux plants.

745. Nos arbres forestiers, comme on le sait, prospèrent surtout lorsqu'ils croissent en massif ; c'est dans cet état qu'ils prennent les plus belles proportions et qu'ils fertilisent le sol en lui conservant de la fraîcheur et en lui procurant de l'engrais. Il suit de là que, dans les plantations, il faudrait rap-

---

(1) Dans les régions qu'habitent ces bois (au moins les plus importants et les plus répandus), les hivers sont rigoureux. Si l'on plante des sujets très-jeunes (de 1 à 3 ans), ce qui est à conseiller puisqu'on ne peut tailler les résineux [761], il arrive fréquemment que les fortes gelées d'hiver soulèvent les plants et les rejettent, pour ainsi dire, hors des trous. Si l'on plante des tiges plus âgées, on les voit souvent perdre toutes leurs feuilles pendant l'hiver ; et comme ces essences vivent plus particulièrement par les organes aériens, leur reprise, au printemps, exige, de la part des racines, un effort de végétation qu'elles ne sont que rarement en état de fournir. Le plant languit alors jusqu'en été, puis, quand surviennent les grandes chaleurs et la sécheresse, il finit par périr.

procher assez les tiges, pour que, dès les premières années, le massif pût se former. Mais, si l'on appliquait ce principe dans toute sa rigueur, il arriverait, après un très-court laps de temps, que le besoin d'une éclaircie se ferait sentir, et qu'on se verrait forcé de supprimer un grand nombre de tiges, sans que, dans la plupart des cas, leur produit pût dédommager des dépenses qui avaient été faites pour les planter. Dans la pratique, il faut donc calculer l'espacement à donner aux plants de manière à concilier, autant que possible, les exigences d'une bonne végétation avec l'économie. Or, cet espacement dépend, d'abord, des dimensions des tiges, de l'essence, du sol et du climat ; en second lieu, du but que le propriétaire se propose en plantant et des sommes qu'il est en état de consacrer à cet objet.

746. Dans les plantations de basses tiges, l'espacement varie de 66 centimètres à 1 mètre 33 centimètres ; 1 mètre est la distance la plus ordinairement adoptée. Les hautes tiges s'espacent à 2, 3, 4, 5, 6 et même jusqu'à 8 mètres.

Pour régler cet objet, l'expérience a confirmé les principes suivants :

Plus les plants sont forts, plus ils doivent être espacés.

Certaines essences, telles que le hêtre et les bois résineux (1) demandent à croître très-rapprochées ;

_____

(1) Le mélèze seul paraît faire exception.

d'autres, au contraire, comme le bouleau, l'orme, le robinier, exigent plus d'espace.

On doit planter plus serré dans les sols secs et arides que dans les terrains fertiles, dans les climats froids que dans les régions tempérées.

Lorsqu'on ne veut obtenir que du bois de feu, on peut adopter un plus grand espacement que quand il s'agit d'élever des bois de construction ou de fente.

Quand on a des terrains très-considérables à reboiser et qu'on est borné dans ses ressources pécuniaires, il faut adopter le plus grand espacement possible, afin d'arriver promptement à mettre le sol en production.

Les plantations de têtards et d'arbres d'émonde sont celles qui admettent le plus d'espacement, parce que le sol, comme on le sait, est d'ordinaire utilisé, soit pour la culture, soit pour le pâturage.

747. On ne réussit à donner un égal espacement aux plants, qu'en les disposant dans un ordre régulier. On connaît quatre manières de tracer les plantations : 1° en allées ou files (fig. 9) ; 2° en triangles équilatéraux (fig. 10); 3° en carrés (fig. 11); et 4° en triangles isoscèles ou quinconces (1) (fig. 12).

---

(1) Ce dernier mode est au fond le même que le troisième ; si ce n'est que les carrés, au lieu d'être construits, par rapport à une ligne donnée, au moyen d'un système de perpendiculaires, sont formés par un système d'obliques faisant, avec la ligne donnée, un angle de 45 degrés.

C'est ordinairement avec un cordeau et des piquets que ces tracés s'exécutent ; si le terrain est étendu, on peut aussi employer l'équerre d'arpenteur pour établir les alignements. Nous croyons inutile d'expliquer comment on procède à cette opération ; l'inspection des figures suffira pour la faire comprendre.

Le choix de l'une ou de l'autre de ces figures n'a pas, à proprement parler, d'influence culturale c'est plutôt une affaire de goût ; cependant la plantation par files ou allées présente, dans certaines circonstances, des avantages réels. D'abord, elle permet d'ouvrir des tranchées, au lieu de trous, ce qui rend l'ouvrage plus facile et procure un sol plus meuble, dans lequel, en général, les plants prospèrent mieux; en second lieu, le tracé en est plus aisé et plus prompt, quels que soient les contours du terrain. A la vérité, les plants n'ont pas la facilité d'étendre également leurs racines de tous les côtés, puisqu'ils sont très-rapprochés dans un sens et très-espacés dans l'autre; mais on sait qu'il n'est pas nécessaire que les racines se répandent symétriquement autour d'un arbre ; elles se dirigent indifféremment vers un point quelconque, pourvu qu'elles y trouvent de l'espace et de la nourriture.

748. Le tableau ci-après fait connaître la quantité de plants à employer sur un hectare, quand on adopte le tracé par triangles équilatéraux ou celui par carrés, avec les différents espacements portés dans la première colonne.

ESPACEMENT.	NOMBRE DE PLANTS à placer sur un hectare		OBSERVATIONS.
	par triangles équilatéraux.	par carrés.	
mètres.			Nous n'avons pas fait figurer sur ce tableau la plantation en allées, parce que le nombre de plants à employer, par hectare, dépend, à la fois, de leur espacement sur la même file et de la distance des files entre elles. Mais on conçoit que ce nombre est très-facile à calculer, toutes les fois que le terrain est un carré ou qu'il peut être ramené à cette forme ; il suffit, en effet, de multiplier le nombre de plants d'une file par le nombre de toutes les files.
0,66	26 515	22 957	
1,00	11 550	10 000	
1,33	6 529	5 653	
1,66	4 190	3 628	
2,00	2 888	2 500	
3,00	1 283	1 111	
4,00	722	625	Quant au tracé par triangles isoscèles ou quinconces, qui ne figure pas non plus ici, il est évident qu'il admet le même nombre de tiges que celui par carrés, pourvu, toutefois, que les côtés des carrés soient égaux aux petits côtés des triangles, ainsi que nous le montrent les fig. 11 et 12.
5,00	462	400	
6,00	321	278	
7,00	236	204	
8,00	180	156	

ARTICLE V.

De la confection des trous.

749. Les trous pour les plants doivent être proportionnés à la grandeur des racines, c'est-à-dire, qu'il faut que celles-ci puissent y trouver place, tout en conservant leur position et leur direction naturelles. Dans les sols très-compactes, il est bon même de faire les trous plus grands, afin que les racines puissent, pendant quelques années, se fortifier et se

développer dans une terre ameublie, avant de pénétrer dans des couches plus rebelles. Au contraire,
dans les sols humides, on ne doit donner au trou
que peu de profondeur (1).

750. Pour creuser les trous, on procède de la
manière suivante : on enlève d'abord la superficie
du sol, ordinairement gazonnée ou garnie de plantes
quelconques, et on la place d'un côté du trou ; puis
on met, du côté opposé, la couche de terre végétale
immédiatement inférieure et qui est la plus riche en
humus ; enfin, on entasse, sur un troisième point,
les autres couches moins fertiles. Cette manière d'o-
pérer contribue puissamment au succès des plantations, surtout de celles de hautes tiges ; nous verrons
plus loin quel avantage on en retire.

751. Lorsque le sol est de bonne qualité, les
trous ne doivent être ouverts que peu de temps avant

---

(1) Si l'on avait à planter des parties tout à fait aquatiques,
on pourrait ne pas faire de trous du tout et se contenter de
poser le plant, bien d'aplomb, sur le sol, en l'entourant d'une
butte de terre assez large pour que ses racines soient entièrement couvertes, et assez élevée pour qu'il ait une assiette solide ; autour de cette butte, on tracerait une petite rigole pour
recevoir et éconduire les eaux. Ce mode de plantation, indiqué
déjà par Duhamel (voy. Traité des semis et plantations, page
222) est rapporté par Cotta ; il dit l'avoir pratiqué en grand et
en avoir obtenu des résultats qui ont dépassé tout ce qu'on
pouvait en attendre. Nous l'avons essayé aussi, en petit à la
vérité, et l'expérience a parfaitement réussi.

de planter ; non-seulement pour que la terre reste plus fraîche, mais encore pour que l'humus qu'elle renferme ne perde pas ses propriétés nutritives, par l'action de l'air et de la pluie. Ce n'est que dans les sols très-compactes qu'il devient nécessaire de faire les trous quelque temps à l'avance, afin que la terre se divise ; ainsi, quand on veut planter au printemps, les trous peuvent être faits en automne.

ARTICLE VI.

De l'extraction des plants.

752. Quand on procède à l'extraction des plants, il faut faire en sorte de ménager, le plus possible, les racines et les tiges.

Les brins très-petits peuvent être arrachés à la main, pour peu que la terre soit meuble et fraîche; mais, en général, il vaut mieux les extraire avec un couteau, et dans les sols plus compacts, on fera bien de se servir d'une petite pioche. Pour extraire des tiges plus fortes, si elles sont en sillons dans une pépinière, on ouvre une tranchée parallèle au premier sillon et le plus près possible des plants; puis, avec la bêche, on détache ceux-ci par mottes, en les soulevant un peu, et on les renverse doucement dans la tranchée, de manière que la terre reste adhérente aux racines. On continue ainsi de sillon en sillon. Quand on arrache les plants dans les forêts, on peut aussi commencer par faire une tranchée ou un trou, puis fouiller la terre avec une pioche.

753. Lorsque des plants de basse tige doivent être transplantés en motte, ce qui est surtout à conseiller pour les essences résineuses, on se sert, avec beaucoup d'avantage, pour les extraire, de l'une ou de l'autre des deux bêches demi-circulaires dont nous donnons le dessin à la fin du volume (voy. fig. 7 et 8). La plus grande de ces bêches convient plus particulièrement dans les terres compactes et pour des plants qui sont déjà d'une certaine force ; l'autre, plus légère et plus facile à manier, sert dans les sols plus divisés et pour extraire des tiges plus faibles. Ces bêches ne s'emploient pas seulement à l'extraction des plants, elles servent aussi pour confectionner les trous dans lesquels les mottes doivent être placées (1). On conçoit combien, par un tel procédé, la plantation est rendue facile et tous les avantages qui doivent en résulter pour la végétation.

754. Les hautes tiges ne peuvent être traitées par

---

(1) Pour faire les trous avec les bêches dont il est question ici, l'ouvrier enfonce l'instrument en le tournant et le retournant horizontalement à l'aide de la traverse qui se trouve adaptée à l'extrémité de la tige verticale. Il n'a pas besoin, chaque fois qu'un trou vient d'être fait, de s'occuper à faire sortir la motte de terre de la bêche qui la retient. Cette opération se fait d'elle-même par la confection du trou suivant : la nouvelle motte chasse l'ancienne. Cette circonstance est bonne à connaître, car elle est de nature à procurer une notable économie de temps, lorsqu'il s'agit de grands travaux de repeuplement.

aucun des moyens que nous venons d'indiquer. Pour
les extraire, il faut d'abord creuser une petite fosse
autour de l'arbre, à une distance convenable pour
lui laisser les racines nécessaires ; puis, avec une
bêche bien tranchante (voy. fig. 6), on coupe les
racines latérales, et, après avoir élargi la fosse, on
finit par atteindre obliquement le pivot. Il faut se
garder de pencher l'arbre avant d'en avoir détaché
toutes les racines, ou de l'arracher avec effort.

ARTICLE VII.

Du transport des plants.

755. A mesure que les ouvriers arrachent les
plants de basse tige, ils doivent les mettre dans des
paniers, sans secouer la terre qui entoure les racines,
et les faire transporter de suite sur le terrain où l'on
plante. On emploie aussi, pour le transport des
plants, surtout de ceux qui sont en motte, des
brouettes de jardin ou de petits tombereaux ; il n'y a
que les très-fortes tiges qu'il soit nécessaire de placer
sur des voitures.

Quelle que soit la dimension des plants, il faut
avoir soin que les tiges ne soient point endommagées, et, à cet effet, les garnir de bouchons de mousse
ou de paille, partout où il y aurait quelque frottement à craindre pendant le transport. Les racines
doivent surtout être garanties du contact de l'air ; il
ne faut souvent que quelques heures de hâle, ou un

coup de soleil un peu vif pour les priver de leur vitalité.

Quand le lieu où l'on arrache les plants est éloigné du terrain à planter, les tiges doivent être réunies par bottes et les racines empaquetées dans de la mousse fraîche ou dans du foin humide. Rendues à destination, il faut les laisser ainsi en paquets jusqu'au moment de les planter ou de les mettre en jauge (1).

ARTICLE VIII.

De la taille des plants.

756. L'extraction des plants, quelque bien qu'elle soit exécutée lèse toujours un certain nombre de racines, et, à moins que le sujet ne soit tout à fait petit, une partie de ces racines, détachées par la bêche ou la pioche, demeurent en terre. Or, dans

---

(1) Pour mettre les plants en jauge, on ouvre une tranchée dans laquelle on les place par ballots ; on recouvre ensuite les racines de terre bien meuble, de manière à empêcher le contact de l'air. Par ce procédé, les plants peuvent être conservés assez longtemps avant de les planter, sans qu'ils aient aucun risque à courir; toutefois, si le séjour en jauge devait se prolonger beaucoup, il faudrait délier les ballots, de crainte que les racines, surtout le chevelu, ne soient atteintes par la moisissure. On peut aussi mettre les plants dans l'eau, mais pour peu de jours seulement.

toute plante croissant librement, il existe un rapport direct entre les racines et la tige ; et ce rapport nécessaire, l'extraction l'interrompt plus ou moins, comme on le voit, selon les précautions avec lesquelles on procède et selon la dimension des arbres.

La taille des plants a donc pour but : 1° de restaurer les racines qui ont été lésées ; 2° de rétablir l'équilibre entre les racines et les branches.

757. La première de ces opérations consiste à amputer, avec une serpette, toutes les parties des racines qui présentent un déchirement, une contusion ou une blessure quelconque. Il est essentiel que la tranche soit bien nette ; elle doit être faite en biseau, et, autant que possible, de manière qu'elle pose à plat sur la terre.

Quand les plants sont arrachés déjà depuis quelque temps, et que le chévelu des racines n'a plus toute sa fraîcheur, on le ravive en en coupant les extrémités ; les racines trop longues, qu'on ne pourrait placer dans le trou sans les contourner, doivent aussi être retranchées, ainsi que le pivot. Mais, en général, il faut éviter de supprimer des racines saines ; un plant n'en a jamais trop.

758. La perte de racines que le plant a subie par l'extraction et par la taille dont nous venons de parler, rend nécessaire la suppression d'une partie des branches, afin de rétablir l'équilibre détruit. Cette taille de la tige est d'autant plus in-

dispensable que, par la transplantation, les racines sont, pendant quelque temps, entravées dans leurs fonctions, et qu'elles amènent, par conséquent, moins de substances nourricières à l'arbre.

Plus le plant est fort, plus il a perdu de racines par l'extraction, plus le sol où il doit être planté est ingrat; moins il faut lui laisser de branches. Ces principes, très-simples en théorie et les seuls qui se puissent donner sur la taille des plants, laissent néanmoins, il faut l'avouer, beaucoup à désirer quand on en vient à l'exécution.

Quel est, en général, le rapport des branches aux racines? Est-il le même pour toutes les essences ou varie-t-il pour chacune, et comment? Dans quelle proportion l'ensemble des racines a-t-il été diminué par l'extraction? est-ce du tiers, du quart, etc.? On sait que la reprise est favorisée par les années pluvieuses, entravée au contraire par les années de sécheresse; il faudrait donc supprimer plus de branches dans ce dernier cas; mais sur quelle température doit-on compter? Telle est la série de questions auxquelles la taille des plants peut donner lieu, et qui, cependant, n'admettent aucune solution positive. Aussi cette opération n'est-elle en réalité qu'un tâtonnement, dans lequel on réussit plus ou moins, selon l'expérience que l'on a acquise de la localité et des essences que l'on plante.

C'est, sans nul doute, à l'incertitude qui règne

sur cet objet, qu'il faut attribuer, en grande partie, l'insuccès de tant de plantations faites dans les forêts ; surtout, lorsque les plants n'ont pu être préparés en pépinière et qu'ils sont déjà de forte dimension.

759. Il existe, pour la plantation des bois feuillus, un procédé qui lève toutes les difficultés que nous venons de signaler. Ce procédé, c'est le recépage du plant, à 3 centimètres environ du collet de la racine, au moment même de le mettre en terre.

Si l'on examine les conditions de végétation du plant recépé et de celui qui n'a été que taillé, on ne peut conserver aucun doute sur les avantages marqués dont jouit le premier. En effet, la grande difficulté, pour le plant taillé, c'est de rétablir l'équilibre entre la tige et les racines ; tant que ce résultat n'est pas atteint, la végétation souffre, et trop souvent les racines s'épuisent en efforts inutiles, parce que la tige est trop considérable, ou parce que le sol ou la température est contraire. Aussi est-il très-fréquent de voir des plantations languir pendant cinq ou six ans ; après quoi elles finissent, quelquefois, par prendre leur essor, mais non sans que bon nombre de plants aient péri, en même temps que d'autres, par le desséchement de leur cime, ont contracté des formes vicieuses. Quand, au contraire, le plant est recépé en le mettant en terre, il se présente, sur la petite souche, un certain nombre de rejets, qui, évidemment, sont le produit de la force végétative des racines ; si cette force est grande, les rejets seront vigoureux, sinon, ils seront faibles. Mais en tout cas, ils seront en rapport direct avec les racines, car ils en sont le produit ; et, par conséquent, la végétation se trouvera, de prime abord, rétablie dans son état normal.

760. Sous le rapport des chances de reprise, la plantation de brins recépés est donc incontestablement supérieure à celle de brins taillés. Ce fait, clairement établi en théorie, nous est d'ailleurs confirmé par une pratique qui n'admet plus aucun doute. Cependant une objection se présente : par le recépage, chaque plant repousse plusieurs rejets qui forment une petite cépée ; il semble donc que ce procédé ne puisse convenir que pour créer des taillis, et non des futaies ; à moins que l'on ne prenne la peine, au bout de quelques années, de couper, avec une serpette, tous les jets faibles, afin de ne laisser croître, sur chaque souche, que le plus vigoureux (1).

Si une telle opération était nécessaire, il faudrait, en effet, renoncer au recépage, pour planter des futaies en grand, ou du moins, on pourrait rencontrer des difficultés réelles d'exécution. Mais il

---

(1) C'était l'opinion de Duhamel. Voy. Traité des semis et plantations des arbres, page 340.

n'en est rien; la pratique, sur ce point, a rectifié les
inductions de la théorie.

Dans la forêt de Compiègne, que nous avons
déjà eu l'occasion de citer, on voit des plantations
de la plus grande beauté, exécutées sur une échelle
immense (1), d'année en année depuis plus de
quatre-vingts ans, et qui toutes ont été traitées par
le procédé du recépage. Nous avons pu y étudier
toutes les phases de la végétation des plants recépés.

Ces plantations se font avec des sujets de basse
tige, et l'espacement ordinaire qu'on leur donne
est d'un mètre. Comme nous l'avons dit, il se présente d'abord, sur chaque souche, plusieurs rejets
dont l'un cependant, est plus vigoureux que les
autres. Dès que ce maître jet commence à former
une tête, les autres, au lieu de continuer à monter,
s'étalent et buissonnent au pied du plant; ce qui
conserve aux racines plus de fraîcheur et favorise
visiblement le développement du maître jet. Peu
d'années suffisent, dès lors, pour que le massif de
toutes les tiges montantes soit formé; quant aux
rejets traînants, ne recevant plus les rayons du
soleil, ils languissent de plus en plus, s'étiolent,
sèchent, et le maître jet finit par se trouver seul

---

(1) Il existe plus de 5,000 hectares de plantations dans cette
forêt.

sur la souche. Aussi de telles plantations, lorsqu'elles sont parvenues à l'état de gaulis, ne laissent-
elles plus apercevoir la moindre trace de ces rejets traînants; toutes les tiges sont parfaitement
assises, droites, nues et bien filées, sans qu'il soit
possible de les distinguer, en quoi que ce soit, de
brins de semence.

La plantation avec recépage peut donc convenir
pout créer des futaies, aussi bien que des taillis;
seulement il faut, pour les premières, se servir
de basses tiges et planter assez serré, afin que le
massif se forme à temps, tandis qu'au contraire,
pour établir un taillis, on pourra employer avec
avantage des tiges plus fortes, parce qu'on obtiendra, par là, plus promptement des cépées.

761. Le recépage, on le conçoit, ne peut être
appliqué aux bois résineux; il est même d'expérience que la taille des branches leur est souvent
plus nuisible qu'avantageuse. Ces essences, effectivement, paraissent, plus que les feuillues, puiser
leur nourriture dans l'atmosphère; il semble donc
nécessaire de leur ménager plus particulièrement
les organes destinés à assurer cette nutrition. Cependant, il n'est pas moins utile, lorsqu'on plante
des sujets un peu forts, de leur enlever quelques
branches; mais il faut éviter de tailler rez-tronc et
laisser, au contraire, un chicot de plusieurs centimètres, car les plaies des bois résineux se recouvrent généralement très-mal, ce qui occasionne à

l'arbre des écoulements séveux qui l'affaiblissent et souvent même donnent lieu à des ulcères. Aussi est-il à conseiller de préférer, pour les plantations de bois résineux, des plants de basse tige qui soient assez jeunes pour pouvoir se passer de la taille.

D'après les expériences de plusieurs planteurs distingués, notamment de M. Marsaux (V. Annales forestières, tome 1er, page 699) le plant de hêtre supporte mal le recépage. On fera donc bien de s'abstenir de cette pratique pour cette essence et de la traiter, en ce qui concerne la plantation, comme les bois résineux, à moins que des essais faits dans la localité où l'on opère, n'aient démontré que le jeune plant de hêtre y fournit surement des rejets, après amputation.

ARTICLE IX.

De la mise en terre des plants ou plantation proprement dite.

762. En général, on peut poser en principe qu'un arbre doit, après la transplantation, se trouver enterré à la même profondeur qu'avant cette opération. Cependant, il est convenable de planter un peu plus profondément lorsqu'on peut prévoir que la terre s'affaissera, ou bien lorsque le sol est très-léger et sec; d'autant plus que, dans ce dernier cas, il faut ménager, autour des tiges, un petit creux où l'eau des neiges et des pluies puisse s'amasser. Dans les sols humides, au contraire,

on plante plus près de la superficie, et au lieu de laisser subsister un renfoncement autour de la tige, on y fait une petite butte pour faciliter l'écoulement des eaux. Les tiges recépées doivent être plantées de manière à affleurer entièrement la superficie.

763. Pour mettre le plant en terre, on procède de la manière suivante :

On place le plant dans le milieu du trou sur une couche de bonne terre de 5 ou 6 centimètres d'épaisseur environ, ou bien sur les mottes de gazon provenant du trou et que l'on a pris soin de briser menu au préalable ; puis, avec la main, on étend les racines de façon à laisser à chacune sa direction naturelle ; il est essentiel qu'elles posent toutes d'aplomb et que la tige se tienne bien droite. Cela fait, on répand la bonne terre végétale, qui a été mise à part en creusant le trou [750], de manière que les racines en soient entièrement couvertes ; en même temps, on remue un peu la tige en la soulevant et en la rabaissant légèrement, afin que les parcelles de terre s'insinuent de toutes parts entre les racines. Enfin, pour ne négliger aucune précaution, on introduit la main sous les racines pour remplir toutes les cavités qui pourraient encore exister. Après que la couche de bonne terre est employée comme nous venons de l'expliquer, on achève de remplir le trou avec les couches de moindre qualité. Tout en répandant ainsi la terre sur les racines, on la raffermit de temps en temps avec la paume de la main ou avec le pied; légèrement d'abord, puis, de plus en plus fortement.

Quand on plante de faibles tiges, recépées ou non, on facilite l'opération sans compromettre la reprise du plant, en l'appuyant contre une des parois du trou par son côté le moins pourvu de racines. La paroi doit, dans ce cas, être parfaitement verticale. L'ouvrier, tenant le plant de la main gauche, conserve la droite libre pour étendre les racines en avant du plant, les garnir de terre et remplir le trou, avec les précautions que nous venons d'indiquer.

Pour ces sortes de plantations, on emploie utilement, soit une truelle de maçon, soit une petite houe à manche très-court, à l'aide de laquelle le planteur, agenouillé devant le trou pour plus de facilité dans ses mouvements, accommode celui-ci et y ramène la terre, sans se déranger, selon que l'exige la conformation du plant dont il s'occupe.

764. Souvent, au lieu d'un seul plant, on en réunit deux, trois, et quelquefois jusqu'à cinq et six, dans le même trou. Ce mode, appelé plantation *par touffes*, réussit parfaitement pour les bois résineux, surtout lorsqu'ils sont très-jeunes (1 et 2 ans); on l'a aussi appliqué avec succès au hêtre.

Les plants sont élevés en pépinière, de la façon que nous avons décrite plus haut [739], seulement les sillons sont très-étroits (4 à 6 centimètres). Au moment de la plantation on coupe les sillons, avec une bêche, par plaques ayant à peu près la dimension d'une brique. Ces plaques sont transportées, dans des paniers, sur le terrain à planter, et là divisées *à la main*, par touffes contenant le nombre de brins que nous venons d'indiquer.

Les trous se font à la houe ou avec la petite bêche demi-circulaire [753].

Les principaux avantages que présente la plantation *par touffes* sur celle faite avec des sujets séparés, sont :

1° Plusieurs brins réunis en une touffe permettent plus difficilement à la terre de se détacher des racines, soit dans l'extraction, soit dans le transport ;

2° Les touffes couvrent plus tôt leur pied qu'un plant isolé, et la reprise d'un des brins, au moins, est à peu près assurée ;

3° Dans une même touffe, le brin le plus vigoureux ne tarde pas à s'élever au-dessus des autres ; après quelques années, ces tiges dominantes forment seules le massif de la jeune forêt, et les autres tombent dans la première éclaircie.

Ce mode de plantation, que nous avons nous-même pratiqué sur une assez grande échelle et avec différentes essences (pin sylvestre, épicéa, sapin), nous a toujours très-bien réussi, même dans les sols et aux expositions les plus défavorables. Nous pouvons donc le recommander avec confiance, en renvoyant le lecteur, pour plus amples détails, à l'article que nous avons publié sur ce sujet dans les Annales forestières, tome IV, année 1845, page 329.

765. Lorsqu'on en aura la facilité, on fera bien d'arroser les plants immédiatement après les avoir mis en terre ; mais on conçoit qu'une telle opération n'est praticable que quand les travaux se font en petit. Ce qui l'est davantage, dans la plupart des cas, c'est de placer à droite et à gauche du plant, une ou plusieurs pierres qui maintiennent la fraîcheur et raffermissent la terre autour des racines, en même temps qu'elles procurent à la tige, quand elle est très-petite, quelque abri contre les ardeurs du soleil.

Pour les plantations en motte, il faut avoir la précaution de remplir de bonne terre les petits interstices qui existent presque toujours entre la motte et la paroi du trou.

CHAPITRE SIXIÈME.

—

DES BOUTURES.

766. Toutes les essences feuillues ont, plus ou moins, la faculté de se reproduire par boutures ; on a même réussi à multiplier de cette manière les bois résineux. Cependant, il n'y a que les peupliers et les saules qui se montrent particulièrement faciles à cet égard et qui fournissent de beaux sujets ; les boutures des autres bois exigent beaucoup de soins, et les produits qu'on en obtient sont généralement d'une faible végétation. Aussi se borne-t-on, en sylviculture, à propager, de cette manière, les deux genres d'arbres que nous venons de nommer (1), et dont il faut encore excepter toutefois, le tremble et le marceau, tous deux d'une reprise fort difficile.

---

(1) Il est une autre essence, très-répandue dans les plantations d'agrément, qui se multiplie avec facilité par bouture ; c'est le *platane d'Occident*. L'extrême rapidité de sa croissance, les qualités précieuses de son bois, les belles dimensions qu'il acquiert devraient le faire propager dans nos forêts.

Les plantations de boutures trouvent surtout leur application dans les terrains destinés au parcours, dans les prairies, sur les bords des chemins, etc.; mais elles sont aussi d'une ressource précieuse pour fixer les sables, pour maintenir les terres dans les pentes rapides et sur les bords des eaux, ainsi que pour repeupler certains lieux aquatiques dans les forêts.

On connaît deux espèces de boutures : la *bouture en plançon* et la *bouture à bois de deux ans.*

767. Le plançon est une branche de 3 à 4 mètres de long sur 4 à 8 centimètres de diamètre, que l'on dépouille de tous ses rameaux et que l'on taille en biseau par les deux bouts. Pour le planter, on l'enfonce à une profondeur de 50 centimètres, après avoir formé, au préalable, le trou avec un pieu en fer. Toutefois ce procédé n'est convenable que dans les lieux aquatiques; quand le sol est plus ferme il vaut mieux ouvrir, à la bêche, un trou de 50 centimètres environ de profondeur sur 66 centimètres de côté, dans le milieu duquel on fixe le plançon et que l'on comble ensuite de bonne terre bien émiettée.

Lorsque les plançons risquent d'être endommagés, soit par le vent, soit par le bétail, etc., on leur donne des tuteurs et on les entoure, jusqu'à hauteur d'appui, d'épines ou de branchages.

C'est ordinairement avec des plançons que l'on forme les têtards. Il est à remarquer que les grands saules, tels que l'osier, le saule blanc, etc., sont les

seuls bois qui reprennent bien de cette manière ; les
peupliers s'y refusent presque toujours.

770. Pour faire des boutures à bois de deux ans,
on choisit des rameaux bien vigoureux, présentant,
outre la pousse de l'année, du bois de deux ou de
trois ans au plus ; on leur enlève toutes les ramilles
et on les réduit à 50 ou 40 centimètres de long.
S'il s'agit de fixer des sables ou de maintenir des
terres en pente, il est bon de leur donner même plus
de longueur. La section inférieure se fait en biseau;
celle du haut doit être droite, afin de ne pas blesser
la main du planteur.

Lorsque le sol est bien meuble, on plante ces
boutures en les enfonçant obliquement, de manière
qu'elles ne dépassent la superficie que de 3 ou 4
centimètres au plus. Mais, dans une terre plus
ferme, où l'on risquerait de les casser ou de dé-
chirer l'écorce, on prépare des trous avec un plantoir un peu plus fort que les boutures ; et dans les
terrains tout à fait compactes, on ouvre, soit des
trous, soit des tranchées avec la houe ou la bêche.
Il est essentiel de bien raffermir la terre autour des
boutures.

Souvent on élève les boutures (surtout celles de
peuplier) en pépinière, pour les transplanter plus
tard à demeure. Dans ce cas on choisit un terrain de
bonne qualité, frais, qu'on laboure convenablement
et qu'on dispose par planches. On y met les boutures
en rigoles, et on les soigne de même que des plants

38

ordinaires [741]. Des arrosements fréquents favorisent singulièrement leur reprise.

771. La saison la plus convenable pour faire des
boutures est le printemps ; néanmoins, la plupart
des saules reprennent aussi de cette manière en été.

CHAPITRE SEPTIÈME.

—

DES MARCOTTES.

772. On peut appliquer le procédé du marcottage à toutes les essences résineuses ou feuillues ; mais, c'est surtout pour la propagation de ces dernières, et notamment dans les taillis, qu'il mérite l'attention du forestier.

Lorsque les brins ou les rejets qui doivent être marcottés sont faibles, et, par conséquent, flexibles, on peut les coucher sans difficulté dans de petites rigoles, faites à cet effet, que l'on comble ensuite de bonne terre. Mais quand ce sont des perches assez fortes déjà qu'il s'agit de faire servir de cette manière, il faut procéder avec plus de précaution. Pour le repeuplement des bois, ces dernières sont plus avantageuses ; on en obtient des sujets plus nombreux, d'une reprise plus prompte et d'une croissance plus vigoureuse.

Afin de réussir à ployer ces perches jusqu'à terre, on leur fait, à l'endroit où la plus grande flexion devient nécessaire, une entaille qui peut pénétrer jusqu'au centre du bois et qui doit être placée sur la face convexe de la courbure. Au moyen de cette entaille, on amène la tête de la tige sur le sol, légèrement labouré au préalable, et on l'y fixe par des crochets en bois qui la saisissent immédiatement au-dessous des branches inférieures et vers l'extrémité de la cime. De fortes mottes de gazon, placées sur les différentes branches principales, sont destinées à les maintenir contre terre. Cette première opération faite, on recouvre tous les rameaux de 16 à 22 centimètres de bonne terre, de manière à n'en plus laisser passer que les extrémités, sur quatre ou cinq boutons au plus. Au moyen de la terre dont on les entoure, ou bien à l'aide de mottes de gazon, on donne à ces petites ramilles une position verticale. L'entaille faite à la perche doit, au moins pendant les premières années, être recouverte de mottes de gazon.

Après trois ou quatre ans, il s'est formé, au-dessous de tous ses menus rameaux, des racines qui leur sont propres et qui sont suffisantes pour pourvoir à leur nutrition. On peut donc dès lors les sevrer, c'est-à-dire, retrancher la perche courbée qui les unissait à la souche mère (1).

_____

(1) M. Heyer assure que les sorbiers, les érables et quelques autres encore, étant traités comme on vient de l'expliquer,

Le procédé que nous venons de décrire, est rapporté, par plusieurs auteurs forestiers de l'Allemagne, comme très-usité dans différentes localités de ce pays. Dans le Hanovre, on l'emploie avec beaucoup de succès pour repeupler les clairières des taillis de hêtre. A cet effet on réserve, lors de l'exploitation, un certain nombre de tiges sur le bord de ces clairières, et l'année suivante on en opère le couchage ; ces tiges ont souvent 10, 12 et même 15 centimètres de diamètre à la base.

773. Lorsque les perches couchées font partie d'une cépée, il faut éviter de laisser d'autres perches debout sur la même souche. La séve ayant plus de tendance à monter droit qu'à circuler dans des branches courbées, abandonnerait celles-ci pour se porter avec affluence dans les autres, et la perte des marcottes en serait la suite. On doit donc supprimer tous les rejets, et, pour empêcher qu'il n'en repousse d'autres jusqu'à l'entière reprise des branches marcottées, on fera bien de couvrir la souche de 15 à

---

s'enracinent dès la première année. Il ajoute que, en général, le bois de deux ans, des branches couchées, s'enracine plus vite que les pousses de l'année, et que d'ailleurs on hâte la production des racines, si, au moment où l'on procède au couchage d'une branche on lui enlève sur la face inférieure une petite plaque d'écorce jusqu'à l'aubier, avec un couteau bien tranchant. Autour de la blessure, il se forme un bourrelet sur lequel les racines ne tardent pas à se présenter.

20 centimètres de terre fortement tassée en forme de petite butte. Dès qu'on opèrera le sevrage des marcottes, on pourra découvrir la souche qui ne tardera pas à fournir de nouvelles productions.

774. Le marcottage réussit mieux au printemps qu'en toute autre saison.

CHAPITRE HUITIÈME.

—

TRAVAUX D'ENTRETIEN A EXÉCUTER DANS LES REPEU-PLEMENTS ARTIFICIELS.

775. Par cela seul qu'un semis a bien levé et que dans une plantation la grande majorité des plants est restée verte, ou a produit une faible pousse, la réussite de ces opérations n'est point assurée. — A vrai dire, le succès d'un repeuplement artificiel ne peut être considéré comme certain qu'au bout de 5 ou 6 ans, alors que les jeunes sujets, complétement enracinés, protégeant leur pied et pouvant lutter avec avantage contre les intempéries et contre l'envahissement des plantes nuisibles, commencent à s'élancer avec vigueur et approchent du moment où ils vont couvrir la totalité du sol par l'extension graduelle de leurs branches latérales. Jusqu'à cette époque, le sylviculteur ne peut abandonner son œuvre; il doit au contraire, sous peine de perdre le fruit de ses travaux et de ses dépenses, la surveiller activement; écarter, autant qu'il dépend de lui, les causes qui sont de

nature à entraver la végétation de la forêt naissante, et réparer les dommages que le temps a pu y causer, à mesure qu'ils ont lieu.

776. Les travaux d'entretien consistent en sarclages et en binages. On appelle *sarcler* l'opération par laquelle on enlève, une à une pour ainsi dire, les mauvaises herbes qui se présentent parmi les plants composant un semis ou une plantation, tandis que *biner*, c'est (ainsi que ce mot l'indique) donner une seconde façon à la terre, en même temps qu'on la débarrasse de la mauvaise herbe. Selon la nature des plantes qu'il s'agit d'extraire, selon le sol plus ou moins compact, enfin, selon la ténuité du plant dans l'intérêt duquel l'opération a lieu, les sarclages se font ou avec un couteau, ou avec un petit instrument appelé sarcloir et que tout le monde connaît, ou bien à la main. Les binages se donnent toujours avec une houe légère ou avec le crochet.

777. Examimons d'abord l'application que trouvent ces travaux dans les semis.

1° Bois feuillus.

Les semis en plein sont les moins sujets à l'envahissement des mauvaises herbes, pourvu toutefois qu'ils aient bien levé. Ordinairement, comme on le sait, le sol a été préparé à la charrue et nettoyé par une ou plusieurs cultures en céréales. Si donc le semis forestier réussit, les jeunes plants étant répandus de toutes parts empêcheront la mauvaise herbe de s'em-

parer du terrain et ne tarderont pas à la dominer et
à l'étouffer. Toutefois, quelques sarclages dans les
deux premières années ne sauraient être qu'avantageux.

Dans les semis partiels (par bandes et par pots) les
plantes nuisibles sont beaucoup plus à redouter,
parce que les parties demeurées incultes facilitent
la reproduction de ces végétaux dans les parties cultivées, soit par la graine, soit par les racines. Aussi
les sarclages dans les deux premières années, et les
binages ensuite sont-ils si non indispensables du
moins extrêmement utiles, quand on ne veut pas voir
languir le semis et quelquefois même risquer son existence; car certaines essences feuillues, telles que le
châtaignier, le frêne dans ses premières années, même
le chêne et quelques autres encore sont singulièrement offusquées par les hautes herbes dans les sols où
celles-ci se produisent avec abondance. On fera donc
bien, dans ces sortes de semis, de ne pas se borner à
sarcler ou biner seulement les parties ensemencées,
mais de donner en même temps une légère façon
aux parties demeurées primitivement incultes, pourvu
que la déclivité du terrain permette de le remuer en
totalité, et que l'essence ne réclame pas impérieuse-
ment un abri dans ses premières années, comme le
hêtre, par exemple.—Dans les sols frais ou dans les
situations basses, l'opération dont il s'agit aura,
outre l'avantage de débarrasser le semis de voisins
incommodes et nuisibles, celui d'empêcher que l'hu-

midité atmosphérique (brouillards, rosées), en se maintenant dans les herbes, ne rende plus dangereuses, pour les jeunes plants, les premières gelées de l'automne.

2° Bois résineux.

Les semis de bois résineux ne se font en général que dans des terrains assez légers, siliceux, feldspathiques ou calcaires, accidentés plutôt qu'en plaine. L'envahissement des herbes y est donc, la plupart du temps, moins à redouter que dans les terres fortes, substantielles ou humides, mais par contre on a à y combattre certains arbustes tels que myrtiles, bruyères, ronces, etc. — Il est rare que l'on sème en plein et, presque toujours, c'est le semis par bandes ou par pots qui obtient la préférence. L'extrême ténuité des jeunes plants ne permet guère d'autres sarclages que ceux qui se font au couteau ou à la main. Ces opérations sont très-utiles dans les deux ou trois premières années, surtout quand, pour économiser la semence, on n'en a répandu que la quantité strictement nécessaire et que, par conséquent, les sujets lèvent assez écartés. Quant aux binages, ils ne sont à conseiller ni dans les premières années ni dans les suivantes; et il est entendu que l'on devra s'abstenir (surtout dans les pentes) de donner une culture à la houe aux bandes intermédiaires, quand bien même on reconnaîtrait que dans les années qui succèdent à la levée de la graine, les arbustes ou les herbes qui les garnissent nuisent au

semis en s'abattant sur les rayons cultivés. Ce qu'il y
aurait de mieux en pareil cas, ce serait de les fauciller
si ce sont des herbes, et si ce sont des arbustes de les
tondre avec des ciseaux de jardin, à 15 ou 20 centimètres de hauteur, comme on fait des haies dans
les champs. — Une forte faucille ou un croissant
pourrait aussi servir à ce dernier ouvrage.

778. Dans les plantations, les sarclages, on le
conçoit, seraient presque toujours insuffisants ; par
contre, les binages deviennent d'autant plus effi-
caces, tant pour éloigner des plants les herbes ou
les arbustes qui pourraient les gêner, que pour procurer à leurs racines l'accès de l'air et de l'humidité.
Lorsqu'on plante des essences d'élite dans de bons
terrains situés en plaine, il est souvent avantageux
de faire précéder la plantation, de même que le semis, d'un labour total à la charrue et même de plusieurs cultures de céréales ou de pommes de terre.
Le sol alors est parfaitement ameubli et nettoyé,
et il est facile de l'entretenir dans cet état au moyen
d'un ou de deux binages au plus par an. Mais,
dans les repeuplements forestiers, de telles plantations ne sont guère que l'exception. Ordinairement,
la qualité et la configuration du sol, autant que des
motifs d'économie, font qu'on se borne à ouvrir les
trous des plants, comme nous l'avons enseigné plus
haut [746], sans toucher au reste du terrain. Il
s'ensuit que les binages aussi ne se pratiquent qu'autour de chaque plant, sauf à tondre les arbustes ou à

fauciller les herbes dans les intervalles, s'ils devenaient nuisibles ou si l'on devait en retirer un bénéfice immédiat.

779. L'époque la plus favorable pour les sarclages
comme pour les binages des semis et plantations, est
celle où les plantes nuisibles poussent avec le plus de
vigueur, c'est-à-dire, les mois de mai et de juin ;
on doit les suspendre entièrement pendant les fortes
chaleurs. Si, en raison de l'abondance des parasites
et des inconvénients qu'elle pourrait entraîner pour
les jeunes plants, dans l'automne ou l'hiver, on re-
connaissait l'utilité d'un second sarclage ou binage,
il faudrait l'effectuer dans le courant de septembre.

780. Les travaux d'entretien dont nous venons
de parler sont encore peu en usage parmi les forestiers qui s'occupent de repeuplements artificiels, soit
qu'ils répugnent à la dépense à laquelle ces travaux
donnent lieu, soit qu'ils craignent de ne pouvoir
suffire à la surveillance qu'ils exigent. — Nous ne
méconnaissons pas les obstacles qui peuvent souvent
exister sous ce double rapport, mais nous ne sau-
rions trop insister sur la haute opportunité des ouvrages dont il est question. Non-seulement ils
assurent la réussite d'une quantité considérable de
sujets qui autrement eussent péri ; mais ils doublent
et triplent la croissance de tous dans les premières
années, favorisent le développement de leurs organes de nutrition et jettent ainsi les fondements
d'une végétation prospère et vigoureuse qui, plus

tard, dédommage le planteur, souvent au décuple,
des peines et des sacrifices pécuniaires qu'il s'est
imposés.

781. **Deux ou trois ans au plus tard, après qu'une**
plantation a été exécutée, il convient de s'occuper
des remplacements ou regarnis. Pour cette opération, on emploiera de préférence des plants un peu
plus forts que ne le sont ceux auxquels ils doivent
être associés, afin qu'ils se tiennent plus facilement
à leur hauteur.

Pour faire le même travail dans un semis, il est
bon d'attendre que les jeunes plants aient acquis
assez de développement pour permettre de juger de
la réussite du repeuplement dans son ensemble. Les
regarnis se font de la sorte plus facilement et mieux ;
il est presque toujours préférable d'y procéder par
voie de plantation.

FIN.

TABLE ANALYTIQUE

DES MATIÈRES.

⁓∽

INTRODUCTION.

LIVRE PREMIER.

DES CLIMATS, DES SOLS, DES ESSENCES.

CHAPITRE TROISIÈME.

DES SOLS.

(*) Les initiales en grand caractère représentent les intitulés des paragraphes du texte, de la manière suivante :

C. S. E. Climat, situation, exposition.	F. Feuillage.
T. Terrain.	R. Racines.
F. F. Floraison et fructification.	C. D. Croissance et durée.
J. P. Jeunes plants.	Q. U. Qualités et usages.

espèces précédentes., *ib.* = C. D. Croissance assez rapide;
— vit plusieurs siècles; dimensions ordinaires, *ib.* = Q. U.
Bois moins propre aux constructions, à la fente et aux autres
ouvrages; fournit de très-bons cercles de futailles; — qualité
de son chauffage et de son charbon; — écorce; — fruit,
43. = 4° *Chêne yeuse.* Lieux d'habitation, 43. = C. S. E.
Température; — coteaux, montagnes; — s'accommode de
toutes les expositions, *ib.* — T. Sols calcaires; — végète
aussi dans des terrains secs et arides, *ib.* = F. F. Floraison
monoïque, au printemps; — fruit mûr en automne, quelquefois
doux et comestible, surtout aux expositions très-chaudes;
ib. = J. P. très-robuste; premier abri contre les ardeurs du
soleil; *ib.* = F. Feuilles petites, persistantes; couvert très-
épais; *ib.* = R. Racines pivotantes, traçantes et drageonnantes;
ib. = C. D. Croissance très-lente; vit plusieurs siècles; — dimensions médiocres; *ib.* = Q. U. Homogénéité, finesse du grain,
densité, poids, durée; — très-propre aux usages les plus précieux; — chauffage très-estimé; — emploi précieux de l'écorce,
45. = 5° *Chêne liége.* Lieux d'habitation; — deux variétés; 46.
= C. S. E. Température élevée; plaines et région moyenne des
montagnes; — Expositions méridionales et abritées; *ib.* = T.
Sols granitiques; terrains légers, calcaires; ceux compacts ou
humides lui sont contraires, *ib.* = F. F. Floraison monoïque,
en mai ou juin; — glands parfois doux, mûrs après 16 mois, en
automne; — fertilité fréquente, 47. = J. P. Le jeune plant
n'est sensible qu'aux froids et aux gelées tardives; premier abri
aux expositions chaudes, *ib.* = F. Feuilles petites, entières,
nombreuses, persistantes; — couvert épais, 48. = R. Racines
pivotantes, traçantes et drageonnantes; *ib.* = C. D. Croissance
assez active; vit plusieurs siècles; — belles dimensions, *ib.* =
Q. U. Poids, densité; — usages précieux; — écorce, liége mâle,
demaselage; liége femelle, juin, juillet, août, *ib.* et 49. = 6° *Chêne*
Kermès. Lieux d'habitation, 49. = C. S. E. Température élevée;
— s'accommode de toutes les situations et expositions; 50. T.
Sols sablonneux et pierreux; peu exigeant; *ib.* — F. F. Floraison monoïque, en mai; — fertilité précoce et fréquente; —
glands mûrs au bout de 16 mois, *ib.* = J. P. Jeunes plant
très-robustes, *ib.* = R. Racines nombreuses, traçantes, drageonnantes, *ib.* = C. D. Croissance lente; — peu de durée; —
très-faibles dimensions, 51. = Q. U. Qualités insignifiantes; —
insecte Kermès; — écorce, *ib.*

Art. II. *Le hêtre* (§§ 113 à 121), Son importance; — une

seule espèce, 51. = C. S. E. Climat qu'il préfère ; — hauteur
où il croît ; — Influence de la situation suivant les contrées ; —
Influence des expositions, 52. — T. Ses répugnances, exigences
et préférences, quant au sol, *ib.* = F. F. Fleurs, en avril, monoïques ; sujettes aux gelées ; — faîne, semence lourde ; —
réussite rare ; maturité en octobre ; — fertilité à 50 ans, 53. =
J. P. Tempérament délicat ; — abri prolongé, *ib.* = F. Feuilles
abondantes ; — couvert épais, *ib.* = R. Fortes ; toujours traçantes, *ib.* = C. D. Marche de la croissance ; dimensions ; —
longévité, 53. = Q. U. Bois impropre aux constructions, mais
de bonne fente ; — ses divers emplois ; dessication nécessaire ;
— qualité de son chauffage et de son charbon ; — usage de la
faîne, 54 et 55.

Art. III. *Le châtaignier* (§§ 122 à 130). Une seule espèce
en Europe, 55. = C. S. E. Climats tempérés ou chauds ; —
Situations favorables ou contraires ; — il redoute l'exposition
sud ; gelées printannières, 56. = T. Sa végétation dans divers
sols ; — terres qui lui sont contraires, 57. = F. F. Fleurs, en
juin ; — monoïques, — fruit, châtaigne ; — semence lourde ;
— maturité, en novembre ; — fertilité précoce, 57. = J. P.
Analogues aux jeunes chênes, 58. = F. Feuilles grandes ; couvert assez épais, *ib.* = R. Pivot ; — s'enfonce à un mètre et plus,
ib. = C. D. Croissance très-rapide et longtemps soutenue ; —
dimensions de l'arbre ; — exemples de longévité, *ib.* = Q.U. Excellente charpente ; — cercles et échalas ; — merrain ; — chauffage inférieur, charbon léger ; — fruit excellent ; — question
indécise sur la durée des bois, 59 et 60.

Art. IV. *L'orme* (§§ 131 à 139) très-rarement dominant ;
— espèces ou variétés nombreuses ; celles à petites feuilles sont
plus estimées ; — tortillard, 60. = C. S. E. Influences climatériques favorables, convenables ou contraires à l'orme ; —
lieux où on le rencontre ; — les expositions qui lui conviennent
diffèrent suivant les situations, 61. = T. Sols qu'il redoute ; —
sa végétation dans un sol frais et dans un sol humide ; *ib.* = F. F.
Fleurs en mars ; hermaphrodites ; — semence très-petite, mûre
en juin ; conformation et dissémination ; — réussite fréquente ;
— fertilité précoce, 61. = J. P. Tempérament robuste ; — abri
utile, 62. = F. Feuilles épaisses ; — couvert assez épais, *ib.*
= R. Double disposition ; — drageons, *ib.* = C. D. Prompte
croissance ; — fortes dimensions ; — grande longévité, *ib.* =
Q. U. Propriétés et usages comme bois de service ; — comme

Tempérament très-robuste, *ib.* = F. Feuilles petites ; — couvert très-léger ; — inconvénients qui en résultent, *ib.* = R. Traçantes ; — drageons, 72. = C. D. Croissance rapide ; — durée de 80 à 90 ans, *ib.* = Q. U. Emploi rare dans la batisse ; — bon bois de travail, exempt de gerçures et de vermoulure ; — chauffage et charbon estimés ; — écorces ; sève, *ib.*

Art. VIII. *Le robinier faux acacia* (§§ 167 à 175). Originaire d'Amérique ; — acclimaté, 73. = C. S. E. Il craint les froids et les grands vents ; — préfère les expositions chaudes, *ib.* = T. Sols favorables ; — sols contraires, *ib.* = F. F. Floraison hermaphrodite, en juin ; — fruit, gousse ; — semence y adhérant ; — maturité, en octobre ; — dissémination, au printemps ; — réussite fréquente ; — fertilité précoce, *ib.* — J. P. A garantir contre les froids, 74. = F. Feuilles petites ; — peu de couvert, *ib.* = R. Disposition traçante, s'enfonçant quand le terrain le permet ; — chevelu ; — drageons, *ib.* = C. D. Croissance très-rapide ; — dimensions ; — durée de 100 ans au plus, *ib.* = Q. U. Dureté, incorruptibilité ; — emploi comme bois de service ; — comme bois de travail ; — échalas ; — gournables ; — chauffage peu estimé ; — feuilles, 75.

Art. IX. *Le charme* (§§ 176 à 184). Souvent mélangé, quelquefois dominant, 75. = C. S. E. Climats qu'il supporte ; — situation qu'il préfère ; — exposition qu'il redoute, *ib.* = T. Sols favorables ; — convenables ; — contraires, 76. = F. F. Floraison monoïque, en mai ; — semence petite, ailée ; — maturité et dissémination, en octobre ; — réussite annuelle ; — fertilité à 30 ans, *ib.* = J. P. Abri contre le soleil, *ib.* = F. Feuilles moyennes ; — couvert très-épais, 77. = R. Direction oblique ; — un mètre d'enfoncement ; — drageons, *ib.* = C. D. Marche de la croissance ; — maximum à 70 ou 80 ans ; — durée 150 ans ; *ib.* = Q. U. Densité égale ; — dureté ; fibre coriace ; — impropre à la charpente ; — cannelures du tronc ; — emploi comme travail ; — chauffage et charbon de première qualité ; — cendres ; — feuillage, 77 et 78.

Art. X. *L'alisier* (§§ 185 à 193.) Deux espèces, toujours secondaires : l'alisier blanc ; l'alisier torminal, 78. = C. S. E. Ils supportent les froids ; prospèrent dans les climats tempérés, dans les plaines, sur les coteaux, et aux expositions de l'Ouest et du Sud-Est, *ib.* = T. Sols convenables ; — favorables ; — contraires, 79. = F. F. Floraison hermaphrodite, en mai ; — fruit, baie ; — maturité en octobre ; — dissémination en hiver ; — maturité précoce ; *ib.* = J. P. Abri utile, *ib.* = F. Feuilles grandes ; couvert complet, *ib.* = R. Double direction ; — tendance particulière ; — drageons, *ib.* = C. D. Croissance lente ; — longévité ; — dimensions, 80. = Q. U. Emploi comme bois de travail ; — usages spéciaux ; — chauffage et charbon estimés ; — fruit, eau-de-vie, vinaigre, *ib.*

Art. XI. *Le sorbier* (§§ 194 à 202). Deux espèces, toutes deux secondaires : sorbier des oiseleurs, sorbier cormier, 81. = C. S. E. Le premier se trouve sur les plus grandes hauteurs, et réussit à toutes les expositions ; — préférence du cormier, *ib.* — T. Le sorbier des oiseleurs ne craint que les sols humides ; — le cormier est plus difficile, *ib.* = F. F. Floraison hermaphrodite, en mai ; — forme des fruits ; — maturité, fin de septembre ; — dissémination, en hiver ; — fertilité à âge différent, 82. = J. P. Abri utile seulement au cormier, *ib.* = F. Couvert léger, *ib.* = R. Pivot ; — 1ᵐ,33 d'enfoncement ; — racines traçantes ; — drageons, *ib.* = C. D. Croissance lente ; — longévité plus grande et dimensions plus fortes chez le cormier, *ib.* = Q. U. Bois dur et pesant, employé par les tourneurs, menuisiers et mécaniciens ; — chauffage fort estimé ; écorce ; — usages différents du fruit des deux sorbiers, 83.

Art. XII. *Le micocoulier* (§§ 203 à 211). Une seule espèce indigène ; — culture avantageuse, 83. = C. S. E. Les climats chauds et les tempérés, les plaines et les élévations moyennes, et toutes les expositions conviennent au micocoulier, 84. = T. A peu près tous les sols, *ib.* = F. F. Fleurs, en mai, polygames ; — Fruit petit, à noyau ; — maturité en novembre ; — dissémination au printemps ; — fertilité précoce, *ib.* = J. P. Abri contre le froid, *ib.* = F. Feuilles grandes, couvert léger, *ib.* = R. Pivot et racines traçantes ; — drageons, 85. = C. D. Croissance rapide ; longue durée ; — dimensions, *ib.* = Q. U. Dureté et souplesse ; — emplois divers ; — chauffage estimé ; — feuilles, *ib.*

Art. XIII. *Le cerisier* (§§ 212 à 220). Trois espèces : merisier commun, merisier à grappes, merisier mahaleb ; — la première seule est importante, 86. = C. S. E. Il supporte les climats rudes, les situations élevées, et toutes les expositions, *ib.* = T. Tous les sols, à l'exception de ceux humides, lui conviennent, *ib.* = F. F. Floraison hermaphrodite, en mai ; — fruit, petite cerise, mûre en juin , — dissémination en août ; — fertilité précoce, 87. — J. P. Abri nuisible, *ib*. = F. Feuilles grandes ; — couvert léger, *ib*. = R. Traçantes ; — drageons, *ib*. = C. D. Croissance très-rapide ; — dimensions ; — durée, 80 ans ; *ib*. = Q. U. Métiers qui l'emploient : ébénistes, luthiers, etc.; — cercles ; — chauffage et charbon ; — merises, kirschwasser ; — gomme, 88.

  Art. XIV. *L'aune* (§§ 221 à 229). Deux espèces : l'aune commun, l'aune blanc ; — l'aune n'admet de mélange qu'avec le frène, 88. = C. S. E. Il est assez indifférent sous ces trois rapports, 89. = T. Il aime les terrains aquatiques ; — veut un sol frais, substantiel et divisé ; — est avantageux dans les marais, 89. = F. F. Floraison monoïque, en mars ; — fruit, cone ; — maturité, en octobre ; — dissémination, à l'entrée de l'hiver ; — fertilité à 15 ans, 90. = J. P. Abri utile, *ib*. = F. Feuilles grandes et épaisses ; — couvert incomplet ; — effet qui en résulte, *ib*. = R. Traçantes ; — drageons, *ib*. = C. D. Croissance très-rapide ; — dimensions ; — durée, 90 ans, 91. = Q. U. Charpente sous eau ; — bon bois de travail ; — chauffage recherché pour le four ; — double supériorité de l'aune blanc ; — cendres ; — écorce ; — feuilles, 91.

  Art. XV. *Le tilleul* (§§ 230 à 238). Deux espèces : tilleul des bois ; tilleul de Hollande, 92. = C. S. E. Ils supportent à peu près tous les climats, et les situations élevées ; — expositions préférées, *ib*. = T. Ils préfèrent les terrains sablonneux, profonds et frais, 93. = F. F. Floraison hermaphrodite, en juin et juillet ; — fruit, petite capsule ; — maturité, en octobre ; — dissémination, à l'entrée de l'hiver ; — fertilité précoce, *ib*. = J. P. Abri favorable, *ib*. = F. Feuilles abondantes ; — couvert épais, *ib*. = R. Pivot très-prononcé ; — 1 mètre 50 centimètres d'enfoncement ; — racines traçantes ; — drageons, *ib*. = C. D. Croissance rapide ; — dimensions ; — exemples de la grande longévité du tilleul de Hollande, 237. = Q. U. Impropre à la charpente ; — son emploi pour le travail ; — exempt de gerçure et de vermoulure ; — chauffage peu estimé ; — emploi de son charbon pour la poudre ; — écorce ; — feuilles, 94 et 95.

  Art. XVI. *Le peuplier* (§§ 239 à 247). Le tremble est le seul peuplier de nos forêts, 95. = C. S. E. Il prospère dans les climats tempérés, et préfère les expositions du Nord et de l'Est, 96. = T. Il est peu difficile sur le choix des sols ; — ses préfé-

CHAPITRE CINQUIÈME.

DES BOIS RÉSINEUX.

tomne, elle a lieu d'une façon particulière ; — fertilité, vers 60 ans ; réussite biennale, *ib.* = J. P. Très-délicats, abri prolongé, 105. = F. Courtes et étroites ; — persistance, 3 ans ; — couvert très-complet, *ib.* = R. Fortes ; — pivot ; — 1 mètre d'enfoncement ; — les racines sont souvent anastomosées, et leur végétation solidaire, *ib.* = C. D. Croissance lente d'abord, rapide plus tard ; — dimensions ; — longévité, 106. = Q. U. Très-bonne charpente ; — planches ; — carcasses de meubles, etc. ; — chauffage et charbon médiocres ; — térébenthine de Strasbourg ; manière de l'obtenir ; — colophane ; — éclairage ; — salin ; manière de l'obtenir ; potasse, *ib.*

ART. II. *L'épicéa* (§§ 266 à 274). Seul et mélangé, 108. = C. S. E. Il supporte les frimats et les régions supérieures à celle du sapin ; — craint, moins que celui-ci, les expositions chaudes, *ib.* = T. Même sol qu'au sapin ; — il exige moins de fond ; — supporte un sol humide et même tourbeux, *ib.* = F. F. Fleurs, en mai, monoïques ; — fruit, cône ; — maturité, fin d'automne ; — dissémination au printemps suivant ; comment elle s'opère ; — fertilité, vers 50 ans ; — réussite biennale, 109. = J. P. Abri nécessaire à l'exposition Sud, *ib.* = F. Feuilles plus petites que celles du sapin, persistance de 3 à 7 ans ; — couvert très-épais, *ib.* = R. Traçantes, 110. = C. D. Croissance plus rapide, mêmes dimensions et même durée que le sapin, *ib.* = Q. U. Mêmes usages que le sapin ; — luthiers ; — chauffage et charbon médiocres ; — poix de Bourgogne, mode d'extraction, et ses inconvénients, 110 et 111.

ART. III. *Le pin sylvestre* (§§ 275 à 283) Seul ou mélangé ; 111. = C. S. E. Climats tempérés, favorables ; — pays froids, convenables ; — plaines et pentes, favorables ; — hautes montagnes, contraires ; — il supporte toutes les expositions, 112. = T. Sol profond et léger, sable pur, favorables ; — terres compactes, contraires ; — sa végétation dans les parties humides ou tourbeuses, *ib.* = F. F. Fleurs, en avril ou mai, monoïques ; — fruit, cône ; — semence, ailée ; maturité en novembre de la deuxième année ; — dissémination au printemps suivant ; — fertilité à 40 ans ; réussite biennale, 113. = J. P. Abri, rarement utile, 114. = F. Feuilles longues ; — persistance, 3 ans ; — couvert léger, *ib.* = R. Fortes ; — pivot ; — 1 mètre d'enfoncement, *ib.* = C. D. Croissance rapide ; — dimensions ; — longévité, 2 siècles, 115. = Q. U. Mêmes usages que les deux précédentes ; — sa supériorité ; — emploi pour la mâture ; — chauffage et charbon ; — extraction du goudron, carbonisation des souches, *ib.* et 116.

ART. VII. *Le pin pinier* (§§ 311 à 319). Arbre de l'Europe
méridionale, 127. = C. S. E. Demande un climat chaud ; —
aime les plaines, les vallées, les bords de la mer et des fleuves,
ib. = T. Léger et profond, sablonneux, mais frais, *ib.* = F. F.
Floraison monoïque, en mai et juin ; — strobiles, très-gros ; —
maturité après 3 ans ; — amandes grosses, 128. = J. P. A
étudier, *ib.* = F. Feuilles plus grandes et couvert plus épais
que les autres pins, *ib.* = R. Fortes et pivotantes. *ib.* = C. D.
Conjectures à former sur sa croissance et ses dimensions possibles, *ib.* = Q. U. Charpente, planches, corps de pompes ; —
menuiserie, etc.; — fruit agréable à manger, et donnant de
bonne huile ; variété d'Italie à noyau plus tendre, 129.

ART. VIII. *Le pin cembro* (§§ 320 à 328). Seul ou en mélange,
130. = C. S. E. Arbre des grandes élévations et des pays froids ;
se trouve sur les Alpes du Dauphiné et de la Provence ; — y
vient à toutes les expositions, *ib.* = T. Il se plaît dans les sols
substantiels, frais, profonds et divisés ; — supporte un terrain
légèrement humide et pierreux, *ib.* = F. F. Floraison monoïque, en mai ou juin ; — graine, amande moins grosse que celle
du pinier ; — maturité, après dix-huit mois, *ib.* = J. P. Doivent être garantis des chaleurs et surtout des gelées printanières, *ib.* = F. Touffu ; couvert épais, 131. = R. Un mètre
d'enfoncement, *ib.* = C. D. Croissance très-lente ; — durée de
plusieurs siècles ; — fortes dimensions, *ib.* = Q. U. Constructions, sculptures, menuiserie ; — chauffage estimé ; — fruit
agréable ; bonne huile, *ib.*

ART. IX. *Le pin du lord Weymouth* (§§ 329 à 337). Exotique, acclimaté en France, 131. = C. S. E. Réussit dans toute
la France, excepté dans le Midi ; — préfère les régions un peu
froides, 132. — T. Il craint les sols arides, compactes et marécageux ; — prospère dans ceux qui sont humides et profonds, *ib.*
= F. F. Floraison, fin de mai, monoïque ; — maturité et dissémination des graines, seize mois après ; — fertilité précoce, *ib.*
= J. P. Abri utile ; analogie avec l'épicéa, *ib.* = F. Fin et
léger ; — peu de couvert, 133. = R. Pivot très-prononcé ; —
grande extension latérale ; *ib.* = C. D. Croissance très-rapide ;
— grande durée ; — dimensions très-fortes, *ib.* = Q. U. Bois
ferme, léger, peu noueux ; — propre à divers métiers ; — en
Amérique, charpente, constructions navales et mâture ; — il est
sujet à pourrir ; — peu résineux, *ib.*

ART. X. *Le mélèze* (§§ 338 à 346). Son importance ; il est à

feuilles caduques ; — se trouve seul ou en mélange ; 134. =
C. S. E. Originaire des hautes montagnes et des pays froids ; —
il demande une atmosphère sèche et froide ; — dans les régions
tempérées de la France, il lui faut les expositions du Nord et de
l'Est, *ib*. = T. Il exige une terre divisée, fraîche et profonde,
craint les sols compactes ou humides et les sables trop légers, *ib*.
= F. F. Fleurs, en avril ou mai, monoïques ; — graine légère et ailée ; — maturité au bout de six mois ; — dissémination au printemps suivant ; — fertilité précoce ; — indice à tirer
de l'abondance du fruit, 135. = J. P. Robustes dans leur climat ; — ailleurs, abri naturel, *ib*. = F. Feuilles petites ; —
ombrage très-léger, *ib*. = R. Pivot ; — un mètre d'enfoncement ; — racines traçantes, *ib*. = C. D. Croissance très-prompte;
— fortes dimensions ; — durée de plusieurs siècles ; — Observations sur la marche de sa végétation dans les climats tempérés,
16 et 136. = Q. U. Il résiste à l'air et à l'humidité ; — constructions civiles et navales ; — divers métiers ; — merrain et
échalas ; — chauffage et charbon médiocres ; — térébenthine de
Venise ; son extraction ; huile essentielle ; — écorce, 137 et
138.

Art. XI. *Le cèdre* (§§ 347 à 355). Originaire d'Asie ; géant
des conifères, 347. = C. S. E. Les forêts de cèdre sont situées
à de grandes hauteurs, sur le Liban, et à 1,400 mètres en Afrique ; — le cèdre réussit, en Europe, dans les climats tempérés ;
— dans le climat de Paris, il craint le froid dans sa jeunesse,
139. = T. Sols graveleux, secs et profonds, convenables ; —
terres compactes et marécageuses, contraires, *ib*. = F. F. Fleurs
monoïques, en octobre ; — maturité au mois de juillet suivant;
— dissémination en hiver ; s'opère comme celle du sapin, par
la désarticulation des écailles, 350. = J. P. Délicats ; abri pendant 6 ou 8 ans contre les froids, *ib*. = F. Feuilles nombreuses et touffues ; — couvert épais, *ib*. = R. Pivot très-fort ; =
racines latérales nombreuses, 141. = C. D. Croissance lente
d'abord, très-active ensuite ; — dimensions énormes ; — longévité considérable, *ib*. = Q. U. Incertitude et discussion à cet
égard, 141 et 142.

DEUXIÈME LIVRE.

PRINCIPES FONDAMENTAUX DE L'EXPLOITATION DES BOIS.

DÉFINITIONS (§§ 356 à 366). Révolution ; — elle est figurée sur le terrain par les exploitations annuelles, 145. == Bois exploitable ; — l'exploitabilité se modifie diversement. *ib.* et 146. == Accroissement ; — annuel ; — moyen, 146. == Rente, *ib.* == Possibilité ; — rapport soutenu, 147. == Peuplement complet, *ib.* == Coupe, *ib.* == Assiette ; — asseoir une coupe, *ib.* == Vidange, *ib.* == Coupe en usance ; — coupe usée, *ib.* == Chablis ; — volis ; — quille, chandelier ou tronc, *ib.*

CHAPITRE PREMIER.

DE L'EXPLOITABILITÉ.

ART. Iᵉʳ. *De l'exploitabilité en général* (§ 367). Elle est la base du traitement des forêts ; — elle se détermine d'après diverses considérations qui donnent lieu à quatre sortes d'exploitabilité : physique, absolue, relative, composée, 148.

ART. II. *De l'exploitabilité physique* (§ 368). Traitement qu'elle entraîne ; — elle ne s'applique qu'à des cas exceptionnels, 149.

ART. III. *De l'exploitabilité absolue* (§§ 369 à 372). En quoi elle consiste ; — à quoi elle répond, 149. == Elle donne lieu à la plus grande production matérielle possible ; — démonstration de ce fait, 150 et 151. == On déduit de cette proposition quatre corollaires principaux, 371. == Indications naturelles propres à déterminer l'époque de l'exploitabilité absolue ; — caractères de l'accroissement progressif ; — de l'accroissement stationnaire ; — de la décroissance ; du dépérissement, 152, 153 et 154.

ART. IV. *De l'exploitabilité relative* (§§ 373 à 375). Elle s'applique à deux cas différents, 154. == L'exploitabilité étant relative à la rente la plus élevée, se produit dans la période ascendante des accroissements annuels ; — caractères de l'accroissement annuel ; — ce genre d'exploitabilité convient le mieux aux propriétaires particuliers ; — le propriétaire peut avoir

CHAPITRE DEUXIÈME.

DE LA POSSIBILITÉ.

CHAPITRE TROISIÈME.

DE L'ASSIETTE DES COUPÉS.

TROISIÈME LIVRE.

DE L'EXPLOITATION DES FUTAIES.

Définitions (§§ 400 à 417). Futaie ; — la régénération doit être naturelle, 181. = Futaie régulière ; quel traitement amène cet état ; *ib.* = Futaie irrégulière ; causes de l'irrégularité, 182. = Clairière ; *ib.* = Places vides, *ib.* = Terres vaines et vagues, *ib* = Massif, *ib.* = Massif serré ; — massif incomplet ou clairière ; — massif entrecoupé, 183. = Fourré ; — gaulis ; — perchis, *ib.* = Bois blancs, mieux bois tendres ; — bois durs, *ib.* = Morts-bois, 184. = Bois abroutis ; — abroutissement ; le recépage y remédie, *ib.* = Recéper ; cas où cette opération se pratique, *ib.* = Bois en défens ; — bois défensables, 185. = Réserves ; réserve de la coupe, *ib.* = Sous-bois, *ib.* = Coupe à blanc étoc, *ib.*

CHAPITRE PREMIER.

MÉTHODE DU RÉENSEMENCEMENT NATUREL ET DES ÉCLAIRCIES OU EXPLOITATION DES FUTAIES RÉGULIÈRES.

Art. Iᵉʳ. *Généralités* (§§ 418 à 422). En quoi consiste la méthode ; — elle repose sur des faits naturels, 186. = Action du sol sur la germination ; — conditions qu'il doit réunir, 187. = La lumière, inutile à la germination, est nécessaire à la jeune plante ; — comment son action doit s'exercer, *ib.* = Lutte nécessaire qui s'engage entre les jeunes plants serrés en massif ; — diminution du nombre des tiges et chute naturelle des branches basses ; avantages premiers de cet état de choses ; — ralentissement de croissance qui en résulte ensuite ; — la nature conduit ainsi une forêt jusqu'à sa régénération, 188 et 189. = Comment doit être imitée la marche naturelle, et conditions à réaliser dans ses exploitations, 189.

Art. II. *Coupes de régénération* (§§ 423 à 428). Quatre conditions nécessaires réalisées par trois coupes, 190. = Coupe d'ensemencement. Conditions qui règlent la réserve ; — la coupe d'ensemencement remplit les trois premières conditions de la régénération, 171 et 171. = Coupe secondaire ; son but ; — comment on la dirige ; — cas où elle se fait en plusieurs fois, 172. = Coupe définitive. Réserves qu'elle comporte ; — ces réserves ne

---

(1) Les intitulés des paragraphes sont représentés par les abréviations suivantes :

E. Exploitabilité.   C. A. Coupes d'amélioration.
C. R. Coupes de régénération.

a lieu sans réserves. == C. A. Conforme aux règles générales, 218, 219 et 220.

ART. III. *Exploitation d'une futaie mélangée de chêne et de hêtre* (§§ 451 à 454). Causes qui rendent ce mélange avantageux. = E. On doit, en général adopter la révolution convenable au chêne. = C. R. Réserve nombreuse de chênes pour l'ensemencement; — prompte coupe secondaire nécessaire au chêne et souvent peu nuisible au hêtre; — coupe définitive en vue de la réussite du chêne; — empiétements du hêtre; — moyens d'y remédier. = C. A. Comme dans le chêne pur; — favoriser le chêne dans les éclaircies, 221, 222, 223 et 224.

ART. IV. *Exploitation du châtaignier en futaie* (§§ 455 à 457). E. Révolution de 90 à 120 ans. = C. R. Comme pour le chêne; — labour à donner parfois dans les coupes sombres. == C. R. Soins particuliers dans les nettoiements; — éclaircies comme pour le chêne, mais plus fréquentes, 225 et 226.

ART. V. *Exploitation de l'orme en futaie* (§§ 458 à 460). E. Révolution de 100 à 120 ans. == C. R. Coupes d'ensemencement; — espacement de 4 à 6 mètres entre les branches des réserves; — cas où les vents seraient à craindre; — gazonnement; — coupe secondaire, deux ans après l'ensemencement; — coupe définitive, deux ans après la secondaire; — cas où cette dernière peut être négligée. == C. A. Conformes aux règles générales; — éclaircies fréquentes, 227 à 228.

ART. VI. *Exploitation en futaie du frêne et des grands érables* (§ 461). Futaie avantageuse; — révolution de 90 à 100 ans; — même traitement que pour le hêtre; — coupe secondaire plus prompte, 229.

ART. VII. *Exploitation du charme en futaie* (§ 462). Avantages de son mélange avec d'autres essences plus précieuses, 229 et 230.

ART. VIII. *Exploitation du bouleau en futaie* (§ 463). Il peut se traiter avantageusement en futaie; — révolution de 50 à 60 ans; — coupe de régénération, à blanc étoc; — labour du terrain; — éclaircies très-rapprochées, 230 et 231.

ART. IX. *Exploitation du robinier en futaie* (§ 464). Motifs pour le cultiver ainsi. = Exploitabilité à 60 ou 70 ans; — motifs pour lui appliquer le traitement de l'orme, 231 et 232.

CHAPITRE TROISIÈME.

EXPLOITATION DES FUTAIES IRRÉGULIÈRES, QUI ONT ÉTÉ SOUMISES AU MODE DU JARDINAGE.

LIVRE QUATRIÈME.

DE L'EXPLOITATION DES TAILLIS.

Définitions (§§ 519 à 526). Taillis ; régénération par rejets et par drageons. = Taillis sous futaie ou composé ; — taillis simples. = Baliveaux ; — baliveaux de l'âge ; baliveaux modernes ; baliveaux anciens ; vieilles écorces ; — sens précis de ces divers termes. = Couvert et ombrage : distinction de ces deux termes ; — ils s'entendent aussi de la surface couverte ou ombragée ; = Ravaler ; = Couper en pivot ; — en talus. = Cépée ou trochée. = Ramiers, 305 à 308.

CHAPITRE PREMIER.

MÉTHODE DU TAILLIS SIMPLE.

Art. Ier. *Généralités* (§§ 527 et 528). Peu ou point de réserves ; — exception dans les forêts de l'Etat. = Conditions de l'existence et de la durée des taillis, 309 à 311.

Art. II. *Essences propres aux taillis* (§ 519). Le hêtre est impropre aux taillis ; — quelques arbrisseaux méritent attention ; — favoriser les bonnes essences, 311 et 312.

Art. III. *Fixation de l'exploitabilité dans les taillis* (§§ 530 et 551). Inconvénients des révolutions trop longues ou trop courtes ; — limites générales ; — l'exploitabilité absolue varie. = Données sur l'exploitabilité absolue des taillis. Cas d'appliquer selon les sols et les essences la révolution de 30 à 40 ans, — celle de 20 à 25, — celle de 15 à 20, — celle de 5 à 10, 512 à 515.

Art. IV. *Fixation de la possibilité dans les taillis* (§ 532). La baser sur la contenance ; — les contenances pourraient être proportionnelles ; — généralement on les prend égales, 315 et 316.

Art. V. *Saison la plus convenable pour la coupe des taillis* (§§ 533 et 534). Inconvénients de la coupe en automne et en hiver ; — en temps de séve. = Epoques à préférer selon les localités, 316 et 317.

Art. VI. *Mode d'abatage des taillis* (§ 535). Instruments

CHAPITRE DEUXIÈME.

MÉTHODE DU TAILLIS COMPOSÉ OU SOUS-FUTAIE.

CHAPITRE TROISIÈME.

TRAVAUX NÉCESSAIRES POUR ENTRETENIR LES TAILLIS EN BON ÉTAT.

LIVRE CINQUIÈME.

DES EXPLOITATIONS DE CONVERSION.

CHAPITRE PREMIER.

CONSIDÉRATIONS GÉNÉRALES.

CHAPITRE DEUXIÈME.

EXAMEN COMPARÉ DES TROIS PRINCIPALES MÉTHODES D'EXPLOITATION.

ble comme l'Etat ; — un particulier doit faire acception du capital engagé ; — formuler la question sous ce point de vue ; —
marche suivie pour la résoudre. = Hypothèse la plus favorable
possible à l'intérêt du propriétaire. — Composition des produits
annuels (en contenance) ; — choix des plus fortes données pour
les produits d'éclaircies. = Composition du capital engagé. Tableau faisant connaître le volume de l'hectare moyen dans chaque affectation, et celui de toute la forêt ; — en déduire le produit annuel en volume de la forêt ; — le capital engagé est égal
à quarante-trois fois le revenu ; — expression en valeur numé-
raire, deux et un tiers pour cent, sans tenir compte du fonds ;—
calcul des avantages pécuniaires que présente la destruction de
la futaie. = Opinion de M. de Dombasle. = Vérification de
cette assertion. = Hypothèse d'une augmentation exagérée dans
les prix des bois ; — tableau des données et des résultats. = Valeur des coupes de régénération déduite de ce tableau ; — fixation de la valeur des éclaircies ; — appliquer à leurs produits
séparés l'hypothèse d'augmentation de prix ; — tableau de cette
échelle de production ; — total pour les éclaircies et total pour
le revenu de toute la forêt. = Le revenu, dans cette hypothèse,
n'est encore que de trois pour cent, le capital foncier négligé ; —
les prix supposés ne sauraient garantir la conservation de la forêt;
— calcul du bénéfice qui résulterait de sa destruction. = L'augmentation de valeur du bois diminuera les chances de conservation par des particuliers, au lieu de les accroître. = Examen des
taillis simples et composés. — Les taillis simples n'exigent qu'un
capital engagé peu élevé par rapport à leur revenu ; — la position du taillis composé est intermédiaire. = Conclusion de la
discussion ; rang qu'on doit assigner à chaque méthode d'exploitation, pour l'Etat ; — pour les particuliers, 406 à 424.

Art. V. *De l'influence des différentes méthodes d'exploitation sur la fertilité du sol* (§§ 610 à 614). Les bois influent
sur le sol de deux manières ; — Comment sont produits ces effets.
= Hors le cas de révolutions très-longues, la futaie améliore
constamment le sol. = Localités où le taillis ne nuit pas au sol;
— localités où il le détériore. = Le taillis composé participe
sous ce rapport des deux autres méthodes. = La méthode de la
futaie ne convient pas seulement aux bons sols ; — application
des essences aux terrains ; — cas où le taillis doit être rejeté,
424 à 428.

Art. VI. *Conclusion* (§§ 615 à 622). Déductions à tirer des

CHAPITRE TROISIÈME.

CONVERSION DES FUTAIES.

CHAPITRE QUATRIÈME.

CONVERSION DES TAILLIS SIMPLES.

tion convenable de l'âge des bois dans la série, et à y introduire artificiellement des essences d'élite. ⸺ Traitement analogue et plus facile, si l'on avait à convertir plusieurs séries contiguës. ⸺ Révolution transitoire, s'il s'agissait de convertir des taillis exploités à 20 ou 25 ans, 439 à 445.

CHAPITRE CINQUIÈME.

CONVERSION EN FUTAIE DES TAILLIS COMPOSÉS.

ART. Iᵉʳ. (§ 634). Généralités. Etat que présentent les taillis composés, soumis au régime forestier ; — bigarrure qu'on y remarque ; — abondance d'anciennes réserves dans les taillis domaniaux ; — difficulté de décrire tous les peuplements divers ; — distinction de deux grandes catégories ; — taillis sous futaie réguliers ; — leur état ; — taillis irréguliers ; — états principaux, a, b. c, d., 446 à 449.

ART. II. *Conversion des taillis sous futaie réguliers* (§§ 635 à 639). Pratique des coupes préparatoires décrites plus haut ; — traitement des réserves : conserver les modernes ; — les anciens quand ils sont nécessaires ; — et par exception seulement, les vieilles écorces et les réserves branchues ; — élagage de ces dernières ; — considérer l'époque où le massif dont elles font partie reviendra en tour d'exploitation. ═ Marche des coupes préparatoires. La révolution transitoire doit satisfaire à deux conditions principales ; — elles sont en général remplies par une révolution transitoire égale à celle du taillis. ═ Possibilité par étendue ; — division de la révolution transitoire en deux sous-révolutions ; — avantages importants de cette mesure ; — assiette et délimitation de toutes les coupes sur le terrain ; — appréciation des chances de durée des anciens qu'on réserve. ═ Etablissement d'exploitations de taillis, parallèlement aux coupes préparatoires ; — avantages de cette mesure. ═ Tâche à laisser à nos successeurs, 449 à 457.

ART. III. *Conversion des taillis sous-futaie irréguliers* (§§ 640 à 642). Quatre états divers à distinguer, a, b, c, d ; — la conversion ne peut s'opérer que par la régénération la plus prompte ; — concilier deux conditions essentielles. ═ Détermination de la révolution transitoire et partage en périodes ; — composition des affectations correspondantes ; — nature des exploitations durant chaque période et dans chaque affectation ; — état de ces affectations à l'expiration de chaque période. ═ Cas où la conversion s'appliquerait à plusieurs séries de taillis composés, 457 à 461.

LIVRE SIXIÈME.

DES REPEUPLEMENTS ARTIFICIELS.

Définitions (§§ 643 à 649). Semis, 465. = Plantation, *ib.*
= Bouture, *ib.* = Marcotte, *ib.* = Semences échauffées, 466.
= Semis en plein ; — semis partiel, *ib.* = Repiquer, *ib.*

CHAPITRE PREMIER.

CONSIDÉRATIONS GÉNÉRALES.

(§§ 650 et 651). L'emploi des moyens artificiels est souvent
indispensable pour la régénération ; — clairières et vides dans
les forêts ; — création de bois par les particuliers ; — reboisement des montagnes et des landes ; — substitutions d'essences.
= Le semis est principalement applicable en grand ; — cas divers
où la plantation doit être préférée, 467 à 469.

CHAPITRE SECOND.

DES SEMIS.

Art. Ier. *Des connaissances qu'il faut posséder* (§ 652). Six
notions principales pour bien opérer les semis, 470.

Art. II. *De la récolte et de la conservation des semences*
(§§ 653 et 654). Temps à choisir ; — manière de récolter les
semences lourdes ; — les semences légères. = Etaler les graines
et les remuer souvent ; — moyens d'empêcher la germination et
la pourriture ; — le desséchement ; — l'échauffement, 471 à
473.

Art. III. *Des moyens de reconnaître la qualité de la graine*
(§§ 655 et 656). Nécessité de l'examen des semences pour déterminer la quantité à employer ; — inconvénients d'un semis
trop dru ou trop peu abondant ; — épreuve des graines par la
germination ; — par l'ouverture des graines. = Fraudes des
marchands ; précautions contre l'humectation des semences ; —
mélange des graines de pin et d'épicéa ; — épreuve pour s'en
assurer ; — inconvénients qui résultent de ce mélange, 473
à 477.

du sol. ═══ Du repiquement ; — en quoi il consiste ; — ses avantages et dans quels lieux il s'emploie ; — instruments ; — plantoir ; — description et manière d'employer deux plantoirs usités en Allemagne, appliqué l'un aux terres fortes, l'autre aux terres légères, 494 à 498.

CHAPITRE TROISIÈME.

APPLICATION DES RÈGLES GÉNÉRALES AU SEMIS DES ESSENCES LES PLUS IMPORTANTES.

ART. Iᵉʳ. *Semis du chêne* (§§ 674 à 676). R. C. (1). Ne pas ramasser les premiers glands tombés ; — premier mode de conservation ; tas coniques ; — deuxième mode : silos ou fosses ; — troisième mode : dans l'eau ; — quatrième mode : dans le sable ; — l'expérience est favorable au premier et au quatrième mode. ═══ E. G. Caractères d'une bonne graine ; — signes de l'altération ; — épreuve par l'eau ; — par le poids. ═══ E. S. Marche à suivre dans un terrain en plaine, compacte et découvert ; — cultures à y pratiquer ; — comment la graine doit être recouverte ; — mélange de céréales ; — couper les chaumes à une certaine hauteur ; — labour à préférer dans les sols légers ou en pente ; — levée de la graine ; — cas de partager le semis en deux saisons ; — quantité de glands à employer par hectare, 499 à 504.

ART. II. *Semis du hêtre* (§§ 677 à 680). R. C. Comme le gland ; — procédé de conservation indiqué par Hartig. ═══ E. G. Comme pour le gland ; — goût du fruit ; — poids de la graine. ═══ E. S. Abri indispensable ; — semis ou plantation auxiliaire ; — cas des pentes rapides ; — repiquement de la faîne ; — comment le semis doit être recouvert ; — levée de la semence ; — quantités de faînes à employer. ═══ Mode particulier indiqué par Cotta ; — entourer de terre les tiges de plants naissants ; — plantation de hêtres cotylédonnaires à Compiègne, 505 à 509.

ART. III. *Semis du châtaignier* (§§ 681 à 683). R. C. Comme le gland ; préférer la stratification dans le sable. ═══ E. G. Comme le gland et la faîne ; — ne pas considérer la

---

(1) Les initiales en grands caractères représentent les intitulés des paragraphes du texte, de la manière suivante :
R. C. Récolte et conservation. | E. S. Exécution du semis.
E. G. Examen de la graine. |

CHAPITRE QUATRIÈME.

DES PLANTATIONS.

ne tardent pas à périr et à disparaître ; — pour créer des futaies, préférer les basses tiges et les tiges plus fortes pour les taillis. = La taille est nuisible aux résineux ; — précautions à prendre en leur enlevant quelques branches ; — préférer des basses tiges très-jeunes ; — s'abstenir de pratiquer le recépage des jeunes plants de hêtre, 556 à 578.

ART. IX. *De la mise en terre des plants ou plantation pro-prement dite* (§§ 762 à 764). Profondeur à laquelle il faut plan-ter ; — enterrer davantage dans les sols légers et secs ; — moins dans les sols humides. = Comment on place le plant ; — ré-pandre d'abord la bonne terre végétale ; — soins à prendre pour en bien remplir toutes les petites cavités ; — placer ensuite les couches suivantes ; — comment on tasse la terre ; — opération simplifiée pour les tiges faibles ; — instruments convenable. = En quoi consiste la plantation par touffes ; — éducation en pépi-nière ; — extraction et division en touffes ; — comment se font les trous ; — principaux avantages de ce mode ; — succès obtenu. = Utilité d'un arrosement immédiat quand il est pra-ticable ; emploi des pierres pour maintenir l'humidité, pour tasser le sol, et comme abri ; — soin à prendre dans la planta-tion en mottes, 578 à 582.

CHAPITRE SIXIÈME.

DES BOUTURES.

(§§ 766 à 771). Leur emploi borné aux saules et aux peu-pliers ; — dans quel terrain elles trouvent leur application ; — deux espèces de boutures. = Ce que c'est qu'un plançon ; — comment il se plante dans les lieux aquatiques, et comment dans les sols plus fermes ; — cas de donner des tuteurs aux plançons ; — c'est avec les plançons qu'on forme les têtards ; — le peu-plier ne reprend pas de cette manière. = En quoi consiste la bouture à bois de deux ans ; — longueur à lui donner et com-ment s'opèrent les sections ; — comment on plante les boutures dans un sol meuble et comment dans un sol ferme ; — comment on traite les boutures en pépinière. = Saison convenable pour faire les boutures, 583 à 586.

CHAPITRE SEPTIÈME.

DES MARCOTTES.

(§§ 772 à 774). Le marcottage s'applique à tous les feuillus; il est fort utile dans les taillis ; — manière d'y procéder quand les tiges sont faibles ; — les perches plus fortes sont préférables; — de quelle manière on opère le couchage de ces dernières ; — à quel âge on les sèvre. = Comment il faut traiter la souche dont on marcotte un certain nombre de sujets. = Saison du marcottage, 587 à 590.

CHAPITRE HUITIÈME.

TRAVAUX D'ENTRETIEN A EXÉCUTER DANS LES REPEUPLEMENTS ARTIFICIELS.

(§§ 775 à 781). Le succès d'un semis ou d'une plantation n'est assuré qu'après 5 ou 6 ans, et quand le jeune repeuplement va bientôt couvrir le sol; — jusque-là, les travaux d'entretien sont nécessaires. = En quoi consistent ces travaux ; — distinction à faire entre le sarclage et le binage. = Application de ces travaux dans les semis ; — 1° ceux de bois feuillus exécutés en plein sont moins exposés à l'envahissement de l'herbe; utilité de quelques sarclages dans les premières années ; — causes qui rendent cette invasion plus redoutable dans les semis partiels; nécessité des sarclages et des binages fréquents, surtout pour certaines essences ; — ces travaux peuvent préserver aussi les jeunes plants des premières gelées de l'automne ;— les semis de résineux sont, à cause des sols où ils s'exécutent, moins exposés à l'envahissement des herbes; — mais d'autant plus à celui des myrtiles, bruyères, etc. ; les sarclages seuls sont à conseiller; on peut fauciller les herbes et tondre les arbustes. = Dans les plantations, les sarclages seraient insuffisants, et il faut recourir aux binages qui facilitent l'accès de l'air et de l'humidité aux racines. = Époque la plus favorable pour les sarclages et les binages; — les suspendre pendant les fortes chaleurs; les renouveler parfois en septembre. = Les travaux d'entretien sont trop rarement pratiqués, malgré l'avantage considérable qu'ils procurent; —motifs.=Époque où il convient de procéder aux regarnis dans les plantations ; — plants auxquels il faut accorder la préférence pour cet objet; — les regarnis se font dans les semis par voie de plantation; on attend pour y procéder, que le semis ait atteint quelque développement, 591 à 597.

VOCABULAIRE

DES TERMES TECHNIQUES

EMPLOYÉS ET DÉFINIS DANS CET OUVRAGE.

C.

D.

E.

P.

www.ingramcontent.com/pod-product-compliance
Lightning Source LLC
Chambersburg PA
CBHW031447210326
41599CB00016B/2139